全国电力行业"十四五"规划教材

氢能技术及应用

主　编　张　磊

副主编　杨维结　段志洁

参　编　曲　涛　张　英　李永毅

封利利　姚敬尧

主　审　明平文

中国电力出版社
CHINA ELECTRIC POWER PRESS

内 容 提 要

本书共 9 章，按照氢能产业链条的制备、储运、加注、利用和安全环节进行系统性的知识阐述：第 1 章为氢能概述，第 2、3 章为氢气制备，第 4 章为氢气的提纯，第 5、6 章为氢气的储存、运输与加注，第 7、8 章为氢燃料电池与氢能利用体系，第 9 章为氢安全与标准。

本书充分考虑氢能技术及应用的知识特点和学生学习的认知规律，分环节编排教学内容，部分内容相对独立，便于取舍。

本书可作为能源动力类相关专业的教材，适用于 16～48 学时的教学安排。

图书在版编目（CIP）数据

氢能技术及应用/张磊主编. —北京：中国电力出版社，2024.7（2025.5重印）
ISBN 978-7-5198-7202-1

Ⅰ.①氢… Ⅱ.①张… Ⅲ.①氢能－能源利用－研究 Ⅳ.①TK91

中国国家版本馆 CIP 数据核字（2024）第 032374 号

出版发行：中国电力出版社
地 址：北京市东城区北京站西街 19 号（邮政编码 100005）
网 址：http://www.cepp.sgcc.com.cn
责任编辑：吴玉贤 霍 妍
责任校对：黄 蓓 郝军燕
装帧设计：赵丽媛
责任印制：吴 迪

印 刷：固安县铭成印刷有限公司
版 次：2024 年 7 月第一版
印 次：2025 年 5 月北京第二次印刷
开 本：787 毫米×1092 毫米 16 开本
印 张：15.25
字 数：376 千字
定 价：48.00 元

前　言

总码

氢能是一种来源丰富、绿色低碳、应用广泛的二次能源，正逐步成为全球能源转型发展和服务"双碳"目标的绿色能源重要载体。氢能具有大规模、长周期的储能优势，可保障可再生能源规模化高效利用和国家能源安全。推进用能终端氢气化，可助力高耗能、高排放行业的绿色低碳转型。氢能产业是一种战略性新兴产业，已成为世界各国培育经济新增长点的重要途径和未来产业重点发展方向。2022 年 3 月 23 日，国家发展改革委和国家能源局联合印发了《氢能产业发展中长期规划（2021—2035 年）》，以促进氢能产业规范有序高质量发展。华北电力大学获批了全国首个氢能本科专业（氢能科学与工程），2022 年 9 月首批氢能专业本科学生已经入学，通过四年相关专业学习，将为我国能源行业培育和输送氢能技术及装备的专业人才队伍。

然而，作为新兴学科，氢能专业的相关教材和专业书籍不足，为服务氢能相关学科的专业建设和人才培养，亟须编写氢能技术及应用领域书籍。本书按照氢能产业链条的制备、储运、利用和安全环节进行系统性的知识阐述，可作为氢能科学与工程专业的概论课程和其他专业的辅修课程教材。考虑到氢能领域的先进理论、最新技术装备和重大工程应用层出不穷，为保持教材的时效性，将通过打造新形态数字化教材的形式，重点对新理论、新装备、大工程等进行梳理和更新，读者可通过章节中二维码进行浏览学习。

本书第 1 章从"双碳"目标和国家能源安全两个角度阐述了我国发展氢能的背景和意义，介绍了氢的物性和氢能产业链及发展现状，使读者感受到氢能重要性，肩负时代使命，立志氢能报国。第 2 章介绍了煤、石油和天然气等化石燃料的制氢技术基本原理与工艺流程。第 3 章介绍了生物质、电解水、甲醇、氨分解等非化石燃料制氢方法，并讨论了不同制氢技术的优缺点。第 4 章介绍了氢气的提纯。第 5 章介绍了高压气态、低温液态和固态储氢形式的基本原理、发展现状与技术对比。第 6 章介绍并对比了氢气的车辆、管道、轮船等运输形式，以及加氢站的工作原理、系统组成和发展现状。第 7 章介绍了碱性、磷酸、熔融碳酸盐、固体氧化物和质子交换膜等氢燃料电池的工作原理、系统组成和技术优缺点。第 8 章介绍了氢能在交通、储能、发电和工业中应用的基本原理与工程案例。第 9 章介绍了氢安全与事故分类、安全检测与标准法规。

本书第 1 章由张磊编写，第 2～5 章由杨维结编写，第 6～8 章由李永毅编写，第 9 章由段志洁、王大威、封利利、姚敬尧编写，曲涛负责教材中课程思政内容的撰写，全书由张磊统稿。本书由同济大学明平文教授审稿，明平文教授对本书进行了认真审阅，并提出了许多宝贵的意见和建议，在此表示衷心感谢。同时，感谢刘昊、黄明烨、刘鑫塬、魏子涵、葛晗等研究生在资料搜集和文字校对上提供的帮助。

限于编者水平，书中可能存在不足之处，恳请读者批评指正。

编者

2024 年 6 月

目　　录

1 氢 能 概 述

第1章资源

1.1 氢能产业发展背景及意义

1.1.1 碳达峰、碳中和的重大战略决策

能源是人类社会生存和发展的基础。18世纪60年代至19世纪中期，"蒸汽机＋煤炭"替代"人工＋柴薪"，开启了第一次工业革命；19世纪下半叶至20世纪初，"内燃机＋石油"引发了第二次工业革命。工业革命的历史进程清晰记录了先进技术对能源革命的影响，先进技术已然成为推动工业革命的巨大动力；同时，也反映了能源革命及与其伴随的工业革命对社会生产力提升、经济发展转型和生活方式转变的巨大作用。

全球两百余年来的工业化发展，建立在以化石能源为主的能源结构上，化石能源开发促进了人类社会快速发展的同时，也排放了大量的 CO_2。2020年世界 CO_2 排放量已高达348.1亿t。CO_2 排放造成的温室效应使得全球平均气温逐年升高，相比第一次工业革命时期，2020年全球平均气温已升高1.2℃。全球变暖导致两极冰川大量融化，海平面上升，异常天气频发，土地荒漠化，病虫害加剧。化石能源的消耗导致资源加速匮乏和环境急剧污染，经济、生态和能源的关系日趋紧张。各国政府已认识到温室气体排放导致的以全球气候变暖为主要特征的生态危机，全球气候问题正成为人类共同面临的严峻挑战。

为应对全球气候问题，1992年5月9日联合国大会通过了《联合国气候变化框架公约》。1994年3月21日，该公约生效，由150多个国家以及欧洲经济共同体共同签署。中国于1992年11月7日经全国人民代表大会常务委员会批准《联合国气候变化框架公约》，并于1993年1月5日将批准书交存联合国秘书长处，该公约于1994年3月21日起于中国生效。

1997年12月11日，联合国气候变化框架公约第3次缔约方大会在日本京都召开。149个国家和地区的代表通过了《京都议定书》（全称《联合国气候变化框架公约的京都议定书》）。《京都议定书》确立的自上而下的治理模式，成为发达国家应当履行的一项国际法义务。这是人类历史上首次以法规的形式限制温室气体排放。中国于1998年5月签署并于2002年8月核准了该议定书。欧盟及其成员国于2002年5月31日正式批准了《京都议定书》。2007年12月，澳大利亚签署《京都议定书》。虽然《京都议定书》所提出的"共同但有区别的责任原则"已成为国际上普遍接受的原则，但在实际执行中并不理想。美国人口仅占全球人口的3%～4%，而排放的 CO_2 却占全球排放量的25%以上，为全球温室气体排放量最大的国家。

2015年12月12日，《联合国气候变化框架公约》近200个缔约方在巴黎气候变化大会上达成《巴黎协定》。这是继《京都议定书》后第二份有法律约束力的气候协议，为2020年后全球应对气候变化行动做出了安排。《巴黎协定》的长期目标是将全球平均气温较前工业化时期上升幅度控制在2℃以内，并努力将温度上升幅度限制在1.5℃以内。2016年4月22日，《巴黎协定》高级别签署仪式在纽约联合国总部举行。联合国秘书长潘基文宣布，在

《巴黎协定》开放签署首日，共有 175 个国家签署了这一协定，创下国际协定开放首日签署国家数量最多的纪录。同年 9 月 3 日，全国人民代表大会常务委员会批准中国加入《巴黎协定》，成为批准协定的缔约方之一。2016 年 11 月 4 日，欧洲议会全会以多数票通过了欧盟批准《巴黎协定》的决议，欧洲理事会当天晚些时候通过书面程序通过了这一决议。这意味着《巴黎协定》已经具备正式生效的必要条件。

为减少温室气体排放，努力把升温控制在 1.5℃ 之内，各国政府纷纷开展碳减排工作，在土地、能源、工业、建筑、运输和城市领域进行改革，并指明了碳中和规划，世界部分国家的碳中和规划见表 1-1。碳中和是指在一段时间内，通过节能减排、植树造林等有效措施，抵消自身产生的 CO_2 排放，逐渐实现零碳排放。

表 1-1　　　　　　　　　　　　　世界部分国家的碳中和规划

目标时间	国家/地区	数量（个）	承诺性质
已实现	苏里南、不丹	2	已实现
2035 年	芬兰	1	政策文件
2040 年	奥地利、冰岛	2	政策文件
2045 年	瑞典	1	法律规定
2050 年	英国、法国、丹麦、新西兰、匈牙利	5	法律规定
	欧盟、加拿大、韩国、西班牙、智利、斐济	6	拟议立法
	美国、南非、日本、德国、瑞士、挪威、爱尔兰、葡萄牙、哥斯达黎加、斯洛文尼亚、马绍尔群岛	11	政策文件
2060 年	中国	1	政策文件
2070 年	印度	1	政策文件

2020 年 12 月 16～18 日在北京举行的中央经济工作会议，将"做好碳达峰、碳中和工作"列为 2021 年的重点任务之一。2021 年，在全国两会上，碳达峰、碳中和首次被写入《政府工作报告》。碳达峰、碳中和重要战略决策图如图 1-1 所示，碳达峰就是指在达到一个时间点，CO_2 的排放量达到峰值，然后逐渐开始下降。经过统计发现，我国的 CO_2 排放主要包括生产端的直接排放以及消费端的间接排放两个方面，即化石燃料的燃烧直接排放以及耗电间接排放。

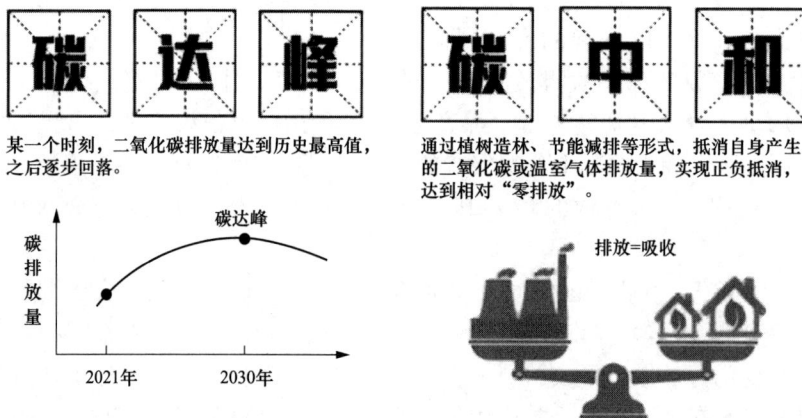

某一个时刻，二氧化碳排放量达到历史最高值，之后逐步回落。

通过植树造林、节能减排等形式，抵消自身产生的二氧化碳或温室气体排放量，实现正负抵消，达到相对"零排放"。

图 1-1　碳达峰、碳中和重要战略决策图

碳中和目标是中国特色社会主义现代化强国建设目标的重要内容,对实现中国经济高质量可持续发展、应对全球气候变化、构建人类命运共同体具有深远意义。由于中国资源禀赋特征,即人均能源资源拥有量较低;中国人口众多,人均能源资源拥有量在世界上处于较低水平;煤炭和水力资源人均拥有量相当于世界平均水平的50%,石油、天然气人均资源量仅为世界平均水平的1/15;耕地资源不足世界人均水平的30%,制约了生物质能源的开发,导致中国能源结构碳排放强度居高难下,这对碳中和目标的实现形成极大挑战。因此,实现碳中和目标的首要任务便是推进中国能源结构转型,构建多元化清洁能源体系。

同其他国家相比,中国的碳中和之路势必将更加艰辛:发达国家从工业革命到碳达峰用了100～200年,而中国从工业革命到碳达峰计划用50年;欧盟从碳达峰到碳中和计划用71年,美国从碳达峰到碳中和计划用43年,日本从碳达峰到碳中和计划用37年,而中国从碳达峰到碳中和计划用仅30年的时间。

为扎实做好碳达峰、碳中和各项工作,中国政府制定了《2030年碳达峰行动方案》,积极优化产业结构和能源结构。2021年2月2日,《国务院关于加快建立健全绿色低碳循环发展经济体系的指导意见》(国发〔2021〕4号)指出:要深入贯彻党的十九大和十九届二中、三中、四中、五中全会精神,认真落实党中央、国务院决策部署,坚定不移贯彻新发展理念,全方位全过程推行绿色规划、绿色设计、绿色投资、绿色建设、绿色生产、绿色流通、绿色生活、绿色消费,使发展建立在高效利用资源、严格保护生态环境、有效控制温室气体排放的基础上,统筹推进高质量发展和高水平保护,建立健全绿色低碳循环发展的经济体系,确保实现碳达峰、碳中和目标,推动我国绿色发展迈上新台阶。

减少化石能源消费,大力提高太阳能、风能等新能源在能源结构的占比,是实现碳中和的必由之路,碳中和的路径如图1-2所示。2021年3月15日,我国中央财经委员会第九次会议指出,"十四五"是碳达峰的关键期、窗口期,要构建清洁低碳安全高效的能源体系,控制化石能源总量,着力提高利用效能,实施可再生能源替代行动,深化电力体制改革,构建以新能源为主体的新型电力系统。

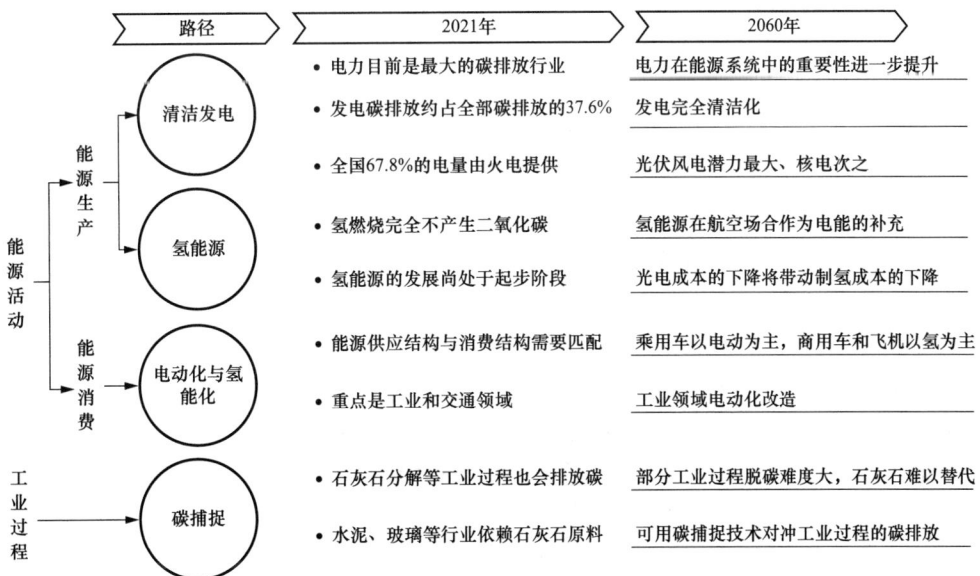

路径	2021年	2060年
清洁发电	• 电力目前是最大的碳排放行业	电力在能源系统中的重要性进一步提升
	• 发电碳排放约占全部碳排放的37.6%	发电完全清洁化
	• 全国67.8%的电量由火电提供	光伏风电潜力最大、核电次之
氢能源	• 氢燃烧完全不产生二氧化碳	氢能源在航空场合作为电能的补充
	• 氢能源的发展尚处于起步阶段	光电成本的下降将带动制氢成本的下降
电动化与氢能化	• 能源供应结构与消费结构需要匹配	乘用车以电动为主,商用车和飞机以氢为主
	• 重点是工业和交通领域	工业领域电动化改造
碳捕捉	• 石灰石分解等工业过程也会排放碳	部分工业过程脱碳难度大,石灰石难以替代
	• 水泥、玻璃等行业依赖石灰石原料	可用碳捕捉技术对冲工业过程的碳排放

图1-2 碳中和路径(来源:中信证券研究部)

1.1.2 国家能源安全需求

能源是一个国家发展的重中之重，是现代社会的经济命脉，也是影响国家安全的重要因素。纵观各国的发展历程，经济增长必须以能源供应为保障，失去稳定持续的能源供应，国家发展无从谈起。

石油作为工业的血液，是一个国家生存的最基础的战略物资。第二次世界大战结束以后，美国为控制世界上最大的石油供应地，确保在这一地区的长远利益，一直通过各种手段加强对中东的渗透和影响。1975 年，美国寻觅到了符合自己利益的关系——美元与原油挂钩，与石油输出国组织——欧佩克（OPEC，包括伊拉克、伊朗、沙特阿拉伯、委内瑞拉等原油出口大国）进行多次磋商，终于达成了只以美元进行原油贸易的协定，美元成为国际原油计价和结算的货币，以此控制全世界的经济命脉。"在 21 世纪初期，世界将会比今天更加依赖于海湾地区的石油。"美国国防部 1995 年发布的《美国对中东安全战略报告》，道出了中东对于美国国家战略的重要性之所在。

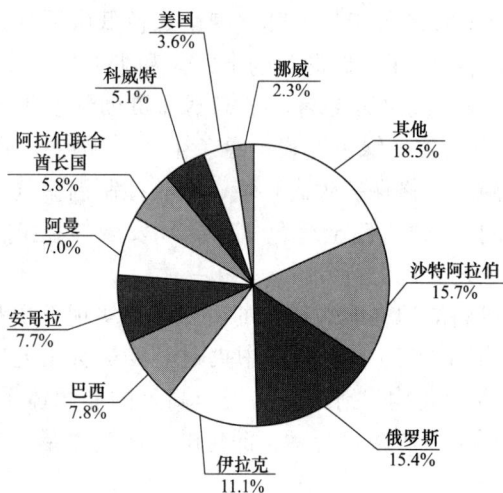

图 1-3　2020 年中国主要石油进口国进口油量占比

我国是油气进口第一大国，根据中华人民共和国海关总署公布的数据统计，2020 年我国共进口原油 5.42 亿 t，2020 年石油、天然气对外依存度分别攀升到 73% 和 43%。国家石油安全的警戒线为 50% 对外依赖度，国家能源安全不容忽视。我国原油进口来源十分广泛，有近 50 个原油进口国。如图 1-3 所示，来自沙特阿拉伯、俄罗斯、伊拉克、巴西、安哥拉、阿曼、阿拉伯联合酋长国、科威特、美国以及挪威的进口原油量占到总进口量的 80% 以上。随着美国逐渐成为世界石油市场重要一极，国际能源格局进入了新的磨合和调整期。不确定性将成为各国石油行业发展不得不予以重视的重要变量。新冠疫情全球暴发后，随着世界主要经济体经济衰退，石油需求陷入低迷、产油国经济下滑、石油价格剧烈波动，石油行业可能会在长期低迷的状态下，不断增加风险性和不确定性。即便我国原油进口国众多，但是以石油为主体的化石能源工业体系安全仍充满挑战。因此，致力构建以新能源为主体的能源结构是我国走向能源安全的必由之路。

1.1.3 氢能在能源结构的重要地位

氢能是一种灵活高效、应用场景丰富的二次能源，是推动传统化石能源清洁高效利用和促进可再生能源消纳的重要媒介，是实现交通、电力、建筑、工业等领域深度脱碳的重要途径。无论从碳减排、碳中和的能源环境重要战略出发，还是从保障能源安全的角度，大力发展新能源产业都是促进我国经济社会持续发展的动力支撑。2020 年我国电源装机占比如图 1-4 所示。截至 2020 年底，我国可再生能源发电装机占总装机的比重达 42.4%，较 2012 年增长 14.6 个百分点。其中，水电、风电、光伏发电、生物质发电分别连续 16 年、11 年、6 年和 3 年稳居全球首位。虽然我国新能源总装机取得突破性进展，2020 年新增新能源装机达到 5.3 亿 kW，比例超过 24%，但离"主体"定位仍差距较大。

新能源装机的快速增长带来严重的消纳问题。以光伏、风电为代表的新能源装机快速增长，但是光伏和风电等新能源具有波动性、间歇性与随机性等特性，属于不稳定出力的电源，因此装机占比或发电占比达到一定程度时，会对电网的稳定性带来挑战。电网为避免不稳定会限制部分新能源的出力，从而引发了弃风、弃光现象。消纳问题在一定程度上影响了新能源的发展。由于消纳问题的存在，如果不配套储能技术，光伏和风电达到一定渗透率时将失去可持续发展的条件。

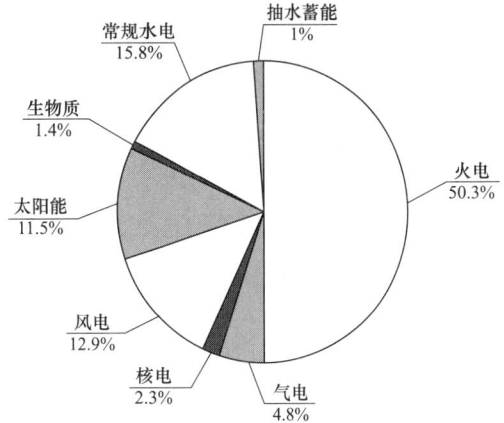

图 1-4 2020 年我国电源装机占比

风电和光伏产业的迅猛发展将推动大容量储能产业的发展。储能技术在很大程度上解决了新能源发电的随机性、波动性问题，可以实现新能源发电的平滑输出，能有效调节新能源发电引起的电网电压、频率及相位的变化，使大规模风电及光伏发电方便可靠地并入常规电网。储能是指在能量富余的时候，利用特殊技术与装置把能量储存起来，并在能量不足时释放出来，从而调节能量供求在时间和强度上的不匹配问题。储能已成为电力系统的关键一环，可以应用在"发、输、配、用"任意一个环节。当然储能本身不是新兴的技术，但从产业角度来说却是刚刚出现，正处在起步阶段。

储能技术可以说是新能源产业革命的核心，主要的储能形式有电化学储能、压缩空气储能、抽水蓄能、飞轮储能、超级电容器、超导储能和氢能等，不同储能形式的储能时长和储能容量如图 1-5 所示。在诸多储能形式中，氢能的储能时长和储能容量覆盖范围广，适用场景多，具有独特的发展优势。氢能作为 21 世纪人类可持续发展的清洁可再生能源，目前已受到全球范围的高度重视，在我国也受到广泛关注。在碳减排、碳中和大背景下，氢能作为目前最具潜力的二次清洁能源，将在我国能源转型中占据重要地位。

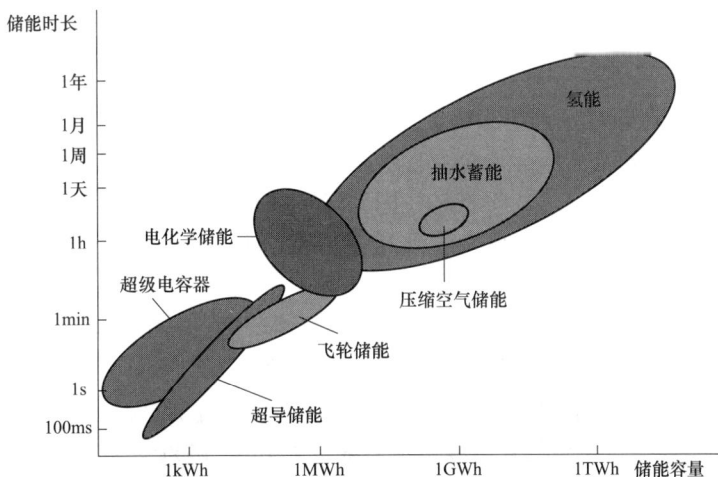

图 1-5 不同储能形式的储能时长和储能容量

氢能是连接一次能源和消费终端的重要桥梁，能方便地转换成电和热，转化效率较高，有多种来源途径，氢能作为多元能源供应体系的重要载体如图1-6所示。同时，氢能也是理想的清洁二次能源载体，用可再生能源制氢，用储氢材料储氢，用氢燃料电池发电，将构成"净零排放"可持续利用的氢能系统，成为可再生能源之外实现"深度脱碳"的重要路径。采用可再生能源实现大规模制氢，通过氢气的桥接作用，既可为燃料电池提供氢源，又可绿色转化为液体燃料，从而有可能实现由化石能源顺利过渡到可再生能源的可持续循环，催生可持续发展的氢能经济。

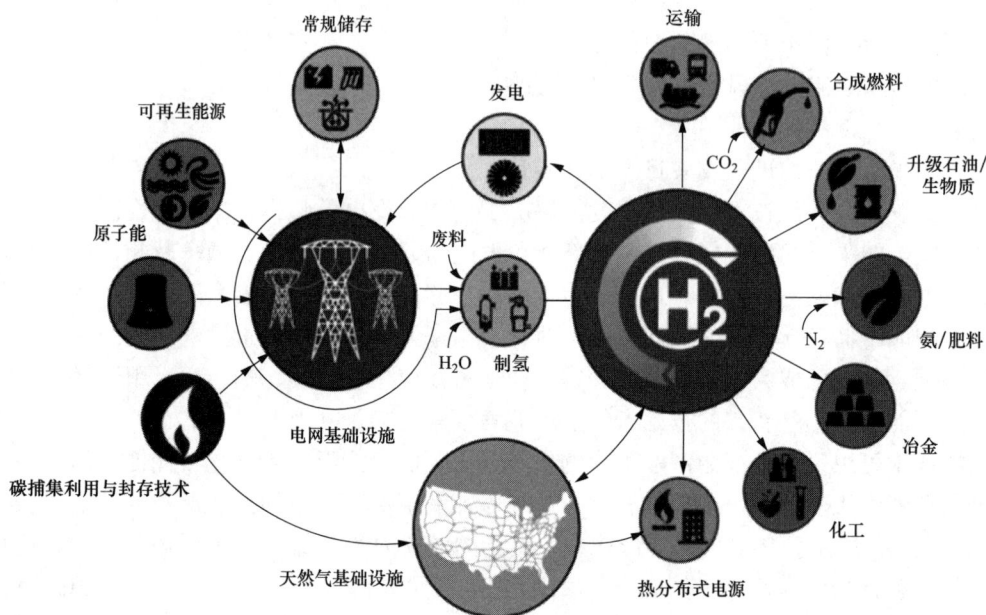

图1-6　氢能作为多元能源供应体系的重要载体

在碳中和的目标下，氢能的利用得到了世界各国的广泛关注，成为应对气候变化，实现"脱碳"的重要方向。2019年，氢能首次被写入我国《政府工作报告》；2020年5月22日，氢能首次被写入年度国民经济和社会发展规划；2021年，氢能被纳入"十四五"规划和2035年远景目标纲要，并且各省纷纷出台相关产业战略规划。2021年9月4日，"2021氢能产业发展论坛暨第十一届全球新能源企业500强峰会"召开，以"低碳发展、氢启未来"为主题。该峰会指出："未来10～20年将是我国氢能产业发展的重要机遇期，实现氢能的高质量发展，要从战略、政策、技术、资金、国际合作等方面积极谋划，通过改革创新破解发展难题。"

2021年9月21日，第七十六届联合国大会一般性辩论上，中国承诺，"将大力支持发展中国家能源绿色低碳发展，不再新建境外煤电项目"。2020年12月，国务院发布了《新时代的中国能源发展》白皮书，中国坚定走新时代能源高质量发展之路。2021年10月26日，国务院发布的《关于印发2030年前碳达峰行动方案的通知》（国发〔2021〕23号）在工业领域碳达峰行动、交通运输绿色低碳行动、绿色低碳科技创新行动、国际合作和政策保障方面均涉及氢能。

接下来简单介绍下各个国家和地区的氢能发展路线：

1. 美国

美国氢能发展路线分为四个关键阶段：2020～2022年、2023～2025年、2026～2030年和2030年后。

（1）2020～2022年：在更多的州和联邦层面建立脱碳目标，作为具体政策和监管行动的指南。公共激励措施和标准可以弥补初期市场推出的障碍，将更成熟的氢气解决方案推向市场，提高公众接受程度，并继续在其他应用中开展氢气使用试点。

（2）2023～2025年：随着规模的扩大，生产成本下降，从而实现了新的应用。氢气相关设备，特别是燃料电池汽车和加氢站也按比例增加，实现了成本和性能的改进。

（3）2026～2030年：氢需求量超过1700万t，全国有5600个加氢站在运营。随着氢生产成本的降低和基础设施的到位，氢经济吸引投资发展且规模扩大。到2030年，每年的投资估计为80亿美元。

（4）2030年后：氢气将在美国各地区大规模部署。除了国内市场的制造和生产外，向欧洲和亚洲出口技术和氢气也为美国经济增添了活力。到2050年，美国氢工业的总收入可能达到每年7500亿美元。这包括6300万t的氢需求和包括FCEV（燃料电池汽车）在内的所有设备。

2. 欧盟

欧盟的首要任务是开发再生氢气，主要利用风能和太阳能生产。可再生氢是与欧盟碳中和与零污染的长期目标最兼容的选择，也是与综合能源系统最一致的选择。可再生氢的选择基于欧洲电解槽生产的工业实力，将在欧盟创造新的就业机会和经济增长，并支持成本效益高的综合能源系统。在通往2050年的道路上，随着技术的成熟和生产技术成本的降低，以及新的可再生能源发电的推出，可再生氢应逐步大规模部署且这一进程必须立即启动。然而，在短期和中期，还需要其他形式的低碳氢，主要是为了快速减少现有氢生产的排放，并支持可再生氢的并行和未来吸收。欧洲的氢生态系统很可能会逐步发展，可能不同部门、不同地区的发展速度不同，需要不同的政策解决方案。

（1）在第一阶段，2020～2024年，战略目标是在欧盟安装至少6GW的可再生氢电解槽，并生产最多100万t的可再生氢，以使现有氢生产脱碳。

（2）在第二阶段，2025～2030年，氢气需要成为综合能源系统的内在组成部分，其战略目标是到2030年安装至少40GW的可再生氢电解槽，并在欧盟生产多达1000万t的可再生氢。

（3）在第三阶段，2030～2050年，可再生氢技术应达到成熟，并大规模部署，以覆盖其他替代方案可能不可行或成本较高的所有难以脱碳的行业。

3. 德国

德国联邦政府制定了《国家氢能战略》，在2023年之前的第一阶段，联邦政府将采取一系列措施。主管部委将确保这些措施在现有预算估计数和财务计划的基础上得到实施和资助。然而，《国家氢能战略》也有一个贯穿各领域的层面，将重点放在系统性方法上。这意味着供应和需求将始终被考虑在一起。《国家氢能战略》中规定的措施是国家氢能战略第一阶段的措施，即到2023年的阶段，届时将开始加速，并为国内市场的良好运行奠定基础。除此之外，还需要解决诸如研究与发展和国际方面等基本问题。下一阶段将于2024年开始，旨在稳定新兴的国内市场，塑造欧洲和国际范围的氢气，并将其用于德国工业。这表明，持续发展是国家氢能战略的内在特征。德国氢能路线图如图 1-7 所示。

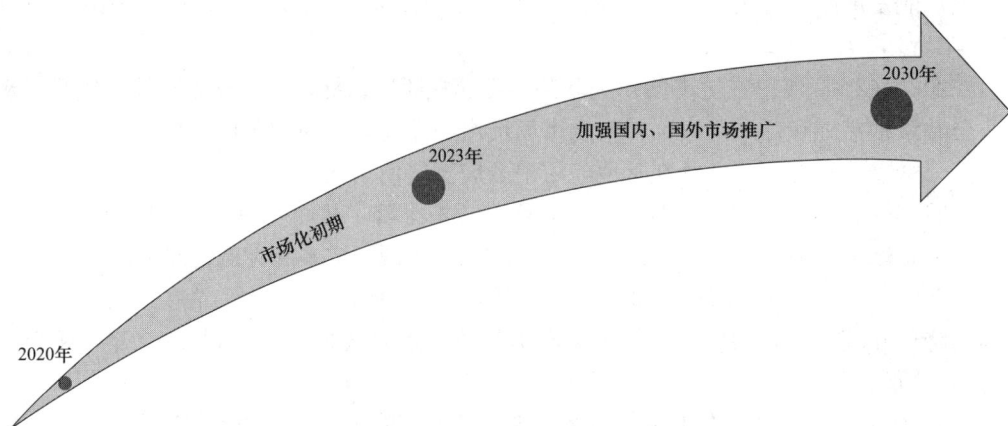

图 1-7　德国氢能路线图

4. 韩国

2019 年 1 月，政府宣布了氢经济路线图，该路线图规定了 2040 年的目标。该路线图旨在 2022 年将燃料电池汽车的数量增加到 7.9 万辆，到 2040 年增加到 590 万辆，并将在 2022 年和 2040 年分别安装 310 座和 1200 座加氢站。其还旨在到 2040 年将公用事业规模和住宅燃料电池的装机容量分别大幅增加至 15GW 和 2.1GW。氢经济路线见表 1-2。

表 1-2　　　　　　　　　　　　　　氢 经 济 路 线

应用	类型	2018 年	过渡期	2022 年	过渡期	2040 年
流动性	汽车	5000 辆	本地化达到 100%	79 000 辆	与电动汽车价格相同	5 900 000 辆
	公共汽车	2 辆		2000 辆	可以跑 80 万 km	60 000 辆
	出租车	—	2021 年起在大城市运行		在全国范围内扩展	120 000 辆
	卡车	—	发展 5t 卡车	发展 10t 卡车	本地化达到 100%	120 000 辆
	加氢站	14 座		310 座	本地化达到 100%	1200 座
能源	燃料电池发电	307MW	安装成本降至 1530 万韩元（2300 英镑/kW）	1.5GW	装机容量进一步扩大	15GW
	住宅燃料电池	7MW	安装成本降至 1530 万韩元（9900 英镑/kW）	50MW		2.1GW
氢供应		130 000t/年		470 000t/年		5.26t/年
		副产品/SMR（蒸汽甲烷重整）	大规模生产	电解槽	大型电解槽	绿氢

应用	类型	2018 年	过渡期	2022 年	过渡期	2040 年
氢消费		8800 韩元		5500 韩元	3500 韩元	3000 韩元
		5.6 英镑/kg		3.6 英镑/kg	2.4 英镑/kg	1.9 英镑/kg

5. 马来西亚

图 1-8 为马来西亚的氢能路线图，其分为短期、中期和长期三个阶段。其中短期为可行性研究与论证，包含 2005 年的初始氢气生产系统和 2007 年的氢气生产示范系统；中期为氢气加注系统、基础设施和储存，包含 2009 年的进一步的氢气示范项目和 2015 年的氢科技和氢补给的提升；长期为 H2 ICE 开发项目完成网络全面开发，包含 2025 年的氢气技术成本降低了 50％和 2030 年氢气成为竞争性能源。

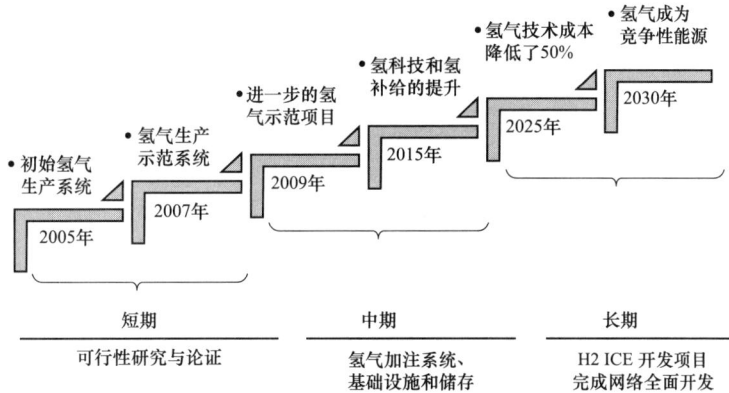

图 1-8　马来西亚的氢能路线图

6. 日本

在日本的历史上，氢气作为燃料的使用主要限于工业应用。然而，在过去几十年中，氢气作为燃料电池和燃料电池汽车（FCV）的新能源开始受到关注。在 2014 年批准的《战略能源计划》指出，日本必须制定实现"氢社会"的路线图。根据该计划，经济、贸易和工业部（METI）发布了氢和燃料电池战略路线图。它展示了日本将如何利用氢气、在生产氢气的每一步中要实现的目标、氢气的运输和储存，以及工业界、学术界和政府为实现这些目标而进行的合作。该路线图规定了实现不同目标的明确时间框架，并提出了推广氢能的倡议。该路线图于 2016 年修订。图 1-9 是氢和燃料电池战略路线图。

7. 中国

氢能将作为中国清洁高效能源生产和消费体系的重要构成部分。根据《中国氢能源及燃料电池产业白皮书（2019 版）》，到 2050 年，氢能在交通运输、储能、工业、建筑等领域广泛使用，氢需求量由目前 2000 多万 t 提升至约 6000 万 t，氢能产业链产值扩大，产业产值将超过 10 万亿元。2050 年氢的终端销售价格将降至 20 元/kg，加氢站数量达到 12 000 座，氢燃料电池汽车保有量达到 3000 万辆，固定式发电装置 2 万台套/年，燃料电池系统产能 550 万台套/年。表 1-3 为中国氢能发展的总体目标。

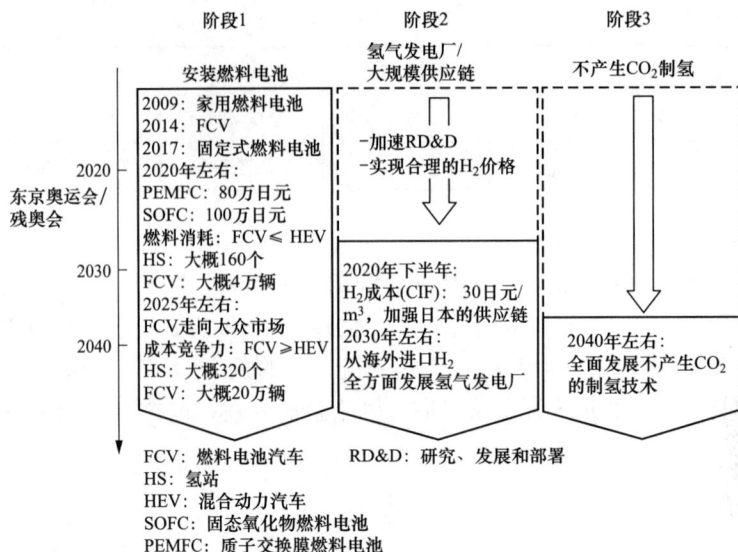

图 1-9　氢和燃料电池战略路线图

表 1-3　　　　　　　　　　**中国氢能发展的总体目标**

年份	2025	2035	2050
氢需求总量（万 t）	约 3000	约 4000	约 6000
产业价值（万亿元）	1	5	12
氢终端销售价格（元/kg）	40	30	20
加氢站数量（座）	200	2000	12000
氢燃料电池汽车保有量（万辆）	10	100	3000

1.2　氢的理化性质与分类

氢通常的单质形态是氢气，无色、无味，是一种极易燃烧的由双原子分子组成的气体。氢由英国化学家卡文迪许在 1766 年发现，并称之为可燃空气。随后法国化学家拉瓦锡证明氢是一种单质并为它命名。在宇宙中，氢是最丰富的元素。氢在地壳中的丰度很高，按原子组成占 15.4%，但质量仅占 1%。在地球上氢主要以化合态存在于水和有机物中。氢有三种同位素：氕、氘、氚。氢气是最轻的气体，相对原子质量为 1.008，因此，每年的 10 月 8 日被定为"国际氢能日"。

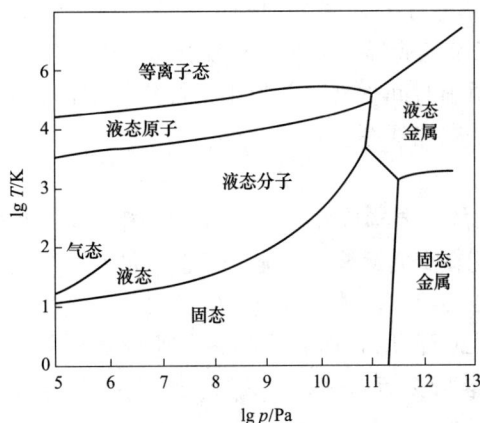

图 1-10　氢的物相图

1.2.1　氢的物相

氢含有六种物相，分别为气态氢、液态氢、固态氢、泥浆氢、金属氢、等离子态氢，氢的物相图如图 1-10 所示。

1. 气态氢

在常温常压下，氢气难溶于水并且极易燃

烧，是现在所知道的所有气体中密度最小的，只有空气的 1/4，约为 0.089g/L。因此氢气一般可以用作飞艇或是氢气球的填充气体，但由于具有可燃性，因此为了安全一般选用氦气。此外，氢气还可以作为还原剂。氢在一般液体的溶解度比较小，20℃时 1 个大气压（纯氢气环境）条件下，100mL 水中能溶解 1.82mL 氢气。

2. 液态氢

H_2 是非常难液化的气体，要以液体形式存在，H_2 必须冷却到其临界点（32.94K，1.29MPa）以下，液态氢如图 1-11 所示。然而，要使其在标准大气压力下处于完全液态，H_2 需要冷却到 20.37K。液态氢是一种无色、无味的液体燃料，广泛用于通信卫星、宇宙飞船、航天飞机、新能源汽车等，具有清洁环保的优点。氢液化后，它可以在加压和隔热条件下保持为液体。在常温常压下以液体形式储存比以气体形式储存所占用的空间要小。然而，与其他常见燃料相比，液态氢密度仍非常低，液态氢的密度仅为 70.8g/L（20K 时），相对密度仅为 0.07。

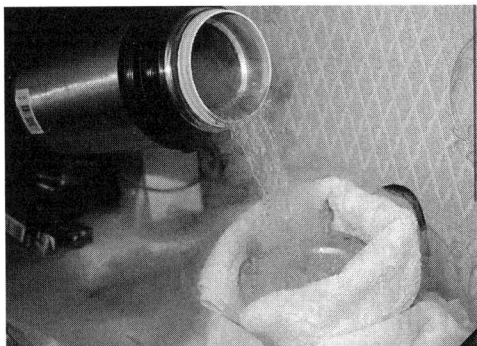

图 1-11　液态氢

3. 泥浆氢

泥浆氢是液态氢和固态氢在三相点的组合，温度比液态氢低，密度比液态氢高。它通常是通过重复冻融过程形成的。最简单的方法是使液态氢接近其沸点，然后使用真空泵减压。压力的降低导致液态氢蒸发/沸腾，并最终导致液态氢的温度降低。随着液体冷却并达到其三相点（13.80K，7.04kPa），在沸腾液体的表面（气/液界面之间）会形成固态氢。真空泵停止，引起压力增加，表面形成的固态氢部分熔化并开始下沉。固态氢在液体中搅拌并重复该过程。与液态氢相比，由此产生的泥浆氢密度增加了 16%～20%。它被提议作为代替液态氢的火箭燃料，以使用更小的燃料箱，从而减少车辆的质量。

4. 固态氢

固态氢如图 1-12 所示，固态氢是将液态氢经冷却降温至熔点（13.96K）得到的呈现雪花状的固体。固态氢的密度为 86g/L，其为密度最低的固体之一。固态氢主要用于冷却器、高温高能燃料以及炸药制作。

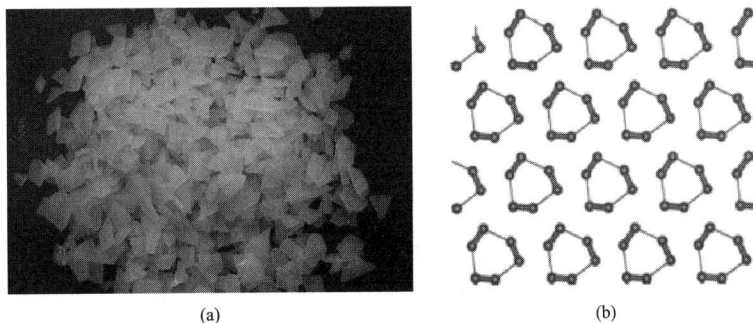

(a)　　　　　　　　　　　(b)

图 1-12　固态氢

(a) 固态氢固体实物；(b) 固态氢可能的原子结构

5. 金属氢

金属氢是通过极度高压使得氢具有类似金属的电导特性，在 1935 年由 Eugene Wigner 和 Hillard Bell Huntington 两位学者根据理论计算首次预测，当压力高达 400GPa（约 3 900 000 个大气压）时可转变为金属氢，因此金属氢的制备也被誉为高压物理研究的圣杯。氢在金属状态下，氢分子将分裂成单个氢原子，并使电子能够自由运动。在金属氢中，氢化学键断裂，分子内受束缚的电子被挤压成公有电子，这种电子的自由运动使金属氢具有了导电的特性。因此，把氢制成金属，关键就是把电子从原子的束缚下解放出来，把共价键转变为金属键。金属氢内储藏着巨大的能量，比普通 TNT 炸药（三硝基甲苯）大 30～40 倍。2017 年初，哈佛大学的研究团队通过对氢气施加 495GPa 的高压，首次制得固态金属氢。2017 年 2 月 22 日，由于操作失误，盛放金属氢的钻石容器破裂，此金属氢样本消失了。

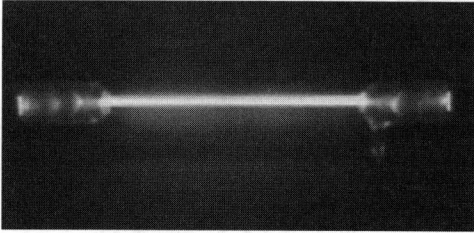

图 1-13　等离子态氢

6. 等离子态氢

等离子态氢如图 1-13 所示。等离子态氢处于氢相图的低压高温区。当被引入低压等离子体系统时，氢原子解离和电离，同时将相转变为等离子体。可以在低压系统中观察到氢等离子体发出紫色光芒。

1.2.2　氢的理化性质

1. 氢的物理性质

氢的理化性质见表 1-4。在标准大气压下，当温度冷却到 $-252.78℃$ 以下时，气态氢将会变为无色的液态氢；继续冷却，当温度达到 $-259.19℃$ 以下时，液态氢将会变化为白色固体。自然界中氢以 ^1H（气，H），^2H（气，D），^3H（气，T）三种同位素的形式存在，相对丰度分别为约 99.9844%、约 0.0156%、低于 0.001%，其中氚具放射性，半衰期为 12.46 年。液态氢精馏、水电解或重水分解均可大规模制氘。液氖吸收法制氘的成本与液态氢精馏法相当。吸附分离与色谱分离是小规模制氘的常用方法。电泳法设备简单、能耗小，可与硫化氢双温交换（GS）法成本相当。激光分离氢同位素是很有希望的方法。采用氟化氘-水激光分离体系，投资比 GS 过程节约 80%～90%，操作费用节约 5/6，已接近实现工业生产水平。

氢是自然界中普遍存在的一种元素，研究发现，宇宙质量的 75% 是由氢构成的。在地球的所有矿物中，氢主要以氢离子、氢氧根离子以及水的形式存在。而在地球的外圈范围内，氢主要是以水的形式存在，水中含有的氢的质量约为总质量的 1/9，如果将海水中的氢通过一定的方式进行提取，那么该过程产生的热量要比全球所有的化石燃料燃烧放出的热量多 9000 多倍。

此外，氢主要存在于大气层中，随着大气层高度的上升，氢的含量也逐渐增多。在高度较低的对流层以及平流层内几乎没有氢含量，大气层内氢含量大约是 50%，随着高度的不断上升，大气外层的氢含量大约为 70%。在太阳光球内含量最多的元素也是氢元素，研究表明，宇宙中的多种行星也是由氢经过高度压缩而形成的，并且数据显示，太阳以及部分行星中氢原子的含量大约为 92%。

氢除了是构成矿物质以及大气层的主要元素外，也是人体的生命元素，大约占人体质量的 10%，是仅次于氧、碳之后的人体内排第三位的重要元素，也是构成有机物的主要元素之一。

表 1-4 氢 的 理 化 性 质

理化性质	数值	理化性质	数值
沸点	$-252.78℃$	熔点	$-259.19℃$
密度	$0.089g/L$	气液容积比	$974L/L$
相对分子质量	2.017	临界密度	$66.8kJ/m^3$
原子质量	1.008	临界压力	$1.31MPa$
三相点	$-254.4℃$	空气中的燃烧界限	$5\%\sim75\%$
熔化热	$48.84kJ/kg$	表面张力系数	$3.72mN/m$
热值	$1.4\times10^8J/kg$	折射系数	1.000 125 6
比热比	$(c_p/c_V)=1.40$	易燃性级别	4
易爆性级别	1 级	毒性级别	0

2. 氢的化学性质

氢的电负性为 2.20（鲍林电负性标度），既可与非金属（高电负性）反应，又可与金属（低电负性）反应，形成离子或共价氢化物（如 HCl、H_2O）。氢能与大多数其他元素发生化学反应，常见的化学反应如下：

（1）与金属发生反应。氢气在常温下较为稳定，但在加热或是隔绝空气条件下能够与一些性质较为活泼的金属发生化学反应，如钾、镁、钠等。

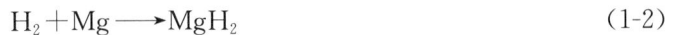

$$2Na+H_2\longrightarrow 2NaH \tag{1-1}$$

$$H_2+Mg\longrightarrow MgH_2 \tag{1-2}$$

（2）与非金属发生反应：

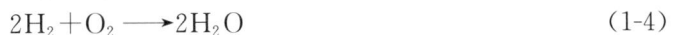

$$H_2+Cl_2\longrightarrow 2HCl \tag{1-3}$$

$$2H_2+O_2\longrightarrow 2H_2O \tag{1-4}$$

（3）氢气的加成反应。在催化剂以及加热的条件下，氢气能够与碳—碳重键以及碳—氧重键发生化学加成反应。在工程实际中，一般利用氢气与醛、酮等发生反应生成醇，与未饱和的有机物发生加成反应生成饱和的有机物。例如与一氧化碳发生反应：

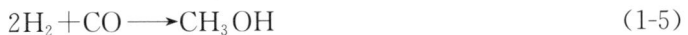

$$2H_2+CO\longrightarrow CH_3OH \tag{1-5}$$

氢气的低位发热量为 242kJ/mol，高位发热量为 286kJ/mol。与其他气体相比，氢的高低热值差异很大（15.6%），这是由于水蒸气冷凝时释放了热量（此能量可以在汽轮机中利用，但不能在燃料电池中利用）。当氢和空气的混合化学当量比为 29.5% 时，氢在空气中燃烧可释放最大燃烧能量。氢的燃烧产物是水蒸气。氢的质量能量密度非常高，1kg 氢气能量为 132.5MJ，大约是 1kg 天然气所含能量的 2.5 倍。

氢在室温下的可燃范围很宽，在空气下可燃范围为 4%～75%，在氧气中的可燃范围最高可达 95%。氢的自燃温度为 800～1000K。氢气极易燃，最小点火能量为 0.02MJ，远低于碳氢-空气混合物。一个微弱的火花或由加压氢气气体静电放电（能量约 10MJ）将足够点火。在化学当量比下，氢在空气中的燃烧速度为 2.55m/s，当氢的浓度为 40.1% 时，最大燃烧速度为 3.2m/s，在纯氧中燃烧速度为 11.75m/s。与其他烃类燃料-空气混合物相比，由于其快速的化学动力学和高的扩散系数，氢具有最高的燃烧速度。燃烧速度越高，从爆燃过渡到爆轰的概率就越大。

1.2.3　氢的分类

虽然氢能是清洁的可再生能源，在释放能量的过程中没有碳排放，但目前生产氢能的过程却并不是百分之百"零碳"。氢元素在地球上主要以化合物的形式存在于水和化石燃料中，而氢能作为一种二次能源，需要通过制氢技术进行"提取"。目前，现有制氢技术大多依赖化石能源，无法避免碳排放。如图 1-14 所示，氢能根据制取方式和碳排放量不同，主要分为灰氢、蓝氢、绿氢这三种。

图 1-14　氢的颜色

1. 灰氢

灰氢是通过化石燃料（例如石油天然气、煤）燃烧产生的氢气，这种类型的氢气约占当今全球氢气产量的 95%，碳排放量最高。当前，工业中生产的氢气主要还是碳基（灰氢）。随着时间的推移，制氢面临的挑战是实现无碳或者碳中性（绿氢或蓝氢）的技术替代。

2. 蓝氢

蓝氢是在灰氢的基础上，应用碳捕集、碳封存技术，实现低碳制氢；世界能源理事会发布的《氢能—工业催化剂（加速世界经济在 2030 年前实现低碳目标）》认为：蓝氢可以减少排放，推动建立氢能经济。通过捕集和储存制造过程中排放的二氧化碳而获得蓝氢是一种更快地减少排放的方法。蓝氢不是绿氢的替代品，而是一种必要的技术过渡，可以加速社会向绿氢的过渡。然而，为了使蓝氢生产变得切合实际，政府应当起草氢能发展战略，明确其社会可接受程度，制定运输和储存价格体系，并在必要的时候将其纳入支持低碳技术发展的财政计划。

2021 年 3 月 18 日，英国石油公司（BP）公布了英国最大的氢能计划，在英格兰东北部提赛德兴建"蓝氢"工厂，目标在 2030 年前生产 1GW 氢气。英国石油公司天然气和低碳能源资深副总裁 Dev Sanyal 表示，这是蓝氢与 CCS（碳捕集与封存）的结合。

3. 绿氢

绿氢是通过光伏发电、风电以及太阳能等可再生能源电解水制氢，在制氢过程中将基本上不会产生温室气体，因此被称为"零碳氢气"。我国发展"绿氢"具备良好的资源禀赋，中国有着可观的地热、生物质、海洋能、风电和光伏资源以及固体废弃物的资源化利用，随着近年来技术的进步,可再生能源的发电成本越来越具有竞争力,与此同时,中国拥有强大的基础设施建设能力,为发展"绿氢"提供了得天独厚的优势。

过去几年里,电解制氢所需消耗的电量十分庞大,其成本之高,令人望而却步,约占总生产成本的75%。因此,可再生能源成本的下降趋势是预估氢能制造业增长的一个关键前提,该因素也增强了电解设施投资的商业前景。2020年12月29日,全球首个"绿氢"标准发布(由中国氢能联盟提出的T/CAB 0078—2020《低碳氢、清洁氢与可再生能源氢的标准与评价》)。该标准对标欧洲依托天然气制氢工艺为基础推行的绿色氢认证项目,建立了低碳氢、清洁氢和可再生氢的量化标准及评价体系,引导高碳排放制氢工艺向绿色制氢工艺转变。通过标准形式对氢的碳排放进行量化,这在全球尚属首次。2021年5月11日,中国产业发展促进会氢能分会(简称氢促会)在京召开"绿氢技术与产业交流研讨会",来自国家电力投资集团有限公司(简称国家电投)、中国氢能联盟、德国蒂森克虏伯股份公司(简称蒂森克虏伯)等20多家国内外前沿氢能产业链企业和学术机构代表,围绕技术创新和工程实践展开深度交流,氢促会绿氢技术发展研究中心正式挂牌成立。

目前,尽管"绿氢"缺乏成本竞争力,但预测将来仍将是一个不断增长的市场。虽然过去几年,"绿色氢气"市场规模较小、成本较高,但是未来在东亚地区以及国际投资者的推动下,将促成市场规模大幅地增长。到2025年,"绿色氢气"的竞争力仍值得期待,随着一些重点、试点项目的实施,以及今后项目规模化的发展,将助力"绿氢"成本下降,氢气一定能够挑战现有传统能源的主导地位。

1.3　氢能产业链

氢能产业链如图1-15所示,氢能源产业链上游为制氢,包含氢气制取(主要技术方式包括化石燃料制氢和非化石燃料制氢两种,其中化石燃料制氢方式有煤制氢、石油制氢和天然气制氢;非化石燃料制氢方式有电解水制氢、生物质制氢、甲醇制氢、氨分解制氢、太阳能制氢、核能制氢以及等离子制氢)、氢气纯化、氢气液化等环节。氢能源产业链的中游为储

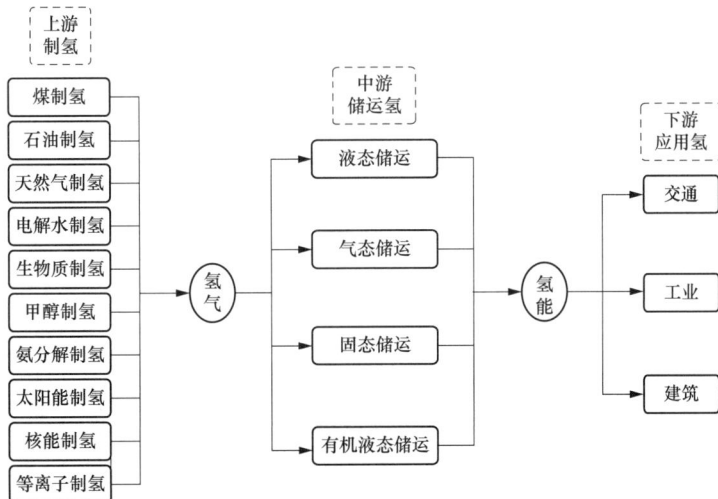

图1-15　氢能产业链

运氢环节，主要储运技术包括气态储运、液态储运、固态储运、有机液态储运等，涵盖储氢装置、氢气运输等。氢能源产业链下游为应用氢，涉及加氢站建设及设备，以及交通、工业、建筑等领域的应用。

1.3.1　氢的制备

制氢环节是决定氢燃料电池汽车经济性的关键因素。从短期来看，工业副产氢是解决氢气需求的过渡性办法。从中长期来看，可再生能源电解制氢是氢源的终极解决方法，一方面取决于可再生能源电力生产成本的进一步下降；另一方面，风光水等可再生能源地区往往远离用氢负荷中心，储运环节成本下降也需要同步配合，如管道运氢、液罐运氢等的发展，扩大经济运输半径。截至 2020 年，全球商用氢气有 96％由煤、石油、天然气等化石燃料制取。近年来由于煤制氢、天然气制氢技术的大规模应用，基于石油替代及经济性方面的原因，重油（常、减压渣油及燃料油等）部分氧化制氢技术在工业上已经很少采用。

煤气化制氢是工业大规模制氢的首选方式之一，其具体工艺过程是煤炭经过高温气化生成合成气（H_2+CO）、CO 与水蒸气经变换转变为 H_2 和 CO_2、脱除酸性气体（CO_2+SO_2）、氢气提纯等工艺环节，可以得到不同纯度的氢气。传统煤气化制氢工艺具有技术成熟、原料成本低、装置规模大等特点，但其设备结构复杂、装置投资成本大。与煤气化工艺一样，炼厂生产的石油焦也能作为气化制氢的原料，这是石油焦高附加值利用的重要途径之一。煤/石油焦制氢工艺还能与整体煤气化联合循环工艺（IGCC）有效结合，实现氢气、蒸汽、发电一体化生产，提升炼厂效益。近年来，随着我国成品油质量升级步伐加快，国内新建炼油厂大多选择了全加氢工艺路线。天然气制氢是北美、中东等地区普遍采用的制氢路线。工业上由天然气制氢的技术主要有蒸汽转化法、部分氧化法以及天然气催化裂解制氢。

虽然化石燃料制氢成本低、技术成熟，是当前工业上大规模制氢的主要方法，但产氢的同时也产生了大量的 CO_2，不符合我国碳达峰，碳中和的战略需求，并且传统化石燃料是不可再生的，在制氢的过程中会产生污染。因此，采用非化石燃料制备绿氢才是未来的主流趋势。可再生能源将在能源结构中占据重要地位，基于可再生能源的制氢最终可成为长距离输送可再生能源的一种方式。

非化石能源制氢是化石能源短缺和温室气体排放等约束下的可持续制氢路径。生物质制氢具有能耗低，温室气体释放少，原料获取方便等优点，理论上能有较大的产氢能力。但其原料构成复杂，初产物杂质多，提纯工艺困难，且占地面积较大，不适合大规模制取。甲醇重整制氢成本低，制备过程工艺流程简单，整个制备过程操作条件温和且方便灵活，但其碳排放问题同样严重。太阳能制氢既能够实现工艺过程的清洁化，也可通过太阳能制氢并储氢解决太阳能低密度和不稳定的缺陷。在太阳-氢能系统中可根据当地、当时的具体情况来采取最有效的方式生产、储存和利用氢。电解水制氢是较成熟的制氢方法，该技术的优点是工艺简单，氢气产品的纯度高，一般可在 99％～99.9％；缺点是耗电量较高，一般不低于 $4kWh/m^3 H_2$（标准状态下）。等离子制氢反应速率快、反应温度低、参数控制灵活；且装置体积小、启动快、能耗低、运行参数范围大，适合小规模的氢气生产。但由于该方法需大功率、高电压的操作控制，电极易腐蚀，使用寿命缩短。核能制氢具有高效、清洁、大规模、经济等多方面的优点，但是安全性问题一直制约着核能制氢的发展。氨制氢无 CO 污染，流程简单，存储安全可靠，价格低，具有广阔的应用前景和更大的经济效益。

传统煤炭、天然气等化石原料制氢技术成熟，仍将具有良好发展前景。太阳能制氢、生物质制氢等新能源制氢技术发展前景较好，但受制于转换效率低、制氢成本高等问题，预计短期内很难实现规模化。电解水制氢可以有效消纳风电、光伏发电等不稳定电力以及其他富余波谷电力，有望成为未来工业氢气的主要来源之一。

1.3.2 氢的储运

在氢能产业链中，氢能的高密度储运是氢能发展的重要环节，同时也是我国氢能布局的瓶颈。以国内某地为例，若该地全部氢能车辆正常运营，氢气日需求量为 15t 左右，目前采用的高压长管拖车输氢量仅为 200～300kg，且氢能输运成本较高，导致氢能的应用环节难以大规模发展。在氢能源发展方面，我国面临的最主要挑战即在于氢能的储运，找到安全、经济、高效、可行的储运模式，是氢能全生命周期应用的关键。氢能储运包括氢气的储存以及氢能源的运输。

氢能储运是产业链的关键环节。氢能产业链整体分为氢能制取、氢能储运、氢能应用三大环节，其中储运环节是高效利用氢能的关键。成本方面，氢气储运成本占总成本约 30%。技术方面，要提高氢气能量密度，国际能源署规定储氢质量标准达到 5%。经济高效是氢能储运未来发展趋势。目前，氢能储存应用场景有加氢站储存、运输车储存和燃料电池车储存等。

氢能储存技术以高压储氢为主。储氢方式主要有气态储氢、液态储氢和固态储氢三种。从技术发展方向看，目前高压气态储氢技术比较成熟，将是国内主推的储氢技术；有机物液体储氢技术具有独一无二的安全性和运输便利性，但该技术尚有较多技术难题，未来会极具应用前景；固态储氢应用在燃料电池汽车上优点十分明显，但现在技术还有待突破，长期来看发展潜力比较大。从市场价值看，氢能储运未来发展空间广阔。据国际氢能委员会预测，到 2050 年氢能产业将创造 2.5 万亿美元的市场规模。

高压储气瓶技术逐步成熟。高压气态储氢是目前广泛应用的储氢方式，主要通过高压储气瓶来实现氢气的储存和释放。高压储氢瓶分为纯钢制金属瓶（Ⅰ型）、钢制内胆纤维缠绕瓶（Ⅱ型）、金属内胆纤维缠绕瓶（Ⅲ型）和塑料内胆纤维缠绕瓶（Ⅳ型）4 种。目前，Ⅲ型瓶是我国发展的重点，已开发 35MPa 和 70MPa，其中 35MPa 已被广泛用于氢燃料电池车，70MPa 已开始推广。Ⅳ型瓶则处于研发阶段。目前储氢瓶成本较高，碳纤维成本占比较大。随着储氢瓶的量产以及碳纤维国产化，储氢瓶制造成本逐步下降。

液态和固态储氢技术已进入示范阶段。液态及固态储氢效率高于气态储氢，是未来发展的方向。目前低温液态储氢主要应用在航天工程中。有机液体储氢和固体储氢仍处于研究阶段或示范阶段。

1.3.3 氢的利用

在脱碳的社会背景下，氢能成为替代化石能源，应对气候变化，实现碳中和的重要选择。为促进氢能产业的发展，世界各国都在加紧完善氢能产业链。氢能用途广泛，可作为燃料提供动力和电力，也可为工业和建筑提供热量，也可以作为化工原料，在工业化工、交通、电力以及航天工程等众多领域有着广泛的应用。目前，我国年产氢气为 2100 万 t 左右，氢的四大用途（包括纯氢和混合氢）分别是：炼油（33%）、合成氨（27%）、合成甲醇（11%）和直接还原铁矿石生产钢铁（3%），纯氢的其他用途虽然占比较小，但应用领域很广，包括电子工业、冶金工业、食品加工、浮法玻璃、精细化工合成、航空航天工业等领域。氢能的应用见图 1-16。

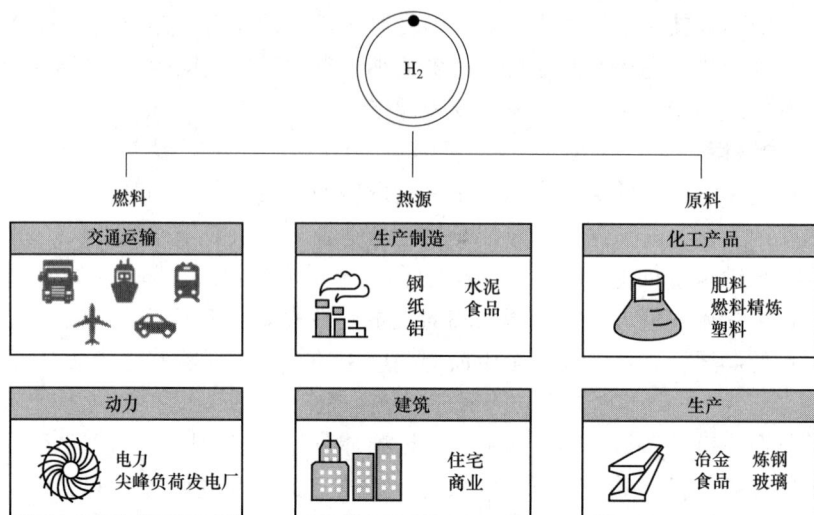

图 1-16　氢能的应用

　　交通领域碳排放约占 28%，承担着较大的减碳任务，这一领域减碳技术的进步和产品的更新将有利于碳中和目标的实现。氢燃料电池汽车是氢能的典型应用之一，是探索清洁燃料促进能源汽车发展的新路径，是未来发展的新方向。氢燃料电池主要应用于以氢气为能源燃料的新能源汽车，其原理是氢气与氧气在燃料电池内部通过化学反应生成电能，输出的电能再经过电动机将电能转化为机械能驱动汽车运行，相比于传统的能源汽车，氢燃料电池汽车更为清洁环保，碳排放更少并且氢燃料的利用效率更高。从结构组成来看，氢燃料电池汽车同纯电动汽车类似，燃料电池堆替换动力电池堆，同时在底盘处增加储氢罐。从燃料补给形式来看，氢燃料电动汽车同传统燃油车类似，通过加氢口进行加氢，通常 5min 左右即可加满，符合传统燃油车的驾驶习惯。除此之外，氢能还可用于轮船海运、商业航空等交通领域。

　　目前在储能领域，抽水蓄能系统占据绝对主导，电化学储能、氢能储能、飞轮储能等新的储能技术也在不断发展。氢能能量密度高，运行维护成本低，可同时适用于极短或极长时间供电的能量储备，是少有的能够储存上百亿瓦时以上的储能形式，被认为是极具潜力的新型大规模储能技术。相对而言，电池只是一个短周期、高频率、分布式的储能装置。根据国际氢能委员会估算，到 2050 年氢能将承担全球 18% 的能源终端需求。

　　全球工业碳排放的 45% 来自钢铁、水泥等高耗能产业，其中高耗能产业碳排放的 45% 来自工业原料的使用，35% 是为生产高位热能而产生的排放，20% 来自生产低位热能环节。氢能冶金是金属冶炼行业碳减排的一种重要途径，目前的研发应用主要集中在钢铁领域。短期内以高炉富氢为主，未来逐步推进气基竖炉富氢。国内钢铁行业未来一段时间仍以长流程为主，现阶段应推广灰氢＋高炉富氢的氢能炼钢工艺，随着未来条件成熟，更适宜氢气炼钢的富氢气基竖炉直接还原工艺在国内占比将逐步提升。除氢冶金之外，氢能还可用于冷热电联供、建筑供热等。

1.4　我国氢能产业发展现状

　　中国对于氢能源的研究可以回溯到 20 世纪 60 年代，在当时的主要应用是为火箭生产液态氢燃料。近年来，中国在节能减排以及能源创新等重要的国家发展战略中多次提及大力促进氢能以及燃料电池汽车的发展；自 2011 年起，多次提出要开发氢能源以及燃料电池的技术；2016 年提出了《中国氢能产业基础设施路线图》；2019 年氢能首次被写入《政府工作报告》，明确提出"推动充电、加氢等设施建设"，说明了我国政府对于氢能源产业的发展以及氢能源的利用的重视程度，加快推进加氢站的建设，也为今后燃料电池汽车的开发利用创造了条件。2017 年佛山市建成我国第一个商业化运营的加氢站。在 2018 年，由国家能源部门牵头，17 家关于能源、交通运输、冶金、制造等多行业领域的大型企业、高校以及研究机构联合建立了中国氢能联盟，目前中国氢能联盟成员单位已经增加到 105 家，中央企业及所属单位 25 家，地方国有企业 19 家，高校科研院所 13 家，民营企业 32 家，外资及在华机构 16 家。由成员单位发起的地方联盟 9 家、省级氢能创新研究中心 5 家。2011～2019 年中国同氢能相关的国家政策见图 1-17。

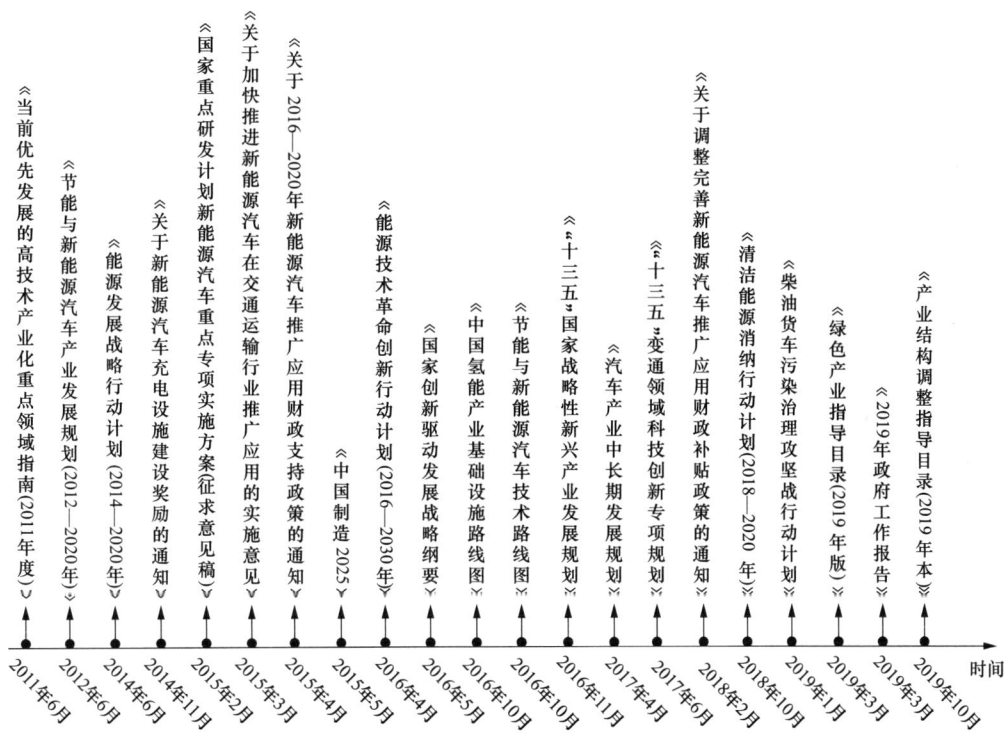

图 1-17　2011～2019 年中国同氢能相关的国家政策（据不完全统计）

如图 1-17 所示，2011～2019 年我国出台了 20 余条同氢能相关的政策。而在 2020 年到 2021 年初，不到 2 年时间内又出台了 20 余条同氢能相关的政策，如图 1-18 所示。可见我国对氢能产业的重视程度。在我国相继出台的相关政策的支持和引导下，我国大型企业积极推进制氢、储存、运输以及应用等氢能产业链的发展和完善。2020 年，国民经济和社会发展计划的主要任务中，首次提出要制定国家氢能产业发展战略规划。2020 年 4 月 10 日，在《中华人民共和国能源法（征求意见稿）》中，首次将"氢能"纳入能源范畴，此前氢能一直被定性为"危险品"。2020 年 4 月 23 日，财政部、工业和信息化部、科技部、发展改革委联合发布了《关于完善新能源汽车推广应用财政补贴政策的通知》（财建〔2020〕86 号），指出：

将当前对燃料电池汽车的购置补贴，调整为选择有基础、有积极性、有特色的城市或区域，重点围绕关键零部件的技术攻关和产业化应用开展示范，中央财政将采取"以奖代补"的方式对示范城市给予奖励。争取通过 4 年左右时间，建立氢能和燃料电池汽车产业链，自主掌握关键核心技术，形成布局合理、协同发展的良好局面。

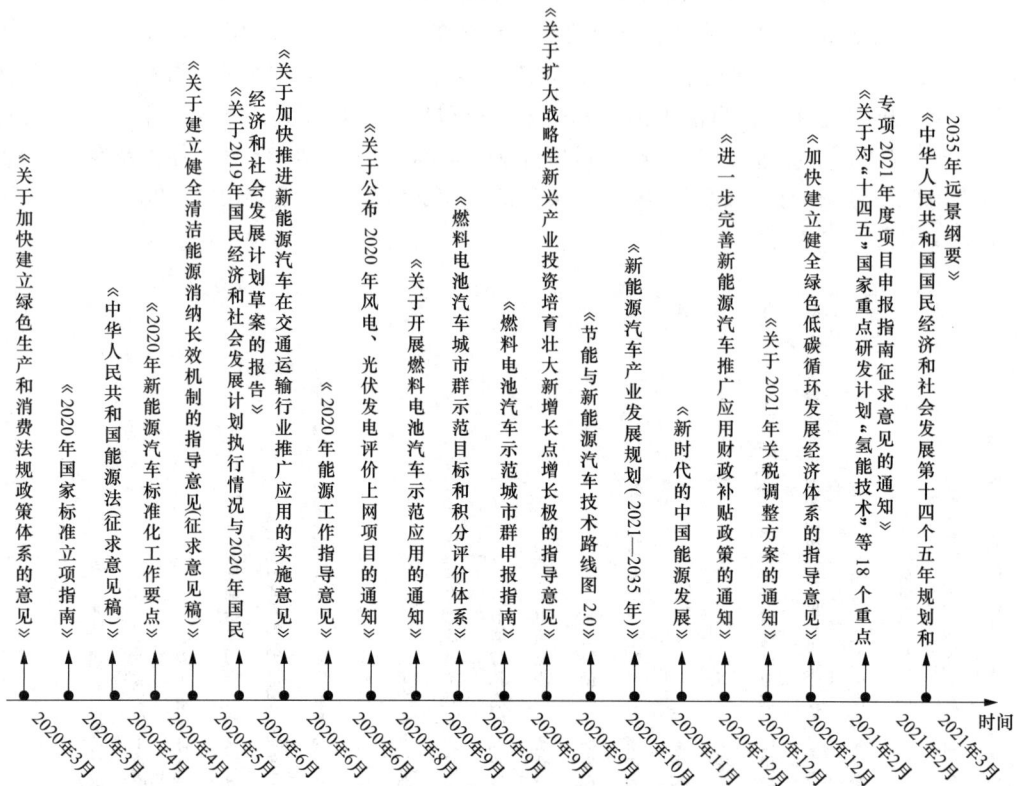

图 1-18　2020～2021 年中国同氢能相关的国家政策（据不完全统计）

关于氢能的生产，我国作为全球的第一产氢国，每年的氢能产量大约 2500 万 t，技术手段仍主要是煤制氢以及工业制氢等。关于氢能的储运，当前我国主要采用的储存方式为高压气态储氢，并且我国已经建造了 100km 的氢气输运管道并投入使用。关于氢能的利用，我国的氢能利用涉及多领域，主要用于合成氨、燃料电池汽车、航天工程、加氢站等，尤其是加氢站、氢燃料电池的发展十分迅速，但同时竞争也十分激烈。截至 2021 年年初，我国正在建造和已经建造完成的加氢站 140 多座，我国的氢燃料电池汽车的产量共 7350 多辆。

1. 大规模制氢方面

2021 年 9 月 28 日，中国石化天津石化燃料电池氢气项目成功投产，一次开车成功并顺利产出合格产品，氢气纯度达 99.999%。项目总投资近 5000 万元，由设计规模为 3000m³/h（标准状态下）的氢气纯化单元，以及 2000m³/h（标准状态下）的氢气充装单元组成，天津石化充分利用炼厂废气回收氢气。该项目氢气年产能力达 2250t，可满足目前天津市全部加氢站的用氢需求，有效提高华北地区氢生产和供应能力，促进天津氢能产业快速发展。

2021 年 11 月 30 日，中国氢能联盟联系理事长单位中国石化集团在北京、乌鲁木齐、新疆库车三地举行云启动仪式，宣布我国首个万吨级光伏绿氢项目——中国石化新疆库车绿氢示范项目正式启动建设。项目投产后年产绿氢可达 2 万 t，是全球在建的最大光伏绿氢生产项目。新疆库车绿氢示范项目是国内首次规模化利用光伏发电直接制氢的项目，总投资近 30 亿元，主要包括光伏发电、输变电、电解水制氢、储氢、输氢五大部分。项目将新建装机容量 300MW、年均发电量 6.18 亿 kWh 的光伏电站，年产能 2 万 t 的电解水制氢厂，储氢规模约 21 万 m^3（标准状态下）的储氢球罐，输氢能力 2.8 万 m^3/h（标准状态下）的输氢管线及配套输变电等设施。该项目预计 2023 年 6 月建成投产，生产的绿氢将供应中国石化塔河炼化厂，替代现有天然气化石能源制氢。预计每年可减少 CO_2 排放 48.5 万 t，将为当地 GDP（国内生产总值）年均贡献 1.3 亿元，创造税收 1800 余万元。

2. 氢能储运和加氢站建设方面

2021 年 7 月 28 日，佛燃能源集团股份有限公司投资建设的南庄制氢加氢加气一体化站正式启动试运行，标志着佛山市进一步缓解氢源短缺现状，降低氢源对外依存度，推动佛山氢能行业发展迈上新台阶。站内已具备生产纯度超 99.999％氢气的条件，可实现天然气制氢能力 500m^3/h（标准状态下），电解水制氢能力 50m^3/h（标准状态下），日制氢加氢能力达到 1100kg，从而满足公交车 100 车次或物流车 150 车次的加氢需求。

2021 年 9 月 17 日，航天科技集团六院 101 所研制该套系统历时 400 多天，包括涡轮机膨胀机、控制系统、压缩机、正仲氢转化器等核心设备在内的 90％以上的设备完全采用国产，填补了我国自主知识产权的液态氢规模化生产方面的空白，不仅在保障运载火箭燃料供给方面有重要的战略意义，还为我国氢能产业氢的规模化储运提供了自主可控的技术和装备基础。航天科技集团六院 101 所已基本完成我国商用市场两个氢液化系统集成建设项目，这也是目前我国商用市场仅有的两个已调试成功的氢液化系统项目。

3. 氢能应用方面

2019 年 12 月 30 日，中车四方股份公司研制的氢能源有轨电车在佛山高明成功运营，标志着世界首条氢能源有轨电车正式投入商业运营，我国现代有轨电车进入"氢时代"，加氢 15min，续航 100km。

2021 年 11 月 13 日，由中电新源（怀安）储能电站有限公司承建的张家口 200MW/800MWh 氢储能发电工程的初设顺利通过评审，标志着我国氢能在大规模储能调峰应用场景方面迈出实质性一步。该氢储能发电工程的静态投资为 24.4 亿元，预计 2023 年完全投入运行，是目前全球最大的氢储能发电项目。该项目为 220kV 氢气储能发电站，装机容量为 200MW/800MWh，配置两台 240MVA 主变压器，以 220kV 电压等级并网发电。整个发电区是由 80 套 1000m^3/h 大型电解水制氢装置、96 套吸放氢金属固态储氢装置、384 台 640kW 燃料电池模块，以及逆变、升压电气设备组成的大型制氢储氢、发电系统。长城汽车氢能检测中心与燃料电池检测系统如图 1-19 所示。

4. 冬奥会上的氢力量

随着北京冬奥会的举办，一场更绿色、更节能的变革悄然发生，而其中的主角便是氢能。赛事筹备期间，各氢能相关单位积极投入到氢能冬奥保供当中，相继为北京冬奥会提供不同类型、不同层次的氢能产品和服务，遵循北京冬奥会可持续性政策，开展冬奥会相关活动，研发应用氢能新技术、新产品等，并积极支持参与北京冬奥组委可持续性相关工作。赛事举办期间，有 11 座制氢厂投入到氢能保供当中，不少于 350 辆氢气槽罐车来往于制氢厂

(a)   (b)

图 1-19   长城汽车氢能检测中心与燃料电池检测系统

（a）长城汽车氢能检测中心；（b）燃料电池检测系统

与加氢站、赛场馆之间，不少于 1284 辆不同类型的燃料电池汽车投入到赛事服务当中。

案例一：首次使用氢能点亮奥运会火炬

2022 年 2 月 4 日，北京冬奥会在国家体育场"鸟巢"盛大开幕，中国航天科技集团所属第六研究院参与研制了北京冬奥会火炬"飞扬"，将奥林匹克精神与"绿色""环保"进一步结合。火炬"飞扬"的小火苗成为本届冬奥会的主火炬，这是我国首次采用氢能作为火炬燃料，最大限度减少碳排放，向世界展示了中国绿色低碳的发展理念。

北京青年报记者了解到，本届冬奥期间的火炬氢能燃料来自中国石油化工集团公司和中国石油天然气集团公司。此次为冬奥赛场的"主火炬"氢气供应燃料的是中国石化燕山石化。中国石油供应的氢气则点燃了冰立方、延庆赛区和河北张家口赛区三个分会场的冬奥火炬台。在冬奥会张家口赛区，由中国石油自主研发的绿氢点燃了太子城火炬台。

案例二：大力推进加氢站建设

氢能可应用在交通、工业、发电、供热等诸多领域。北京冬奥会上除了将氢作为火炬的燃料，还投入了上千辆氢燃料电池车辆。为此，中石化和中石油等能源企业配建了 30 多个加氢站为冬奥会服务。

由中国石化燕山石化、北京环宇京辉京城气体科技有限公司、中国石油华北石化为北京赛区 6 个加氢站提供氢源。在张家口市政府有关政府部门推动下，利用张家口丰富的风光资源，在赛事筹备期间建立 5 座可再生氢制氢厂，同时新建或改造 8 座加氢站为张家口滑雪赛事提供路网交通基础设施。在赛事场地与北京市区沿线分别建设 5 座加氢站，同时在三个赛区主要连通主干道 G6 高速旁新建冬奥会配套可再生氢制氢项目，利用交通主干道 G6 高速同时为三个赛区提供低碳清洁的氢源。

此次冬奥会期间，北京和北京周边共有 11 座制氢厂投入保供，见表 1-5。其中，规模最大的两座制氢厂是张家口绿色氢能一体化示范基地项目（简称张家口绿氢项目）和中石化燕山石化氢能项目，产品分别为绿氢和蓝氢。

表 1-5   供保北京冬奥会的制氢厂

序号	所在地区	项目名称	类别	规模（m^3/h）
1	北京房山区	中石化燕山石化氢能项目	蓝氢	2000
2	河北任丘	中石油华北石化燃料电池氢撬装项目	蓝氢	500

序号	所在地区	项目名称	类别	规模（m^3/h）
3	天津滨海	中石化天津石化炼油部加氢母站	蓝氢	933
4	河北张家口	国华（赤城）风氢储多能互补制氢项目	绿氢	2000
5	北京延庆区	中国电力氢能产业园冬奥会配套制氢项目	绿氢	200
6	河北张家口	海珀尔制氢项目	绿氢	1500
7	河北张家口	河北建投沽源制氢项目	绿氢	800
8	河北张家口	河北建设崇礼大规模风光储互补制氢项目	绿氢	400
9	河北张家口	绿色氢能一体化示范基地项目	绿氢	4000
10	北京房山区	北京环宇景辉京城气体冬奥会气体保供项目	蓝氢	800
11	北京房山区	北京环宇景辉京城气体冬奥会气体保供项目	绿氢	500

案例三：氢能客车服务绿色冬奥

北京冬奥会共计投入使用816辆氢燃料电池汽车作为主运力开展示范运营服务，是迄今为止在重大国际赛事中投入规模最大的；其中大巴车数辆，创下有史以来氢燃料电池大型客车服务国际级运动赛事数量最多的纪录。北京市两个赛区投入312辆氢燃料电池汽车，自冬奥会开幕（2022年2月4日）以来到2月14日，累计用氢约42.04t。

氢燃料电池汽车实现了交通活动中的零碳排放。丰田MIRAI氢燃料电池车（如图1-20所示）每百公里可减少排放CO_2大约18.79kg；丰田柯斯达中巴车每百公里可减少排放CO_2大约47.01kg；丰田-福田合作开发的12m大巴车，每百公里可减少排放CO_2大约57.86kg。

图1-20　丰田MIRAI氢燃料电池车

此次冬奥会是中国首次大规模应用蓝氢和绿氢，有着重要的象征意义。北京冬奥会的示范应用，将极大增强企业和地方政府对氢能应用的信心，氢能的利用将迎来一个快速发展期。对于企业来说，要抓住机遇，深化产业链布局，开发低成本的核心零部件产品，摆脱对国外关键技术的依赖。

5. 全国首个氢能专业落地华北电力大学

近年来，碳达峰、碳中和战略推动能源革命加速演进、能源转型加快步伐，能源电力正经历一场广泛而深刻的变革，传统行业体系加速重构，学校的学科、育人、科研和社会服务等体系面临全面转型升级的巨大挑战。设立"氢能科学与工程"专业是构建以新能源为主体的新型电力系统的重要举措，是学校全面服务"双碳"目标，持续深化新工科建设，发挥华北电力大学学科融合优势，不断优化专业结构布局的重要举措。

2022 年 2 月 24 日，教育部下发了《教育部关于公布 2021 年度普通高等学校本科专业备案和审批结果的通知》（教高函〔2021〕14 号），华北电力大学新增专业"氢能科学与工程"通过教育部审批和备案。"氢能科学与工程"专业面向国家重大能源战略，在电力学科体系支撑下，以动力工程及工程热物理、化学工程等学科为牵引，有机融合制氢模块（电化学、化工、材料）、氢储运模块（能动、物理、材料、机械）、氢安全模块（化工、控制、材料）、氢动力模块（能动、物理、电气）等多个氢能模块课程，开展全方位跨学科基础及应用基础研究，推进相关学科和交叉学科的发展，增强创新能力，实现我国能源结构安全转型，为我国氢能行业和能源事业的发展提供必要的人才支撑。

华北电力大学始终高度重视专业建设，"十四五"规划中明确提出要聚焦"双碳"目标，瞄准构建以新能源为主体的新型电力系统，巩固提升传统优势学科，积极发展新兴交叉学科，加快打造储能、氢能学科链条，建成一批国家级碳中和一流本科专业，构建特色的能源碳中和学科专业生态，实现能源电力学科体系转型升级。

1.5　我国氢能产业发展规划

目前，中国已将发展氢能与燃料电池写入《政府工作报告》，30 个省级行政区已将发展氢能纳入"十四五"规划。然而，由于氢能产业链长而复杂，且多项技术处于发展初期，成本居高难下，其未来发展存在争议。在"氢能热"的背后，资源零散、利用率低、重复建设等问题初露苗头。全国兴建氢能示范园区超过 30 个，对于氢能技术和产业的实际推动作用却与蓝图不符；个别地区光照年有效利用小时数不足 1000h，却在规划中大力发展光伏制氢；部分地区对氢燃料在交通领域的渗透率乐观估计，氢燃料电池汽车和加氢站的规划建设数据超过实际需求。氢能技术存在多元化特征，如何把握氢能技术发展规律，在不同阶段、不同资源禀赋、不同供需条件下选择合适的技术布局，规划氢能发展路径，对保证氢能产业高水平可持续发展具有重要意义。未来 30 年，我国的氢能基础设施产业总体将分为三个阶段：

第一阶段（当前到 2025 年）：形成顶层路线清晰、产业政策基本健全、安全监管基本完善、市场竞争相对有序、商业模式不断创新、产业聚集加速、加氢关键装备技术基本实现国产化的产业发展态势，为产业健康持续发展奠定基础。该阶段已完成氢能在我国的发展定位与战略计划，形成自上而下相对健全的行业发展指导意见、审批管理和财税优惠政策，基于信息化基本完成全国氢能基础设施安全网络体系。在发展路线上，该阶段氢源将以城市周边富裕的工业副产氢、化工与电子行业配套的小规模化石能源制氢为主，少部分地区的电解水制氢为辅；储运以 20MPa 高压气态为主，完善 45MPa 以上压力储运技术及标准，并完成应用验证；加氢站将基本覆盖先行示范的城市，对外商业化运营站将达 100 座以上，并完全掌握 70MPa 加氢机、平均流量 200m³/h 以上 90MPa 压缩机、平均流量 800m³/h 以上 45MPa 压缩机等关键装备技术，基本实现国产化。

第二阶段（2025~2035 年）：形成产业政策健全、行业监管完善、市场竞争有序、商业模式成熟、加氢关键装备技术完全国产化，高效、安全、低成本的供氢网络雏显的产业发展形势，为产业高质量持续发展奠定基础。该阶段的产业政策、行业监管健全成熟，补贴及财税优惠政策开始退坡，产业处于以市场驱动下有序竞争且日益激烈的发展环境。在发展路线上，氢源将以煤制氢等大规模集中供氢（部分配套碳捕集、利用与封存）与绿色电解水制氢为主，以工业副产氢为辅。通过进一步挖掘市场已有氢源，形成大规模氢气运输的格局，并开始构建低成本、高效安全的全国供氢网络；储运以 45MPa 以上高压气态为主，完善液态氢储运技术及标准，开展长距离液态氢运输及液态氢加氢站应用；全国性骨干加氢网络初显，对外商业化运营加氢站将达到 1000 座以上，关键装备及技术完全国产化，并处于全球领先水平。

第三阶段（2035～2050 年）：形成高效低碳的氢能供给网络，市场引领、价格调节、体制机制科学健全的高质量发展格局。在发展路线上，以可再生能源制氢（包括太阳能光解水制氢技术）为主，以煤制氢（配套碳捕集利用与封存）为辅，各地也将根据资源与工业的发展情况，因地制宜地选择"深绿"的供氢方案，并配套包括城市管道输氢在内的多种运氢方案，最终实现供氢网络与工业、电力、建筑、交通行业不同程度的融合；基本形成覆盖全国的加氢网络，对外商业化运营加氢站将达到 10 000 座以上，关键装备及技术达到全球领先水平。

能源转型委员会（energy transitions commission，ETC）发布的《中国 2050：一个全面实现现代化国家的零碳图景》指出，中国在推动全球能源转型中发挥重大作用，中国的零碳能源转型是全世界在 21 世纪中叶实现净零碳排放和实现巴黎协定目标的关键；同时，中国的零碳能源转型是技术可行且经济可行的，并还将促进中国经济的发展。中国 2050 年各部门终端能源消耗和能源载体组合如图 1-21 所示。到 2050 年，在零碳情景下，中国的电力需求总量将增长至大约 15 万亿 kWh，其中，80% 的电力将用于直接电气化，其余 20% 将用于生产以电力为基础的燃料，尤其是氢气和合成氨。氢气的需求将从现在的每年 2500 万 t 增加到每年 8100 万 t。氢能的使用也将成为重型运输领域的间接电气化手段。

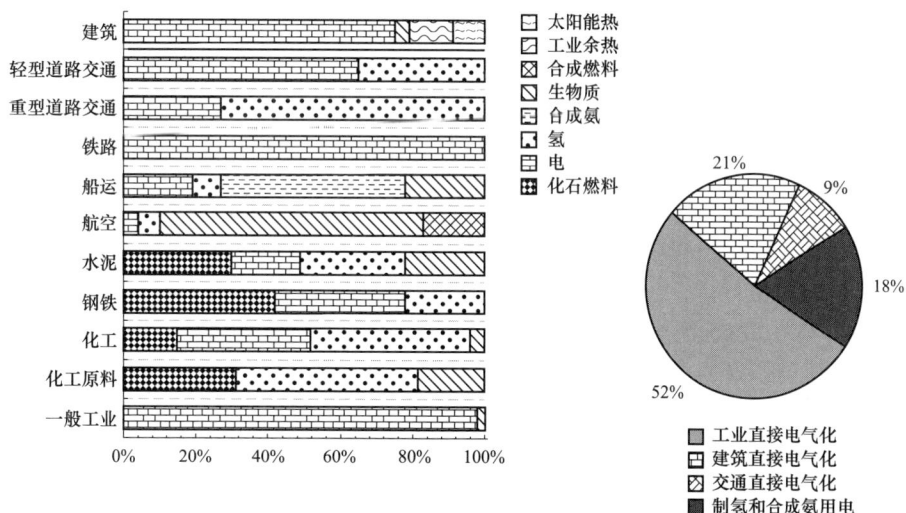

图 1-21　中国 2050 年各部门终端能源消耗和能源载体组合

氢能产业作为国家战略性新兴产业，正迎来政策性利好的发展机遇。虽然我国拥有丰富的氢源，并加大对氢能产业的研发投入，但氢能发展仍存在研发创新不足、成果分享和资源整合不够、缺乏人才及交流合作、标准和知识产权保护缺乏等问题，因此仍需要从国际、国内需求和供给方面系统研究我国氢能发展规划，多角度、全方位提升我国氢能技术和产业的国际竞争力，避免氢能成为下一个"卡脖子"技术。首先，加强顶层设计，集中国家优势力量，开展氢能关键技术、新技术路线及其应用的创新攻关，从核心技术上突破市场封锁。其次，开展氢能技术链、产业链、供应链专利壁垒与竞争系统研究，提出知识产权保护策略，提升国际竞争力。最后，重视国际合作，建立和国际组织、其他国家全链条多边合作关系，积极参与国际规则、国际标准的制定工作，为我国氢能技术进入国际市场做好前期准备。

本章小结

　　本章主要从环境保护和能源安全的角度上介绍了我国大力发展氢能源的背景意义，明确了氢能在碳达峰、碳中和重大国家战略下的重要作用及在能源安全上的重要意义；简要介绍了氢的物理化学性质与分类，然后从氢的制备、储运和利用三个环节介绍了整个氢能产业链；重点分析了中国氢能产业的发展现状及规划，列举了中国氢能产业取得瞩目成就的同时，也指出了当前中国氢能产业发展中的不足。

2 化石燃料制氢方法

氢能作为理想的清洁二次能源，将在未来的能源结构中占据重要地位，同现有电力网络深度耦合为碳减排和能源结构转型贡献力量。我国是以煤炭为主要能源的国家，煤炭资源十分丰富，以煤炭为原料制取廉价氢源供应终端用户，集中处理有害废物将污染降到最低水平，是具有中国特色的制氢路线，在一段时间内将是中国发展氢能的一条现实之路。根据中国氢能联盟发布的《中国氢能源及燃料电池产业白皮书（2019 版）》数据显示，我国已是世界最大的制氢国，初步预测工业制氢产量为每年 2500 万 t，其中煤制氢约占其份额的 62%，天然气制氢约占 19%，工业副产气制氢约占 18%，可再生能源制氢仅占 1% 左右。由此可见，我国氢气制备仍以化石能源制氢为主，建设绿色、低碳、经济、多元化的氢能供应体系也将会是我国今后发展的方向。传统的氢气制备方法主要是指利用化石能源，通过一系列物理化学手段，如高温气化、裂解、氧化等手段，将化石原料中的氢元素提取出来，制备成为工业或其他产业所需要的氢气及其他产物。而在化石能源中，煤、石油和天然气则常被用作原料来进行氢的制取，本章将对煤、石油以及天然气制氢的原理方法、工艺流程、发展现状及特点等进行一一介绍。

2.1 煤 制 氢

煤是一种主要由碳、氢、氧、氮、硫、磷等元素组成的固体可燃有机岩，其中有机质主要包含碳、氢、氧三种元素，而无机质中也含有少量的碳、氢、氧元素。其主要形成原因是埋藏在地下的古代植物经复杂的物理化学和生物化学作用后，再经地质作用转变而成。工业中，我们常按照煤的发热量，将煤划分为褐煤、烟煤、无烟煤等，煤种分类如图 2-1 所示。作为我国最重要的能源资源之一，煤常被用于冶金、化学等工业，其主要利用方式包括燃烧、炼焦、气化、低温干馏、加氢液化等。

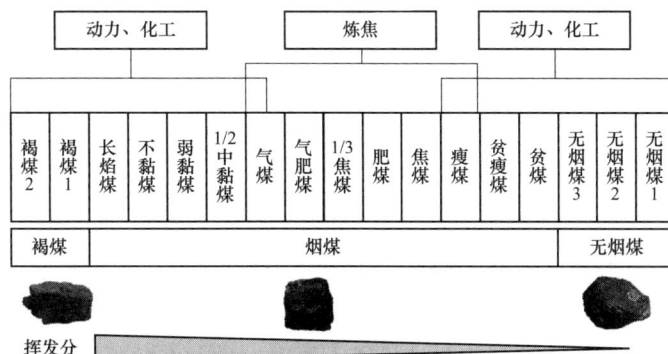

图 2-1 煤种分类

煤制氢是我国当前最可靠的氢能供应方式。煤的主要成分是碳，而煤制氢的原理就是利用碳来取代水中的氢元素，从而生成氢气和二氧化碳；另外，在煤气化、煤焦化等工艺过程中，也会产生部分氢气。煤制氢技术因其制氢原料丰富、成本较低、技术成熟等优势，在我国氢气制备份额中仍然占据最大部分。目前，煤制氢的方法主要有煤气化制氢、煤焦化制氢、煤浆电解制氢和煤炭超临界水制氢等，本节将对上述方法进行介绍。

2.1.1 煤气化制氢

1. 煤气化制氢原理

煤气化是将煤气化生成的氢气、一氧化碳等气体产物，通过净化、清洗、一氧化碳变换和分离、提纯等处理之后，获得具备一定纯度的产品氢的过程。整个过程中，氢气的来源主要有两个：一是煤气化后会产生部分氢气，即煤造气中的氢气部分；二是气化产物中的一氧化碳与水蒸气发生变换反应，产生大量的氢气。

煤气化制氢的主要反应包括：

（1）水蒸气转化反应：

$$C+H_2O \longrightarrow CO+H_2 \tag{2-1}$$

（2）水煤气变换反应：

$$CO+H_2O \longrightarrow CO_2+H_2 \tag{2-2}$$

（3）部分氧化反应：

$$C+1/2O_2 \longrightarrow CO \tag{2-3}$$

（4）完全氧化（燃烧）反应：

$$C+O_2 \longrightarrow CO_2 \tag{2-4}$$

（5）甲烷化反应：

$$CO_2+4H_2 \longrightarrow CH_4+2H_2O \tag{2-5}$$

（6）布多尔反应：

$$C+CO_2 \longrightarrow 2CO \tag{2-6}$$

2. 煤气化制氢工艺流程

煤气化制氢技术的工艺过程主要包括煤气化、气变换、酸性气体脱除和氢气提纯四个生产环节，其工艺流程图如图 2-2 所示。

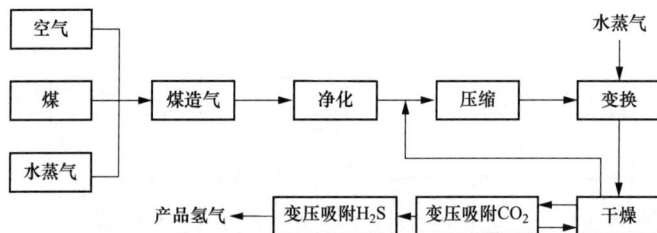

图 2-2　煤气化制氢工艺流程图

（1）煤气化。用煤制取氢气的关键核心技术是先将固体的煤转变成气态产品（即煤气化），原煤经过给煤机输送到磨煤机里，在磨煤机中被制成煤粉；一次风将煤粉送入过滤器并干燥其中的水分；过滤后，输送机把煤粉送入储罐，之后在放料罐、给料罐两个储罐经过放料、加压、卸料、泄压等循环工艺，煤粉由低压系统被输送到高压系统；随后，在中压二氧化碳的推动下，将煤粉与氧气、水蒸气一起送入气化炉；在气化炉中，通过提高反应温度和压力，使煤中的有机质与气化剂发生煤热解、气化和燃烧等化学反应，从而将煤粉转化为一氧化碳、氢气和少量酸性气等，这些气体统称为煤造气。

（2）气变换。将煤造气进行净化、压缩后，在反应炉内一氧化碳与水蒸气发生置换反应，置换出大量氢气，这就是煤气化制氢的主体反应。在这个过程中，煤造气中的有机硫化物也变成了硫化氢，更有利于氢气的提纯。此时，混合气体的主要成分为氢气，还有少量二氧化碳和硫化氢气体。反应余下的废渣则被排出气化炉，进入激冷水中，经冷却之后又经破渣机送入除渣单元，经过处理后用作烧砖等其他工艺的原料。

（3）酸性气体脱除。煤气化合成气经气变换后，主要为含 H_2、CO_2 的气体。以脱除 CO_2 为主要任务的酸性气体脱除方法主要有溶液物理吸收、溶液化学吸收、低温蒸馏和吸附四大类，其中以溶液物理吸收和化学吸收最为普遍。溶液物理吸收法适用于压力较高的场合，化学吸收法适用于压力相对较低的场合。国外应用较多的溶液物理吸收法主要有低温甲醇洗法，应用较多的化学吸收法主要有热钾碱法和 MDEA（N-甲基二乙醇胺）法。国内应用较多的液体物理吸收法主要有低温甲醇洗法、NHD（聚乙二醇二甲醚）法、碳酸丙烯酯法，应用较多的化学吸收法主要有热钾碱法和 MDEA 法。溶液物理吸收法中以低温甲醇洗法能耗最低，可以在脱除 CO_2 的同时完成精脱硫。低温甲醇洗工艺采用冷甲醇作为溶剂来脱除酸性气体的物理吸收方法，其工艺气体净化度高、选择性好，甲醇溶剂对 CO_2 和 H_2、CO 的吸收具有很高的选择性，同等条件下 CO 和氢气在甲醇中的溶解度分别为 CO_2 的 $3\sim4$ 倍和 $5\sim6$ 倍。气体的脱硫和脱碳可在同一个塔内分段、选择性地进行。少量的脱碳富液脱硫，不仅简化了流程，而且容易得到高浓度的氢气组分，并可用常规克劳斯法回收硫。

（4）氢气提纯。目前粗氢气提纯的主要方法有深冷法、膜分离法、吸收-吸附法、钯膜扩散法、金属氢化物法和变压吸附法等。在规模化、能耗、操作难易程度、产品氢纯度、投资等方面都具有较大综合优势的分离方法是变压吸附法（pressure swing adsorption，PSA）。PSA 技术是利用固体吸附剂对不同气体的吸附选择性及气体在吸附剂上的吸附量随压力变化而变化的特性，在定压力下吸附，通过降低被吸附气体分压使被吸附气体解吸的气体分离方法。目前国内 PSA 技术在吸附剂、工艺、控制、阀门等诸多方面做了大量的改进工作，已跨入国际先进行列。净化完的粗氢进入提纯单元里，纯度达到 99.99% 后并入氢气管网。

3. 煤气化制氢特点

煤制氢技术路线成熟高效，可大规模稳定制备，是当前成本最低的制氢方式。以煤气化制氢技术为例，按照 600 元/t 的煤价计算，制氢成本约为 8.85 元/kg。煤制氢最大优势就在于成本较低。根据不同煤种折算，规模化制氢成本可控制在 0.8 元/m^3 左右，有的项目甚至低至 $0.4\sim0.5$ 元/m^3。相比天然气、电解水等方式，煤制氢经济性突出。从能效水平来看，煤制氢也有一定竞争力，煤制氢的能源利用效率在 $50\%\sim60\%$，而电解水的效率目前只有 30% 左右。另外，煤制氢具备规模潜力，氢源基础丰富，正是我国发展氢能的优势之一，我国煤炭资源保有量约为 1.95 万亿 t，假设 10% 用于煤气化制氢，制氢潜力约为 243.8 亿 t。

煤制氢优势突出，但该方式伴生的二氧化碳排放问题却"不能容忍"。特别是在碳减排的迫切需求下，煤炭制备 1kg 氢气约产生 11kg 二氧化碳。只有将二氧化碳捕集、封存起来，"灰氢"变成"蓝氢"才可使用。中国各类制氢方式占比及计划如图 2-3 所示，我国计划到 2050 年，将化石能源制氢的比例缩减到 20%，将可再生能源制氢比例提高到 70%。未来随着清洁能源成本降低，电解水逐渐有了优势，才具备与化石能源制氢的可比性。从近中期来看，立足存量，可满足大规模工业氢气需求；从中长期来看，重点是按照"煤制氢＋碳捕集"路线，通过技术研发进一步降成本、提效率。中国各类制氢方式占比及计划见图 2-3。

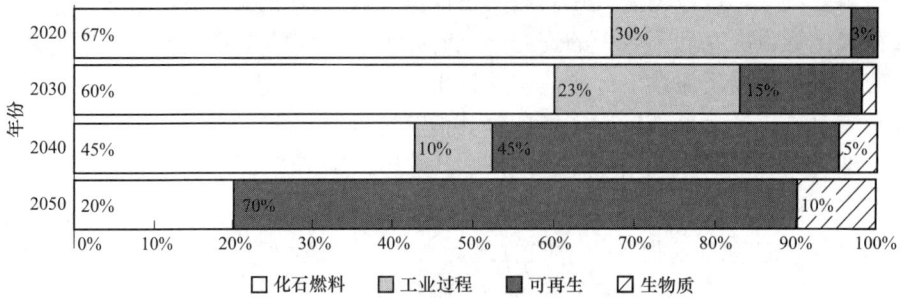

图 2-3　中国各类制氢方式占比及计划

4. 煤气化制氢的发展现状

煤气化制氢技术起源于 19 世纪中叶，随着科学技术的不断发展，也在不断地变革发展中。煤气化技术在中国的应用已有 100 多年的历史，它是煤炭洁净转化的核心技术和关键技术。目前，煤气化制氢可大致分为三代技术。第一代技术是德国 20 世纪 20 年代研究出的常压煤气化工艺，典型工艺包括碎煤加压气化 Lurgi 炉的固定床工艺、常压 Winkler 炉的流化床工艺和常压 KT 炉（煤粉气流床气化炉）的气流床工艺等，其共同特点是大都将氧气作为气化剂，并且整个流程实行不间断操作，工艺流程中的气化强度和冷煤气效率都比较高；随着煤气化技术的改进，20 世纪 70 年代，德国、美国等国家在第一代技术的基础上开发了加压气化第二代技术；我国亦开发了诸多具有自主知识产权的先进煤气化技术，如多喷嘴水煤浆气化技术、航天炉技术、清华炉技术等；第三代技术主要包括煤催化气化、煤等离子体气化、煤太阳能气化和煤核能余热气化等。我国几种煤气化炉型技术的主要参数对比见表 2-1。我国传统煤气化制氢工艺较为成熟，且原料煤成本较低，但其装置规模较大、设备结构复杂、运转周期相对短、配套装置多、装置投资成本大，且气体分离成本高、产氢效率偏低。

表 2-1　　　　　　　　我国几种煤气化炉型技术的主要参数对比

项目	气化工艺	适用煤种	煤气中 CO 和 H_2 占比	气化效率	环境影响	工业适宜性	投资对比
壳牌	气流床，液态排渣	褐煤，烟煤，石油焦	90%	80%～83%	较低	量太大不宜	高
GE（得士古）	气流床	烟煤，石油焦	80%	76%	较低	量太大不宜	高
GSP（西门子）	气流床	烟煤，石油焦	86%	80%	较低	量太大不宜	高
恩德	流化床，固态排渣	褐煤，长焰煤，不黏煤	46%～78%	69%～76%	较低	较适合	较低
一段	固定床，固态排渣	弱黏煤	34%	<65%	焦油、硫化物、粉尘	逐渐淘汰	低
二段	固定床，固态排渣	弱黏煤	34%～44%	<70%	焦油、硫化物、粉尘	逐渐淘汰	较低

当前世界上主流的煤气化技术装备有流化床、水煤浆气流床、粉煤气流床等几种类型，我国引入并发展应用较为广泛的包括壳牌粉煤气化技术、GE 煤气化技术、U-Gas 气化技术以及科林 CCG 粉煤气化技术。其中应用最为广泛的是壳牌粉煤气化技术，其主要原理是将煤粉碎研磨成干煤粉，喷入气化炉进行燃烧制得合成气。该项技术操作较为安全，且不需要在气化炉中进行水分的蒸发过程，并且碳转化率较高，约为 99%。整个气化过程中没有废气、熔渣等废物，对环境影响较小，适合于广泛使用。GE 煤气化技术是当下发展较快的第二代煤气化技术之一，其主要原理是利用在一定条件下得到的非牛顿形流体，与氧在加压及高温下不完全燃烧制得合成气。该项技术煤种适应性好，且合成气质量较高，气化炉结构较为简单，单炉产气能力大，环境评价也较为良好。U-Gas 气化技术的主要原理是利用流化床原理，让原料和气化剂发生反应，从而生产合成气。与前面两项技术相比，U-Gas 气化技术具有较大的燃料灵活性，可应用于各种类型的煤炭以及煤炭混合物，多用于褐煤的气化。科林 CCG 粉煤气化技术是当今国际主流最先进的粉煤气化技术之一，核心设备为两台科林 CCG 粉煤气化炉。该项技术可以把褐煤、烟煤等原料转化为清洁的、高附加值的有效气，在经济性、可靠性和可操作性方面，都具有很强的竞争力；同时，科林 CCG 粉煤气化技术在三废处理方面安全环保，实现了能源的清洁及高效利用，国外煤气化技术在我国的应用情况见表 2-2。

表 2-2 　　　　　　　　　　　　　国外煤气化技术在我国的应用情况

序号	技术类型	技术名称	单炉最大处理能力(t)
1	气流床	壳牌干粉加压气化技术	3000
2	气流床	西门子干煤粉加压气化技术	2000
3	气流床	德士古水煤浆加压气化技术	2000
4	固定床	鲁奇固定床加压气化技术	1200
5	气流床	输运床煤气化技术	1700
6	流化床	U-Gas 流化床气化	1200
7	气流床	科林粉煤气化技术	1500

2.1.2　煤焦化制氢

1. 煤焦化制氢原理

煤焦化是指煤在隔绝空气条件下，在 900～1000℃制取焦炭，副产品为焦炉煤气。焦炉煤气组成中含氢气 55%～60%（体积分数）、甲烷 23%～27%、一氧化碳 6%～8% 等。每吨煤可得煤气 $300～350m^3$，可作为城市煤气，也是制取氢气的原料。

2. 煤焦化制氢的发展现状

煤焦化制氢属于工业副产制氢，中国是全球最大的焦炭生产国，2020 年焦炭产量达 4.7 亿 t，每吨焦炭可产生焦炉煤气 $350～450m^3$，焦炉煤气中氢气含量占 50%～60%，可副产氢气约 760 万 t。煤焦化副产的焦炉煤气含氢量相对较少、纯度较低，制氢成本也会相对较高，作为独立制氢技术而言，没有明显优势，但作为副产氢技术仍具有一定的竞争力。焦化行业对副产焦炉煤气进行"点灯"处理，从而造成了大量氢能资源浪费。副产氢能利用不充分与氢气纯度较低、提纯成本较高、设备投入规模较大、下游需求较少等因素有关。随着提纯技术不断进步，成本逐渐下降，副产氢的综合利用越来越凸显经济性。另外，氢能作为清洁能源愈发得到重视，传统产业逐渐开始重视副产氢能的价值，并加大了对氢气综合利用的投入，在原有产业基础上陆续开拓氢能产线，探索新能源转型的增长点。根据中国氢能联盟数据，目前工业副产氢的提纯成本为 0.3～0.6 元/kg，考虑副产气体成本后的综合制氢成本为 10～16 元/kg，已具备一定的经济性。

2.1.3 煤浆电解制氢

1. 煤浆电解制氢原理

水煤浆如图 2-4 所示，它是一种由煤、水及其他化学添加剂制成的新型煤基燃料，其中，

煤占 65%～70%，且颗粒大小不均匀；水占 29%～34%；其他化学添加剂约占 1%。水煤浆大体呈黑色，同石油一样可流动，但其热值较低，仅为石油的一半；水煤浆燃烧效率较高、污染物排放较低，故其被称为液态煤炭产品。在现代工业中，水煤浆常被用于各电站锅炉、工业锅炉和代油、代气、代煤燃烧，以及各类如酒店、办公楼等建筑物供暖和生活供热水，

图 2-4 水煤浆

是当今洁净煤技术的重要组成部分。

水煤浆制氢技术是基于传统的水电解制氢的原理上发展而来的，与传统的水电解相比，水煤浆电解制氢过程中所需的最小电压仅为 0.21V，远小于水电解所需的电压 1.23V，这也是该项技术的优势之一。随后研究人员进行了很长一段时间的探索，并发现在酸性电解质中对水煤浆进行电解，可以在阴极得到高纯度的氢气，并且在电解过程中能够减少煤中所含的硫化物与灰分，这样既可以得到纯净的氢气作为氢能源，又对煤进行了净化，这正是一个高效的煤制氢方法，同样也是一种清洁的煤利用方法。

水煤浆电解制氢的主要反应方程式如下：

阳极反应：

$$C + 2H_2O \longrightarrow CO_2 + 4H^+ + 4e^- \tag{2-7}$$

阴极反应：

$$4H^+ + 4e^- \longrightarrow 2H_2 \tag{2-8}$$

总反应：

$$C + 2H_2O \longrightarrow CO_2 + 2H_2 \tag{2-9}$$

近年来，有一些研究者提出新的观点，即电解反应中存在铁离子作为媒介。具体描述二价铁离子由煤中含碳组分浸入到电解液中，在阳极发生氧化反应，生成三价铁离子，作为阳极的氧化电流；在阴极则发生了对质子的还原反应，生成了氢气。该技术的主要反应方程式为：

在电解液中：

$$4Fe^{3+} + C + 2H_2O \longrightarrow 4Fe^{2+} + CO_2 + 4H^+ \tag{2-10}$$

阳极：

$$Fe^{2+} \longrightarrow Fe^{3+} + e^- \tag{2-11}$$

阴极：

$$2H^+ + 2e^- \longrightarrow H_2 \tag{2-12}$$

2. 煤浆电解制氢工艺流程

传统的水煤浆制氢是煤浆和水在阳极发生氧化反应,失去电子,生成二氧化碳和氢离子,而氢离子在阴极发生还原反应,得到电子,从而产生氢气。水煤浆的制备流程与电解水煤浆制氢原理如图2-5所示。

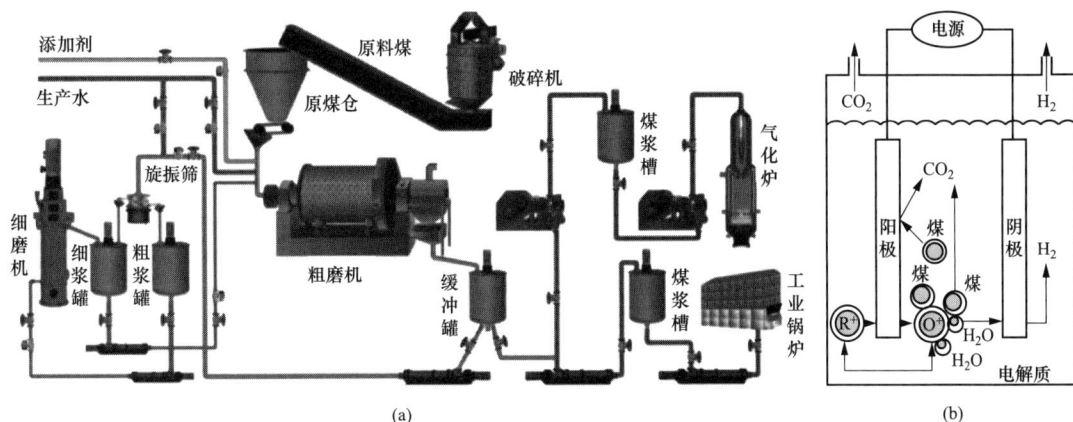

图2-5 水煤浆的制备流程与电解水煤浆制氢原理
(a) 水煤浆的制备流程;(b) 电解水煤浆制氢原理

影响水煤浆电解制氢的因素众多,主要包括温度、电解质、煤的结构等,具体如下:

(1) 温度与电解电压的影响。若电解水煤浆制氢体系中没有铁离子存在,通过电解将煤氧化需要很大的电压,并且煤十分难被氧化。而在铁离子存在的情况下,煤在较低的电压下既发生了氧化反应,并且生成氢气的量和电流密度随着槽电压的增加而增加。当电压从1.0V增加到2.0V的时候生成氢气的量增加了1.5倍,同样的结果电流密度也增加了1.5倍,并且在较低电压时电流密度随电压的改变影响不大,当电压增加到0.7V时,电流发生了很明显的变化,由此可以判断出煤发生了剧烈的氧化反应。

(2) 电解质的影响。电解质的选择可以解决电解体系中的传质与供氢的问题,所以对于煤电化学氧化制氢的过程是十分重要的。多数电解水煤浆制氢的实验选择使用无机酸作为电解质,例如硫酸、盐酸、高氯酸等。对于电解质的选择,需要根据实验中的其他条件与对反应产物的期望值进行判断,酸性、碱性与有机溶剂电解质在电解水煤浆过程中均有很好的效果,均可以在阴极得到纯净的氢气。

(3) 煤形貌粒径的影响。煤的预处理可以打破煤的网状结构,扩大煤表面的孔隙结构,增加被困在网络结构中的小分子有机物的流动性。在进行实验前通常会对煤进行粉碎处理,这样可以大大减小煤的粒径,从而达到扩大其表面孔隙面积的目的。但对煤粒径的预处理需要适当,才能达到最好的反应效果。

3. 煤浆电解制氢特点

根据我国的国情,煤炭的清洁高效利用已经是势在必行,如何能够清洁环保、高效地利用煤炭资源将成为煤炭领域研究的主要方向。电解水煤浆制氢技术是一种十分重要的方法,如何能够提高效率减少能耗是技术研发的关键。电解水煤浆制氢具有如下特点:

(1) 电解效率高、能耗小。与传统的水电解相比,水煤浆电解制氢过程中所需的最小电压仅为0.21V,远小于水电解所需的电压1.23V,显著降低了制氢成本,这也是该项技术的优势之一。

（2）环境污染较小。虽然煤中含有少量的 N、S 等杂质，电解过程中会被氧化生成对应的氧化物和酸留在电解液中，不会排放到空气中。

（3）设备简单、成本低。水煤浆电解制氢的阴极产生纯净的氢气，产氢法拉第效率可达 100%，阳极产生 CO_2，可以分开收集，无须进一步地纯化和分离，简化了工艺操作，降低了设备成本。

4. 煤浆电解制氢的发展现状

电解水煤浆早在 20 世纪 30 年代便被研究者们提出，作为煤利用的一种新的方法。通过进一步的研究，Coughlin 和 Farooque 于 1979 年对电解水煤浆产氢进行了大胆的设想，从而为煤基制氢开辟了一条新的道路。1982 年，北京石油大学戴衡、赵永丰等以硫酸溶液为介质，在铂网电极下进行了煤电解制氢的研究。目前，对煤浆电解水制氢的关键科学问题研究刚刚起步，电解水煤浆的反应机理尚不清楚，仍待进一步研究。根据对煤电化学氧化过程的研究，可以明确在电解水煤浆的过程中二价铁离子的氧化并非唯一的反应，而是发生了化学氧化并伴随一系列复杂的电化学氧化反应。电解水煤浆制氢所面临的困难是较低的产率与效率，如果能够对电解水煤浆的反应机理有更进一步的认识，有助于对水煤浆电解反应条件的调控，从而可以通过改变反应条件来得到一个理想的产率与效率。煤浆电解制氢能耗小、成本低的优点，使其极具发展潜力和科研价值，未来将是一个研究热点。

2.1.4 煤炭超临界水气化制氢

1. 煤炭超临界水气化制氢原理

煤炭超临界水气化制氢技术由西安交通大学动力工程多相流国家重点实验室首次提出。该技术利用温度和压力达到或高于水的临界点（374.3℃、22.1MPa）时水（即超临界水）的特殊物理化学性质。水相图及煤炭超临界水气化简化反应路径如图 2-6 所示，将煤炭化学能直接高效转化为氢能。气化过程中煤所含的氮、硫及金属元素及各种无机矿物质及灰分，由于不被氧化，会在反应器内随着气化而逐步净化沉积于底部，以灰渣的形式排出反应器，从源头上根除了二氧化硫、氮氧化物等气体污染物和 PM2.5 等粉尘颗粒物的生成和排放。与传统"一把火烧煤"相比，该技术发电和制氢的效率显著提高，大型化后的一次性投资和运行成本则显著降低。该技术适用于无烟煤、烟煤、褐煤、兰炭等不同的煤种，碳转化效率可达 $96\%\sim99\%$。据测算，该技术实现大型工业化后，氢气成本不到 0.58 元/m^3（标准状态下），比常规煤气化制氢低 0.05 元。

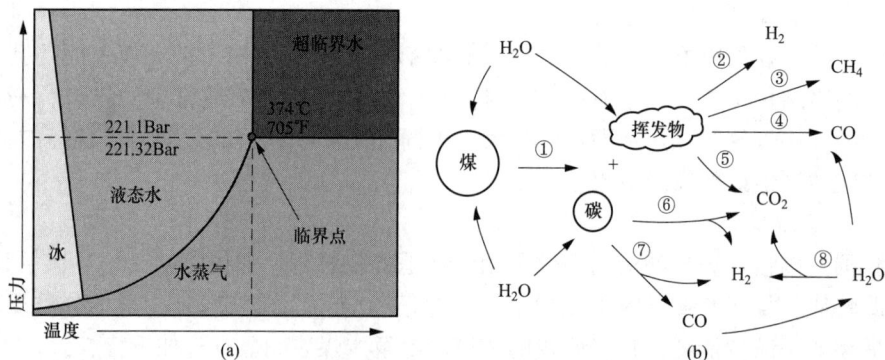

图 2-6 水相图及煤炭超临界水气化简化反应路径

（a）水相图；（b）煤炭超临界水气化简化反应路径

煤炭超临界水气化制氢反应方程式包括：

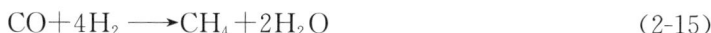

$$C + 2H_2O \longrightarrow CO + 2H_2 \tag{2-13}$$

$$CO + H_2O \longrightarrow CO_2 + H_2 \tag{2-14}$$

$$CO + 4H_2 \longrightarrow CH_4 + 2H_2O \tag{2-15}$$

2. 煤炭超临界水气化制氢工艺流程

过程中煤里所含的 N、S、金属元素及各种无机矿物质在反应器内净化沉积于底部以灰渣形式间隙排出反应器；已溶解有 H_2 和 CO_2 等气体的超临界混合工质离开气化反应器后可以供热、供蒸汽并分离得到高纯 H_2 和 CO_2 等产品，也可以将其中的 H_2 等可燃气体燃烧放热后生成 H_2O 和 CO_2 超临界混合工质引入汽轮机直接做功带动发电机发电，超临界水煤气化制氢发电工艺流程简图如图 2-7 所示。

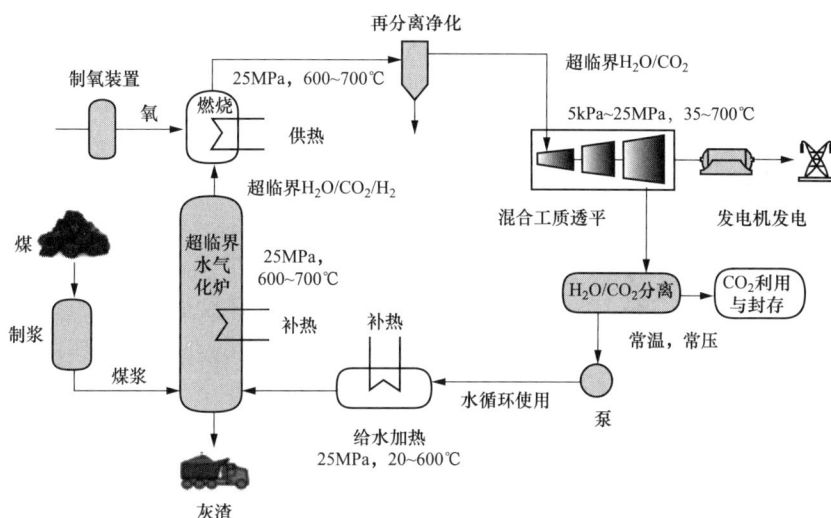

图 2-7 超临界水煤气化制氢发电工艺流程简图

3. 煤炭超临界水气化制氢特点

煤炭超临界水气化制氢具有高能效、清洁低污染、低耗水、节能减排等特点，技术是可行的，经济性是合理的，具体包括以下几方面：

（1）氢气产量较高。煤炭超临界水气化反应生成氢气中的氢元素一部分来自煤中，另一部分来自作为媒介的超临界水中。该工艺使蒸汽重整反应和水煤气变换反应在同一个反应器中进行，因此气体产物中的氢气收率和质量分数高于传统气化工艺中的氢气收率和质量分数。

（2）超临界水的性质使有机煤质中的氮和硫等元素以无机盐的形式沉积，避免了污染物的排放。

（3）工业上利用氢气（如氨合成，甲醇生产和石化工业）所需压力往往高于气化炉出口的压力，若对氢气进行再压缩则需要消耗能量，煤超临界水气化技术可以提供约 25MPa 的高压氢气。

4. 煤炭超临界水气化制氢的发展现状

西安交通大学动力工程多相流国家重点实验室主任郭烈锦院士等为了推进该技术的产业化，2012 年起，联合多家单位组建了"煤的新型高效气化与规模利用协同创新中心"。2016

年，由西安交通大学牵头并联合浙江大学、清华大学、南京理工大学、西北有色金属研究院、北京有色金属研究总院、大连理工大学、东方汽轮机厂、中国科学院工程热物理研究所、陕西煤化工集团 9 家单位共同承担国家重点研究计划项目煤炭超临界水气化制氢和 H_2O/CO_2 混合工质热力发电多联产基础研究，正努力朝产业化方向迈进。2018 年 2 月 11 日，西安交通大学郭烈锦教授团队负责的"煤炭超临界水气化制氢发电多联产技术"首个 50MW 超临界水蒸煤热电联产示范项目在西安热电有限责任公司正式启动。

2.2　石　油　制　氢

石油是一种由气态、液态和固态的烃类组成的混合物，其主要组成是碳和氢，碳氢化合物也简称为烃，故石油加工及利用的主要对象就是烃。石油裂解是指在一定条件下，使重质油的分子结构发生变化，以增加轻质成分比例的加工过程。石油裂解通常分为热裂化、减黏裂化、催化裂化、加氢裂化等。通常不直接用石油制氢，而用石油初步裂解后的产品，如石脑油、重油、石油焦以及炼厂干气制氢等。下面进行详细介绍。

2.2.1　石脑油制氢

1. 石脑油制氢原理

石脑油是蒸馏石油的产品之一，是以原油或其他原料加工生产的用于化工原料的轻质油，又称粗汽油，一般含烷烃 55.4%、单环烷烃 30.3%、双环烷烃 2.4%、烷基苯 11.7%、苯 0.1%、茚满和萘满 0.1%；平均分子量为 114，密度为 0.76g/cm³，爆炸极限为 1.2%～6.0%。石脑油主要用作重整和化工原料，根据用途不同而采取各种不同的馏程，我国规定石脑油馏程为初馏点至 220℃左右。70～145℃馏分的石脑油称轻石脑油，是生产芳烃的重整原料。180℃馏分的石脑油称作石脑油，用于生产高辛烷值汽油。

石脑油制氢的基本原理是石脑油在高温条件下与水蒸气发生反应，生成氢气和一氧化碳；一氧化碳继续进一步与水发生反应，生成氢气和二氧化碳。其反应方程式如下：

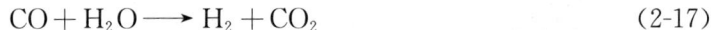

$$C_nH_m + nH_2O \longrightarrow nCO_2 + (n+m/2)H_2 \quad (n = 4 \sim 7, \ m = 10 \sim 16) \tag{2-16}$$

$$CO + H_2O \longrightarrow H_2 + CO_2 \tag{2-17}$$

2. 石脑油制氢工艺流程

石脑油制备氢气常用的装置为 HYCO 装置（hydrogen & carbon monoxide），此装置也可用于甲烷蒸汽重整制备氢气和一氧化碳。该过程主反应转化反应为吸热反应，其热量由转化炉炉膛燃料气供给；其特点是在废热回收段后增加了胺洗脱二氧化碳单元，简称 MDEA 单元；脱除二氧化碳后的合成气进入冷箱单元，经深冷脱除甲烷和氮气等杂质成分后提纯出富氢气；富氢气再进入 PSA 中提纯得到纯氢。石脑油制氢流程图如图 2-8 所示。

石脑油作为 HYCO 装置原料，在原料净化阶段需要两段加氢，增加烯烃加氢反应器。转化反应由预转化反应和转化反应器两部分组成，烃类作为原料，其中通常含有硫、氯等杂质，这些杂质会使装置中所用的多种催化剂中毒以及腐蚀设备和管道，在金属设备和管道部分生成相应的金属硫化物和氯化物。故原料在进入转化工段前应先将硫、氯等杂质加氢除去，且由于加氢脱硫脱氯催化剂寿命较短，常常只有半年或者一年，因此加氢脱硫脱氯反应器常常设置两台，可并联也可串联操作，便于装置在线更换催化剂，而不影响整个装置运行。石脑油中除了含有硫氯等杂质，常常还含有烯烃及二烯烃，若直接在加氢脱硫脱氯反应器中进行烯烃加氢饱和反应，操作温度过高，将会导致烯烃、二烯烃积碳，使得催化剂活性降低，最后达不到烯烃饱和的效果，影响装置操作。因此石脑油作为原料，必须设置两段加氢，采用两台加氢反应器。即在原料加氢脱硫脱氯反应前，首先需要进行二烯烃和烯烃加氢饱和反应，将不饱和烯烃转化为饱和烯烃。此外，该套装置还设置了二烯烃和烯烃饱和加氢反应器。加氢反应的氢气量控制也十分重要，通常情况下，增加氢与烃的物质的量的比，提高氢分压不但能抑制催化剂结焦，还有利于加氢过程的进行；氢烃比太高，动力消耗增加；氢烃比太低则不能满足工艺要求。通常氢油体积比为 $20\%\sim60\%$。HYCO 装置主要设备转化炉内发生的反应为吸热反应，其热量主要由 PSA 单元高热值的解析气提供。其常作为整个装置的主燃料气，气态烃为原料时可同时作为辅助燃料。当石脑油作为原料时，若装置里缺少其他气体燃料或其他气体燃料的供应不稳定时，石脑油亦可作为辅助燃料。液态石脑油作为燃料时，通常有两种方法。方法一是可以将其先气化，然后再燃烧。方法二是可将其雾化后送去燃烧器燃烧。石脑油的雾化采用低压过热蒸汽实现。两者相比，方法一操作简单，对燃烧器的要求低，但是需要增加设备投资。方法二蒸汽雾化石脑油设备投资少，能耗小，但操作对燃烧器的要求较高。具体设计可以根据整个装置投资要求来优化。石脑油原料 HY-CO 设备工艺流程图如图 2-9 所示。

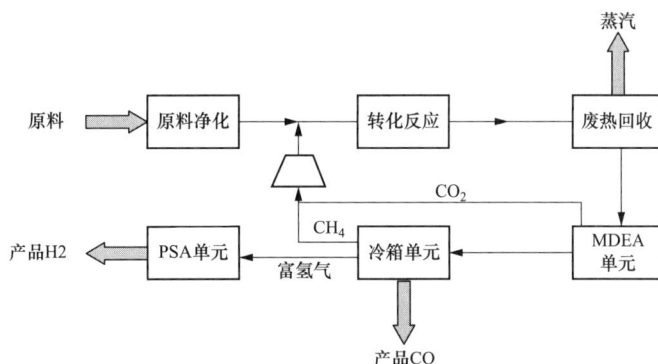

图 2-8 石脑油制氢流程图

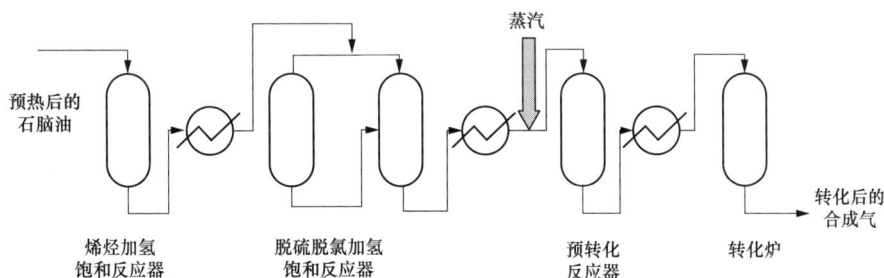

图 2-9 石脑油原料 HYCO 设备工艺流程图

3. 石脑油制氢特点与发展现状

早在 1959 年，英国帝国化学工业集团建设了第一套用石脑油制备氢原料的烃类水蒸气转化装置。1990 年，我国利用石脑油进行制氢的设备投产建成。但是自 1994 年起石脑油价格不断上涨，石脑油原料成本已经由制氢总成本的 75% 增长到 90%。石脑油中杂质含量多，除杂工艺复杂，高温反应耗能较大；同时，近年来随着轻石脑油价格大幅上涨，石脑油制氢成本越来越高，作为独立制氢方法不再具有优势。因此，石脑油已逐渐被其他烃类物质所代替。

2.2.2 重油制氢

1. 重油制氢原理

重油是原油提取汽油、柴油后的剩余重质油，其特点是分子量大、黏度高。重油的相对密度一般在 $0.82 \sim 0.95 g/cm^3$，热值在 $10000 \sim 1100 kcal/kg$。其成分主要是烃，另外含有部分的硫磺及微量的无机化合物。重油中的可燃成分较多，含碳 $86\% \sim 89\%$，含氢 $10\% \sim 12\%$，其余氮、氧、硫等成分很少。重油的发热量很高，一般在 $4000 \sim 4200 kJ/kg$。它的燃烧温度高，火焰的辐射能力强，是钢铁生产的优质燃料。

重油部分氧化包括碳氢化合物与氧气、水蒸气反应生成氢气和碳氧化物。典型重油部分氧化制氢反应方程式如下：

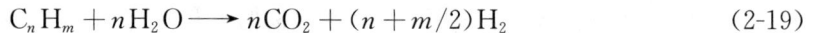

$$C_nH_m + n/2O_2 \longrightarrow nCO + m/2H_2 \tag{2-18}$$

$$C_nH_m + nH_2O \longrightarrow nCO_2 + (n+m/2)H_2 \tag{2-19}$$

$$H_2 + CO \longrightarrow CO_2 + H_2 \tag{2-20}$$

2. 重油制氢工艺流程

重质油气化路线与煤气化路线相似，有空分制氧、油气化生产合成气、耐硫变换将一氧化碳变为 $H_2 + CO_m$、低温甲醇洗去杂、PSA 提纯氢气，工艺流程如图 2-10 所示。重油制氢工艺流程相较煤制氢来说比较复杂，操作条件也比较严格。其整个过程主要由两部分组成，一部分为主体设备，包括空气分离、气化、炭黑回收、一氧化碳变换、酸性气脱除及甲烷化等；另一部分为辅助设施，包括高压锅炉、废水处理、硫黄回收和尾气处理等。空气分离部分为重油部分氧化提供了高纯度氧气，同时还可副产高纯度氮气。

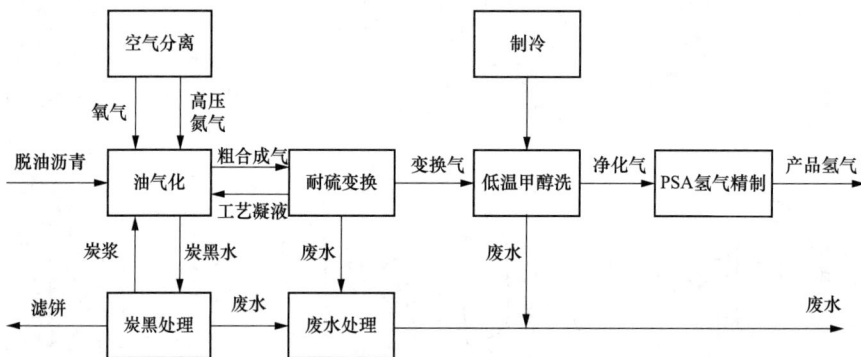

图 2-10 重油制氢工艺流程

3. 重油制氢特点与发展现状

基于部分氧化还原反应将重油转化为 CO 和 H_2 的方法最早由美国德士古和英国壳牌两家公司掌握。我国于第六个"五年计划"（1981~1985 年）期间开始建设重油制氢设备，主要用于化肥厂。重油制氢工艺流程复杂，操作条件苛刻，能耗较高，初投资成本高。早期，重油作为炼油过程的废料，经济性较高，但随着重油其他方面的应用价值被开发，加之石油资源短缺，以石油为原料制氢的优势越来越小。

2.2.3 石油焦制氢

1. 石油焦制氢原理

石油焦是原油经蒸馏将轻重质油分离后，重质油再经热裂的过程转化而形成的固体颗粒。石油焦为形状、尺寸都不规则的黑色多孔颗粒或块状。其主要组成元素为碳，碳含量约占 80%；含有少量的氢，为 1.5%～8%，还有少量的氧、氮、硫和金属元素，其热值较高、含硫量较高、挥发分较低、灰含量较低。

石油焦制氢是在煤制氢的基础上发展而来的，其原理和过程与煤制氢非常相似。石油焦制氢是将石油焦放置在一定的温度和压力环境下，使其发生气化反应，从而生成氢气和一氧化碳的过程。

石油焦制氢的主要反应方程式如下：

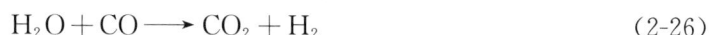

$$H_2O + C \longrightarrow CO + H_2 \tag{2-21}$$

$$2H_2O + C \longrightarrow CO + 2H_2 \tag{2-22}$$

$$C + CO_2 \longrightarrow 2CO \tag{2-23}$$

$$2H_2 + C \longrightarrow CH_4 \tag{2-24}$$

$$CH_4 + H_2O \longrightarrow CO + 3H_2 \tag{2-25}$$

$$H_2O + CO \longrightarrow CO_2 + H_2 \tag{2-26}$$

2. 石油焦制氢工艺流程

石油焦制氢的工艺流程与煤制氢也极为相似，高硫石油焦制氢工艺流程如图 2-11 所示。由于原油中含硫量高，因此石油焦常为高硫石油焦。高硫石油焦制氢主要工艺过程包括空气分离、石油焦气化、一氧化碳变换、低温甲醇洗、变压吸附等。其中在低温甲醇洗过程中还可回收部分硫磺副产品。

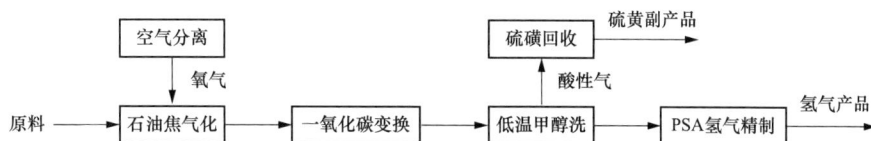

图 2-11 高硫石油焦制氢工艺流程

3. 石油焦制氢特点与发展现状

工业化石油焦气化技术主要由美国通用电气和英国壳牌公司掌握，2000 年前后我国华东理工大学开发出了多喷嘴气化技术。石油焦制氢同煤制氢相比更复杂，需提高水煤浆浓度和稳定性；通过膜分离-气化炉联合技术，提高氢气浓度和分离效率；改善石油焦气化活性提高转化率。2019 年，中国石化镇海炼化公司煤焦制氢装置全流程一次打通，标志我国首套采用国产化自主攻关高压水煤（焦）浆气化技术的煤焦制氢装置开车成功，该装置产出氢气纯度为 98.27%，各项工艺、环保参数都符合设计要求。石油焦作为石油加工过程的低值副产品，将其作为制氢原料，不但可解决高硫石油焦的利用问题，而且可以降低制氢成本，具有较高的综合经济效益。高硫石油焦制氢工艺成熟可靠，但将固态石油焦制备成气化浆料过程工艺要求较高，初投资较高，产率较低。

2.2.4 炼厂干气制氢

1. 炼厂干气制氢原理

炼厂干气是指炼油厂炼油过程中如重油催化裂化、热裂化、延迟焦化等，产生并回收的非冷凝气体（也称蒸馏气），主要成分为乙烯、丙烯和甲烷、乙烷、丙烷、丁烷等，主要用作燃料和化工原料。其中催化裂化产生的干气量较大，一般占原油加工量的 4%～5%。催化裂化干气的主要成分是氢气（占 25%～40%）和乙烯（占 10%～20%），延迟焦化干气的主要成分是甲烷和乙烷。

炼厂干气中通常已经含有少量氢气，可通过深冷分离、变压吸附分离和膜分离等方法直接分离氢气，也可作为制氢原料进行氢气的制备。若炼厂干气中烯烃含量过高会使得催化剂发生结碳现象，因此通常选用烯烃含量低的炼厂干气作为制氢原料。

2. 炼厂干气制氢工艺流程

炼厂干气制氢有两条技术路线，一是水蒸气转化制氢法，二是选择氧化制氢法。对于水蒸气转化制氢法而言，炼厂干气水蒸气转化制氢工艺流程如图 2-12 所示，主要包括干气加氢压缩脱硫、干气蒸汽转化、CO 变换、PSA。

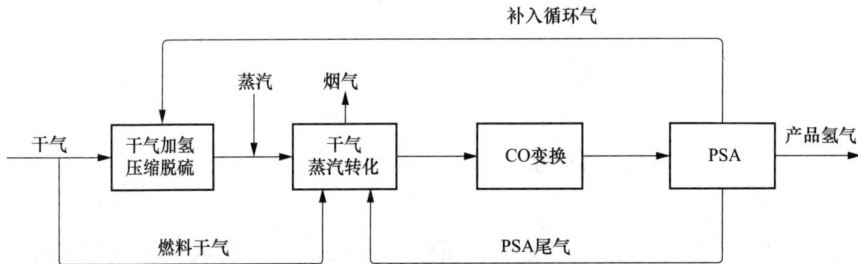

图 2-12　炼厂干气水蒸气转化制氢工艺流程

炼厂干气选择氧化制氢技术在水蒸气制氢的工艺上得到了很大的提高。炼厂干气在适量的氧气以及催化剂的作用下进行选择，氧化反应将炼厂干气中的低碳烃类成分转化为一氧化碳和氢气，该过程是温和的放热过程，反应时无须额外提供过多热量，降低制氢过程的能量消耗。同时，选择氧化制氢反应用的催化剂，不受原料中烯烃的影响，因此原料器不需要加氢处理，反应工序减少，降低了基础设备的成本投入。此外，氧化催化剂具有高选择性和高活性，提高了原料的利用率。炼厂干气水蒸气转化制氢需要 2～3 种不同催化剂，而选择氧化过程仅需 1 种催化剂。

综合来看，炼厂干气制氢成本低，工序少，初投资低，但反应过程中干气中的烃类物质未得到合理利用。

3. 炼厂干气制氢特点与发展现状

炼厂干气作为炼油厂产生的废气，以其作为制氢原料具有很高的经济效益。炼化一体化也是国内炼油厂的一种趋势，炼厂气资源的综合利用，对于炼油厂的经济效益和加工深度具有重要意义。炼厂干气制氢技术成熟、工序少、设备投资少、原料成本低，已在一些炼油厂得到了应用，目前的研究主要集中在如何降低炼厂干气的制氢成本，选择氧化工艺耦合和开发新型反应器等方面。

2.3　天然气制氢

天然气是一种主要由甲烷组成的气态化石燃料。它主要存在于油田以及天然气田，也有少量处于煤层，因此天然气是火力发电的一种燃料，发电时虽比煤炭发电好，但发电过程中也会制造一定程度的碳排放。天然气制氢具有极强的社会意义和经济效益，已发展成为工业主流制氢技术之一。目前，天然气制氢主要有天然气蒸汽重整制氢、天然气部分氧化重整制氢、天然气自热重整制氢、天然气高温裂解制氢四种技术路线，下面将具体讲解。

2.3.1　天然气蒸汽重整制氢

1. 天然气蒸汽重整制氢原理

天然气蒸汽重整（steam reforming of methane，SRM）制氢是天然气制氢技术中较为成熟的一种，广泛应用于生产合成气、纯氢和合成氨原料气的生产，是工业上最常用的制氢方法。天然气蒸汽重整制氢同煤气化制氢也有相似之处，二者都是先生成合成气（$H_2 + CO$），然后通过变换反应将一氧化碳与水蒸气进一步反应生成更多氢气，最后将反应制得的混合气通过分离提纯得到纯净氢气产品。

天然气蒸汽重整制氢反应方程式为：

转化反应：

$$CH_4 + H_2O \longrightarrow CO + 3H_2，\Delta H_{298K} = +205.7 \text{kJ/mol} \tag{2-27}$$

变换反应：

$$CO + H_2O \longrightarrow CO_2 + H_2，\Delta H_{298K} = -41 \text{kJ/mol} \tag{2-28}$$

积碳副反应：

$$CO \longrightarrow C + CO_2，\Delta H_{298K} = -172.4 \text{kJ/mol} \tag{2-29}$$

$$CO + H_2 \longrightarrow C + H_2O，\Delta H_{298K} = -175.3 \text{kJ/mol} \tag{2-30}$$

2. 天然气蒸汽重整制氢工艺流程

天然气蒸汽重整制氢工艺流程如图 2-13 所示，其主要包括四个过程，即原料气预处理、天然气蒸汽转化、一氧化碳变换和氢气提纯。天然气蒸汽重整制氢首先是天然气原料的预处理步骤，主要是指原料气的脱硫；然后是天然气蒸汽转化的步骤，在转化炉中采用镍系催化剂，将天然气中的烷烃转化成为主要成分是一氧化碳和氢气的原料气。在变换塔中，在催化剂存在的条件下，控制反应温度，转化气中的一氧化碳和水反应，生成氢气和二氧化碳；随后是一氧化碳变换，使其在催化剂存在的条件下和水蒸气发生反应，从而生成氢气和二氧化碳，得到主要成分是氢气和二氧化碳的变换气；最后一个步骤就是提纯氢气，现在最常用的一种氢气提纯系统就是 PSA，又叫变压吸附净化分离系统，这种系统能耗低、流程简单、制取氢气的纯度较高，最高时氢气的纯度可达 99.99%。

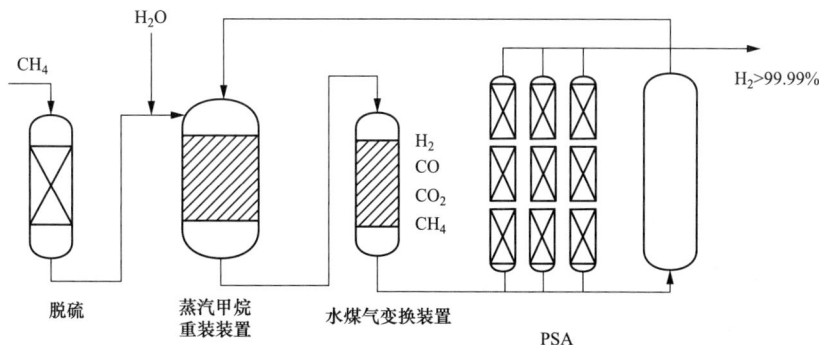

图 2-13　天然气蒸汽重整制氢工艺流程

3. 天然气蒸汽重整制氢特点与发展现状

天然气蒸汽重整制氢技术于 1926 年首次应用，经过不断的技术改进后，已发展成为目前最成熟的制氢技术之一，广泛用于工业制氢。该路线可实现大规模工业化制氢，且具有良好的经济性和氢气纯度，高温反应需要耐高温设备，反应热可反复利用。但受原料影响大，我国天然气储备相对匮乏，使用率相对较低，是制约该技术广泛推广的主要原因。2019 年，丹麦工业大学 Sebastian T. Wismann 等提出了一种非常巧妙的方法，将电加热催化结构直接集成到甲烷蒸汽重整反应器中进行制氢，电热源与反应位点紧密接触，可以使反应更加接近热平衡，提高催化剂利用率，限制有害副产物的形成。该反应器的集成设计可以紧凑小型化，是现有甲烷重整工业机器的 1%，如果该设备在全球范围内实施，相当于减少近 1% 的二氧化碳排放量。

针对甲烷蒸汽重整制氢领域，我国基础科学研究和发表论文与国际研究水平相比，基本没有太大差距。但是系统开发小微型、便携式、分布式和固定式甲烷蒸汽重整制高纯氢成套设备及相关技术，与日韩相比还具有不小差距。日本松下电器对外发布了第六代家庭用燃料电池热电联产系统，已于 2019 年 4 月成功上市，支持城市燃气（甲烷）和液化石油气，整体效率为 97%。其核心技术是甲烷重整制氢小型化技术，发电效率为 40%，热回收效率为 57%。韩国将建设 200MW 氢燃料电池发电厂，其核心也是利用天然气蒸汽重整制氢技术。这种小型天然气催化重整制高纯 H_2 成套技术依然成为"卡脖子"问题。

2.3.2　天然气部分氧化重整制氢

1. 天然气部分氧化重整制氢原理

天然气部分氧化重整（natural gas partial oxidation reforming of methane，NPOM）制氢是指天然气在有纯氧存在的重整器中进行加热氧化重整，生成氢气和一氧化碳的过程，其本质是由甲烷等烃类与氧气进行不完全氧化反应生成合成气。天然气与氧气进行部分氧化反应的生成物随氧气含量、反应条件的变化而变化。

天然气部分氧化制氢的反应方程式为：

$$CH_4 + 1/2O_2 \longrightarrow CO + 2H_2，\Delta H_{298K} = -35.5kJ/mol \tag{2-31}$$

2. 天然气部分氧化重整制氢工艺流程

天然气部分氧化重整制氢工艺流程如图 2-14 所示。天然气经过压缩、脱硫后，先与蒸汽混合预热到约 500℃，再与同样预热到约 500℃ 的氧或富氧空气分两股气流，分别从反应器顶部进入反应器进行部分氧化反应；反应器下部出转化气，温度为 900~1000℃，氢含量为 50%~60%。该工艺是利用反应器内热进行烃类蒸汽转化反应，因而能广泛地选择烃类原料并允许较多杂质存在，但需要配置空分装置或变压吸附制氧装置，投资高于天然气蒸汽转化法。天然气部分氧化制氢的反应器采用的是高温无机陶瓷透氧膜，可在高温下从空气中分离出纯氧，避免氮气进入合成气，这与传统的蒸汽重整制氢相比，工艺能耗显著降低，可在一定程度上降低投资成本。

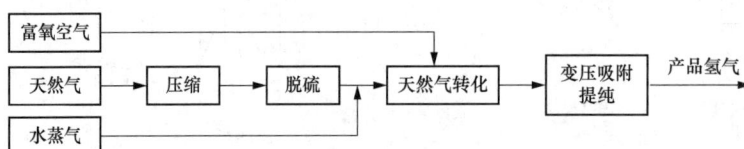

图 2-14　天然气部分氧化重整制氢工艺流程

3. 天然气部分氧化重整制氢的特点与发展现状

同水蒸气重整法相比，部分氧化重整法路线的能耗较低，反应温度较低，反应器无须耐高温设备，但天然气部分氧化重整法反应条件苛刻，不易控制，且该方法需大量纯氧而增加了昂贵的空分装置投资和制氧成本。天然气部分氧化重整法制氢研究工作较多，但尚无工业化应用，主要限于廉价高纯度氧来源，稳定反应催化剂材料研发，催化剂床层热点以及操作防爆安全性规范等问题。在我国，上述难题尚未解决，南京工业大学、中国科学技术大学、中国科学院大连化学物理研究所等开展相关研究，制备了稳定性和氧透量性能优异的透氧膜等关键材料。

2.3.3 天然气自热重整制氢

1. 天然气自热重整制氢原理

天然气自热重整（auto thermal reforming of methane，ATR）制氢的基本原理是在反应器中耦合了放热的天然气部分氧化重整反应和吸热的天然气蒸汽重整反应（SRM）。

天然气自热重整制氢反应方程式为：

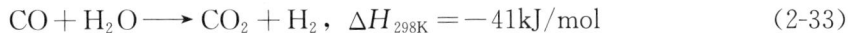

$$CH_4 + H_2O \longrightarrow CO + 3H_2, \quad \Delta H_{298K} = 205.7 \text{kJ/mol} \tag{2-32}$$

$$CO + H_2O \longrightarrow CO_2 + H_2, \quad \Delta H_{298K} = -41 \text{kJ/mol} \tag{2-33}$$

$$CH_4 + 1/2O_2 \longrightarrow CO + 2H_2, \quad \Delta H_{298K} = -35.5 \text{kJ/mol} \tag{2-34}$$

2. 天然气自热重整制氢工艺流程

天然气自热重整制氢的工艺流程如图 2-15 所示。反应器的上部是一个燃烧室，用于甲烷的部分氧化，同时甲烷的水蒸气重整在下部进行。这个反应器最恰当的设计是上部燃烧给下部提供热量。燃烧室的工作压力预计高于 1.2MPa（在 2200K）。对于燃烧室，最主要的要求是提高反应气体，包括水蒸气、甲烷、氧气的混合均匀度，不发生结碳，耐火墙的低温和输出气体有恒定的流量和温度。选择高压和恰当的 H_2O/H_2 和 H_2/C 比例是抑制结碳的重要环节。反应器底部装有高性能的催化剂，用于 SRM 反应和水气转化反应。因为反应器的几何形状影响反应气的流动，所以对压力的增加产生较大影响。

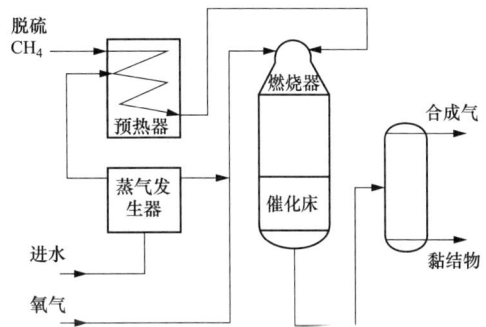

图 2-15 天然气自热重整制氢工艺流程

体系中 H_2O/CH_4 和 O_2/CH_4 是 ATR 反应过程的关键。H_2O/CH_4 的增加有利于生成更多的氢气。当 SRM 反应进行时，氧气量变大会使甲烷氧化成为主要反应，导致氢气产率较低。O_2/CH_4 和 H_2O/CH_4 的比值对反应的动力学平衡有着重要的影响。因为 ATR 是由 NPOM 和 SRM 两部分组成，一个是吸热反应，另一个是放热反应，结合后存在着一个新的热力学平衡，从而决定了反应温度。而这个热力学平衡又是由原料气中 O_2/CH_4 和 H_2O/CH_4 的比例所决定的。所以需要掌握最佳的 O_2/CH_4 和 H_2O/CH_4 的关系，得到最多的 H_2 量、最少的 CO 量和碳沉积量，从而实现体系最大的经济性。

3. 天然气自热重整制氢的特点与发展现状

该工艺同 SRM 工艺相比，变外供热为自供热，反应热量利用较为合理，既可限制反应器内的高温，同时又降低了体系的能耗。但由于 ATR 反应过程中，强放热反应和强吸热反应分步进行，因此反应器仍需采用耐高温的不锈钢管；另外，同单纯的 SRM 过程相同，ATR 工艺控速依然是反应过程中的慢速水蒸气重整反应。这样就使 ATR 反应过程具有装置投资较高、生产能力较低的缺点，但具有生产成本较低的优点。

2.3.4 天然气催化裂解制氢

1. 天然气催化裂解制氢原理

传统的天然气制氢过程会产生二氧化碳，会导致温室效应，而且氢气中都会含有少量 CO，CO 浓度高于 20mg/kg 则会导致燃料电池催化剂中毒失活，因此不产生 CO 和 CO_2 的天然气催化裂解（catalytic decomposition of methane，CDM）制氢方法受到了广泛关注。如图 2-16 所示，天然气催化裂解制氢原理是甲烷在高温下经催化剂作用分解为碳纳米和氢气，在产生氢气的同时实现 CO_2 的零排放，具有良好的经济效益和环保效应。

天然气催化裂解制氢主要反应方程式为：

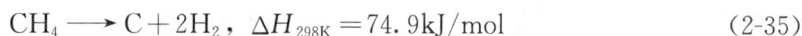

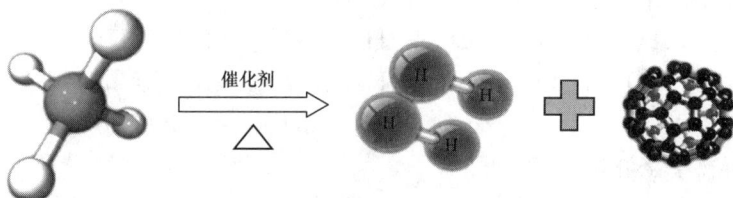

$$CH_4 \longrightarrow C + 2H_2, \quad \Delta H_{298K} = 74.9kJ/mol \tag{2-35}$$

图 2-16　天然气催化裂解制氢原理

2. 天然气催化裂解制氢工艺流程

在没有氧气的惰性环境中将甲烷加热至约 1400℃，它不会燃烧，而是分解成固体碳和气态氢。最简单的方法是加热管中的 CH_4，但当发生热解分解反应时，固体碳会沉积在管壁上，很快就会积聚继而会堵塞反应器，反应无法持续进行。为此，美国麻省理工学院开发一种鼓泡塔反应器，天然气催化裂解制氢工艺流程如图 2-17 所示。

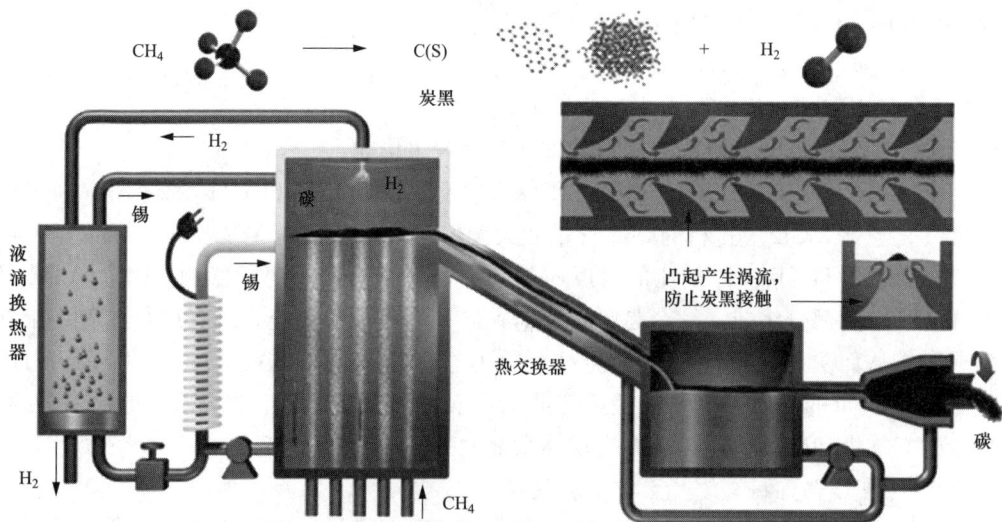

图 2-17　天然气催化裂解制氢工艺流程

CH$_4$ 从反应器底部鼓泡进入，使用 1400℃ 的液态锡来促进 CH$_4$ 的完全热解，CH$_4$ 接触高温锡后发生反应。气体达表面时已完成化学反应，气泡中包含了固体碳小颗粒，由于碳和锡之间的密度差异很大，这些颗粒会漂浮在表面上。氢气从顶部离开反应器，锡可以被泵入以连续去除碳。当碳离开时，它在热交换器中冷却，然后通过旋风分离器与锡分离。一种特殊类型的液滴换热器也用于回收氢气流中的显热，使得整个系统具有高效率和高经济效益。

3. 天然气催化裂解制氢的特点与发展现状

天然气催化裂解制氢路线不需要水气置换过程和 CO$_2$ 除去过程，大大简化了反应过程，具有流程短和操作单元简单的优点，可明显降低小规模现场制氢装置投资和制氢成本。尽管天然气催化裂解制氢在国内外均开展了大量研究工作，但该过程欲获得大规模工业化应用，其关键问题是所产生的碳需要有特定的重要用途和广阔的市场前景，否则也将限制其规模的扩大，增加该工艺的操作成本。今后仍需优化反应器的结构和组成，研发活性更高、选择性更好、寿命更长、更经济的催化剂体系，从而实现更经济地制氢。

本章小结

本章介绍了煤、石油、天然气等化石燃料制氢的基本原理、工艺流程、优缺点和发展现状，化石燃料制氢分类如图 2-18 所示。煤气化制氢是当前我国最经济的大规模制氢技术，煤浆电解制氢作为一种新兴制氢技术，能耗低，CO$_2$ 容易存储，具有发展潜力。石油制氢随着石油消耗和价格上涨逐渐失去优势，但炼厂干气制氢作为工业副产氢可提高整体炼油厂经济性。由于我国富煤贫油少气的能源结构，天然气制氢在我国未能得到大规模应用，其中天然气催化裂解是化石燃料制氢中唯一一个可以实现零碳排放的制氢技术，是连接化石燃料和可再生能源之间的过渡工艺过程，极具发展潜力，尚处于基础研究阶段。由于化石燃料的不可再生性和制氢过程排放 CO$_2$ 的不足，发展基于可再生能源的清洁制氢技术仍是未来的主流趋势。

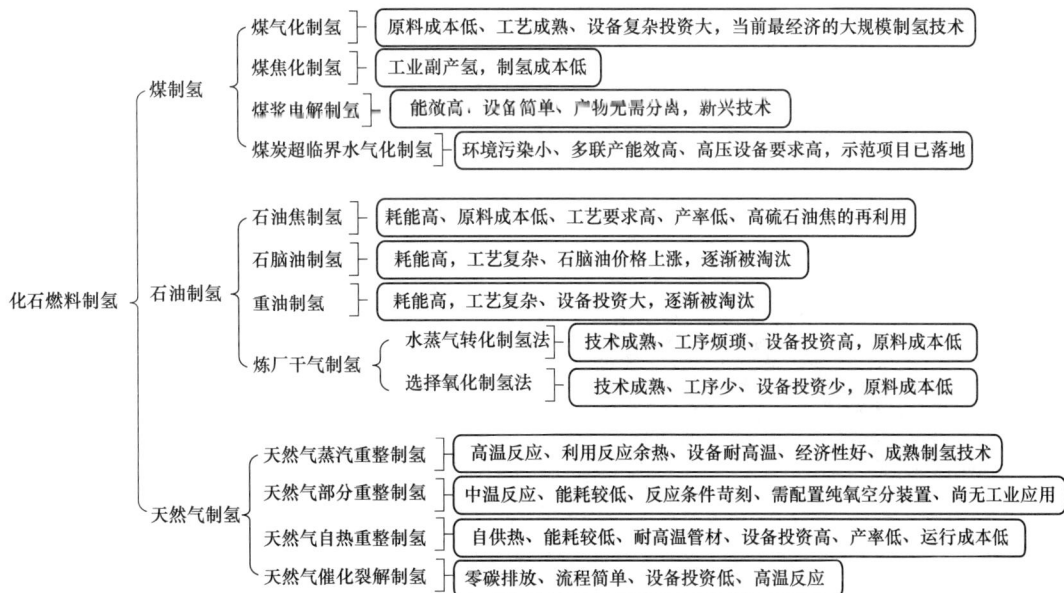

图 2-18　化石燃料制氢分类

3 非化石燃料制氢方法

第 3 章资源

目前，商用氢气 96％以上是从化石燃料中制取的，制氢过程中会排放大量二氧化碳，这类氢气也被称为"灰氢"。发展氢能不可以偏离初衷，从环境和生态的角度来看，通过风电、光伏等可再生能源制氢，不仅能够实现"零碳排放"，获得真正洁净的"绿氢"，还能够将间歇、不稳定的可再生能源转化储存为化学能，促进新能源电力的消化，由此带来的生态环境效益和经济效益是难以估量的。我国可再生能源十分丰富，开发力度也位居世界前列，新能源新增及累计装机容量均排名世界第一。为落实"2030 年前碳达峰"和"2060 年前碳中和"的目标，"十四五"时期还需要进一步加大力度发展可再生能源，进而进行可再生能源制氢，这将是碳减排的重要路径之一。2022 年 3 月 24 日，国家发展改革委、国家能源局联合印发《氢能产业发展中长期规划（2021—2035 年）》，明确了构建清洁化、低碳化、低成本的多元制氢体系，重点发展可再生能源制氢，严格控制化石能源制氢。本章将重点介绍生物质、甲醇、太阳能、电解水、等离子、核能、氨分解等非化石能源制氢方法的原理、工艺流程、特点以及发展现状。

3.1 生 物 质 制 氢

生物质是指通过光合作用而形成的各种有机体，包括动植物和微生物。生物质能是太阳能以化学能形式储存在生物质中的能量形式，直接或间接地来源于绿色植物的光合作用，是一种可再生能源。它是仅次于煤炭、石油、天然气之后第四大能源，在整个能源系统中占有重要的地位。生物质包括木材、森林废弃物、农业废弃物、水生植物、油料植物、城市和工业有机废弃物、动物粪便等。地球每年经光合作用产生的物质有 1730 亿 t，其中蕴含的能量相当于全世界能源消耗总量的 10～20 倍，而利用率却不到 3％。生物质的主要成分是纤维素、半纤维素和木质素等高分子物质，生物质的主要组成及不同物质的元素比例如图 3-1 所示。

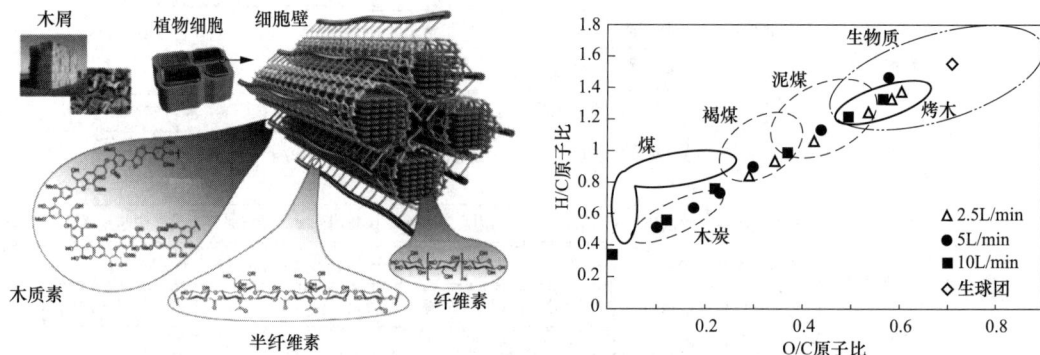

图 3-1 生物质的主要组成及不同物质的元素比例

生物质制氢技术分类概况如图 3-2 所示，生物质制氢主要有化学法和生物法两大类。对于化学法，主要通过气化、热解重整等方法进行制氢。对于生物法，主要通过光水解、光发酵、暗发酵、光暗耦合发酵等方法进行制氢。

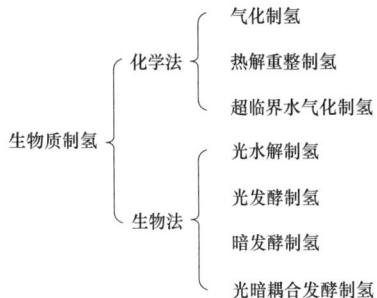

3.1.1 化学法生物质制氢

1. 生物质气化制氢

生物质气化制氢主要包括生物质预处理、气化转化、合成气分离、合成气提纯等过程，生物质气化制氢流程

图 3-2 生物质制氢技术分类概况

如图 3-3 所示。气化炉是生物质气化制氢的关键设备，有上吸式和下吸式两种，炉内反应可分为干燥、热解、氧化和还原四个阶段，四个阶段在炉内没有严格的区域界限，如图 3-4 所示。

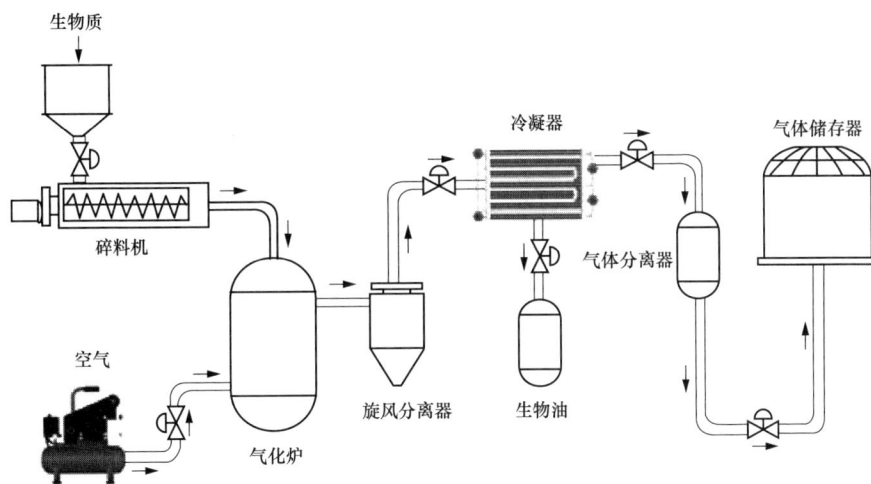

图 3-3　生物质气化制氢流程

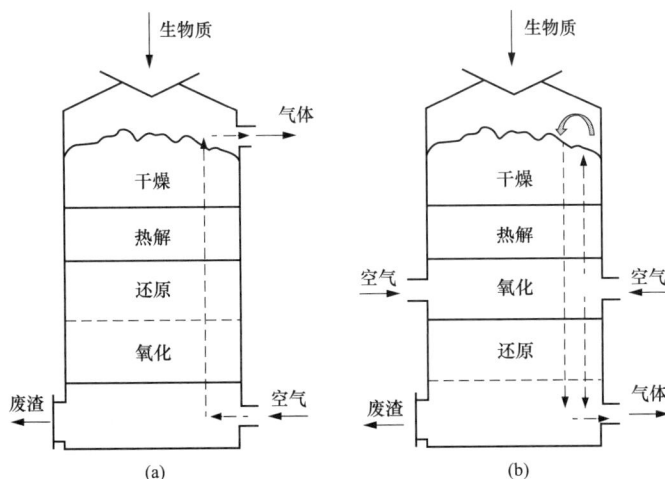

图 3-4　气化炉

（a）上吸式气化炉；（b）下吸式气化炉

以下吸式气化炉为例，干燥阶段指生物质从顶部进入气化炉内，温度为 $200\sim300℃$，生物质中的水分转化为蒸汽，此时温度较低不会发生化学反应，干燥后的物料在重力作用下继续下沉至热解阶段；热解阶段指当温度在 $500\sim600℃$ 时，生物质热解出挥发分，析出焦油、CO_2、CO、CH_4、H_2 以及碳氢化合物等大量气体，剩余残余木炭；氧化阶段指经气化介质与生物质残余物发生剧烈反应，放出大量的热，此区域炉内温度可达到 $1000\sim1200℃$，高温可促进其他区域的反应，也可以使得挥发性组分进一步发生燃烧或降解；还原阶段指氧化阶段的气体产物还原木炭，生成 H_2 和 CO 等气体产物，由于还原反应是吸热过程，此区域炉内温度降低至 $700\sim900℃$。生物质气化产物中气相组分主要包括 H_2、CO、CO_2 和 CH_4 等，液相产物主要是焦油，固相产物主要是碳。

上吸式气化炉中，气体流动方向为逆流。生物质原料从气化炉顶部投入，气化介质从炉底进入，反应产生的气体由下向上流动，气相产物由炉顶排出。还原阶段产生的高温气体经过干燥区和热解区，反应器热效率高，压降小，炉渣少，但气相产物中含有少量粉尘和焦油。下吸式气化炉中，气体流动方向为顺流。生物质原料从气化炉顶部投入，气化介质从炉中部进入，所有干燥和热解区产生的分解产物均通过氧化区，可降低气体中颗粒和焦油。

热解是在惰性气氛下的热化学反应，主要产物为挥发分和焦油与固定碳（又称残炭）；气化是在有气化剂参与下的热化学反应，气化剂主要有空气、氧气、CO_2、蒸汽等，气化剂与热解产生的固定碳以及热解的挥发分和焦油进行反应。为提高合成气的纯度，常通过多段工艺组合方式，如热解与气化组合，热解与重整组合，部分氧化组合。常见的多段组合工艺制氢效果见表 3-1。

表 3-1　　　　　　　　　　　　　常见的多段组合工艺制氢效果

段数	过程描述	冷气效率 (％)	焦油含量 (mg/m³)	气体组成	体积热值 (mg/m³)
2	挤出热解反应器 下吸式移动床气化炉 两段间空气部分氧化	93	<15	32％ H_2 16％ CO 2％ CH_4	6.6
3	流化床热解反应器 蒸汽重整反应器 下吸式移动床气化炉	81	10	8％ H_2 13％ CO 4％ CH_4	6.4
2	循环流化床热解反应器 鼓泡床气化炉	$87\sim93$	>4800	3.5％ H_2 16.3％ CO 4.3％ CH_4	$5.2\sim7$
3	热解反应器 部分燃烧室 射流携带床气化反应器	82	0	34.6％ H_2 36.8％ CO 0.4％ CH_4	高

气化剂对气化过程有显著影响，不同气化剂下的气化性质见表 3-2。三种气化剂中，空气的产气热值最低，氢气含量最少，采用水蒸气作为气化剂产气热值最高，总气体得率最大，氢气含量也最多。当水蒸气温度处于 374.2℃、压力在 22.1MPa 以上时，水具有液态时的分子间距，同时又会像气态分子一样运动剧烈，成为兼具液体溶解力与气体扩散力的新状态称为超临界水流体。超临界水气化（supercritical water gasification，SCWG）是 20 世纪 70 年代中期由美国麻省理工学院提出的新型制氢技术。超临界水是利用超临界水强大的溶解

能力，将生物质中的各种有机物溶解，生成高密度、低黏度的液体，然后在高温、高压反应条件下快速气化，生成富含氢气的混合气体。与其他生物质热化学制氢技术相比，具有其独特优势；其可以使含水量高的湿生物直接气化，不需要高能耗的干燥过程，不会造成二次污染；其制得的高温高压氢气可直接用于发动机或者涡轮机中燃烧获取电能。

表 3-2　　　　　　　　　　　　　　不同气化剂下的气化性质

气化剂	产气热值（MJ/m³）	总气体得率（kg/m³）	氢气含量（%）
水蒸气	12.2～13.8	1.30～1.60	38.0～56.0
空气与水蒸气混合气体	10.3～13.5	0.86～1.14	13.8～31.7
空气	3.7～8.4	1.25～2.45	5.0～16.3

生物质超临界水气化制氢技术具有广泛的应用前景，国内外对其的研究不断深入，通过探究不同种类实际生物质超临界水气化过程了解转化规律，通过分析生物质模型化合物、重要中间产物转化的宏观、微观路径认识反应机理，通过实验研究（反应温度、压力、物料浓度、停留时间等重要工艺参数对反应过程的影响）结合理论分析（化学反应动力学）获得基础数据。但是，生物质超临界水气化制氢技术仍有一些方面需要进一步完善。高温反应环境增加能耗，腐蚀和副产物焦油有待更好解决。且生物质的结构较为复杂，只提出了少部分的反应中间产物及一些模型化合物的反应途径，要想完全掌握生物质的反应过程，需要进一步加强反应机理、反应热力学、反应动力学等方面的研究，从小分子到大分子，从简单到复杂，结合所有中间产物的反应途径，从而揭示生物质超临界水气化转化过程，为该技术的工业应用提供实验数据和理论依据。

2. 生物质热解重整制氢

生物质热解是指生物质在完全缺氧或部分供氧条件下，利用热能切断生物质大分子中碳氢化合物的化学键，使之转化成为低分子物质的过程。热解产物通常有可燃气体（CO、CH_4、H_2 等）、液体生物油和固体生物碳。根据反应温度和加热速度不同，生物质热解可分为干馏、慢速热解、常规热解、快速热解和闪速热解，见表 3-3。

表 3-3　　　　　　　　　　　　　　不同类型的生物质热解技术

类型	温度（℃）	加热速度	停留时间	主要产物
干馏	400	极低	数天	焦炭
慢速热解	400～600	低	数小时	焦炭、生物油
常规热解	600	中（0.1～1℃/s）	5～30min	焦炭、生物油、气体
快速热解	400～650	高（10～200℃/s）	0.1～2s	生物油、气体
闪速热解	<650	非常高（>1000℃/s）	<1s	生物油、气体

生物质热解过程可归结为纤维素、半纤维素和木质素三种主要组分的热解。由于反应路径复杂、产物种类多样，可形成一个复杂的反应网络，其反应机理尚不清晰，尚无公认的热解反应描述模型。木质纤维素的热解可分为一次反应和二次反应，其中一次反应主要有焦的形成、解聚反应和裂解反应，生物质热解路径如图 3-5 所示。焦的形成是指生物质中大分子物质内部发生重排反应，形成以芳环结构为主的焦炭，并放出不凝性气体和水分。解聚反应是指聚合物单体间的键断裂，木质素聚合度大大降低，同时释放挥发性气体，挥发性气体冷凝后会形成液体残留物焦油。裂解反应不单是聚合物单体间的化合键断裂，聚合物单体内部

的化合键也发生断裂，形成不凝性气体和小分子有机化合物。二次反应指生成的小分子有机化合物再次发生裂解和重整反应，形成其他小分子化合物。

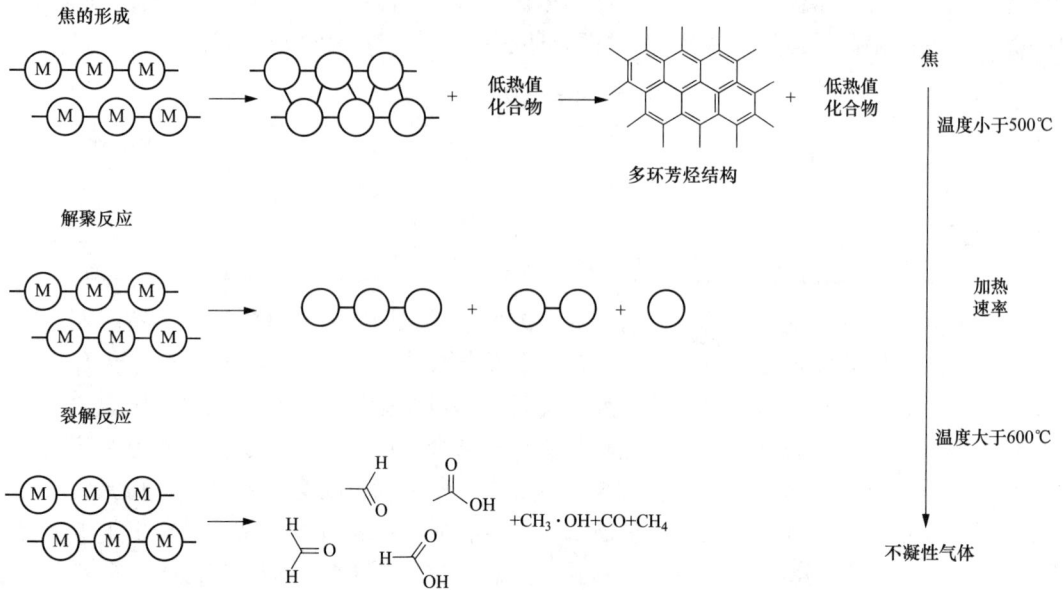

图 3-5　生物质热解路径

生物质热解反应器的类型和加热方式对产物的选择性影响显著，当前，主要采用鼓泡流化床反应器、循环流化床反应器、旋转锥反应器和烧蚀涡流反应器，如图 3-6 所示。加热方式主要以对流换热形式为主，辅助以热辐射和导热，共同对生物质进行加热，热导率高，加热速率快，且反应温度较容易控制。

当前，化学法生物质制氢已经部分地实现规模化生产，但氢气的产率并不理想；液相催化重整制氢以生物质解聚为前提，具有解聚产物易于集中、运输的优势，更适合大规模制氢，但技术更复杂，需加大研发力度；热化学制氢目前局限于 Ni 类或贵金属催化剂，开发活性高、寿命长、成本低的催化剂依然是研究的重点。为提高氢气产量，可将多种技术联合，先对生物质进行热化学转化，再对产物进行合理分配，将其中商业利用价值不高的产物提取重整，对商业价值高的产物进行提取利用。

3.1.2　生物法生物质制氢

1. 生物质光水解制氢

生物法制氢是利用微生物代谢来制取氢气的一项生物工程技术。生物质制氢中的热化学法不仅设计成本高，还要求有较高的温度和压力。与热化学法相比，微生物法用于生物质转化制氢在多方面都具有优势。其主要优点是微生物法不产生温室气体，并且能够利用生物质废弃物作为原料。因此，作为一种具有前瞻性的生物质制氢技术，微生物法具有很大的潜力。目前常用的生物制氢方法可归纳为 4 种：生物光解制氢、光发酵制氢、暗发酵制氢与光暗发酵耦合制氢。

微生物通过光合作用分解水制氢，目前研究较多的是光合细菌、蓝绿藻。以蓝绿藻为例，它们在厌氧条件下通过光合作用分解水产生 O_2 和 H_2，蓝绿藻制氢光合过程如图 3-7 所示。在光合反应中存在着两个相互独立又协调作用的系统：接收光能分解水产生 H^+、e^-、O_2 的光系统Ⅱ（PSⅡ）；产生还原剂用来固定 CO_2 的光系统Ⅰ（PSⅠ）。PSⅡ产生的电子由铁氧还蛋白携带经 PSⅡ 和 PSⅠ 到达制氢酶，H^+ 在制氢酶的催化作用下生成 H_2。

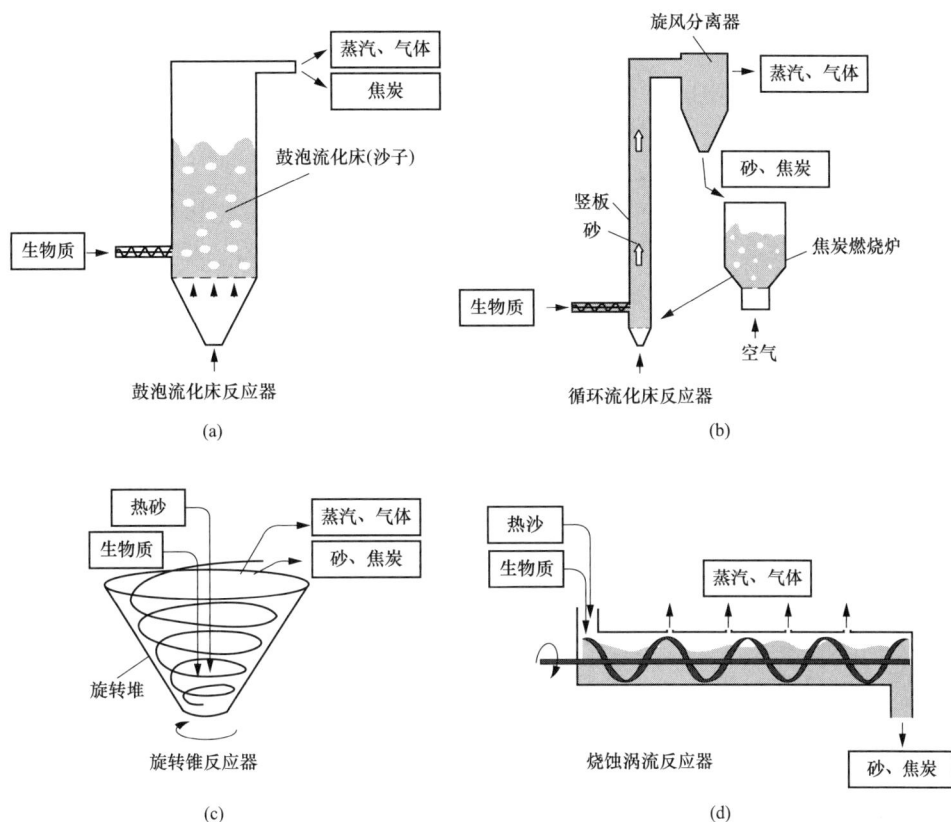

图 3-6　生物质热解反应器

（a）鼓泡流化床反应器；（b）循环流化床反应器；（c）旋转锥反应器；（d）烧蚀涡流反应器

光合细菌制氢和蓝绿藻一样，都是光合作用的结果，但是光合细菌只有一个光合作用中心（相当于蓝绿藻的 PSⅠ），由于缺少藻类中起光解水作用的 PSⅡ，因此只进行以有机物作为电子供体的不产氧光合作用。

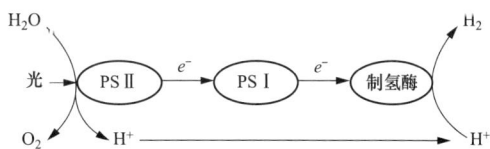

图 3-7　蓝绿藻制氢光合过程

2. 生物质光发酵制氢

光发酵制氢是光合细菌利用有机物通过光发酵作用产生氢气，厌氧光合细菌依靠从小分子有机物中提取的还原能力和光提供的能量将 H^+ 还原成 H_2 的过程。光发酵制氢可以在较宽泛的光谱范围内进行，制氢过程没有氧气的生成，且培养基质转化率较高，被看作是一种很有前景的制氢方法。有机废水中含有大量可被光合细菌利用的有机物成分。利用牛粪废水、精制糖废水、豆制品废水、乳制品废水、淀粉废水、酿酒废水等作底物进行光合细菌产氢的研究较多。光合细菌利用光能，催化有机物厌氧酵解产生的小分子有机酸、醇类物质为底物的正向自由能反应而产氢。利用有机废水生产氢气要解决污水的颜色（颜色深的污水减少光的穿透性）、污水中的铵盐浓度（铵盐能够抑制固氮酶的活性从而减少氢气的产生）等问题。若污水中化学需氧量较高或含有一些有毒物质（如重金属、多酚、多环芳香烃碳氢化合物），在制氢前必须经过预处理。

以葡萄糖作为光发酵培养基质时，制氢机理见式（3-1）。

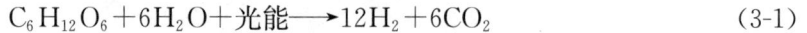

$$C_6H_{12}O_6+6H_2O+光能\longrightarrow 12H_2+6CO_2 \tag{3-1}$$

3. 生物质暗发酵制氢

与其他生物产氢过程相比，暗发酵的原料来源广泛，可利用多种工农业固体废弃物和废水，暗发酵产氢速率高且无须太阳能输入。从能源和环境角度来看，利用废弃生物质进行发酵产氢具有广阔的应用前景。

异养型的厌氧菌或固氮菌通过分解有机小分子制氢。异养微生物由于缺乏细胞色素和氧化磷酸化途径，使厌氧环境中的细胞面临着因产生氧化反应而造成的电子积累问题。因此需要通过特殊机制来调节新陈代谢中的电子流动，通过产生氢气消耗多余的电子就是调节机制中的一种。能够发酵有机物制氢的细菌包括专性厌氧菌和兼性厌氧菌，如大肠埃希氏杆菌、褐球固氮菌、白色瘤胃球菌、根瘤菌等。发酵型细菌能够利用多种底物在固氮酶或氢酶的作用下将底物分解制取氢气，底物包括甲酸、乳酸、纤维素二糖、硫化物等。以葡萄糖为例，其反应方程见式（3-2）。此外，表3-4列出了典型细菌生物法制氢特性。

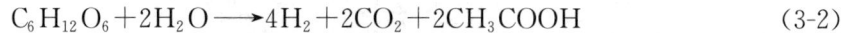

$$C_6H_{12}O_6+2H_2O\longrightarrow 4H_2+2CO_2+2CH_3COOH \tag{3-2}$$

表 3-4 典型细菌生物法制氢特性

体系	特点	产氢生物	典型产氢速率
绿藻	需要光；可由水产生氢气；转化太阳能的能力是树和农作物的10倍；体系存在氧气威胁；产氢速度慢	莱茵衣藻 斜生栅藻 绿球藻 亚心形扁藻	莱茵衣藻 7mmol H_2/(mol 叶绿素 a)
蓝细菌	需要阳光；可由水产生氢气；固氮酶主要产生氢气；具有从大气中固氮的能力；氢气中混有氧气；氧气对固氮酶有抑制作用	鱼腥蓝细菌 颤蓝细菌 丝状蓝细菌 聚球蓝细菌 黏杆蓝细菌 丝状异形蓝细菌 多变鱼腥蓝细菌	丝状异形蓝细菌 1.3mmol H_2/(gDCW·h)（DCW：干细胞质量）
光合细菌	需要光；可利用的光谱范围较宽；可利用不同的废料；能量利用率高；产氢速率较高	球形红细菌 夹膜红细菌 嗜硫小红卵菌 深红红螺菌 沼泽红假单胞菌	沼泽红假单胞菌 310μmol H_2/(gDCW·h)（DCW：干细胞质量）；深红红螺菌 7mol H_2/mol
发酵细菌	不需要光；可利用的碳源多；可产生有价值的代谢产物，如丁酸等；多为无氧发酵，不存在供氧；产氢速率相对最高；发酵废液在排放前需处理	丁酸梭菌 嗜热乳酸梭菌 巴氏梭菌 类腐败梭菌 产气肠杆菌 阴沟肠杆菌 大肠杆菌 蜂房哈夫尼亚菌	丁酸梭菌 7.3mmol H_2/(gDCW·h)；阴沟肠杆菌 29.6mmol H_2/(gDCW·h)（DCW：干细胞质量）

4. 生物质光暗耦合发酵制氢

利用厌氧光发酵制氢细菌和暗发酵制氢细菌的各自优势及互补特性，将二者结合以提高制氢能力及底物转化效率的新型模式称为光暗耦合发酵制氢。暗发酵制氢细菌能够将大分子有机物分解成小分子有机酸，来获得维持自身生长所需的能量和还原力，并释放出氢气。由于产生的有机酸不能够被暗发酵制氢细菌继续利用，从而会大量积累，导致暗发酵制氢细菌制氢效率低下。光发酵制氢细菌能够通过利用暗发酵产生的小分子有机酸，消除有机酸对暗发酵制氢的抑制作用，同时进一步释放氢气。所以，将二者耦合到一起可以提高制氢效率，扩大废物利用范围。

以葡萄糖为例，耦合发酵反应方程见式（3-3）和式（3-4）。

暗发酵阶段：

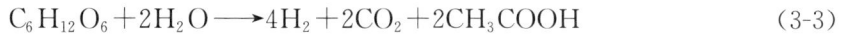

$$C_6H_{12}O_6 + 2H_2O \longrightarrow 4H_2 + 2CO_2 + 2CH_3COOH \qquad (3\text{-}3)$$

光发酵阶段：

$$2CH_3COOH + 4H_2O + 光能 \longrightarrow 8H_2 + 4CO_2 \qquad (3\text{-}4)$$

表 3-5 列出了生物法生物质制氢技术对比。由表可得，光暗耦合发酵制氢方式的产氢效率最快、底物转化效率最高，同时可利用各种工农业废弃物制氢，在净化环境的同时可以产氢，具有较好的发展前景。

表 3-5　　　　　　　　　　　　　　　生物法生物质制氢技术对比

生物制氢方法	产氢效率	转化底物类型	底物转化效率	环境友好程度
光解水制氢	慢	水	低	需要光，对环境无污染
光发酵制氢	较快	小分子有机酸、醇类物质	较高	可利用各种有机废水制氢，制氢过程需要光照
暗发酵制氢	快	葡萄糖、淀粉、纤维素等碳水化合物	高	可利用各种工农业废弃物制氢，发酵废液在排放前需处理
光暗耦合发酵制氢	最快	葡萄糖、淀粉、纤维素等碳水化合物	最高	可利用各种工农业废弃物制氢，在光发酵过程中需要氧气

3.1.3　生物质制氢技术与示范项目

对于生物法生物质制氢，尚存在一些问题限制其产业化发展：

（1）暗发酵制氢虽稳定、快速，但由于挥发酸的积累会产生反馈抑制，从而限制了氢气产量。

（2）在微生物光解水制氢中，光能转化效率低是主要限制因素。

（3）光暗耦合发酵制氢中，两类细菌在生长速率及酸耐受力方面存在巨大差异，暗发酵过程产酸速率快，使体系 pH 值降低，从而抑制光发酵制氢细菌的生长，使整体制氢效率降低，如何解除两类细菌之间的产物抑制，做到互利共生，是一项亟待解决的问题。生物质制氢技术对比见表 3-6。

表 3-6　　　　　　　　　　　　　　　　　生物质制氢技术对比

比较项目	化学法制氢			生物法制氢		
	生物质气化	生物质热解	生物质超临界	光发酵	暗发酵	光合生物
原理	以生物质为原料在气化剂中化热转化为富氢气体	高温下通过气化介质与生物质反应产氢	超临界水介质进行热解、氧化、还原等反应产氢	光合细菌利用有机物通过光发酵作用产生氢气	异养型厌氧细菌利用碳水化合物，通过暗发酵产氢	微生物光合作用分解水产氢
效率	低	高	低	较高	很高	高
优点	废物利用，原料丰富	氢含量高、燃气热值高	无须干燥，环境友好	可利用有机废水	可利用工农业废弃物	无污染
缺点	受热解温度、压力、时间、催化剂影响	受气化温度、停留时间、压力、催化剂影响	反应复杂	需要光照	废液需处理	需要光照

2021 年 9 月 14 日，东方电气集团有限公司与潼南区人民政府在成都签订潼南区垃圾发电耦合制氢及氢能示范项目合作意向书。潼南垃圾发电耦合制氢项目是潼南区人民政府布局成渝地区双城经济圈氢走廊的重点项目，是国内首个商业化垃圾制氢示范项目，建成后将在全国范围内开创一条"环保＋氢能"新的商业路径，为实现"双碳"目标提供有力支撑。

3.2　电解水制氢

3.2.1　电解水制氢原理

电解水制氢基本原理是以水作为原料，外部施加电压，从而形成完整通电回路，电能的输入打破水分子内部平衡，从而发生裂解，氢原子和氧原子进行重构，最终析出 H_2 和 O_2，电解水制氢的反应方程式和原理示意图分别如式（3-5）和图 3-8 所示。

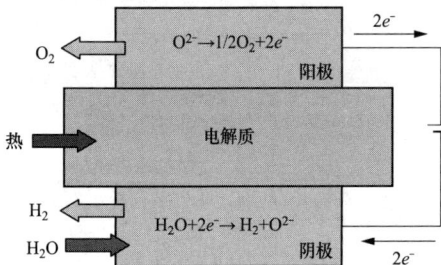

图 3-8　电解水制氢原理示意图

$$2H_2O \longrightarrow 2H_2 \uparrow + O_2 \uparrow \qquad (3-5)$$

该反应由两个半反应组成：阴极析氢反应（hydrogen evolution reaction，HER）和阳极析氧反应（oxygen evolution reaction，OER）。整个反应系统的主要组成部分可分为外部电源、阴阳两极和电解质。阴极反应生成 H_2，阳极反应产生 O_2。由于电极所处溶液环境的不同，阴阳两极发生的具体反应过程也有所差异。

在酸性的环境中，阴阳两极的具体反应如下：

阴极反应：

$$2H^+ + 2e^- \longrightarrow H_2 \qquad (3-6)$$

阳极反应：

$$H_2O \longrightarrow 2H^+ + 1/2O_2 + 2e^- \qquad (3-7)$$

在碱性的或中性溶液环境中，阴阳两极的具体反应如下：

阴极反应：

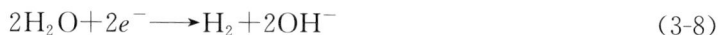

$$2H_2O + 2e^- \longrightarrow H_2 + 2OH^- \tag{3-8}$$

阳极反应：

$$2OH^- \longrightarrow H_2O + 1/2O_2 + 2e^- \tag{3-9}$$

析氢反应过程是一个双电子转移的过程，涉及氢原子的吸附和脱附过程，HER 反应机理示意图如图 3-9 所示。整个反应过程涉及三个步骤：沃尔墨过程（Volmer step）、塔菲尔过程（Tafel step）和海洛夫斯基过程（Heyrovsky step）。根据电解质溶液的酸碱性质的不同，机理步骤也有所不同。在酸性电解质溶液环境中，单个的游离质子（H⁺）迁移到电极表面的催化活性位点进行 Volmer 反应，与单个电子反应生成吸附氢原子，即氢原子的电化学吸附过程；随着电极表面吸附氢原子增多，两个相邻的吸附氢原子发生反应，结合生成 H_2，这是一个化学脱附过程（Tafel 反应）。吸附氢原子与电解质溶液中游离的氢原子以及电极中的电子反应释放 H_2 的过程则为电化学脱附过程（Heyrovsky 反应）。在碱性或中性电解溶液中，游离态氢原子来源于水的分解，首先是水分子经过分解形成 H⁺ 和 OH⁻，然后进行 Volmer 步骤，随之通过 Tafel 过程和 Heyrovsky 过程生成 H_2。由析氢反应机理可以看出，氢原子在电极表面吸附和脱附的性能决定阴极析出 H_2 的速率。因此，氢吸附自由能（ΔG_H）是影响析氢反应性能优劣的重要参数。当 $\Delta G_H > 0$ 时，Volmer 反应速率快，电极表面生成吸附氢原子的能力强，但氢原子的脱附生成 H_2 的能力将变弱；当 $\Delta G_H < 0$ 时，Volmer 反应速率慢，吸附氢原子的生成速率降低，制约整个过程 H_2 的析出速率；当 $\Delta G_H \approx 0$ 时，氢原子的吸附和脱附能力都处于一个较高的水平，H_2 析出的性能最好。

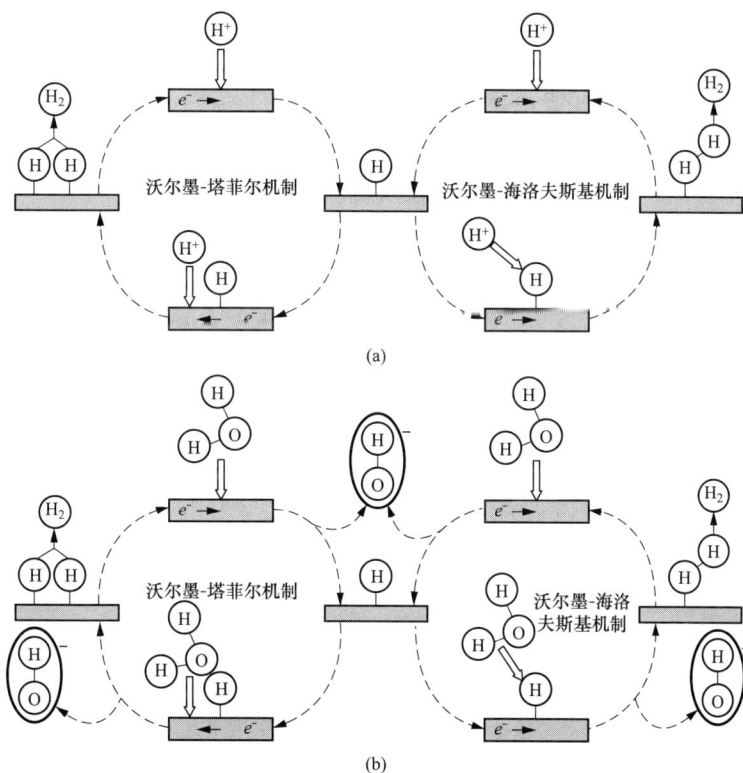

图 3-9 HER 反应机理示意图
（a）酸性介质；（b）碱性介质

析氧反应过程则是一个 4 电子的转移过程，反应机理比析氢反应复杂，涉及三个活化中间产物（OH⁻、O 和 OOH）的吸附过程和 O_2 的脱附过程，OER 反应机理示意图如图 3-10所示。在酸性和中性溶液环境下，OH⁻ 较少，需由水分子电解生成，所以 OH⁻ 的生成速率对整个过程的影响非常大。电解质溶液为碱性时，OH⁻ 丰富，制约析氧反应的则是电极表面活性位点对活化中间产物的吸附能力以及 O_2 的脱附能力。析氧反应机理和途径复杂，过电势高，导致析氧速率缓慢，制约和限制了整个电解水制氢的过程。

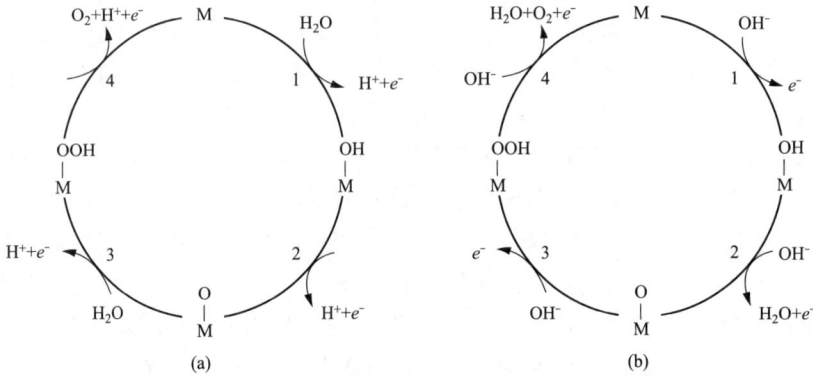

图 3-10　OER 反应机理示意图
（a）酸性 OER；（b）碱性 OER

3.2.2　电解水制氢工艺流程

电解水制氢系统主要由电解池、电力转换、水循环、气体分离、气体提纯等模块共同组成，如图 3-11 所示。电解池作为电解水制氢的核心部分，是电-氢转化反应的主要场所，占总制氢系统总成本的 $40\%\sim50\%$，由电解质、隔膜和电极三部分组成，主要有碱性电解池（alkaline electrolytic cell，AEC）、固体氧化物电解池（solid oxide electrolytic cell，SOEC）和质子交换膜电解池（proton exchange membrane electrolytic cell，PEMEC）三类，三类典型的电解水制氢电解池如图 3-12 所示。碱性电解池制氢系统中需要通过碱液罐不断补充电解液，而质子交换膜电解池制氢系统中仅需向电解池中不断补充水即可。电解后产生的氢气经过分离、干燥、压缩、存储操作即可完成整个氢气制备流程。

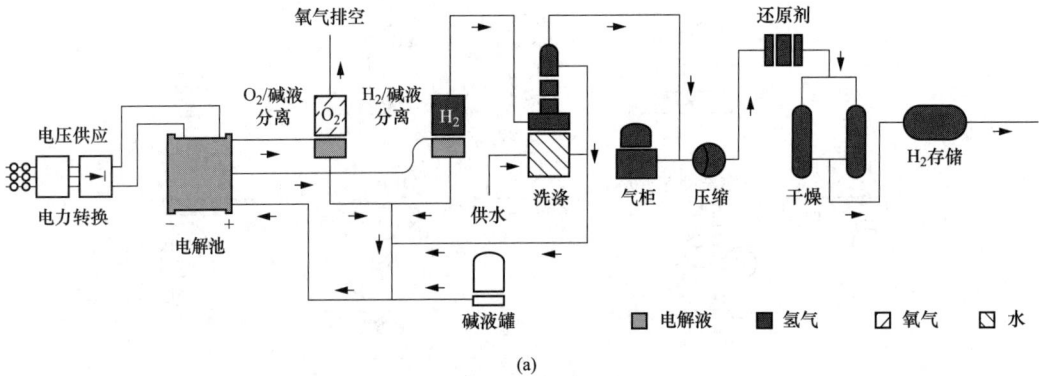

图 3-11　电解水制氢系统（一）
（a）碱性电解池制氢系统

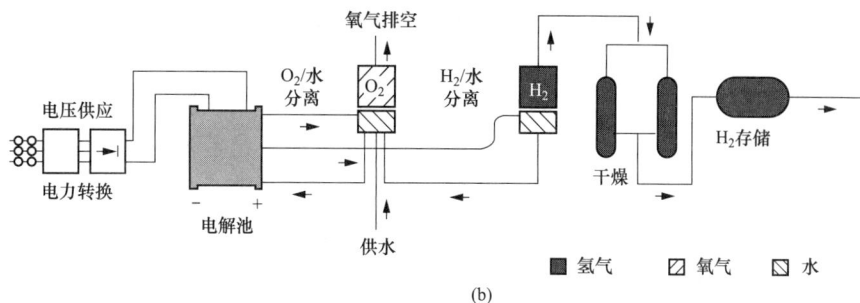

(b)

图 3-11　电解水制氢系统（二）

（b）质子交换膜电解池制氢系统

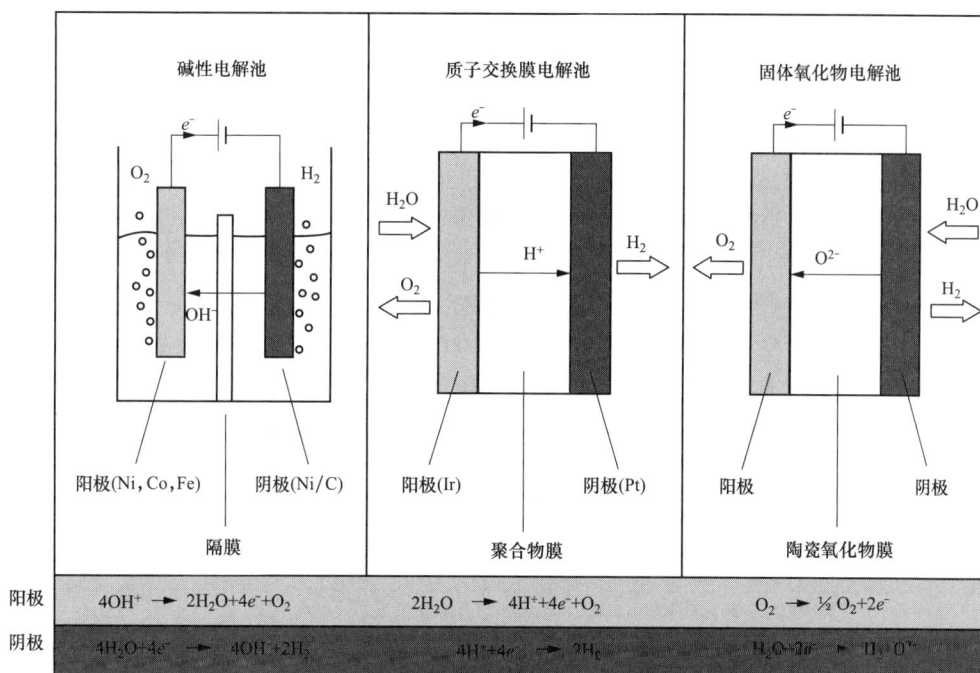

图 3-12　三类典型的电解水制氢电解池

对于碱性电解池，电解液主要为氢氧化钾溶液，隔膜材料为石棉（有毒），起分割阴阳极和分离气体的作用。电解池结构分类有单极式和双极式两类，双极式电解池效率更高，因此工业应用以双极式电解池为主。其优势在于：结构简单、操作方便、技术成熟，已经商业化，并得到了广泛应用。同时，碱性电解池也存在一些局限性：①碱性电解槽能源效率较低，通常在 60％左右。②碱性电解质（如 KOH）会与空气中的 CO_2 反应，形成在碱性条件下不溶于水的碳酸盐，这些不溶性的碳酸盐会阻塞多孔的催化层，阻碍产物和反应物的传递，大大降低电解槽的性能。③碱性电解槽难以快速关闭或启动，难以快速调节制氢速度，因此必须时刻保持电解池的阳极和阴极两侧上的压力均衡，防止氢氧气体穿过多孔的石棉膜混合，进而引起爆炸。④碱性电解槽难以与具有快速波动特性的可再生能源配合。

对于质子交换膜电解池，只需纯水，无须额外添加电解质溶液，质子传导率高，化学稳定性高，气体分离性好，比碱性电解池更安全高效。目前，质子交换膜电解池的电解效率已达到 85%，但由于质子交换膜造价高和电极材料贵金属 Pt 的使用，限制了质子交换膜电解池的大规模商用。因此，降低质子交换膜和电极的价格是质子交换膜电解池的研究重点。

对于固体氧化物电解池，无隔膜，在高温环境下工作时，电能和热能共同作用，目前在三种电解池中效率最高。但高温工作环境对材料耐热性要求更高，电解槽使用的材料以氧化钇和氧化锆为主，虽然成本不高，但制造过程难度大。目前，对于固体氧化物电解池的研究仍处于基础研究阶段。反应时，在高温环境下水被转化为高温水蒸气，然后在阴极处分解为 H^+ 和 O^{2-}，随后 H^+ 的电子生成 H_2，O^{2-} 穿过电解质到达阳极生成 O_2。具体电极反应方程式如下：

阴极：

$$2H_2O + 4e^- \longrightarrow 2H_2 + 2O^{2-} \tag{3-10}$$

阳极：

$$2O^{2-} \longrightarrow 2O_2 + 4e^- \tag{3-11}$$

3.2.3　电解水制氢发展现状

工业化的水电解技术的工业应用始于 20 世纪 20 年代，碱性液体电解池电解水技术已经实现工业规模的产氢，应用于氨生产和石油精炼等工业需求。20 世纪 70 年代之后，能源短缺、环境污染以及太空探索方面的需求带动了质子交换膜电解水技术的发展。

电解水制氢工艺过程简单、无污染，制取效率一般在 75%～85%，氢气电耗为 4～5kWh/m³，电费占整个水电解制氢生产费用的 80% 左右，电价是影响电解水制氢路线经济的重要因素。解决电解水制氢成本的关键是降低能耗，主要有两条路线：一是降低电解水过程的能耗，二是采用低成本电力进行电解水制氢。三类典型电解池的性质对比见表 3-7。

表 3-7　　　　　　　　　　　　　　三类典型电解池的性质对比

电解池类型	碱性电解池（AEC）	质子交换膜电解池（PEMEC）	固体氧化物电解池（SOEC）
电解质	20%～30%KOH	质子交换膜 PEM	Y_2O_3/ZrO_2
工作温度（℃）	70～90	70～80	700～1000
电流密度（A/cm²）	1～2	0.2～0.4	1～10
电解效率（%）	60～75	70～90	85～100
能耗（标准状态下，kWh/m³）	4.5～5.5	3.8～5.0	2.6～3.6
操作特征	启停较快	启停快	启停不便
动态响应能力	较强	强	—
电能质量需求	稳定电源	稳定或波动	稳定电源
系统运维	有腐蚀液体，后期运维复杂，成本高	无腐蚀性液体，运维简单，成本低	以技术研究为主，尚无运维需求
电堆寿命	可达到 120 000h	已达到 100 000h	—
技术成熟度	商业化	国外已商业化，国内处于工业化前期阶段	实验室研发
有无污染	碱液污染，石棉致癌	无污染	无污染
电解池成本（美元/kW）	400～600	500～2000	1000～1500

续表

电解池类型	碱性电解池（AEC）	质子交换膜电解池 （PEMEC）	固体氧化物电解池（SOEC）
国外代表企业	法国 Mcphy 挪威 Nel 美国 Teledyne	Proton Hydrogenics	—
国内代表企业	苏州竞立制氢设备有限公司 天津大陆制氢设备有限公司 中船重工集团 718 研究所	中国科学院大连化学物理研究所 中电丰业技术开发有限公司 南通安思卓新能源有限公司 中国航天科技集团公司 507 所 中船重工集团 718 研究所	—

通过提高电解效率来降低成本。目前主流的电解水制氢技术有三种类型，即碱性电解水制氢、质子交换膜电解水制氢和固态氧化物电解水制氢。其中碱性电解水制氢是最为成熟、产业化程度最广的制氢技术，但其电解效率仅为 $60\%\sim75\%$，国外研发的 PEM 技术与 SOEC 技术均能有效提高电解效率，尤其是 PEM 技术已引入国内市场。

通过采用西北地区的低价电力进行电解制氢，降低成本。近年来，新能源的持续快速发展已经远远超过电网承载能力，新能源消耗矛盾十分突出。弃风、弃水电量呈逐年增加趋势，西北地区弃风电量居首位。我国目前正大力推进可再生能源，由大量弃风、弃水产生的弃电是发展电解水制氢的有利条件。2018 年我国全国弃风电量 277 亿 kWh，其中西北地区为 166.9 亿 kWh（占全国的 60.25%），其次是华北地区（占全国 33.68%），东北地区占少量份额（全国 5.45%）。如果按照每立方氢气耗电 5kWh 来计算，全国弃风电量可生产 55.4 亿 m^3 高纯度氢气。虽然我国每年产生大量的弃风弃电，但由于弃风弃电产生的电压不稳定、难以大规模推广等原因，其终究不是解决电解水制氢成本问题的最优选择。长期来看，光伏和风电是电解水制氢企业获得低成本电力的主要来源。

目前可实际应用的电解水制氢技术主要有碱性液体水电解与固体聚合物水电解两类技术。目前，碱水电解制氢在国内已经工业化，我国电解水装置的安装总量在 $1500\sim2000$ 套，

通过电解水所制氢气总量在 8×10^4 t/年，碱性电解水技术占绝对主导地位。在碱性电解水设备方面，2022 年 7 月 12 日中国华电 1200 m^3/h（标准状态下）碱性电解槽产品（见图 3-13）下线暨气体扩散层（GDL）成果发布推广仪式在天津北辰区华电（天津）高端智造科创基地举行。这标志着中国华电在电解水制氢装备及氢燃料关键技术的道路上迈出了关键一步，为大规模绿氢制取及燃料电池分布式发电提供了坚实保障，对氢能行业发展具有里程碑意义。相较传统电解槽，此次下线的电解槽运行电流密度提高约 30%，整体质量减少近 10%，直流能耗指标小于 4.6kWh/m^3 H_2。在 1.6MPa 运行压力下，电解槽的额定产氢量达到 1200 m^3/h（标准状态下）。自主研发的单面焊双面焊缝成型工艺，实现国内首创。

图 3-13　中国华电 1200 m^3/h
碱性电解槽产品

国内的 PEM 水电解制氢技术尚处于从研发走向工业化的前期阶段，国内的 PEM 水电解

技术研究起步于 20 世纪 90 年代，针对特殊领域制氢、制氧的需求，主要研发单位有中国科学院大连化学物理研究所、中船重工集团 718 研究所、中国航天科技集团公司 507 所。目前市场上小批量销售的 PEM 电解产品主要是国外产品的代理，产氢量范围为 $0.3\sim2.0\text{m}^3/\text{h}$（标准状态下）。中国科学院大连化学物理研究所从 20 世纪 90 年代开始研发 PEM 水电解制氢，在 2008 年开发出产氢气量为 $8\text{m}^3/\text{h}$（标准状态下）的电解池堆积系统，输出压力为 4.0MPa、纯度为 99.99％。2010 年中国科学院大连化学物理研究所开发出的 PEM 水电解制氢机能耗指标优于国际同类产品。从单机能耗上看，国内的 PEM 制氢装置较优，但在规模上与国外产品还有距离。

2017 年河北沽源开始建设 10MW 级利用风电制氢的示范项目，采用国外电解制氢机，将风电转化为氢气。沽源风电制氢项目的规划为：生产出的一部分氢气将用于工业生产，降低工业制氢产业中煤炭、天然气等化石能源消耗量；另一部分将在氢能源动力汽车产业具备发展条件时，用于建设配套加氢站网络。

2021 年 11 月 30 日，中国氢能联盟联系理事长单位中国石化集团在北京、乌鲁木齐、新疆库车三地举行云启动仪式，宣布我国首个万吨级光伏绿氢项目——中国石化新疆库车绿氢示范项目正式启动建设。项目投产后年产绿氢可达 2 万 t，是全球在建的最大光伏绿氢生产项目。新疆库车绿氢示范项目是国内首次规模化利用光伏发电直接制氢的项目，总投资近 30 亿元，主要包括光伏发电、输变电、电解水制氢、储氢、输氢五大部分。项目将新建装机容量 300MW、年均发电量 6.18 亿 kWh 的光伏电站，年产能 2 万 t 的电解水制氢厂，储氢规模约 21 万 m^3（标准状态下）的储氢球罐，输氢能力为 2.8 万 m^3/h（标准状态下）的输氢管线及配套输变电等设施。

液态太阳燃料合成示范项目是中国科学院大连化学物理研究所李灿院士根据我国能源与生态环境现况建议在西部地区先行先试的一个千吨级示范项目。液态太阳燃料合成提供了一条从可再生能源到绿色液体燃料甲醇生产的全新途径，利用太阳能等可再生能源产生的电力电解水生产"绿色"氢能，并将二氧化碳加氢转化为"绿色"甲醇等液体燃料，被形象地称为"液态阳光"。该项目由中国科学院大连化学物理研究所研发、兰州新区石化产业投资集团有限公司于 2018 年 7 月 4 日共同签署项目合作协议，并于 2020 年 10 月 15 日在兰州新区通过了中国石油和化学工业联合会组织的科技成果鉴定。项目由太阳能光伏发电、电解水制氢和二氧化碳加氢合成甲醇三个基本技术单元构成，配套建设总功率为 10MW 光伏发电站，为电解水制氢设备提供电能。项目占地约 19.27hm^2，总投资约 1.4 亿元，其中光伏占地约 17.27hm^2，投资 5000 万元。项目对发展我国可再生能源、缓解我国能源安全问题乃至改善全球生态平衡具有重大战略意义，有望从根本上改善我国生态环境，助力解决全球碳排放及气候变化问题。

2018 年，张家口市桥东区人民政府与海珀尔签订了《项目合作协议书》，约定由海珀尔在望山园区内独家开展制氢、储氢、加氢等氢能产业示范应用。海珀尔制氢、加氢项目由亿华通动力科技有限公司投资建设，位于桥东区望山循环经济示范园区，建设内容包括 1 座制氢站和配套加氢站。制氢站利用了风电电解水制氢技术，项目建成后，可实现年产纯度为 99.999％的氢气 1600 万 m^3，对张家口可再生能源示范区建设有着重要的示范意义。该项目于 2019 年年底投产，可为 300 辆氢燃料电池公交车提供氢燃料补给。年产能 1 亿 m^3（标准状态下）氢气的海珀尔制氢、加氢项目二期于 2021 年 3 月 20 日举行开工仪式，建成后每天可以为 1500 辆氢燃料电池客车提供氢燃料供给，满足了 2022 年冬奥会对氢燃料的需求。氢燃料电池公交车在海珀尔内加氢站加氢如图 3-14 所示。

北京京能电力股份有限公司 5000MW 风、光、氢、储一体化项目于 2020 年 3 月 13 日签订协议，2021 年建成投用，总投资 230 亿元，其中 5000MW 光伏投资 200 亿元，绿色能源岛投资 30 亿元。项目主要利用煤矿塌陷区闲置土地、工业建筑屋顶及其他政策允许的区域建设 5000MW 分布式光伏，采用"自发自用＋余电

图 3-14 氢燃料电池公交车在
海珀尔内加氢站加氢

上网"的模式为工业园区内企业或周边居民提供日常用电。再利用风光电价优势，规划建设 2 万 m^3/h 水制氢及制氧、20 万 m^3/h 制氮的绿色能源岛，通过管网或运输车辆，为宁东煤化工园区、国际化工园区、环保产业园大型企业供应氮气、氢气、压缩空气。同时，利用氢气资源研究氢燃料重卡汽车代替传统燃料汽车项目，降低园区内企业煤炭、灰渣、物流运输成本。

宁夏宝丰能源集团股份有限公司（简称宝丰能源）一体化太阳能电解水制氢储能及综合应用示范项目于 2020 年 4 月在宁夏开工建设。该项目包括 20 万 kW 光伏发电装置、产能为 2.5 万 m^3/h（标准状态下）氢气的电解水制氢装置。宝丰能源称，该项目为已知全球单厂规模最大和单台产能最大的电解水制氢项目。宝丰能源项目预计每年可减少化石燃料消耗 32 万 t，减少二氧化碳排放 55 万 t。展望未来，所产氢气一方面将与公司现有煤化工装置有机结合，实现甲醇生产过程的降本增效和节能减排；另一方面还将配套进行制氢储能、氢气储运、加氢站建设，通过与城市氢能源示范公交线路协作等方式拓展应用场景，实现氢能产业链一体联动发展。2021 年 4 月 20 日，项目部分建成并投入试生产，综合成本可以控制在 0.7 元/m^3（标准状态下），所产氢气已进入宝丰能源烯烃生产系统。

3.3 甲醇制氢

近年来国际储氢技术的基础研究从多维度展开，除了将氢气以分子形式存储的直接储氢外，间接储氢技术（将氢气以化合物形式加以储存）也是重要的发展方向。其中，有机醇类，特别是以甲醇为代表的循环储氢分子具有更高的单位质量和单位体积储氢密度及良好的化学稳定性；其氢能储放反应的相关催化和工程技术发展均较为成熟，条件也相对温和，因此成为备受关注的液态氢储存平台。诺贝尔奖得主 George Olah 在"甲醇经济"的构想中将甲醇-H_2 体系视为后油气时代能源战略的关键。随着世界各国氢能应用的逐步推进，甲醇-H_2 能源体系相关的化学化工问题将日渐成为基础研究和技术开发的热点。甲醇制氢工艺包括气相重整法、液相法和等离子体制氢等方法。气相重整法技术成熟，主要包括甲醇裂解制氢、甲醇水蒸气重整制氢、甲醇部分氧化制氢和自热重整制氢等工艺；液相法制氢处于基础研究阶段，主要包括电解甲醇制氢、超声波法制氢。

3.3.1 甲醇气相重整制氢

1. 甲醇裂解制氢

甲醇裂解（splitting decomposition of methanol，SDM）制氢法是通过将甲醇直接裂解

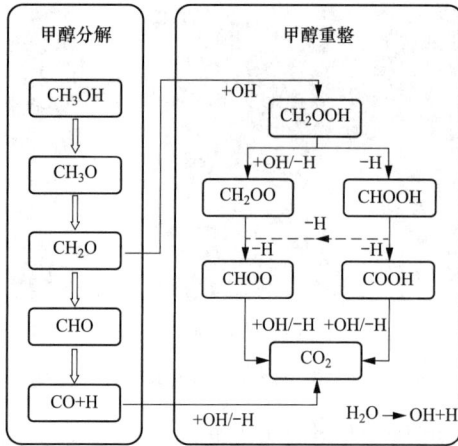

图 3-15　甲醇直接分解和水蒸气重整反应过程

来制取氢气，反应方程式如式（3-12）所示，反应为吸热反应。该反应是合成气制甲醇的逆反应。甲醇直接分解和水蒸气重整反应过程如图 3-15 所示。该方法可将甲醇转化为 H_2 和 CO，并且能够避免甲醇因燃烧不完全而产生烃类污染物，且反应速率快。但是，反应所需高温环境，同时生成的 CO 含量较高，容易导致催化剂中毒，后续分离装置复杂，投资成本高。

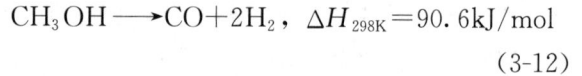

$$CH_3OH \longrightarrow CO + 2H_2，\Delta H_{298K} = 90.6kJ/mol \tag{3-12}$$

目前研究重点是新型高活性、选择性和稳定性催化剂的研制。甲醇裂解催化剂包括传统的 Cu/ZnO 催化剂、Cr-Zn 催化剂、贵金属催化剂、CuCl-KCl/SiO₂ 催化剂、分子筛和均相催化剂。

2. 甲醇水蒸气重整制氢

甲醇水蒸气重整（steam reforming of methanol，SRM）制氢是以甲醇和水蒸气为反应物制取氢气的方法，反应方程式如式（3-13）所示，反应为吸热反应。热催化甲醇水蒸气重整的可能反应途径如图 3-16 所示。

$$CH_3OH + H_2O \longrightarrow CO_2 + 3H_2，\Delta H_{298K} = 50.7kJ/mol \tag{3-13}$$

反应具有所需温度较低（200～300℃）、CO 选择性低的优点。SMR 的典型催化剂是 Cu-ZnO-Al₂O₃，也有使用重金属 Pd 和 Pt 作为催化剂的研究。近年，活性、稳定性更高的催化剂被不断地开发研究出来。目前 SMR 技术基本成熟，工作温度多数在 200～300℃，与同等规模天然气或轻油转化制氢装置相比，SMR 的能耗仅为前者的一半左右，适合中小规模制氢。一些新的低温条件下催化剂的开发由于受寿命及运行条件的限制，还没有应用到大规模工业制氢中。

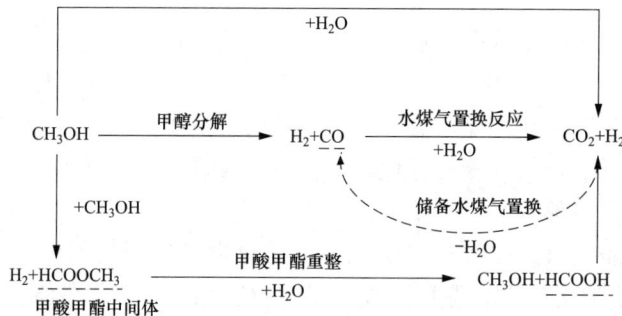

图 3-16　热催化甲醇水蒸气重整的可能反应途径

3. 甲醇部分氧化制氢

甲醇部分氧化（methanol partial oxidation of methanol，MPOM）制氢是在氧气（或空气）的存在下甲醇发生部分氧化生成 H_2 和 CO_2 的一种放热反应，反应方程式如式（3-14）所示。

$$CH_3OH + 1/2O_2 \longrightarrow 2H_2 + CO_2, \Delta H_{298K} = -192.2kJ/mol \tag{3-14}$$

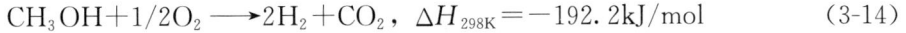

MPOM 反应速率较高，具有反应达到稳态后无须额外供热的优点。MPOM 的优势在于其通过部分氧化即可提供反应需要的热量，因此不需要加热装备，有利于装置的小型化。但是放热过于剧烈不易控制，且目前催化剂体系的研究还不够丰富，甲醇转化率及目标产物的选择性具有较大的提升空间。

4. 甲醇自热蒸汽重整制氢

甲醇自热蒸汽重整（autothermal steam reforming of methanol，ASRM）制氢是 MPOM 和 SMR 两个反应的耦合，可以利用 MPOM 为 SMR 提供热能，反应为微放热反应，具有更高的反应速率和氢气产量。反应方程式如式（3-15）～式（3-18）所示。

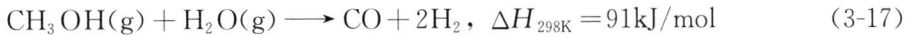

$$CH_3OH(g) + 1/2O_2 \longrightarrow CO_2 + 2H_2, \Delta H_{298K} = -192kJ/mol \tag{3-15}$$

$$CH_3OH(g) + H_2O(g) \longrightarrow CO_2 + 3H_2, \Delta H_{298K} = 49kJ/mol \tag{3-16}$$

$$CH_3OH(g) + H_2O(g) \longrightarrow CO + 2H_2, \Delta H_{298K} = 91kJ/mol \tag{3-17}$$

$$CO + H_2O(g) \longrightarrow CO_2(g) + H_2, \Delta H_{298K} = -41kJ/mol \tag{3-18}$$

传统甲醇制氢反应多发生在高温非均相催化的环境中。传统甲醇制氢技术运行参数和指标见表 3-8。用于甲醇制氢的传统技术日益成熟，但仍面临着转化过程温度过高、催化剂失活等诸多问题，仍需进一步研制较为经济且性能稳定的低温制氢催化剂。

表 3-8　　　　　　　　　　传统甲醇制氢技术运行参数与指标

方法	催化剂	温度（℃）	转化率（%）	H_2 选择性（%）	H_2 产量（mL/min）	CO 选择性（%）
SDM	$Pd/Ce_{0.76}Zr_{0.18}La_{0.06}O_{1.97}$	260	100	—	—	—
	Ni_3Sn	600	—	>99.0	121.33	>99.0
	$CuZnAlMg_2$	280	99.1	97	—	—
SRM	Cu-MCM-4	250	68.0	100	—	5.6
	Cu-泡沫铜	300	100	—	186.67	—
	$Cu-Ni/LaZnAlO_4$	300	>95	90	—	2
	PdZnAl/Cu	300	100	—	52.27	8
	Pt/α-MoC	190	—	—	174.18	0.06
MPOM	CeO_x/Pt 薄膜	210	—	100	0.4	≈0
	Au/ZrO_2	300	63	—	0.43	≈0
ASRM	$Cu-CeO_2-ZrO_2$	300	100	60	—	<5
	$CuO/ZnO/Al_2O_3$	300	>99	—	—	<1.6
	Zn-Cr	480	96	—	0.23	≈0

3.3.2 甲醇液相制氢

1. 甲醇液相重整制氢

甲醇液相重整（aqueous-phase reforming of methanol，APRM）制氢技术于 2002 年首次提出，在该过程中反应物不经气化，直接以液态的形式发生重整反应，主要产物为 H_2 和 CO_2，以 Pt/MoC 为催化剂的甲醇液相重整反应机理示意图如图 3-17 所示。与传统水蒸气重整反应相比，液相重整反应减少了反应物气化的步骤，流程更为紧凑，能耗较低。同时，在液相反应条件下，产物中残留的 CO 浓度较水蒸气重整大大降低，有望在后续 H_2 纯化步骤中精简水煤气变换或甲烷化氢气净化提纯装置，直接通过 CO 选择性氧化或采用 Pd 膜反应

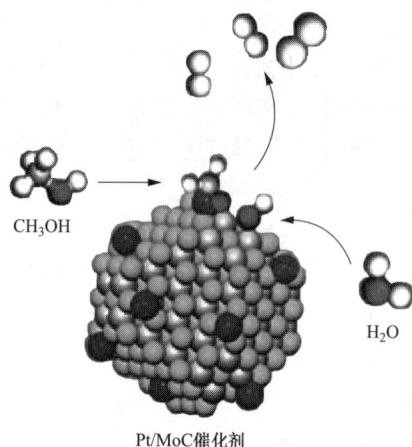

图 3-17　以 Pt/MoC 为催化剂的
甲醇液相重整反应机理示意图

器等手段联用获得高纯氢，是一种广受关注的醇类制氢新体系。高效稳定的甲醇水液相重整催化剂并不多见，催化剂开发是该领域发展所需要优先解决的重要问题。

开发高效稳定的低温甲醇水液相重整催化剂成为该领域发展的关键。北京大学化学与分子工程学院马丁课题组与中国科学院大学周武、中国科学院山西煤炭化学研究所/中科合成油工程有限公司温晓东以及大连理工大学石川等课题组合作，针对甲醇和水液相制氢反应的特点，发展出一种新的铂-碳化钼双功能催化剂，在低温下（150～190℃）获得了极高的产氢效率。该研究成果以 *Low-temperature hydrogen production from water and methanol using Pt/α-MoC catalysts*（铂-碳化钼催化体系的甲醇和水液相低温反应制氢）为题于 2017 年 3 月发表在 *Nature* 上。

2. 光催化甲醇液相制氢

光催化甲醇液相制氢示意图如图 3-18 所示，在光驱动下发生一系列反应，反应方程如式（3-19）～式（3-21）所示。半导体具有电子填充的价带和空导带，当受到等于或大于能带能量的光子照射时，电子从价带（VB）被激发至导带（CB），在价带中产生空穴，在导带中产生电子。光生电子具有还原性，可将吸附在半导体表面的分子还原生成氢气；而甲醇则起到空穴清除剂的作用。从生成的指标可以看出，光化学法制氢产量较小、所花时间较长。该方法还处于初步研究阶段，距离实际应用还有一定的距离。

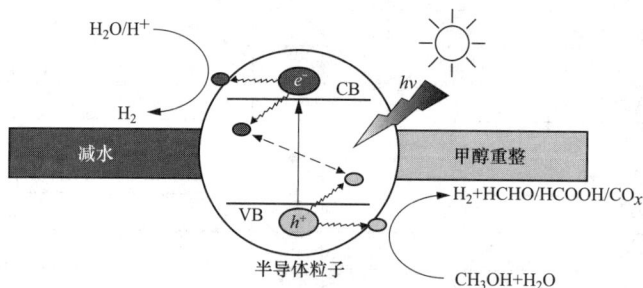

图 3-18　光催化甲醇液相制氢示意图

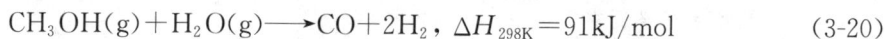

$$CH_3OH(g) + H_2O(g) \longrightarrow CO_2 + 3H_2, \Delta H_{298K} = 49kJ/mol \quad (3-19)$$

$$CH_3OH(g) + H_2O(g) \longrightarrow CO + 2H_2, \Delta H_{298K} = 91kJ/mol \quad (3-20)$$

$$CO + H_2O(g) \longrightarrow CO_2(g) + H_2, \Delta H_{298K} = -41kJ/mol \quad (3-21)$$

3. 甲醇电解制氢

电解甲醇制氢法在 2007 年以前很少被人关注，电解甲醇制氢原理图如图 3-19 所示。沈培康等发现电解甲醇制氢的电能消耗很小，在相同产氢量下，电解甲醇所需电压只有传统电解水制氢电压的 1/3，该技术的突破有望极大降低制氢成本。电解水的标准电极电位为 1.23V，甲醇氧化的标准电极电位为 0.016V。即便考虑甲醇成本，电解甲醇制氢的成本也比电解水方法低近 50%。甲醇水溶液电解反应如式（3-22）～式（3-24）所示。

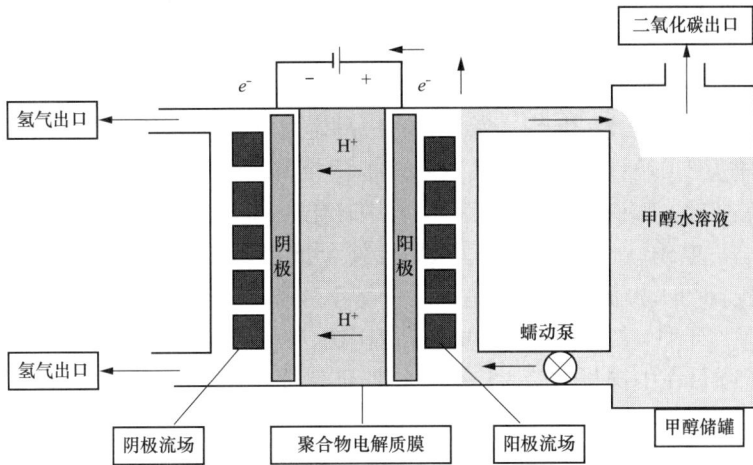

图 3-19 电解甲醇制氢原理图

阳极反应：

$$CH_3OH + H_2O \longrightarrow CO_2 + 6H^+ + 6e^-，U_a^0 = 0.016V \tag{3-22}$$

阴极反应：

$$H^+ + 6e^- \longrightarrow 3H_2，U_c^0 = 0V \tag{3-23}$$

总反应：

$$CH_3OH + H_2O \longrightarrow CO_2 + 3H_2，U^0 = 0.016V \tag{3-24}$$

式中：U_a^0 为阳极反应电位；U_c^0 为阴极反应电位；U^0 为总反应电位。以上均是相对标准氢电极而言的。

3.3.3 等离子体甲醇制氢

近年醇类等离子体制氢等一些新兴技术发展起来，逐渐受到了广泛的关注。低温等离子体中具有高能电子，可利用其使低碳醇化学键断裂，制取氢气。等离子体是气体在经过摄取能量后形成的电离介质混合物，等离子体中包含了许多种类的物质（自由电子、正负离子、自由基、亚稳态物质）。目前常用的低温等离子体制氢方式主要分为：介质阻挡放电、电晕放电（甲醇电晕放电反应制氢示意图见图 3-20）、微波放电、滑动弧放电、辉光放电等。

3.3.4 甲醇制氢发展现状

甲醇作为氢能载体在远距离（＞200km）输送的经济性方面较直接使用氢气具有较强的竞争力。目前已运行的"高压气态氢输送-高压氢直接加注"的技术路线中，经核算其氢气的成本为 60～80 元/kg，氢气输送成本是其成本偏高的主要原因。以年产千兆吨的煤基甲醇为原料，一套规模为 1000m³/h 的甲醇-蒸汽制

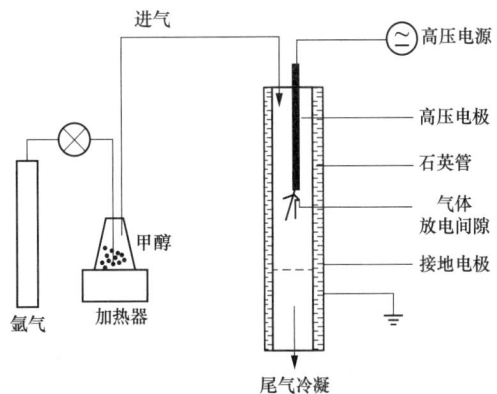

图 3-20 甲醇电晕放电反应制氢示意图

氢转化装置制备的氢气成本一般不高于 2 元/m³，重整制氢的成本约 20 元/kg。综合考虑后续流程中的 H_2 提纯、各项设备折旧、人员费用和利润等各项因素，加氢站终端 H_2 的售价预计为 40～60 元/kg。

2020 年 10 月 5～8 日，位于兰州新区绿色化工园区的全球首个千吨级液态太阳燃料合成示范工程项目顺利通过连续 72h 现场考核，达成既定目标，装置各单元运行稳定，各单元催化剂主要指标均达到了设计要求，而且主体设备及相关配套设备国产化率达到 100%。这标志着这个具有完全自主知识产权的高新科技成果转化项目再次取得了里程碑式成就。项目由太阳能光伏发电、电解水制氢、二氧化碳加氢合成甲醇三个基本单元构成，总占地约 19.27hm²，总投资约 1.4 亿元。项目达产后可每年生产"液态阳光"甲醇 1440t。

2021 年 10 月 21 日，"液态阳光"加氢站应用示范项目发布会在河北张家口 2022 年冬奥会现场召开，该项目在中国科学院大连化学物理研究所李灿院士指导下由张家港产研院联合中集安瑞科控股有限公司（简称中集安瑞科）等企业合作开发。"液态阳光"加氢站是利用"液态阳光"甲醇作为氢源的加氢站。"液态阳光"甲醇是利用风光水电等可再生能源电力分解水制氢、耦合二氧化碳加氢合成甲醇。在此基础上设计研发集在线制氢、分离纯化、升压加注及二氧化碳液化回收于一体的"液态阳光"制氢加氢技术，可日产绿氢 50～100kg，未来制氢产能将提升至吨级。

甲醇制氢具有一定的合理性和技术可行性，但并不适用于商业化发展。在需要快速满足氢能应用示范需求的经济发达区域，采用甲醇制氢保障加氢站供应可作为过渡性选择，但甲醇制氢并非最好的氢能保障供给方式，在清洁能源制氢成本持续降低的背景下，煤基甲醇制氢不具备可持续发展条件。在可再生能源制氢成本问题还未完全解决的背景下，煤制甲醇重整制氢技术路径的优势在于甲醇的运输存储比氢气更具便利性和经济性。我国的风、光、水等资源非常丰富，在现代新能源技术支撑下取之不尽、用之不竭，能量总量远超煤炭资源，从未来 3～5 年来看，绿色可再生能源制氢成本与环境价值将远优于煤基甲醇制氢。例如，澳大利亚与沙特的部分可再生能源发电成本已经低于人民币 0.15 元/kWh，可再生能源制氢成本优势已初步显现。甲醇作为液体燃料，应用场景极佳，而且作为重整制氢，在当下具有一定经济竞争力；但从环保角度来看，甲醇无论怎样应用仍是碳基能源，对环境的负面影响无法避免。从可再生能源技术快速发展角度来说，煤基甲醇未必比可再生能源制氢更具经济优势。

3.4　氨分解制氢

在氢能源高昂的成本下，氨气走入人们视野，氨由一个氮原子和三个氢原子组成，是天然的储氢介质；常压状态下，温度降低到 −33℃，其就能够液化，便于安全运输。目前全球八成以上的氨用于生产化肥，并且氨有完备的贸易和运输体系。理论上，可以用可再生能源生产氢，再将氢转换为氨，运输到目的地。

3.4.1　氨分解制氢原理

氨分解制氢是一种化学反应，是指液氨加热至 800～850℃，在镍基催化剂作用下，将氨进行分解，可以得到含 75%H_2、25%N_2 的氢氮混合气体。然而，氨的氢气生产反应缓慢，对能源的需求非常高。为了加快生产速度，经常使用金属催化剂，这也有助于降低氢气生产期间的整体能耗。氨分解制氢原理图如图 3-21 所示。

氨分解制氢化学反应式如下：

$$2NH_3 \longrightarrow N_2 + 3H_2 \text{（反应吸热量为 } 91.69kJ/mol\text{）}$$

$$(3\text{-}25)$$

氨分解为吸热反应，反应温度越高，分解得越完全，用镍催化剂分解温度为 850℃时，分解气中的残氨含量可降到 1000×10^{-6} 以下，然后再经过分子筛吸附净化，可制得高纯氢、氮混合气，残氨含量可降至 $2 \times 10^{-6} \sim 3 \times 10^{-6}$。

图 3-21 氨分解制氢原理图

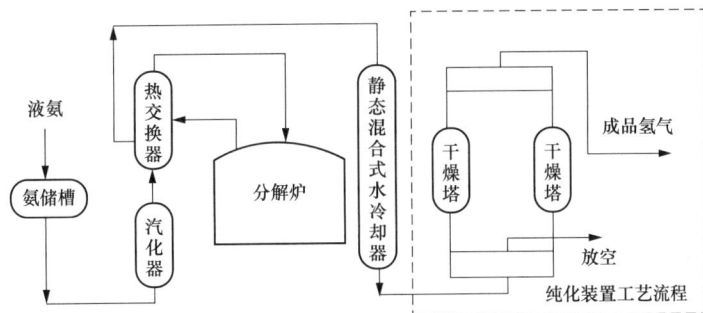

3.4.2 氨分解制氢工艺流程

氨分解制氢首先需要制备氨气，再加压液化后储存。利用液氨为原料，氨经裂解后制得的混合气体，其中含 75% 的氢气和 25% 的氮气。所得的混合气体中含杂质气体较少（杂质中含少量水汽和残余氨）。氨制氢装备主要包括氨储槽、气化器热交换器、分解炉、静态混合式水冷却器、干燥塔等设备。氨分解制氢工艺流程图如图 3-22 所示。

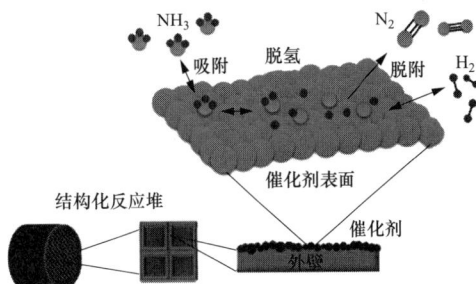

图 3-22 氨分解制氢工艺流程图

3.4.3 氨分解制氢特点与发展现状

在 800~850℃ 及常压催化剂作用下，氨分解转化率超过 99%，且无副反应发生，适于工业产氢。氨气分解后产生含氢 75%、氮 25% 的混合气。通过变压吸附方法可进一步制取纯度为 99.999% 的纯净氢气。基于氨的上述特性，业内开始追求氨氢能源融合，打造氢能储运新体系。此外，国内外还开始将氨氢混烧燃料作为重要的减碳途径之一。

近年来，能源资本开始大举进入绿氨行业。资料显示，发动机企业康明斯、氢燃料电池龙头企业普拉格等都开始打造氨氢供应链。据美国媒体《市场观察》报道，2021 年 11 月，普拉格获得埃及订单，为年产 9 万 t 的绿氨提供 10 万 kW 的电解设备，生产的绿氨将被作为富氢燃料使用。

2020 年，美国最大气体产品和化工公司在沙特联合开发 400 万 kW 的制氢项目，建设绿氢工厂，项目总投资达 50 亿美元，是迄今为止宣布的全球最大氢能项目。投产后，工厂每天生产 650t 绿氢，可为 2 万辆氢燃料公共汽车提供动力。为了便于运输和出口，该厂还将应用"氢氨转换技术"，届时还能生产 120 万 t/年的氨，终端用户再将氨转为氢，预计到 2025 年可正式生产氨。

2021 年，全球最大氨生产商挪威 Yara 国际公司与挪威可再生能源巨头 Statkraft 以及可再生能源投资公司 Aker Horizons 宣布要在挪威建立欧洲第一个大规模的绿色氨项目。2021 年 12 月 1 日，国际认证机构 DNV 授予 Zero Coaster 氨燃料货运船舶 AIP（原则上批准）资格，意味着由英国 AFC 能源公司研发的氢燃料电池和氨裂解装置提供动力的新款零排放船舶将很快进入挪威水域，欧洲海运业将迎来"里程碑时刻"。作为助力全球海运业脱碳的一种关键燃料，绿氨预计可实现 25％～30％的脱碳率。

2022 年 1 月 24 日，由中国氢能联盟理事长单位国家能源集团开发的世界首个"燃煤锅炉混氨燃烧技术"应用项目在山东烟台成功投运，并顺利通过中国电机工程学会与中国石油和化学工业联合会组织的技术评审。该技术首次实现 40MW 等级燃煤锅炉氨混燃比例为 35％的中试验证，标志着我国燃煤锅炉混氨技术迈入世界领先行列。

此外，日本也高度重视氨燃料产业链布局。厦门大学能源学院教授王兆林介绍称，在日本，氨燃料技术的研发与测试已持续多年。日本煤电的降碳方案之一，就是开始大幅度向煤、氨氢混烧迈进，目前，技术水平现已达到商用规模。根据日本经济产业省公布的数据，到 2030 年，日本的发电用燃料中氢和氨将各占 10％；到 2050 年，将在全球建成 1 亿 t 规模的氨供应链网络。

3.5　太阳能制氢

太阳能是指太阳辐射出来的能量，它源于太阳内部发生的核聚变反应，它是一种可再生能源，是指太阳的热辐射能（参见热能传播的第三种方式：辐射），主要表现就是常说的太阳光线。太阳能在现代一般用作发电或者为热水器提供能源。在化石燃料日趋减少的情况下，太阳能已成为人类使用能源的重要组成部分，并不断得到发展。太阳能的利用有光热转换和光电转换两种方式，太阳能发电是一种新兴的可再生能源。广义上的太阳能也包括地球上的风能、化学能、水能等。狭义上的太阳能则是太阳辐射能的光热、光电和光化学转换。

利用太阳能生产氢气的系统，有光分解制氢、太阳能发电和电解水组合制氢系统。太阳能制氢是近 30～40 年才发展起来的。

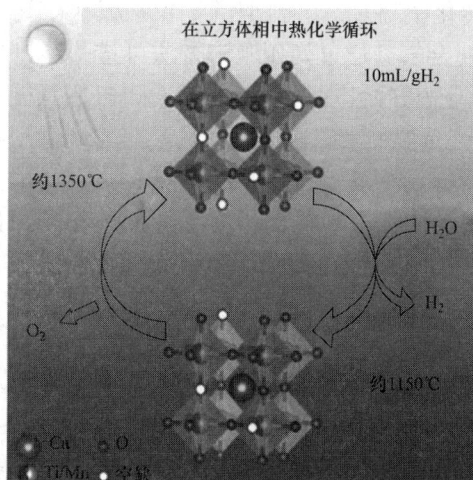

图 3-23　太阳能热化学法制氢原理

3.5.1　太阳能热化学法制氢

太阳能热化学循环制氢是通过聚光系统产生高温（500～2000℃），推动热化学反应分解水或甲烷等制取氢气等清洁燃料。太阳能热化学法制氢原理如图 3-23 所示。

1. 还原过程

首先向反应器中注入类似氩气的惰性气体，在高温条件下，反应器中的多孔氧化还原材料会因过热被还原为金属单质或低价金属氧化物并释放出氧气。M 代表金属。

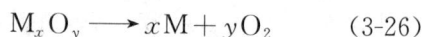

$$M_xO_y \longrightarrow xM + yO_2 \tag{3-26}$$

2. 氧化过程

通入水蒸气，金属单质或低价金属氧化物

被氧化为高价金属氧化物，同时产生氢气，固体和气体易分离。

$$xM + yH_2O \longrightarrow M_xO_y + yH_2 \tag{3-27}$$

反应过程中 H_2 和 O_2 分步生成，并不存在高温气体难分离等困难。还原和氧化两个过程均需要 1500℃左右甚至更高的温度，这部分能量可以由定日镜阵列所组成的塔式聚光系统直接提供给反应器。目前太阳能热化学法制氢的研究热点为寻找适合较低温度下分解的金属/金属氧化物体系。

3.5.2　太阳能光催化法制氢

作为一种化合物，水的性质十分稳定，其分解过程可以看作是一个吉布斯自由能（$\Delta G > 0$）增加的过程。从热力学角度看，水分解反应属于非自发反应，必须有外加能量才能进行。光催化分解水制氢的反应，就是利用光子的能量推动水分解反应的发生，然后转化为化学能。研究表明，远紫外线波长远小于 190nm，其蕴含的能量可以用来进行水的分解。然而，此类远紫外线在到达地球表面时，能量就已消耗殆尽，而其他频谱太阳光的能量难以满足水分解所需要的能量。因此，光催化分解水制氢的过程，还需要另一种材料（催化剂）的作用。用作光催化剂的材料多为半导体材料，半导体材料在受到光子激发后，会产生具有较强还原能力的光生电子和较强氧化能力的光生空穴，水在受光激发的半导体材料表面受到光生电子和光生空穴的作用而分离，光生电子将 H^+ 还原成氢原子，而光生空穴将 OH^- 氧化成氧原子，进而生成氢气和氧气，光催化分解水制氢的物理化学过程主要包括以下几个方面：

（1）光吸收，产生光生电子-空穴对。

（2）电子-空穴对分离，向催化剂表面移动。

（3）表面的氧化还原反应。

以 TiO_2 光催化剂为例，其用于光催化分解水制氢的过程主要发生以下反应（$h\nu$ 代表光子，h^+ 代表空穴）：

光催化剂：

$$TiO_2 + h\nu \longrightarrow e^- + h^+ \tag{3-28}$$

水分子解离：

$$H_2O \Longrightarrow H^+ + OH^- \tag{3-29}$$

氧化还原反应：

$$4H^+ + 4e^- \longrightarrow 2H_2 \tag{3-30}$$

$$4h^+ + 4OH^- \longrightarrow 2H_2O + O_2 \tag{3-31}$$

总反应：

$$2H_2O \longrightarrow 2H_2 + O_2 \tag{3-32}$$

在光照条件下，利用半导体材料如 TiO_2 的吸光特性，实现水分解产生 H_2 和 O_2，太阳能光催化制氢原理如图 3-24 所示。自从 Fujishima 和 Honda 发现基于 TiO_2 光阳极的光催化分解水以来，许多半导体材料已显示出在太阳照射下分解水的能力。基于水分解的太阳能-氢能转换如图 3-25 所示。

如图 3-25（a）所示，最简单的光催化水分解过程是通过负载有助催化剂作为水氧化还原反应的表面位点的单个半导体来完成的。即整体水基于单个半导体的水分解反应。

如图 3-25（b）所示，为了促进电荷分离并减少电荷复合，科学家们提出在两种具有近带

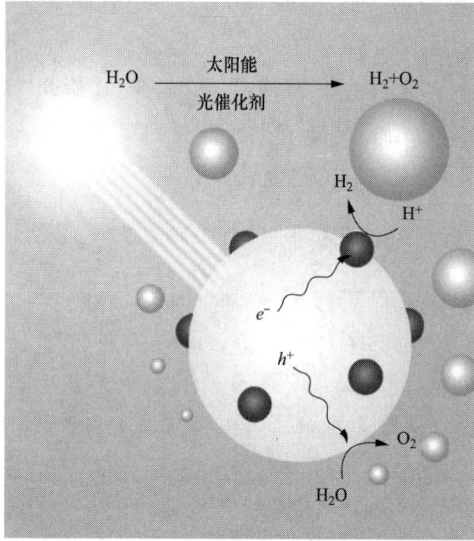

图 3-24　太阳能光催化制氢原理

结构的不同半导体材料之间建立异质结。即整体水基于具有异质结的两个半导体的水分解反应。

如图 3-25(c) 所示，为了利用包含大部分太阳辐射光谱的较长波长的可见光，不可避免地要设计基于具有较窄带隙的半导体的系统。在不损害窄带隙半导体的水分解驱动力的情况下，设计了一个 Z 形光催化系统。即整体水基于具有氧化还原穿梭的两个半导体的水分解反应。

如图 3-25(d)、图 3-25(e) 所示，为了实现具有应用前景的高效系统，光催化半反应水分解也得到了广泛的研究。在这些情况下，廉价的牺牲试剂被用作水氧化的电子受体和水还原的电子供体。即在水氧化和水还原的牺牲试剂的存在下进行水分解反应。

如图 3-25(f)、图 3-25(g) 所示，基于光敏剂和催化剂复合物的光催化半水分解反应，用于水还原和水氧化。

如图 3-25(h)、图 3-25(i)、图 3-25(j) 所示，光电化学水分解系统，一个光电阳极（左）和一个光电阴极（右）；一个光电阳极（左）和一个对电极（右）；一个对电极（左）和一个光电阴极（右）。

如图 3-25(k) 所示，即带有太阳能电池和水电解电池的光伏电解分水系统。

半导体光催化剂受光激发产生的光生电子和空穴容易在材料内部和表面复合，并以光或者热能的形式释放出能量，降低光催化效率。因此应想办法减少两者之间的复合，加速电子和空穴对的分离。光催化分解水制氢虽然能量转换效率低（仅约 1%），但整个系统设计要简单得多，成本更低且更易于规模化，工业化前景更好。不过，光催化分解水的产物是湿润的氢氧混合气体，安全性以及氢气回收仍是规模化应用的巨大挑战。

3.5.3　太阳能电化学制氢

太阳能电化学制氢是将太阳能发电和电解水组合制氢组合成系统的技术。也就是利用太阳能的光伏发电产生的电能供给电解水能量使水分解产生氢气和氧气的过程。太阳能光伏发电就是太阳光辐射能通过光伏效应，经太阳能电池直接转化为电能的新型发电技术。太阳能光伏发电所产生的直流电可以直接利用，也可以用蓄电池等储能装置将电能存放起来，根据需要随时释放出来使用。光伏电解水制氢系统中光伏板与水电解槽之间的连接方式可以有两种方式，一种可以称之为间接连接，另一种称之为直接连接。其中，间接连接系统主要由光伏组件、控制组件、蓄电池和氢储能系统构成。

（1）目前大多数光伏发电制氢系统采用间接连接方式，整套系统由光伏阵列、最大功率点跟踪（maximum power point tracking，MPPT）控制器、蓄电池、DC/DC 变换器、电解槽组成，如图 3-26 所示。这种连接方式使得光伏阵列所产生的电量被蓄电池吸收，然后通过 DC/DC 变换器平稳释放。而在光伏发电系统中，光伏阵列只有工作在最大功率点附近，才

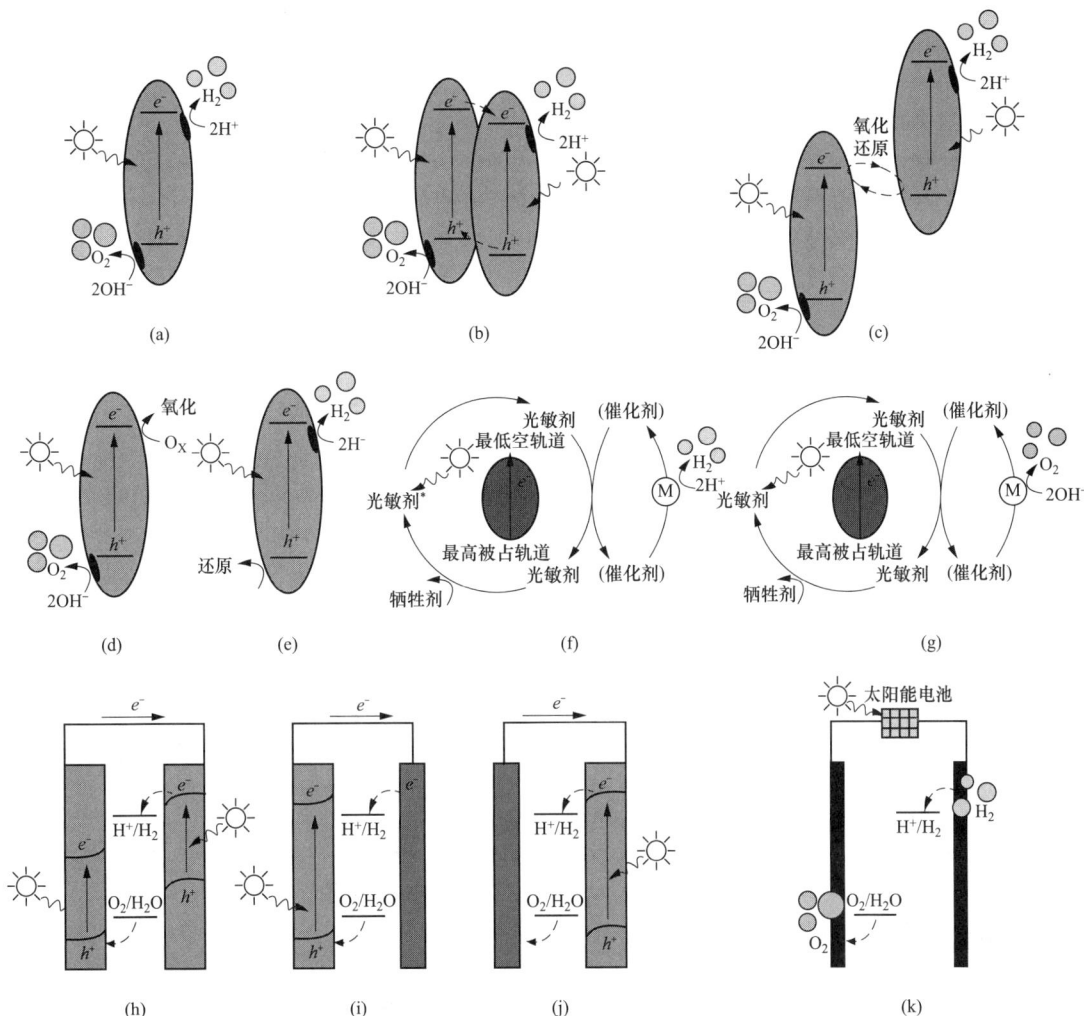

图 3-25　基于水分解的太阳能-氢能转换

（a）整体水基于单个半导体的水分解反应；（b）整体水基于具有异质站的两个半导体的水分解反应；（c）整体水基于具有氧化还原穿梭的两个半导体的水分解反应；（d）在水氧化的牺牲试剂的存在下进行水分解反应；（e）在水还原的牺牲试剂的存在下进行水分解反应；（f）用于水还原的基于光敏剂和催化剂复合物的光催化半水分解反应；（g）用于水氧化的基于光敏剂和催化剂复合物的光催化半水分解反应；（h）一个光电阳极（左）和一个光电阴极（右）的光电化学水分解系统；（i）一个光电阳极（左）和一个对电极（右）的光电化学水分解系统；（j）一个对电极（左）和一个光电阴极（右）的光电化学水分解系统；（k）带有太阳能电池和水电解电池的光伏电解分水系统

能使系统获得最大的能量输出。MPPT 控制器的作用是使光伏阵列始终工作在最大功率点附近，保证光伏阵列始终在高转换效率下工作。光伏阵列发出的电能随光照强度和环境温度的变化存在较大的波动，不断变化的电流对电解

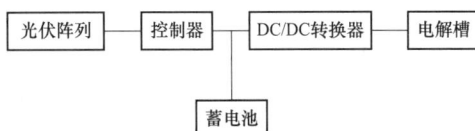

图 3-26　光伏制氢间接连接方式

槽性能会产生较大影响，为了削弱这种影响，采用蓄电池进行缓冲储能。DC/DC 变换器可用来调节输出电压和电流，使其满足电解槽正常运行的需要。

　　间接连接还有一种方式就是光伏阵列输出的直流电经过逆变器转换为交流电，然后以交

流电的方式输送至电解槽用电侧。这种方式可适用于远距离输送，避免了光伏低压直流电远距离输送的电损耗。

（2）所谓直接连接方式是指将光伏阵列输出的直流电直接通入电解槽，省去最大功率跟踪等设备。光伏制氢直接耦合方式如图 3-27 所示。这就要求光伏阵列与电解槽的性能曲线有较好的匹配，以使系统高效、经济。光伏阵列与电解槽直接连接方式与图 3-26 中的连接方式相比，省去了 MPPT 控制器、蓄电池、DC/DC 变换器，使系统更为简单。但是从图 3-27 可看出，在直接连接系统中，光伏阵列的输出电压和电流无法调节，若光伏阵列最大功率点的输出电压、电流与电解槽的工作电压、电流不能很好地匹配，将会使光伏阵列在偏离最大功率点的地方运行，导致光伏电池的转换效率降低，从而使系统效率下降。因此，直接连接系统中，光伏阵列与电解槽的合理匹配是难点。另外，直接连接系统中没有蓄电池、DC/DC 变换器等调节装置，这也对电解槽的宽功率适应性提出了更高要求。

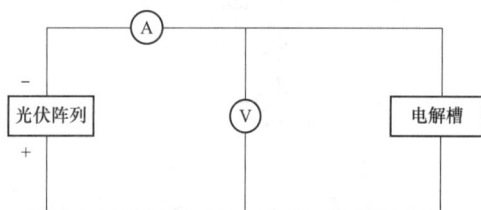

图 3-27　光伏制氢直接耦合方式

太阳能发电产业已经进入了相对成熟的阶段。全球光伏发电装机总量从 2013 年的 135GW，逐步增长到 2017 年的 386GW，再飞跃到 2018 年的 480GW。并且，光伏发电转化率纪录不断被刷新，光伏技术取得了长足进步。日本新能源与产业技术开发组织（NEDO）、东芝能源系统与解决方案公司、国家电投集团东北电力有限公司和岩谷（中国）有限公司举行了福岛氢能研究项目（见图 3-28）。2020 年 2 月底完成 10MW 级制氢装置建设并试运营，10MW 电解槽装置可产生高达 1200m^3/h（标准状态下）的氢气，是世界上最大的光伏制氢装置。该项目占地 220 000m^2，其中光伏电站占地 180 000m^2，研发以及制氢设施占地 40 000m^2。

图 3-28　福岛氢能研究项目

3.5.4　人工光合作用

人工光合作用制氢包含还原和氧化两个反应：水溶液中的光敏半导体在阳光照射下产生电子和空穴。电子进入还原催化剂后把水中的氢离子还原成氢气，这是还原反应；空穴进入氧化催化剂后把水中的氧离子氧化生成氧气，这是氧化反应。由此可知，寻找高效率的催化剂和保护层相结合是人工光合作用制氢的关键，人工光合作用制氢原理图如图 3-29 所示。

现在在人工光合作用领域有各种不同性能的催化剂，包括均相催化剂如分子和簇合物催化剂等，以及非均相催化剂如各种组成的半导体催化剂等。近年来研究的趋势是把需要合成的催化剂用生物酶、细菌等催化剂来替代，形成一种混合型催化剂。

3.5.5　太阳能制氢的特点与发展现状

作为一种能源，太阳能有着自身的属性及特点：

（1）庞大的供应性。太阳蕴含着巨大的能量，尽管太阳的能量仅有二十二亿分之一到达地球表面，但一年之中，地球会接收到来自太阳 5.5×10^{26} J 的能量，是现在全人类一年所消费能源总和的 10 000 倍。相对于其他能源，太阳能是一种取之不尽、用之不竭的能源。

（2）使用的环保性。我们在利用太阳能时，实际消耗的是太阳光辐射，这并不会损伤环境，造成环境污染，更具有环保性。

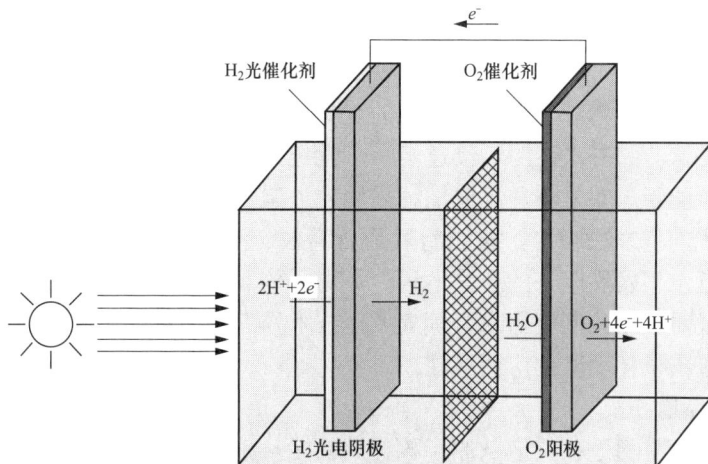

图 3-29　人工光合作用制氢原理图

（3）分布的普遍性。阳光照射的地方便有太阳能，因此地球上大部分地区都存在着太阳能资源，相对于其他能源，太阳能可以实现就地取用。

（4）分散性。到达地球表面的太阳辐射的总量尽管很大，但是能流密度很低。平均说来，北回归线附近，夏季在天气较为晴朗的情况下，正午时太阳辐射的辐照度最大，在垂直于太阳光方向 $1m^2$ 面积上接收到的太阳能平均有 1000W；若按全年日夜平均，则只有 200W 左右。而在冬季大致只有一半，阴天一般只有 1/5 左右，这样的能流密度是很低的。因此，在利用太阳能时，想要得到一定的转换功率，往往需要面积相当大的一套收集和转换设备，造价较高。

（5）不稳定性。由于受到昼夜、季节、地理纬度和海拔等自然条件的限制以及晴、阴、云、雨等随机因素的影响，因此，到达某一地面的太阳辐照度既是间断的，又是极不稳定的，这给太阳能的大规模应用增加了难度。为了使太阳能成为连续、稳定的能源，从而最终成为能够与常规能源相竞争的替代能源，就必须很好地解决蓄能问题，即把晴朗白天的太阳辐射能尽量储存起来，以供夜间或阴雨天使用。目前蓄能是太阳能利用中较为薄弱的环节之一。

（6）效率低和成本高。太阳能利用的发展水平，有些方面在理论上是可行的，技术上也是成熟的。但有的太阳能利用装置，因为效率偏低，成本较高，现在的实验室利用效率也不超过 30%，总的来说，经济性还不能与常规能源相竞争。在今后相当一段时期内，太阳能利用的进一步发展，主要受到经济性的制约。

由于太阳能具有以上优缺点，因此太阳能制氢也存在优缺点，从而影响其发展现状。氢气将取代化石燃料成为人类未来主要能源之一。太阳能-氢能转化是氢气工业化生产技术发展的方向，但是仍然有很多实际的问题，对于光电化学制氢的关键是高效率、低成本的太阳电池的研究；对于光催化制氢的研究，关键在光催化基本理论的研究以及高效、低成本、长寿命光催化材料的合成。但"氢经济"即将成为必然，而清洁高效的氢气生产技术的工业化必将在未来成为现实。我们有理由相信，人类社会告别化石燃料时代的时间不会太远，基于可再生清洁能源生产和使用技术之上的可持续发展之路将是一条光明大道。

3.6　其他制氢形式

除了以上的非化石燃料制氢方法，其他的制氢形式例如核能制氢、等离子制氢愈发成为研究热点。核能是清洁的一次能源，经过半个多世纪的发展，核电已经成为清洁、安全、成熟的发电技术。核能制氢就是将核反应堆与采用先进制氢工艺的制氢厂耦合，进行氢能的大规模生产。与传统制氢方法相比，核能制氢具有高效、清洁、大规模、经济等多方面优点。等离子体制氢是近十年发展起来的新兴学科。等离子体制氢具有启动快、响应快、反应器结构紧凑等优点，针对小型化制氢需求，等离子体技术具有显著的优势和巨大的应用前景，获得了来自国内外等离子体团队的广泛关注。

3.6.1　核能制氢

核能（原子能）是通过核反应从原子核释放的能量。三种核反应为：核裂变，较重的原子核分裂释放结核能；核聚变，较轻的原子核聚合在一起释放结核能；核衰变，原子核自发衰变过程中释放的能量。

要实现核能安全，必须确保三大要素：核裂变反应的有效控制；及时导出停堆以后堆芯的余热；牢牢地把放射性物质包容起来。当前研究比较广泛的核能制氢，主要包括水热化学循环制氢、硫化氢热化学循环制氢、耦合生物质热化学制氢和高温蒸汽电解制氢四种。核能制氢技术路线如图 3-30 所示。

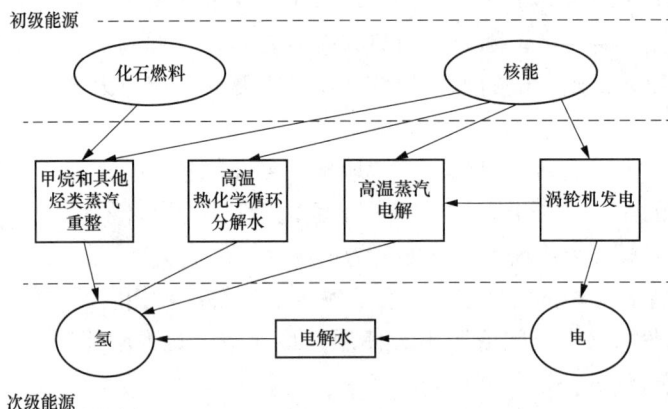

图 3-30　核能制氢技术路线

热化学循环制氢主要有水热化学循环制氢和硫化氢热化学循环制氢。前者指在含有添加剂的水系统中，在不同温度下，经历几个不同反应阶段，最终将水分解为氢气和氧气的化学过程。此过程只消耗水和一定热量，参与过程的添加元素或化合物可以再生和反复利用，整个反应过程构成一封闭循环系统。后者尚处于研究中，不仅可获得氢气和有用的化工原料——硫磺，同时有望消除硫化氢的污染。

　　碘硫循环（I-S cycle）被认为是最有应用前景的核能制氢技术。碘硫循环由三步反应相耦合，组成一个闭合过程，总反应为水分解产生氢气和氧气。这样可将原本需要在2500℃以上高温下才能进行的水分解反应在800～900℃的条件下得以实现。

　　碘硫循环有很多独特优势：①反应条件温和，可匹配太阳能、核能等热源；②制氢效率高，可以高达60%；③无须氢氧分离装置，适用于大规模制氢。所以，诸多国家将碘硫循环列为可匹配可再生能源的首选制氢方法。

　　碘硫循环以硫酸分解作为高温吸热过程，可与高温气冷反应堆热出口温度良好匹配，预期制氢效率可达50%以上；整个过程可在全流态下运行，易于实现放大和连续操作，适于大规模制氢；在整个制氢过程中基本可以消除温室气体排放。

　　耦合生物质制氢成为核能制氢热点，由生物质加氢气化制甲烷、甲烷、水蒸气重整制氢，重整反应高温气冷堆供热三部分组成。重整过程由高温气冷堆供热。优势在于生物质是唯一含碳的可再生资源，以甲烷为中间体，可解决氢的储运难题以及生物质高分散和核能高集中的矛盾，这一技术路径预计将于2025年具备产业化条件。

　　高温蒸汽电解利用固体氧化物燃料电解池（SOEC）实现高温水蒸气的电解。与常规电解相比，所需能量一部分以热的形式供给，过程效率可以显著提高。水蒸气进入氢电极，与外电路提供的电子结合，发生还原反应生成氢气，同时产生氧离子，氧离子在外加电场作用下，经电解质层中的氧空穴传递至氧电极，随后发生氧化反应生成氧气，失去的电子回到外电路，形成闭合回路。

　　与传统制氢方法相比，核能制氢具有以下特点：以更高温度的高温气冷堆作为热源，可以显著提高制氢效率，并且降低环境污染；核能制氢具有可扩展性和可持续性，可进行大规模制氢；核能制氢制得的氢气纯度较高，可满足多数工业的浓度要求。

　　但是安全性问题也一直制约着核能制氢的发展。确保与核电连接的设备在氢气制备和运输等相关过程中的安全，是核能制氢需要突破的重点。未来的核能-氢能系统除了要采用先进的核能系统之外，还要采用先进的制氢工艺。对工艺的要求是：原料资源丰富，即利用水分解制氢；制氢效率高（制氢效率定义成所生产的氢的高热值与制氢所耗能量之比）；制氢过程中不产生温室气体的排放。按照上述要求，热化学循环工艺和蒸汽高温电解有很好的应用前景。

　　在国家"863计划"支持下，我国于2001年建成10MW高温气冷试验堆，并且在2003年实现了满功率运行。在"先进压水堆与高温气冷堆核电站"国家科技重大专项支持下，正在建设200MW高温气冷堆核电站示范工程。

　　我国核能制氢研究起步于"十一五"前期，对核能制氢的主流工艺——热化学循环分解水制氢和高温蒸汽电解制氢进行了基础研究，并进行初步运行试验验证了工艺可行性。"十二五"期间，我国开展了氦气涡轮机直接循环发电及高温堆制氢等技术研究，基本掌握碘硫循环和高温蒸汽电解的工艺关键技术。根据高温气冷堆制氢技术的发展规律并参考国际上相关国家的研发规划，提出我国核能制氢发展路线：原理验证与单元集成—工程材料与设备开发—工程验证—商业化示范。到2020年，完成高温气冷堆制氢关键设备技术研究，正在国家科技重大专项支持下开展研发工作；到2025年，完成高温气冷堆制氢中试工程验证，建立产氢能力1000m³/h的高温堆制氢中试厂；到2030年，开展超高温堆—核能制氢—氢冶金的工程示范，在高效、大规模制备氢气的同时，实施氢气直接还原炼铁的工业应用。

　　核能目前在我国呈现了良好的发展态势，当前已经发展到了第四代核能系统。核能制氢技术的发展既有利于为我国核能的利用开辟新方向，维持我国核能技术在世界核能领域的领先地位，又能解决我国未来氢能的大规模需求问题，对实现我国未来的能源战略转变具有重大意义。在目前核能制氢的几种工艺中，热化学循环和高温蒸汽电解被认为是最有发展前景的核能制氢技术，并且随着反应堆技术的发展，反应堆最高出口温度将大幅提升，进而提高了核能制氢的效率。

　　清华大学核能与新能源技术研究院（INET）于 2000 年成功建成 10MW 高温气冷试验堆 HTR-10。HTR-10 的成功建成和运行，使我国在高温气冷堆这一先进核能技术上迈出了从无到有、从跟踪核能强国脚步到与其并肩前行、从核能技术引进到国内自主创新的一大步。此外，INET 的研究人员已经开始了对制氢工艺的探索，并已完成了对两种制氢工艺的实验验证，重大专项的实施将为在我国发展核能制氢技术提供更多机会。

3.6.2　等离子制氢

　　物质有四种形态（见图 3-31），分别是固体、液体、气体和等离子体。其中，等离子体是被称为物质的第四态，宇宙中 99.9% 物质都以等离子体的形式存在，像常见雷电、极光的本质就是等离子体。等离子体是由电子、分子、离子和自由基物质组成的集合体。等离子体从名称上可以理解为近电中性、正负电荷相等的物质态。

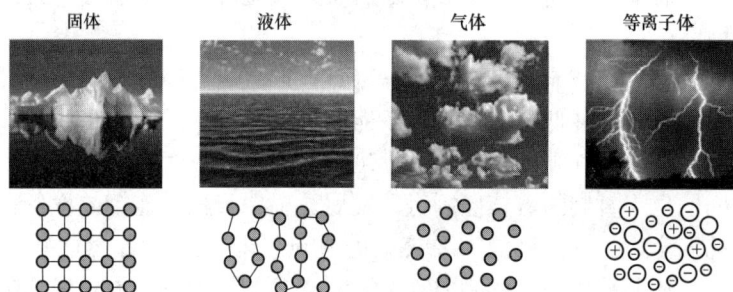

图 3-31　物质的四种形态

　　传统反应中激发反应的活性物质是催化剂，等离子体法利用的活性物质是高能电子和自由基。等离子体是由于气体不断地从外部吸收能量离解成正、负离子而形成的，基本组成是电子和重粒子。重粒子包括正、负离子和中性粒子。借助于高活性的粒子像电子、离子、激发态物质，等离子体能大大提高化学反应速度，或者为吸热反应提供能源，避免使用非均相催化剂。高能量密度缩短反应时间，减小制氢反应器尺寸和质量。等离子体法适合于各种规模甚至布局分散、生产条件多变的制氢场合。

　　等离子体可以分为两大类，高温等离子体与低温等离子体，这与它的能量状态、系统内外温度等相关。一般高温等离子体是处于热力学平衡态，其中粒子温度可达 107K 左右。低温等离子体是非热力学平衡态状态，一般电子温度较高，而环境温度较低，甚至接近常温。低温等离子体中的冷等离子体是最为常见的，它是由气体、液体和气体-液体环境中的放电产生的。低温等离子体中具有高能电子，可利用其使低碳醇化学键断裂，引发反应，从而制取氢气。目前常用的低温等离子体制氢发生方式主要分为介质阻挡放电、电晕放电、微波放电、滑动弧放电、辉光放电等。

1. 介质阻挡放电（dielectric barrier discharge，DBD）

介质阻挡放电是一种常压下放电类型，能够在很高的电压和很宽的频率范围内工作，工作电压从几千伏到几万伏，电源频率可从 50Hz 至 1MHz。介质阻挡放电等离子体产氢的优点是醇类转化率相对较高，工作稳定，投资和运行成本相对较低。因此，介质阻挡放电等离子体产氢研究受到了广泛关注，促进了介质阻挡放电等离子体产氢技术的发展，介质阻挡放电制氢实验装置如图 3-32 所示。

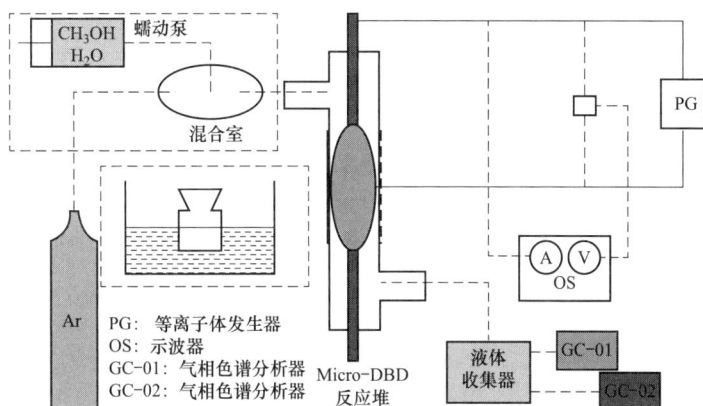

图 3-32 介质阻挡放电制氢实验装置

2. 电晕放电（corona discharge，CD）

电晕放电是指气体介质在不均匀电场中的局部自持放电，是最常见的一种气体放电形式。在曲率半径很小的尖端电极附近，由于局部电场强度超过气体的电离场强，使气体发生电离和激励，因而出现电晕放电。发生电晕时在电极周围可以看到光亮，并伴有咝咝声。电晕放电可以是相对稳定的放电形式，也可以是不均匀电场间隙击穿过程中的早期发展阶段。电晕放电具有产氢所需能耗小、温度低、时间短、空间小等优点，适用于汽车能源领域，具有一定的开发潜力和工业化应用前景。

3. 微波放电（microwave discharge，MD）

微波等离子体的能量集中，可产生较高温度放电区且温度空间分布梯度较大，具有丰富的高能电子、活性自由等活性物质。微波放电是一种非平衡放电。它可以在很宽的气体压强范围内产生。如果微波功率为千瓦级，微波等离子体中的电子密度可接近等离子体频率所确定的临界密度，能比一般放电提供更高的电离度和离解度。

4. 滑动弧放电（gliding arc discharge，GAD）

滑动弧放电一般采用直流电源供电，通过负载电阻来限制和稳定电流。将非等间距的电极连入电路，电极间最窄处会在高电压下被击穿形成电弧，并在气流推动下，沿电极边缘移动，周期性的电弧在该区域内形成稳定的等离子体。

5. 辉光放电（glow discharge，GD）

辉光放电是指低压气体中显示辉光的气体放电现象，即是稀薄气体中的自持放电（自激导电）现象。辉光放电是一种低气压放电，工作压力一般都低于 10mbar，其基本构造是在封闭的容器内放置两个平行的电极板，利用产生的电子将中性原子或分子激发，而被激发的粒子由激发态降回基态时会以光的形式释放出能量。它由法拉第首先发现，包括亚正常辉光和反常辉光两个过渡阶段。

3.7 制氢发展现状

截至 2019 年 2 月，制氢仍以化石燃料为主要原料，其存在制氢成本高、碳排放污染等问题，而清洁无污染是氢能产业可持续发展的前提，因此制氢原料应从化石燃料向可再生能源（风能、太阳能、水能等）方向逐渐转变。对部分制氢方式进行成本分析，不同制氢技术的成本对比如图 3-33 所示。

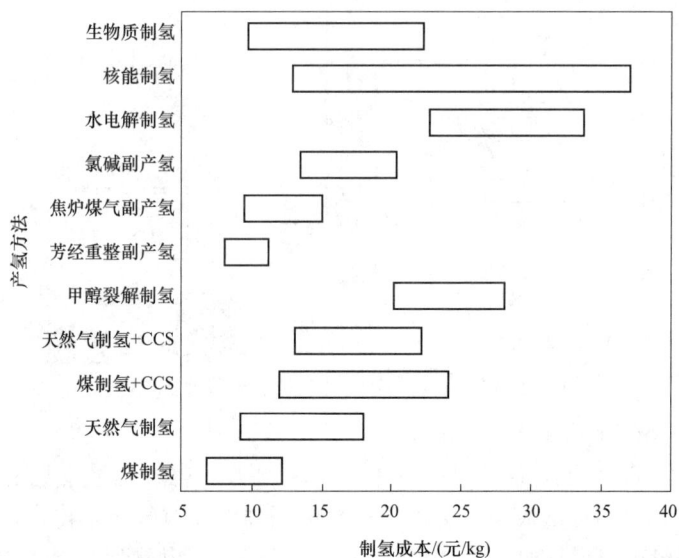

图 3-33 不同制氢技术的成本对比

三类氢源的对比见表 3-9，其统计了三种氢源的工艺路线、技术成熟度、生产规模（m^3/h，标准状态下）、碳排放（$kgCO_2/kgH_2$）和制氢成本（元/kg）。

表 3-9   三类氢源的对比

氢气	工艺路线	技术成熟度	生产规模（m^3/h，标准状态下）	碳排放（$kgCO_2/kgH_2$）	制氢成本（元/kg）
灰氢	煤制氢	成熟	$1000\sim20\times10^4$	19	7～12
	天然气制氢	成熟	$200\sim20\times10^4$	10	8～18
	煤制氢+CCS	示范论证	$1000\sim20\times10^4$	2	13～24
	天然气重整制氢+CCS	示范论证	$200\sim20\times10^4$	1	14～23
蓝氢	甲醇裂解制氢	成熟	50～500	8.25	21～29
	芳烃重整副产氢	成熟	—	有	8～11
	焦炉煤气副产氢	成熟	—	有	10～16
	氯碱副产氢	成熟	—	有	14～21
绿氢	水电解制氢	初步成熟	$0.01\sim4\times10^4$	—	24～34
	核能制氢	基础研究	—	—	14～38
	生物质制氢	基础研究	—	—	9～24
	光催化制氢	基础研究	—	—	—

2018 年全球氢气产量约 7000 万 t，大约 96% 的氢气是由煤、石油和天然气等化石能源制取的，其中 76% 来源于天然气，煤炭大约 23%，电解水仅占不到 2%。目前，全球每年生产氢气约为 1.17 亿 t，其中副产氢气 0.48 亿 t，专门制氢约为 0.69 亿 t。全球约 98% 的纯氢是通过碳密集型方法，使用天然气或煤为原料生产的灰色氢能，其余 2% 的氢能则通过电解方式生产的绿色氢能。中国每年约生产 2500 万 t 氢，其中灰氢约占 96% 以上。为引导氢能产业绿色健康发展，多地结合多能互补示范基地建设开展可再生能源制氢示范项目，不仅提高了风光等新能源的消纳能力，体现综合能源项目的示范效果，还丰富了氢能的来源。全球已有多个国家将氢能纳入国家能源发展战略，并从国家层面制定了氢能产业的发展战略规划。最早将氢能及燃料电池作为能源战略的国家是美国，截至 2020 年 6 月，氢燃料电池叉车超过 3 万辆，乘用车达到 8413 辆。

2021 年 4 月 20 日，宝丰能源实施的"国家级太阳能电解水制氢综合示范项目"正式投产，如图 3-34 所示，成为中国首个用新能源替代化石能源真正实现碳中和路径的工业企业。该项目引进了单套产能 1000m³/h（标准状态下）的电解槽以及气化分离器、氢气纯化等装置系统，其先进性已达到国内先进水平。全部投产后，项目将每年可减少煤炭资源消耗 25.4 万 t，减少二氧化碳排放约 44.5 万 t，社会效益显著。

图 3-34　宝丰能源实施的"国家级太阳能电解水制氢综合示范项目"

2019 年 3 月，氢能首次被写入我国《政府工作报告》，并先后出台多个配套规划和政策，推动氢能研发、制备、储运和应用链条不断完善。2020 年 9 月，国家发展改革委、科技部、工业和信息化部、财政部联合发布《关于扩大战略性新兴产业投资培育壮大新增长点增长极的指导意见》（发改高技〔2020〕1409 号），加快新能源发展，加快制氢加氢设施建设。2020 年 12 月，《新时代的中国能源发展》白皮书指出，支持新技术新模式新业态发展，加速发展绿氢制取、储运和应用等氢能产业链技术装备，促进氢能燃料电池技术链、氢燃料电池汽车产业链发展。2021 年 2 月 22 日，国务院发布《关于加快建立健全绿色低碳循环发展经济体系的指导意见》（国发〔2021〕4 号）指出，大力发展氢能，加强新能源汽车充换电、加氢等配套基础设施建设。随着氢能政策的制定与完善，大批的氢能示范项目也陆续开展，国内部分绿色氢能示范项目见表 3-10。

表 3-10　　　　　　　　　　　国内部分绿色氢能示范项目

示范项目名称	时间	地点	规模	制氢方式
基于可再生能源制/储氢 70MPa 加氢站系统研制及示范项目	2016 年	辽宁大连	70MPa	风、光制氢
沽源风电制氢综合利用示范项目	2019 年	河北沽源	1752 万 m^3/年	风电制氢
风电及制氢综合示范项目	2020 年	吉林榆树	10MW	风电制氢
山西榆社县 300MW 光伏 50MW 制氢综合示范项目	2020 年	山西榆社	50MW	光伏制氢
太阳能电解水制氢储能及综合应用示范项目	2020 年	宁夏宝丰	1.6 亿 m^3/年	光伏制氢
西部地区首个规模化水电解制氢示范项目	拟建	四川成都	6000m^3/h	水电制氢
张家口风电光伏发电利用（制氢）示范项目	2020 年	河北张家口	—	风、光制氢
山西首座氢储能综合能源互补项目	2020 年	山西大同	10MW 高压储氢，50MW 液态储氢系统	风、光制氢
台州市大陈岛"绿氢"综合能源系统示范工程	2021 年	浙江台州	—	风电制氢

本章小结

　　传统化石燃料是不可再生的，并且在制氢的过程中会产生污染，本章介绍了生物质、甲醇、太阳能、电解水、等离子、核能和氨等非化石燃料制氢的基本原理、工艺流程、优缺点和发展现状，非化石燃料制氢分类如图 3-35 所示。非化石燃料制氢是化石燃料短缺和温室气体排放等约束下的可持续制氢路径。生物质制氢具有能耗低，温室气体释放少，原料获取方便等优点，理论上能有较大的产氢能力。但其原料构成复杂，初产物杂质多，提纯工艺困难，且占地面积较大，不适合大规模制取。甲醇重整制氢成本低，制备过程工艺流程简单，整个制备过程操作条件温和且方便灵活，但其碳排放问题同样严重。太阳能制氢既能够实现工艺过程的清洁化，又可通过太阳能制氢并储氢解决太阳能低密度和不稳定的缺陷。在太阳-氢能系统中可根据当地、当时的具体情况来采取最有效的方式生产、储存和利用氢。电解水制氢是较成熟的制氢方法，该技术的优点是工艺简单，氢气产品的纯度高，一般可在 99%～99.9%；缺点是耗电量较高，一般不低于 4kWh/m^3 H_2（标准状态下）。等离子制氢反应速率快、反应温度低、参数控制灵活；且装置体积小、启动快、能耗低、运行参数范围大，适合小规模的氢气生产。但由于该方法需大功率、高电压的操作控制，电极易腐蚀，使用寿命缩短。核能制氢具有高效、清洁、大规模、经济等多方面的优点。但是安全性问题一直制约着核能制氢的发展。氨制氢无 CO 污染，流程简单，存储安全可靠，价格低，具有广阔的应用前景和更大的经济效益。

非化石燃料制氢
- 生物质制氢
  - 化学法
    - 气化制氢 — 废物利用，原料丰富，但影响因素多
    - 热解重整制氢 — 氢含量高，燃气热值高，但受多因素影响
  - 生物法
    - 光水解制氢 — 无污染，但需要光照
    - 光发酵制氢 — 可利用有机废水，但需要光照
    - 暗发酵制氢 — 可利用工农业废弃物，但废液需处理
    - 光暗耦合发酵制氢 — 兼具光、暗发酵优点，具有较好的发展前景
  - 技术与示范项目 — 尚存在一些问题限制其产业化发展
- 电解水制氢
  - 原理
  - 工艺流程 — 电解池、电力转换、水循环、气体分离、气体提纯
  - 发展现状 — 碱性液体电解池电解水技术已经实现工业规模的产氢
- 甲醇制氢
  - 气相重整制氢
    - 裂解制氢 — 反应速率快，产生CO导致催化剂中毒，投资成本高
    - 水蒸气重整制氢 — 反应温度低，CO选择性低，适合中小规模制氢
    - 部分氧化制氢 — 反应速率高，无须外供热，放热剧烈不易控制
    - 自热蒸汽重整制氢 — 具有高反应速率和氢气产量
  - 液相制氢
    - 液相重整制氢 — 流程紧凑，能耗较低
    - 光催化甲醇制氢 — 制氢产量较小，所花时间较长
    - 电解甲醇制氢 — 能耗小，成本低
  - 等离子体制氢
    - 电晕放电等离子体制氢 — 产氢效果并不理想，尚处于基础研究探索阶段
    - 介质阻挡放电等离子体制氢 — 醇类转化率高，工作稳定，投资和运行成本较低
    - 微波放电等离子体制氢 — 稳定性高
    - 滑动弧放电等离子体制氢 — 研究起步晚
    - 辉光放电等离子体制氢 — 系统能量利用率高，具有很大潜力
  - 发展现状 — 具有一定的合理性和技术可行性，但并不适用于商业化发展
- 氨分解制氢
  - 原理 — 液氨加热至800～850℃得到含75%氢气、25%氮气的氢氮混合气体
  - 工艺流程 — 首先需要制备氨气，再加压液化后储存，裂解后制得的混合气体
  - 特点与发展现状 — 国内外还开始将氨氢混烧燃料作为重要的减碳途径之一
- 太阳能制氢
  - 热化学法制氢 — 通过聚光系统产生高温，推动热化学反应
  - 光催化法制氢 — 系统简单，成本低，易规模化
  - 电化学制氢 — 将太阳能发电和电解水组合制氢组合成系统的技术
  - 人工光合作用 — 包含还原和氧化两个反应
  - 特点与发展现状 — 氢气工业化生产技术发展的方向，但仍然有很多实际问题
- 其他制氢形式
  - 核能制氢 — 安全性问题一直制约着核能制氢的发展
  - 等离子制氢 — 利用高能电子使低碳醇化学键断裂，引发反应，从而制取氢气
- 制氢发展现状 — 氢原料应从化石燃料向可再生能源(风能、太阳能、水能等)方向逐渐转变

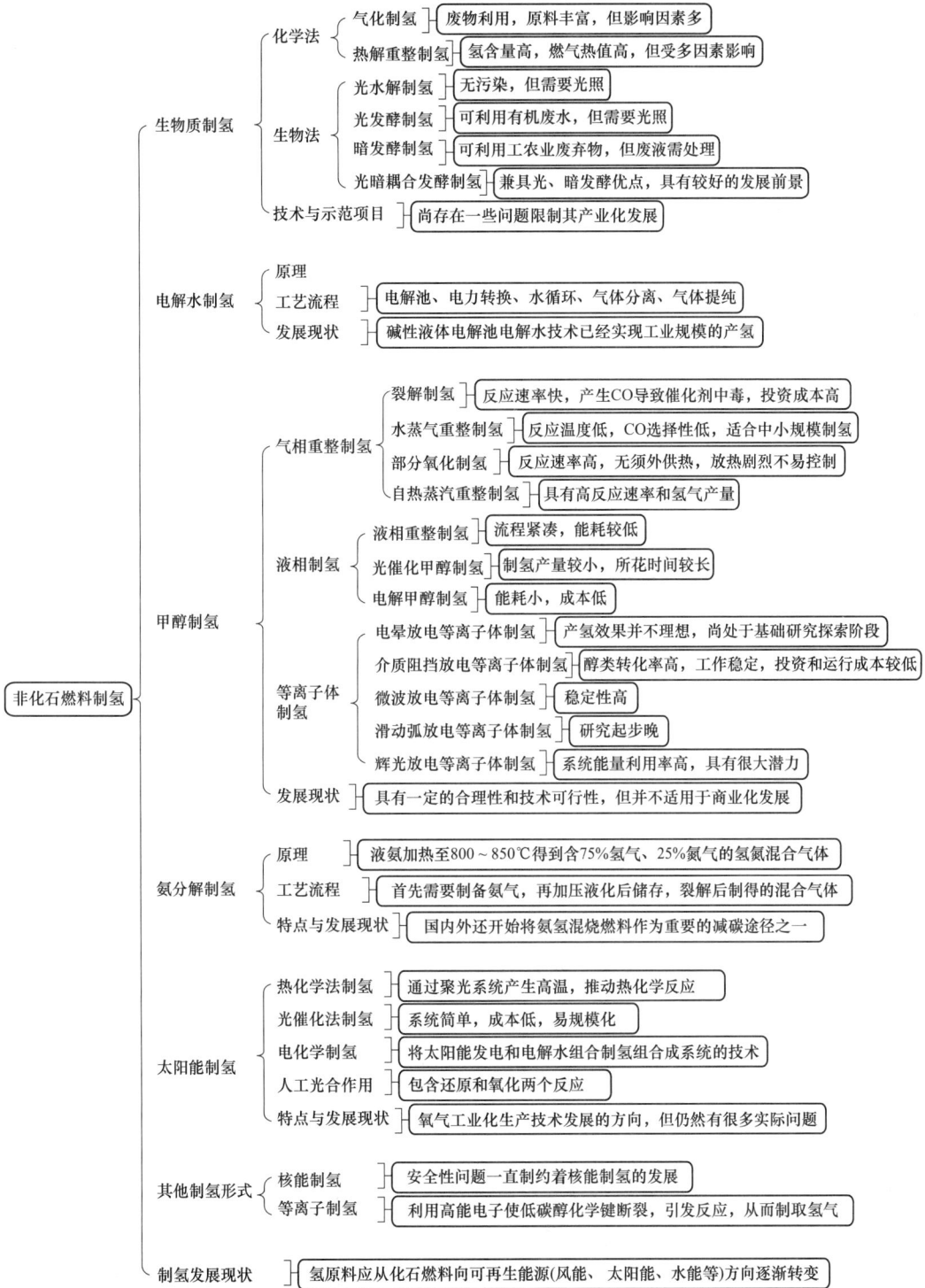

图 3-35　非化石燃料制氢分类

4 氢 气 的 提 纯

前面章节已经介绍了各类氢气的制取方法，然而由于氢气来源广泛，不同方法制取的原料气所含杂质种类、氢气纯度不同；氢气的利用形式多样，但不同应用场合对氢气纯度和杂质含量的要求有显著差异，因此根据原料气和产品气的条件和指标，选取技术可靠、经济性好的提纯方法至关重要。

不同方法制氢产物的杂质与氢气体积分数见表 4-1。煤气化氢源，其中 CO 体积分数占比 $35\%\sim45\%$、CO_2 占比 $15\%\sim25\%$、CH_4 占比 $0.1\%\sim0.3\%$、总 S 占比 $0.2\%\sim1\%$、N_2 占比 $0.5\%\sim1\%$；天然气重整氢源，其中 CO 体积分数占比 $10\%\sim15\%$、CO_2 占比 $10\%\sim15\%$、CH_4 占比 $1\%\sim3\%$、N_2 占比 $0.1\%\sim0.5\%$。尽管采用不同氢源时均经历严格的纯化除杂，仍因氢源的复杂性难以去除某些杂质，或在氢气纯化后的充装、运输、压缩和加注过程不可避免引入一些微量或痕量杂质，如 H_2S、CO 和 NH_3 等。

本章重点介绍氢气提纯的意义、氢燃料电池的用氢标准、气体除杂、干燥与提纯技术等，为后续氢气的利用提供保障。

表 4-1   **不同方法制氢产物的杂质与氢气体积分数**

含氢气源	主要杂质种类	原料气氢气体积分数（%）
天然气或石脑油蒸汽转化气	CO_2、CO、CH_4、N_2	$75\sim80$
煤气化变换气	CH_4、CO、CO_2	$48\sim54$
电解水制氢	O_2、H_2O	$99.5\sim99.999$
炼油厂含氢尾气	CH_4	$65\sim90$
甲醇蒸汽转化气	CO_2、CO、CH_3OH、H_2O	$73\sim75$

4.1 氢电池燃料用氢的标准

当今世界随着科学技术的进步，传统内燃机汽车也越来越普及，对环境的污染也越来越大，我们需要一种清洁能源汽车代替传统的内燃机汽车。氢燃料电池汽车（fuel cell vehicles，FCV）是一种燃烧氢气的汽车，这种汽车使用氢气，能量转换效率高、零排放、没有污染，但与此同时，其安全性也受到了人们的广泛关注。

不同行业对氢纯度要求不同。对于合成氨和甲醇，是为了防止催化剂中毒；对于炼厂用氢，是因为氢气纯度和压力对加氢处理单元的设计和操作有着显著的影响；对于冶金、陶瓷工业、半导体、玻璃产业，氢气与上述行业中产品直接接触，直接影响产品质量，因此对氢气的纯度和杂质含量普遍要求较高；对于燃料电池，氢气或空气中微量杂质可能会严重毒害 PEMFC（质子交换膜燃料电池）的膜电极组件，例如硫化物、CO 与催化剂铂的吸附性比氢更强，优先于氢气占据催化剂表面的活性位点且不易脱除，造成催化剂中毒，使燃料电池的寿命和性能大幅度降低，因此，必须满足一定的严格标准才能保证氢燃料电池的安全使用。

4.1.1 氢气品质要求

国家标准 GB/T 3634.1—2006《氢气 第1部分：工业氢》规定了工业氢的要求、试验方法、包装标志、储存及安全要求。国家标准 GB/T 3634.2—2011《氢气 第2部分：纯氢、高纯氢和超纯氢》规定了纯氢、高纯氢和超纯氢的技术要求、试验方法、包装标志、储运及安全要求。国家标准 GB/T 16942—2009《电子工业用气体氢》规定了电子工业用氢的技术要求，试验方法以及包装、标志、储存及安全。国家标准 GB/T 37244—2018《质子交换膜燃料电池汽车用燃料 氢气》规定了质子交换膜燃料电池（PEMFC）汽车用燃料氢气的术语和定义、氢气纯度、氢气中杂质含量要求及分析试验方法，质子交换膜燃料电池燃料氢气的部分指标见表4-2。

表 4-2 质子交换膜燃料电池燃料氢气的部分指标

项目名称	指标
氢气纯度（摩尔分数）	99.97%
非氢气体总量	$300\mu mol/mol$
水（H_2O）	$5\mu mol/mol$
总烃（按甲烷计）	$2\mu mol/mol$
氧（O_2）	$5\mu mol/mol$
氦（He）	$300\mu mol/mol$
总氮（N_2）和氩（Ar）	$100\mu mol/mol$
二氧化碳（CO_2）	$2\mu mol/mol$
一氧化碳（CO）	$0.2\mu mol/mol$
总硫（按 H_2S 计）	$0.004\mu mol/mol$
甲醛（HCHO）	$0.01\mu mol/mol$
甲酸（HCOOH）	$0.2\mu mol/mol$
氨（NH_3）	$0.1\mu mol/mol$
总卤化合物（按卤离子计）	$0.05\mu mol/mol$
最大颗粒物浓度	$1mg/kg$

4.1.2 常见的氢源杂质

绝大多数用于制氢的原料基本都含有 C、O、H 这三大基本元素，在进行一系列转化制备氢气的过程中会产生 CO、CO_2、H_2O 杂质气体，甚至是甲烷等小分子烃类。除此之外，部分制氢原料中还存在 N 和 S 元素，在进行反应时，会有氮氧化物（NO、NO_2）、硫化物（SO_2、H_2S）和 NH_3 等杂质气体产生。同时，空气中含量最多的氮气也会不可避免地掺入其中。

许多工业尾气中也有氢气的存在，如甲酸加工尾气、石脑油重整尾气、乙烯脱甲烷塔尾气等。其中有的工业含氢尾气中的氢气浓度相当高，可达 90%。以往这些尾气会直接进行燃烧处理，从而导致大量氢气资源被浪费。秉承当前节约环保、合理利用资源的理念，许多含氢工业尾气也会进行回收，回收后的氢气进行提纯处理后用于其他领域。

4.2 杂质的危害与去除

PEMFC 运行时的性能损失包括电化学极化、欧姆极化和传质极化，输出电压可表示为：

$$U_{cell} = U_0 - \eta_a - \eta_c - iR_{ohmic} - \eta_{conc}$$

$$(4-1)$$

式中：U_0 为条件平衡电压；η_a 和 η_c 分别为阳极和阴极过电位；i 为电流密度；R_{ohmic} 为欧姆电阻；η_{conc} 为浓差极化过电位。

当氢气中存在杂质时，会引起阳极过电位升高、欧姆电阻增加或传质过电位升高，导致 PEMFC 性能下降。氢气中的多数杂质（如 H_2S、CO、CO_2、甲醛和甲苯杂质）主要引起阳极过电位增加，而 NH_3 主要引起欧姆电阻增加。

阳极发生氢气氧化反应（hydrogen oxidation reaction，HOR）的具体反应表达式如下：

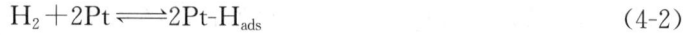

Tafel 反应（氢吸附）：

$$H_2 + 2Pt \rightleftharpoons 2Pt\text{-}H_{ads} \tag{4-2}$$

Volmer 反应（氢转化）：

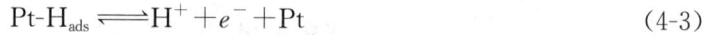

$$Pt\text{-}H_{ads} \rightleftharpoons H^+ + e^- + Pt \tag{4-3}$$

Heyrovskye 反应：

$$Pt + H_2 \rightleftharpoons Pt\text{-}H_{ads} + H^+ + e^- \tag{4-4}$$

ads 表示为吸附含义。采取 Tafel-Volmer 反应路径时，H_2 分子首先解离吸附在 Pt 表面形成 Pt-H 键，该反应需要两个 Pt 活性位点，速率较慢，然后发生氢原子氧化反应，速率相对较快，可表示为式（4-2）和式（4-3）。采取 Heyrovskye-Volmer 反应路径时，H_2 在 Pt 表面的化学吸附和单电子氧化反应同时发生，然后发生氢原子氧化反应，可表示为式（4-3）和式（4-4）。研究表明，按照 Tafel-Volmer 反应历程获得的动力学方程与试验结果吻合较好。Pt 表面吸附 H_2 时的毒化机理如图 4-1 所示。依据 Tafel-Volmer 反应路径，反应式（4-2）的速率

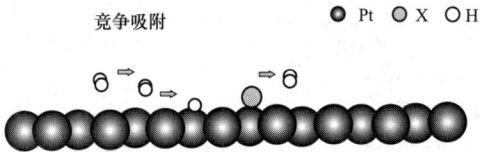

图 4-1　Pt 表面吸附 H_2 时的毒化机理

q_1 和反应式（4-3）的速率 q_2 可分别表示为式（4-5）和式（4-6）。

$$q_1 = r_{1f}\theta_{Pt}^2 C_{H_2} - r_{1b}\theta_H^2 \tag{4-5}$$

$$q_2 = r_2\theta_H \left[\exp\left(\frac{\alpha_a F\eta}{RT}\right) - \exp\left(\frac{\alpha_C F\eta}{RT}\right) \right] \tag{4-6}$$

式中：θ_{Pt} 为裸露的 Pt 位点占比；θ_H 为氢在 Pt 表面覆盖度；C_{H_2} 为 H_2 浓度；r_{1f} 为吸附速率常数；r_{1b} 为脱附速率常数；r_2 为电化学氧化反应速率常数；α_a 为阳极电荷转移系数；α_C 为阴极电荷转移系数；η 为过电位；T 为温度；F 为法拉第常数；R 为气体常数。另外，$\theta_{Pt} + \theta_H = 1$。

氢气中杂质具有三重影响：①降低氢气浓度；②降低裸露 Pt 位点；③降低 H 覆盖度 θ_H。影响程度取决于杂质浓度和杂质的吸附能。

4.2.1　CO 的危害与去除

1. CO 毒化机理

与 H_2 相比，CO 与 Pt 的结合能更高，当 H_2 中存在 CO 时，CO 在 Pt 表面会优先吸附。其反应方程如下：

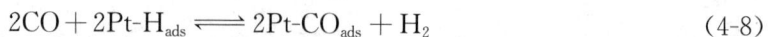

$$CO + Pt \rightleftharpoons Pt\text{-}CO_{ads} \tag{4-7}$$

$$2CO + 2Pt\text{-}H_{ads} \rightleftharpoons 2Pt\text{-}CO_{ads} + H_2 \tag{4-8}$$

CO 占据 Pt 活性位，导致 θ_{Pt} 下降，阻碍 H_2 的吸附和氧化过程，CO 还会通过取代 Pt 表面吸附的 H 原子，导致 θ_H 降低，使得 HOR 反应过电位升高。CO 在 Pt 表面的吸附为放

热反应，随着燃料电池操作温度升高，CO 在 Pt 表面脱附加快、覆盖度下降，对 HOR 的毒化作用减轻。H_2 中含 CO 时 PEMFC 在不同操作温度下的阳极过电位如图 4-2 所示。

当 H_2 中含有 CO 时，在相同的燃料气反应计量比条件下，更高的电流密度使得 H_2 消耗速率加快，而 CO 基本不发生转化，这导致单位时间单位面积的催化剂表面 CO 含量更高，对 HOR 的毒化作用加剧，因 CO 引起的过电势随电流密度的变化如图 4-3 所示。

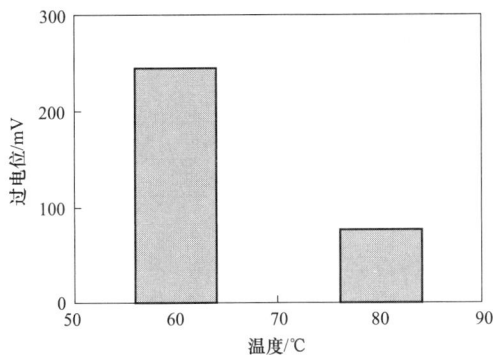

图 4-2　H_2 中含 CO 时 PEMFC 在
不同操作温度下的阳极过电位
（CO 含量为 $2\mu L/L$，电流密度为 $1A/cm^2$）

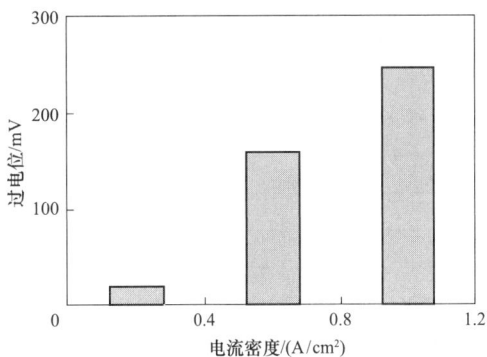

图 4-3　因 CO 引起的过电势
随电流密度的变化
（CO 含量为 $2\mu L/L$，温度为 $60℃$）

促进 CO 在 Pt 表面氧化转化，再生出 Pt 活性位，是缓解 PEMFC 阳极 CO 毒化的主要策略，包括阳极氧化和开发抗 CO 催化剂两种方法。阳极氧化法通过在阳极侧通入一定量的 O_2，将 CO 氧化转化为对 HOR 低毒性的 CO_2。

$$O_2 + 2Pt \rightleftharpoons Pt\text{-}O_2 + Pt \longrightarrow 2Pt\text{-}O_{ads} \tag{4-9}$$

$$CO + Pt \rightleftharpoons Pt\text{-}CO_{ads} \tag{4-10}$$

$$Pt\text{-}CO_{ads} + Pt\text{-}O_{ads} \rightleftharpoons CO_2 + 2Pt \tag{4-11}$$

开发抗 CO 催化剂的目的也是促进 $Pt\text{-}CO_{ads}$ 物种的氧化，通过诱导 H_2O 在 $Pt\text{-}CO_{ads}$ 附近产生吸附态 OH，与 CO 发生氧化还原反应。Pt CO_{ads} 物种的氧化还原反应原理见图 4-4，反应方程见式（4-12）和式（4-13）。

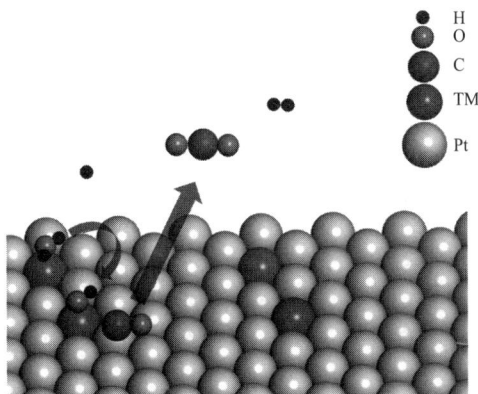

图 4-4　$Pt\text{-}CO_{ads}$ 物种的氧化还原反应原理

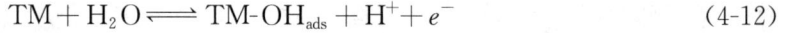

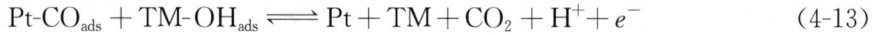

$$TM + H_2O \rightleftharpoons TM\text{-}OH_{ads} + H^+ + e^- \tag{4-12}$$

$$Pt\text{-}CO_{ads} + TM\text{-}OH_{ads} \rightleftharpoons Pt + TM + CO_2 + H^+ + e^- \tag{4-13}$$

2. CO 的去除

CO 是引起燃料电池中毒最主要的杂质成分之一，但是现有的大多数制氢方法所制得的氢气中都会掺杂 CO。表 4-3 总结了氢气中 CO 杂质对燃料电池性能产生的影响。

表 4-3　　　　　　　　氢气中 CO 杂质对燃料电池性能产生的影响

序号	CO 含量（μL/L）	温度（℃）	电流密度（A/cm^2）	电压降（eV）
1	10	75	0.6	16.7
2	10	80	1.0	241
3	1	80	1.0	25
4	2	80	1.0	45
5	1.0	60	1.0	216
6	0.4	60	1.0	46
7	0.2	60	1.0	29

现在我们一般使用溶液吸收法、深冷分离法、变压吸附法分离提纯 CO。工业上一般使用溶液吸收法和深冷分离法。溶液吸收法分为铜氨液吸收法、Cosorb（溶液吸收分离）法。铜氨液吸收法对设备要求也比较高，消耗的能源也高，生产成本也相对地高，吸收液还有一定的腐蚀性。Cosorb 法不同于铜氨液吸收法，它的吸收剂没有腐蚀性，但使用有一定的要求：CO 气体不能含 H_2O、H_2S、NH_3 等组分，否则这些组分会和吸收剂会发生反应，生成氯化氢气体和铜盐，腐蚀设备和堵塞管道。

深冷分离法是先使用低温甲醇洗涤 CO、CO_2 和 H_2 的混合气，吸收 CO_2 和其他的酸性气体，然后变温吸附脱除甲醇、CO_2。随后给气体降温，CO、H_2 的混合气便会液化。CO 和 H_2 的沸点不同，故在精馏塔塔盘上使气液接触，进行质热交换。CO 的沸点比 H_2 高，不断冷凝成液体，H_2 随着蒸汽上升，实现了 CO、H_2 的分离。然而该方法得到的氢气纯度不高，大概只有 90%。图 4-5 为一氧化碳深冷分离工艺流程。

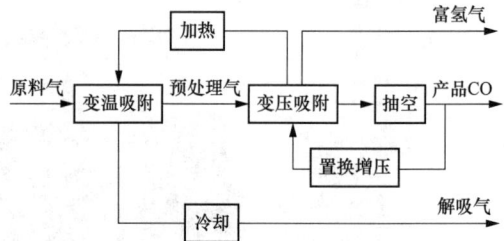

H_2 分子的选择性吸附是用变压吸附法分离 CO、H_2 的主要原因。当 CO、H_2 混合气在吸附塔吸附层时，CO 分子先被吸附剂吸收，H_2 分子没有被吸收，留在了气体中。当吸附平衡的时候，降低压力，这时候吸附剂吸收的 CO 不再被吸附，恢复吸附剂的吸附能力，即吸附剂解吸。为了提高吸附的效率，我们一般使用多个吸附塔，由一个塔吸附，其他塔解吸，并随时可以切换使用。图 4-6 为变压吸附的工艺流程。

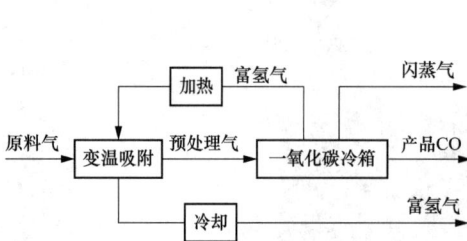

图 4-5　一氧化碳深冷分离工艺流程　　　图 4-6　变压吸附的工艺流程

吸附剂的好坏能够影响变压吸附分离 CO 的效率。我们现在大致使用两类吸附剂：5A

分子筛和 Cu 吸附剂。5A 分子筛的装置在很早的时候比较流行，但是它的效率不高。Cu 吸附剂是利用亚铜离子与 CO 之间的络合吸附作用，CO 与 Cu(Ⅰ) 之间形成了电子接收键，相互作用，产生协同效应，称为 σ-π 配键（σ、π 为两种原子轨道），大大地提高了吸附剂吸收 CO 的效率，并且 Cu(Ⅰ) 不会和 CO_2、氮、甲烷、氢发生协同效应。负载的 Cu(Ⅰ) 能够大大提高吸附剂的选择性，该吸附剂比较容易再生。Cu 吸附剂的这些优点引起了人们的广泛关注，我们可以利用这些优点制造工业化设备。下面介绍几种吸收 CO 的装置。

（1）Pd/NaY 分子筛。在 20 世纪 90 年代，一些科学家系统地研究了 Pd/NaY 分子筛催化剂的制备方法，反应性能和酸性。用离子交换法制造了一系列分子筛催化剂。这些催化剂在低于 0.1MPa 和 180℃ 的时候可以利用循环反应装置从合成气制取甲醇，选择性能够达到 0.8~0.9，可以很好地吸收 CO。分子筛的焙烧温度和还原温度有关，可以影响 CO 的吸收。我们使用电子显微镜对 Pd/NaY 分子筛中的吸附晶粒大小进行观察，可以发现焙烧温度和还原温度对晶体的大小有着重大的影响。通过研究发现焙烧温度在 150℃，还原温度在 650℃ 的时候，晶粒最大，此时吸收 CO 最好。

（2）负载 Cu(Ⅰ) 的分子筛吸附剂。根据前面我们介绍的 CO 吸附剂，我国目前采用的大都是铜基吸附剂，载体一般都是选择活性炭和分子筛。虽然铜基吸附剂在 CO 的分离和提纯有着很大的优势，但我们工业上使用分子筛吸附剂不仅仅是要有很好的吸附能力，同时也应该有抗压强度，这样才算一个合格的分子筛吸附剂。由研究人员自制 ZSM-5 分子筛若干克，按照一定比例放入 $CuCl_2$ 粉末，并且也放入一定量的黏结剂，研磨混合均匀，添加一定量的水挤成条成型（3mm 模具），然后在 400℃、氮气氛围下焙烧 4h，冷却后即得到吸附剂试样。气体的组成、吸附剂最佳吸附效率的条件分别见表 4-4 和表 4-5。我们可以看到在这种的分子筛吸附剂量大，强度较好，耐磨损能够满足工业化的需求。

表 4-4　　　　　　　　　　　　　气 体 的 组 成

气体	含量（%）	气体	含量（%）
H_2	47.1	CO	31.5
N_2	19.1	CH_4	2.28

表 4-5　　　　　　　　　　　吸附剂最佳吸附效率的条件

项目	数值
还原温度（℃）	180
吸附反应温度（℃）	40
吸附压力（MPa）	0.5
CO 最大吸附量（mL/g）	50
吸附剂机械强度（N/cm）	97

（3）一种改进的 CO 吸收装置。该装置采用变压吸附（pressure swing adsorption，PSA）分离提纯体积流量分别为 $1500m^3/h$ 和 $4000m^3/h$，并且是标准状态下的 CO 和 H_2。然而该装置运行效果不太理想，氢气中的 CO 含量比较高，分离效率比较低。原来的 PSA 设备使用 6 台吸附器，用 5A 分子筛作为吸附剂，6 台吸附器中的 2 台同时进料，使用两步置换和抽空解析工艺。然而 5A 分子筛对原料气中的 CO 和 H_2 分离效果差，生成的氢气纯度达

不到标准，不但降低了效率，也加大了生产的成本。改进后的设备使用了铜吸附剂代替 5A 分子筛，效率大大地提高了，操作也更加的安全稳定且回收效率也提高了不少，氢气纯度提高，大大节约了成本。图 4-7 是两种变压吸附的装置示意图。

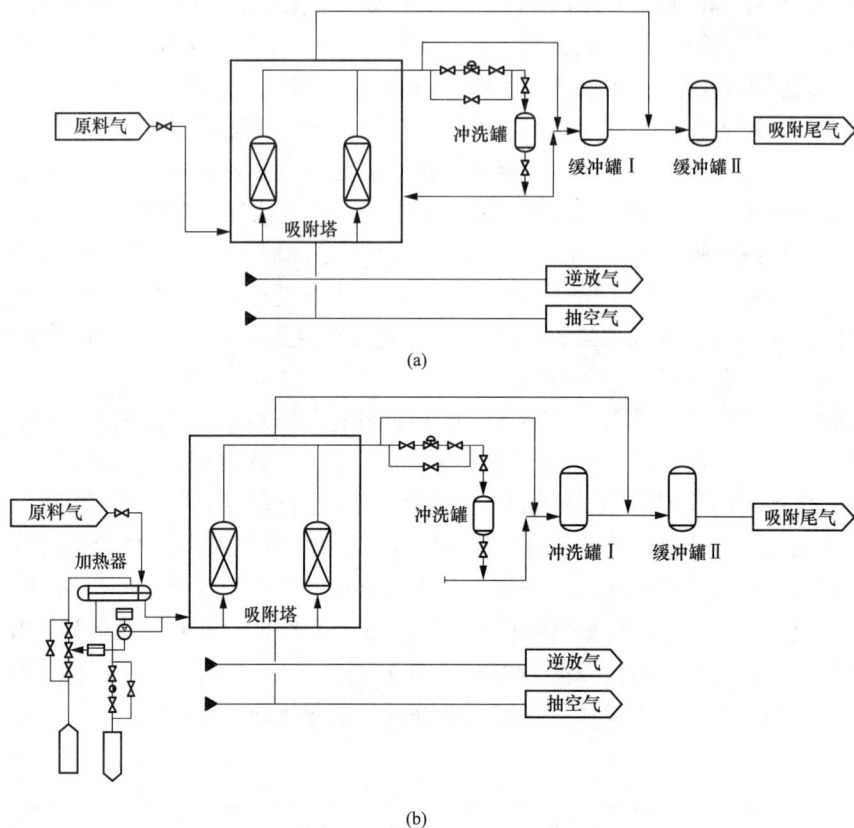

(a)

(b)

图 4-7　两种变压吸附的装置示意图

（a）5A 分子筛吸附；（b）铜吸附剂吸附

4.2.2　CO_2 的危害与去除

1. CO_2 毒化机理

一般小分子有机燃料蒸汽重整所得到的氢气大概含有 2.5% 的 CO_2，当燃料中的 CO_2 较少时，CO_2 可以看作是惰性气体稀释了 H_2 燃料；当 CO_2 的含量较多时，催化剂的表面氢气就会不足，形成碳蚀现象，减少催化剂表面的含碳量。还有研究认为 CO_2 会在催化剂表面发生逆水煤气反应生成 CO，间接毒化电池。反应的方程式如下：

$$CO_2(g) + H_2(g) \longrightarrow CO(g) + H_2O(g) \tag{4-14}$$

CO_2 对电池的危害是可逆的，是可以恢复的。只要往燃料电池中加入高纯度的氢气，燃料电池的性能可以逐步恢复。还有研究人员发现 Pt-Ru 催化剂能够很好地解决燃料电池 CO_2 中毒的这一现象。氢燃料中 CO_2 限值是 $2\mu mol/mol$。

2. CO_2 的去除

由于前文讲述了 CO_2 对质子燃料电池会产生一定的影响，CO_2 会稀释 H_2 的浓度，当 CO_2 的浓度过高时，电池会出现碳蚀现象；还会与其他气体反应生成 CO，导致电池电极中毒，危害十分大。因此在设计氢燃料电池的时候有必要去除 CO_2。

现在通常使用吸收法、低温蒸馏法、膜分离法、变压吸附分离技术方法对 CO_2 进行去除和回收利用。甲基二乙醇胺（MDEA）化学吸收法和碳基捕集与储存（CCS）以及新型碳捕集技术等方法都有着广泛的应用。

吸收法分为物理吸收法和化学吸收法。物理吸收法依据 CO_2 在吸收剂的溶解度与其余气体在该吸收剂中的溶解度的不同且相差较大而实现分离。化学吸收法是 CO_2 吸收液发生了化学反应消耗了 CO_2。

低温蒸馏法就是上文提到的深冷分离法，对含有 CO_2 的混合气体进行低温冷凝使 CO_2 发生相变，完成 CO_2 气体的分离和提纯。在低温蒸馏法中，美国某一公司研究的三塔和四塔装置十分经典。利用多次气体冷却和压缩，使得 CO_2 气体发生相变，完成 CO_2 和其他气体的分离和提纯。低温蒸馏法有其局限性，仅仅适合分离浓度大于 60％ 的 CO_2。传统的低温蒸馏方法能耗高、成本高、分离效果差，现在经常使用于高浓度 CO_2 的捕集。

图 4-8 形象地体现了膜分离的过程。膜分离法是指在特定的环境下利用 CO_2 和氢气经过特定膜的渗透率不同从而分离和提纯 CO_2 气体。该方法经常用于有机物或者高分子材料聚合物膜分离和捕集 CO_2。有机物聚合物膜的选择性是因为它们与靶分子相互作用。不管分离什么分子，都会和膜发生相互作用，利用溶液扩散或吸收扩散机制分离。有机高分子聚合物膜对酸性气体特别敏感，对 CO_2 的选择性不太高，所以不适合用于 CO_2 的分离和提纯。不同

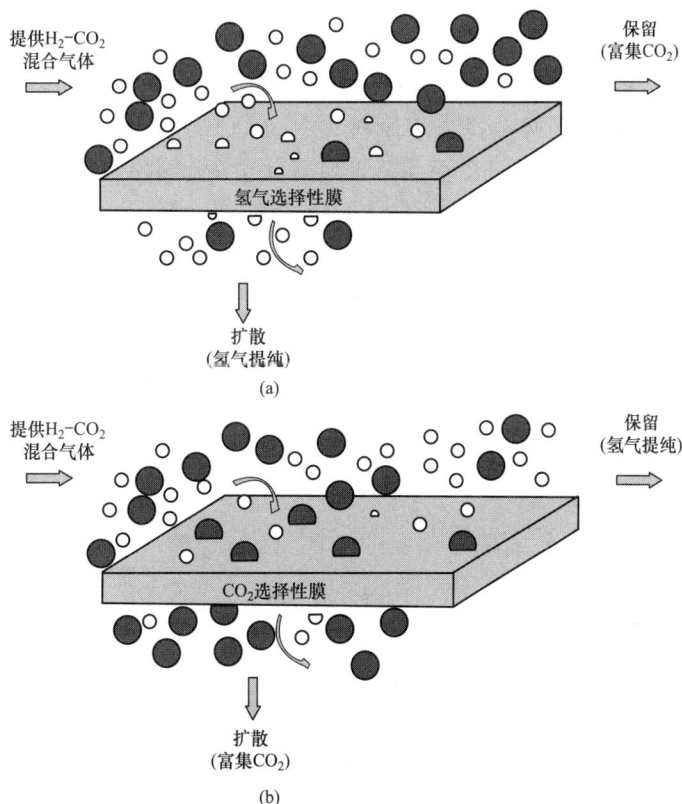

图 4-8 膜分离的过程

（a）氢气选择性膜；（b）CO_2 选择性膜

于有机物聚合物膜，无机物的分子筛膜有好的强度和抗腐蚀性，是较好的 CO_2 气体分离膜。膜分离操作简单，仅仅需要膜和风扇，结构也很简单。但膜分离法分离效率不高。有研究人员发明了双相碳酸盐离子和电子导电膜即熔融的碳酸盐和银去捕集 CO_2，分离效率大幅度提高，也相对稳定。

膜分离 CO_2 工艺要考虑分离膜的渗透性和选择性。现在有 5 种典型膜分离 CO_2 工艺：一级膜分离工艺、二级膜分离工艺、一二级混合膜分离工艺、三级膜分离工艺、膜分离与胺吸收混合工艺。我们用分离膜脱除 CO_2，可以很大程度节约成本，与采用传统的 MDEA 脱除工艺相比，操作成本可降低 30%。在实际应用的过程中我们还经常采用膜分离与胺法脱碳的集成处理技术，来降低胺法脱碳的成本。

醇胺法脱碳一般使用以下 7 种吸收剂：一乙醇胺、二乙醇胺（DEA）、三乙醇胺（TEA）、二异丙醇胺（DIPA）、二甘醇胺（DGA）、甲基二乙醇胺（MDEA）和空间位阻胺。其中 MDEA 溶剂化学性质相对稳定，对 CO_2 的吸收量大，吸收效率快，可达较高净化度，并且能大幅度回收氢气。MDEA 还具有密度小、凝点低、饱和蒸汽压低、比热容小、可选择性腐蚀性小、能耗低等优点。MDEA 也有缺点，MDEA 虽然去除二氧化碳的效率较高，但同时需要的能源消耗也相对较高，同时还会产生一些物质，轻微的腐蚀设备。这一问题还需要研究人员去解决。通过相关研究人员的研究发现，对传统 CO_2 的吸收装置和脱离装置的各级上加入换热器，利用回收的再生气余热加热装置，可以一定程度缓解 MEDA 需要消耗相对较多的能源问题，同时还能进一步对二氧化碳进行吸收。

图 4-9 为 MDEA 法脱碳工艺流程。氢气及其他气体经过变气脱水干燥后进入压缩机升压后再进入吸收塔，有一定质量分数的 MDEA 和一定配比的 H_2O 的贫胺液经泵加压且冷却后进入吸收塔的顶部，胺液逆流吸收进入塔原料气中的 CO_2。经胺液分离 CO_2 后的气体从塔顶排出，吸收了 CO_2 的富胺液从塔底流到节流阀。通过节流阀降低它的压力，然后富胺液进入压力相对低的闪蒸罐解吸出一定量的 CO_2、CH_4 及一些水蒸气，随后再生塔流出的贫胺液在热交换器中加热，富胺液在温度提高后从上往下流过再生塔，通过塔内分压逐渐降低析出 CO_2，实现再生。大部分的 CO_2 和水蒸气从塔顶流出，经冷却后凝结水再利用，CO_2 得到富集。再生液经再沸器加热，生成的部分蒸汽被作为热源再次回到再生塔，未被汽化部分直接流入贫富液热交换器进行降温，随后经冷却器进一步冷却后流入吸收塔顶部。

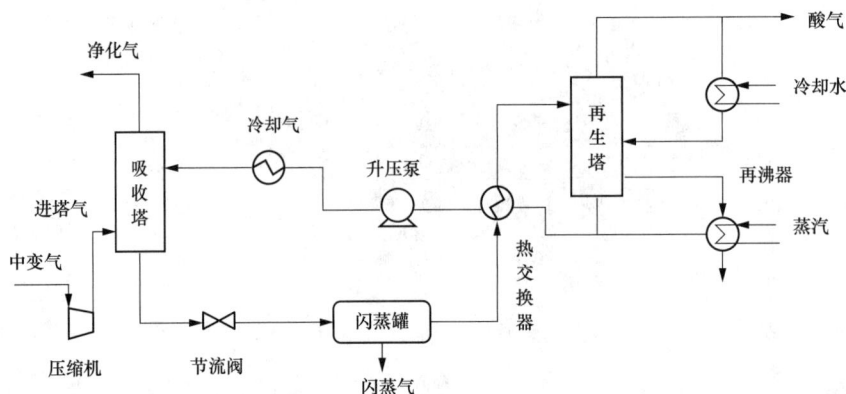

图 4-9　MDEA 法脱碳工艺流程

CCS 技术是将 CO_2 捕集并且提纯后封存或者被使用的一种技术。按照目前的 CCS 技术，CO_2 吸附与分离的能耗在 70% 以上。因此，我们在使用 CCS 技术的时候应该降低 CO_2 的吸附和分离的成本。CCS 分为燃烧前捕集、富氧燃烧技术和燃烧后捕集 3 类。燃烧前捕集，就是在含碳燃料燃烧之前将含碳燃料中的"碳"分离出来的一种技术。富氧燃烧碳捕集要求极高的氧气浓度（不低于 95%），生成的 CO_2 浓度大幅度提高，我们能够直接回收利用，从而降低脱碳的成本。燃烧后碳捕集应用广泛，投入相对较少，可以经过传统的溶剂吸收技术被分离出来，但是这些技术仍然不完善，都有一定的缺点。对比这几种技术，燃烧后 CO_2 捕集因为不需要对燃烧设备改造，所以是最环保、经济的捕集技术。这些技术中使用碳基吸附剂在中高压的时候能够有效地捕集二氧化碳，是目前一种被广泛使用的新型技术，该技术使用的碳基大致分为四种：活性炭、热解炭、金属-有机碳骨架材料和碳纳米材料。

低成本的热解碳材料像木炭、生物炭、农业炭等，这些材料容易获取，成本较低，已经被广泛应用于碳回收和土壤修复。在合成热解碳材料时为了让合成的材料更加稳定，我们经常提高碳化和热解的温度的比例，从而增大合成材料的孔的间隙的数量，提高合成材料的含碳量。生物质热解生成的热解炭的吸附能力随着比表面积的增大而增大。

活性炭（active charcoal，AC），一般都是利用热解的手段在生物质中完成制造，制造完成后的产物需要重新物理或化学活化。制备化学活性炭，需要引入酸、碱、盐等化学物质活化。制备物理活性炭的时候需要先在较低温度条件下将生物质转化为热解炭，然后在较高温度条件下，用蒸汽、CO_2、O_2 或其他气体活化。此外，活性炭也可以由煤和木材等天然碳材料制备。我们在制备活性炭的时候，应该根据环境条件比如温度、湿度、气体的酸碱性的条件去研发改造活性炭吸附二氧化碳的工艺，比如在酸处理活性炭的时候适当加入碱性基团，可以大大提高吸收效率。根据吸附过程中活性炭分子和 CO_2 分子之间作用力的不同，可将吸附分为两大类：物理吸附和化学吸附（又称活性吸附）。在吸附过程中，当活性炭分子和 CO_2 分子之间的作用力是范德华力（或静电引力）时称为物理吸附；当活性炭分子和 CO_2 分子之间的作用力是化学键时称为化学吸附。物理吸附的吸附强度主要与活性炭的物理性质有关，与活性炭的化学性质基本无关。由于范德华力较弱，对 CO_2 分子的结构影响不大，这种力与分子间内聚力一样，因此可把物理吸附类比为凝聚现象。物理吸附时污染物的化学性质仍然保持不变。图 4-10 为活性炭。

图 4-10 活性炭

金属-有机骨架（MOFs）是近段时间以来，不同于沸石和碳纳米管的一种新型多孔材料，具有三维孔结构的配位聚合物，应用十分广泛。一般以铝、铜、锌、铬离子为连接点，整个空间的 3D 延伸都是有机配体构成的。MOFs 在气体储存、离子交换、分子分离和多相催化等领域都有广泛的应用。金属有机骨架能够很好地适应不同的环境，根据环境的不同可以通过调整或更改 MOFs 的属性以适应特定的 CO_2 捕集场景。只要改变孔隙尺寸和表面化学性质就能够完美地发挥作用。但金属有机骨架的造价也相对较高，工艺复杂，像声波辅助合成、微波加热、机械化学加工、光化学或电化学合成这些技术都是必不可少的，这些环节只要一个出现了问题都会影响整个金属有机骨架，所以无法大规模生产。同时即便是生产好了金属有机骨架，它的稳定性也不太好，严重影响了它的使用效率。这种材料只适合高精度的生产模式。由于在金属有机骨架的结构中形成开放的金属区域，因此可以提高相对于二氧化碳的选择性。在这些区域，由于偶极和四极相互作用的诱导，CO_2 分子与孔表面结合。金属有机骨架由昂贵的无机配体合成并且缺少机械强度。

图 4-11 为 MOFs 模型。

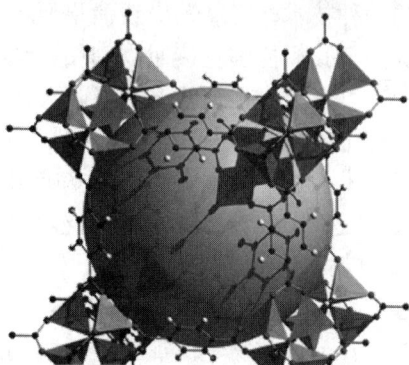

图 4-11　MOFs 模型

碳纳米材料是指尺寸 10nm 的一维或多维碳材料，包括富勒烯、碳纳米管等材料，它们存在独特的热、电、机械和化学的特性，被广泛用于催化剂载体、能量转换和存储、过滤和吸附等许多领域。纳米粒子的吸附作用主要是由于纳米粒子的表面羟基作用，纳米粒子表面存在的羟基能够和某些阳离子键合从而在表观上对金属离子或有机物产生吸附作用；另外，纳米离子具有大的比表面积，也是纳米粒子吸附作用的重要原因。一种良好的吸附剂，必须满足比表面积大，内部具有网络结构的微孔通道，吸附容量大等条件。而颗粒的比表面积与颗粒的直径成反比。粒子直径减小到纳米级，会引起比表面积的迅速增加。碳纳米材料能够大量生产，它具有层次化的多孔结构。我们一般采用化学气相沉积法、等离子体喷射沉积法和凝聚相电解法合成纳米材料。单纯的碳纳米材料的吸附性能可以通过表面官能改性等方法来得到提升。比如在石墨烯表面加上负载 Li 金属与 OH 等含氧官能团，我们发现该碳纳米材料吸附 CO_2 的效率大大提高了，同时加入 N、S 双掺杂能也能大幅度地提高碳纳米材料对 CO_2 的吸收能力，增加了 CO_2 的吸收效率。碳纳米材料可以制备成吸附 CO_2 的最佳材料，然而其制造的成本相对较高，需要的环境也有一定的要求。表 4-6 显示了几种常见的碳纳米材料的捕集性能。图 4-12 为碳纳米材料。

表 4-6　　几种常见的碳纳米材料的捕集性能

材料	捕集性能（mmol/g）	环境
TiO_2/GO 纳米复合材料	1.88	25℃，1atm
CTS-GO15（壳聚糖石墨烯复合物）	3.96	25℃，1atm
石墨烯/石英片	3.9	75℃，1atm
GDOC4-600（氧化石墨烯衍生物）	8.9	27℃，20atm
N-HCS（纳米空心碳）	2.67	25℃，1atm
碳纳米管	2.2	25℃，0.5atm
CNT（APTS）改性碳纳米管	2.6	20℃，0.5atm
聚吡咯改性石墨烯	4.3	25℃，1atm
CS3-6A（富氮多孔碳）	4.1	25℃，1atm
CS3-6A（富氮多孔碳）	6.2	0℃，1atm
氮掺杂的碳质气凝胶	3.6	25℃，1atm
氮掺杂的碳质气凝胶	4.5	0℃，1atm
14ACA-900 碳质气凝胶	3	25℃，1atm

最近科学家仿照水肺潜水换气中碱石灰的原理研制了一种新型的碳捕集技术。双咪唑功能化胍类化合物（BIGs）可以结合碳酸氢盐阴离子与二氧化碳生成有机石灰岩，该有机物经

过高温释放二氧化碳，再对二氧化碳进行储藏。
这种固体吸附剂不但可以循环使用，而且固体
吸附剂在循环使用的过程不容易损失，资源利
用率高，有利于能源的节约。这项去除 CO_2 的
技术虽然目前还不是很成熟，但是有着很远大
的前景。

图 4-12 碳纳米材料

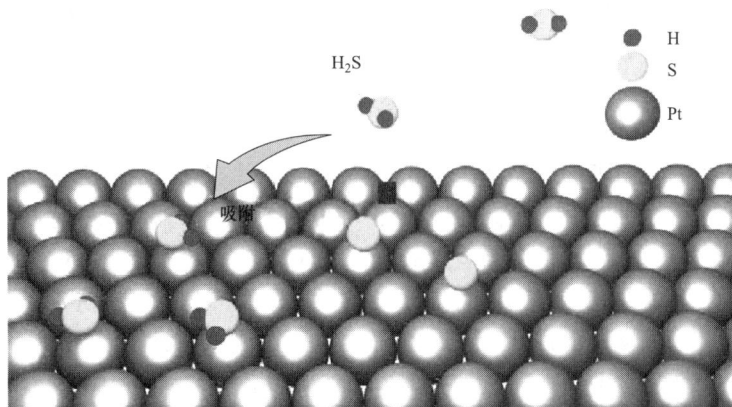

4.2.3 S 的危害与去除

1. H_2S 与 SO_2 毒化机理

部分制氢原料中含有 S 元素，在进行反应
时，会有硫化物（包括 H_2S 和 SO_2）等杂质产生。H_2S 在 Pt 表面发生解离吸附，生成
Pt-S_{ads} 物种，由于 S 在 Pt 表面更强的吸附作用，Pt-H_{ads} 也会被竞争取代生成 Pt-S_{ads}，导致
HOR 可利用的 Pt 活性位点占比大幅下降。Pt-S_{ads} 物种生成原理如图 4-13 所示，反应方程见
式（4-15）和式（4-16）。

图 4-13 Pt-S_{ads} 物种生成原理

$$H_2S + Pt \rightleftharpoons Pt\text{-}S_{ads} + H_2 \tag{4-15}$$

$$H_2S + Pt\text{-}H_{ads} \rightleftharpoons Pt\text{-}S_{ads} + 3/2H_2 \tag{4-16}$$

SO_2 对燃料电池性能危害非常大，SO_2 能够强烈地吸附在催化剂表面，即便是微量的
SO_2，在与催化剂接触一定时间后也会对燃料电池的性能造成严重不可逆的损害。此外，
SO_2 不仅影响电池阳极催化剂性能，还会影响阴极性能。当 SO_2 吸附在 Pt 表面时，被吸附
的 SO_2 会被 Pt 还原生成 Pt-S，同时还会产生中间产物 Pt-SO，这会降低阴极燃料 O_2 在 Pt
表面的催化还原效率。反应式如下：

$$SO_2 + 2H^+ + 2e^- + Pt \longrightarrow Pt\text{-}SO + H_2O \tag{4-17}$$

$$Pt\text{-}SO + 2H^+ + 2e^- + Pt \longrightarrow Pt\text{-}S + H_2O \tag{4-18}$$

2. H_2S 和 SO_2 的去除

Pt 催化剂不仅会吸附 H_2，同时也会吸附 H_2S，当催化剂的表面吸附 H_2S 的时候，它对
H_2 的吸附效果就会大大减弱，降低效率。所以我们有必要去除气体中的 H_2S 气体。同时气
体中的含硫气体像 SO_2 会腐蚀设备、管道，污染环境。因此，我们也应该将 SO_2 气体一并
去除。其中氢气中 H_2S 杂质对燃料电池性能的影响见表 4-7。

表 4-7　　　　　　　　　　氢气中 H_2S 杂质对燃料电池性能的影响

序号	H_2S 含量（$\mu L/L$）	温度（℃）	电流密度（A/cm^2）	运行时间（h）	衰减（mV/h）
1	50	60	0.6	1.5	346
2	30	60	0.6	1.5	153
3	10	60	0.6	5	40
4	18	60	0.6	1	118
5	14.2	70	0.5	4	130
6	6.1	70	1.0	1.5	226.7
7	2.89	70	1.0	2.5	136
8	2	80	0.8	2.6	115.4
9	1	80	0.8	5.25	19.05
10	1.5	80	0.8	2	40
11	0.5	80	1.2	1	7
12	8	80	0.65	2	112.5

我们在 20 世纪 60 年代就开始研究络合铁法脱硫技术，但因为当时的认识水平不够，存在催化剂降解、硫堵等问题。随后研究人员花了 20 多年的时间去研究终于有了一定的成效，特别是在天然气和炼厂气的脱硫领域，络合铁法脱硫成为液相氧化还原脱硫的首选方法。

络合铁法脱硫相比于其他的脱硫法有三大优势：铁资源容易得到，原材料的成本较小；脱硫液工作硫容高，可明显降低脱硫过程中的液体循环量，大幅度节约能耗；络合态 Fe^{3+}/Fe^{2+} 对氧化还原电位适宜，可防止 H_2S 被深度氧化，减少硫酸盐和硫代硫酸盐。

络合铁法脱硫包括 H_2S 的催化氧化［式（4-19）］和 Fe^{2+} 的氧化再生［式（4-20）］，反应方程式如下：

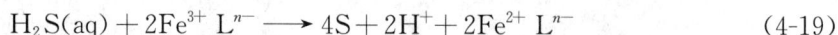

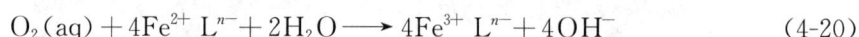

$$H_2S(aq) + 2Fe^{3+} L^{n-} \longrightarrow 4S + 2H^+ + 2Fe^{2+} L^{n-} \tag{4-19}$$

$$O_2(aq) + 4Fe^{2+} L^{n-} + 2H_2O \longrightarrow 4Fe^{3+} L^{n-} + 4OH^- \tag{4-20}$$

络合铁脱硫液除了铁盐、配体（络合剂）外，还需要放别的化学添加剂，如自由基清除剂（稳定剂）、硫颗粒改性剂、杀菌剂、缓蚀剂等，以确保能够持续稳定地循环使用脱硫液。铁盐一般是指三价铁盐与二价铁盐，在脱硫液中均是以络合态的形式（$Fe^{3+} L$、$Fe^{2+} L$）存在，保证反应活性。三价铁盐的作用是催化氧化 H_2S 使它转变为硫。二价铁盐的作用是调节 $Fe(Ⅲ)/Fe(Ⅱ)$ 比。铁离子不能稳定地存在弱碱性脱硫液中，极易形成氢氧化物和硫化物沉淀，降低脱硫液的效率。络合剂（配体）能够与铁形成稳定的配位化合物，增加了铁在弱碱性溶液中的稳定性，减少铁的析出。同时配体还能够通过与铁离子螯合，避免生成副产物。

羟基自由基会攻击配体造成的催化剂损失，所以我们经常要向脱硫液中放入一些自由基清除剂（稳定剂），一般的自由基清除剂有硫代硫酸盐、α-羟基羧酸、苯甲酸钠等，这些东西能够很好地和羟基自由基结合，减缓配体的损失，提高系统的稳定性。但是这些物质基本上都不能循环利用，在脱硫过程中会被消耗掉，所以每隔一段时间需要补加自由基清除剂。

络合铁法脱硫技术脱除 H_2S 的时候还能够回收利用硫黄产品。因为脱硫过程中生成的硫颗粒细小，极易附着在 H_2S 气体和脱硫液接触时生成的小气泡上，当气泡聚集溶液表面上，会变成硫泡沫层，不利于回收硫黄，还会堵塞管道和塔器设备，降低它的效率。我们经常使用硫颗粒改性剂作为表面活性剂，利用表面活性剂对溶液中胶态硫的团聚作用改善硫黄的颗粒半径，大幅度减少硫泡沫层的厚度，使得硫黄单质容易被回收。现阶段的硫颗粒改性剂主要有癸醇、C5-20 直链醇或多元醇混合物、低聚糖类物质。

络合铁法脱硫工艺大部分都是在常温常压的环境下进行，有利于细菌在脱硫液中的滋生繁殖，且一些细菌会改变脱硫液的理化性质。所以需要向脱硫液中加入杀菌剂，控制菌类繁殖。因为 H_2S 气体具有腐蚀性，会腐蚀设备，所以我们应该加入一些缓蚀剂，减缓设备的腐蚀。一般的缓蚀剂为锑系或钨系类缓蚀剂。此外，还需定期加入某些碱类以维持脱硫液固定的 pH 值。下面是几种常见的脱硫的工艺。

（1）LO-CAT 工艺是一种典型的络合铁脱硫工艺。图 4-14 为 LO-CAT 工艺示意图。国外某公司于 20 世纪 70 年代研发了另外一种 LO-CAT 工艺，采用双组分复配络合剂（EDTA和 HEDTA），稳定剂是多聚糖类物质。操作环境为：$7 \leqslant pH \leqslant 9$，$278K \leqslant T \leqslant 348K$，通常 $T=310K$。随后该公司研发出新的 LO-CAT（Ⅱ）自循环工艺，使用自循环反应器，将吸收塔放置在氧化器中，与氧化再生反应器组成中央吸收井，使用氧化再生反应器鼓入的空气带动脱硫液上升并落入中央吸收井内。在脱硫液上升的过程中 Fe^{2+} 被空气氧化成 Fe^{3+}，然后进入中央吸收井将 H_2S 催化氧化为硫单质。新改进的装置相比原来的装置有以下几个优点：H_2S 与空气隔离，减少了副反应；脱硫液在氧化再生反应器和中央吸收井之间自然循环，降低了动力消耗和设备的成本。

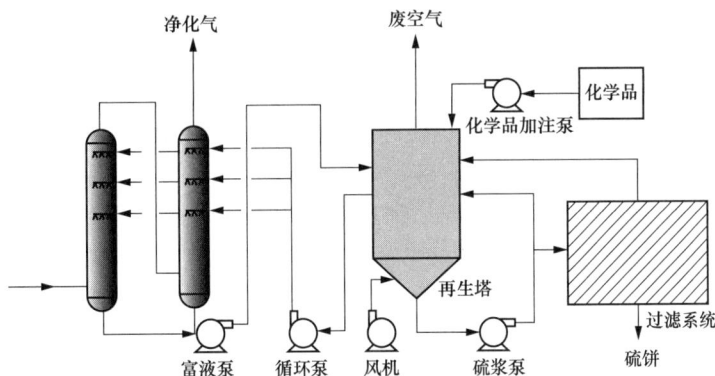

图 4-14 LO-CAT 工艺示意图

（2）Sul Ferox 工艺是 Shell Oil 和 Dow Chemical 公司对 LO-CAT 工艺的一种改进，他的主要技术是研发了一种性能优秀的配体，提高了络合铁在脱硫液中的浓度，减少了液体循环量。Sul Ferox 工艺脱硫液中（络合 Fe）高达 4%，是 LO-CAT 工艺的 20 倍。

（3）Sulfint 工艺是法国 Le Gaz Integral Enterprise 研发的一种络合铁脱硫工艺，以 EDTA 作为铁配合剂，脱硫液呈弱碱性（$7<pH<9$）。采用了反渗透装置，使清液中的副盐（硫酸盐、碳酸盐等）透过而络合铁不能透过，避免了催化剂的损失和惰性副盐的累积。图 4-15 为 Sulfint 的示意图。

（4）我国某研究院研发了改良络合铁法脱硫工艺，在缓蚀剂、稳定剂、硫颗粒改性剂等方面进行了大量改进筛选，有效缓解了络合铁法脱硫过程中因配体降解、溶液腐蚀从而降低效率发生的情况。改良络合铁法脱硫工艺使用动力波和填料塔于一体的吸收装置，以动力波的形式较快地吸收较高浓度 H_2S，然后将低浓度 H_2S 气体排入填料塔脱除。络合铁脱硫工艺改良后脱硫液消耗降低、副反应发生减少，脱除 H_2S 的效率显著提高。

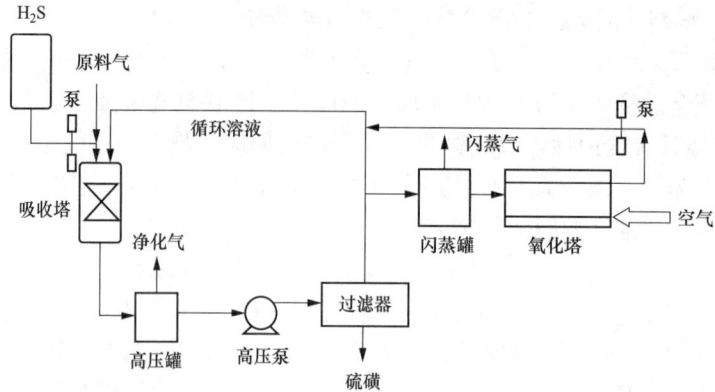

图 4-15　Sulfint 的示意图

（5）DDS 脱硫技术是我国北京某一公司研发的一种生化脱硫技术，应用于 20 世纪末。DDS 脱硫液是把 DDS 催化剂、多酚类物质、活性碳酸亚铁、细菌加入碱性物质的水溶液中，DDS 催化剂是一种含铁络合物或螯合物，不仅具有较强的载氧能力，而且在碱性溶液中不易降解，稳定性高。加入的细菌为耐热、耐碱、亲硫耗氧菌，能分解吸收再生过程中产生的硫化氢和硫化亚铁等不溶性铁盐。生成的铁离子又能回到溶液中，维持了溶液中各种形式铁离子浓度的稳定性。图 4-16 是南京钢铁有限公司二期焦炉煤气 DDS 氨法脱硫的示意图。

如图 4-16 所示，该脱硫装置处理焦炉煤气量为 23000～30 000m³/h，煤气经预冷塔降温后，进入脱硫塔的温度为 31℃±5℃，与脱硫贫液逆向接触发生反应，一级脱硫吸收液循环量控制在 450～500m³/h，二级脱硫吸收液循环量控制在 600～650m³/h，脱硫塔阻力控制在 0.8kPa 左右。脱硫富液由泵送入再生塔，在 DDS 催化剂和亲硫好氧耐热耐碱菌的作用下氧化再生。再生贫液经过液位调节缓冲器调节流量后进入脱硫塔中循环使用。

（6）现阶段工业上常常使用 ZnO、活性炭等固态颗粒脱硫剂和醇胺法等吸收 SO₂。根据脱硫方式和产物形态，大致可分为湿法、半干法、干法三类。这些脱硫技术的运行成本都相对较高，容易发生二次污染。对比传统脱硫技术，有机胺法是可再生型烟气脱硫技术，技术先进可靠、脱硫效率高、脱硫生成的副产物很容易回收利用，发展前景一片光明，具有研究价值。

有机胺脱除 SO₂ 大概有 4 个流程：烟气预处理、SO₂ 吸收、SO₂ 再生和胺液净化。烟气预处理的时候，在喷淋塔里面，烟气通过预分离器和循环水接触，对气体冷却降温，并且去除烟气中的大部分微粒。SO₂ 吸收是指在吸收装置里面吸收剂（贫液）与烟气接触，吸收剂与 SO₂ 发生可逆性反应。我们基本上使用多级反流式接触形式或者喷淋吸收形式提高其吸收效率。SO₂ 再生指吸收 SO₂ 后的吸收剂（富液）通过塔底经泵进入贫富液换热器，回收热量后富液便流入再生塔上部。解吸出的 SO₂ 连同水蒸气通过冷凝器冷却，在气液分离器里面吸收水分，得到 SO₂ 浓度占比大于 99%（干燥干基）的 SO₂ 气体后进入制酸系统被使用。富液从再生塔上部进入，通过气体解吸部分 SO₂，然后进入再沸器，使其中的 SO₂ 进一步解吸。解吸 SO₂ 的贫液由再生塔底流出，由胺液泵输送经过贫富液换热器、贫液冷却器换热后，进入胺液净化除杂后循环使用。胺液净化指依据将贫液按时抽送胺液净化单元，过滤里面杂质和将热稳定性盐去除。有机胺脱除 SO₂ 示意图如图 4-17 所示。

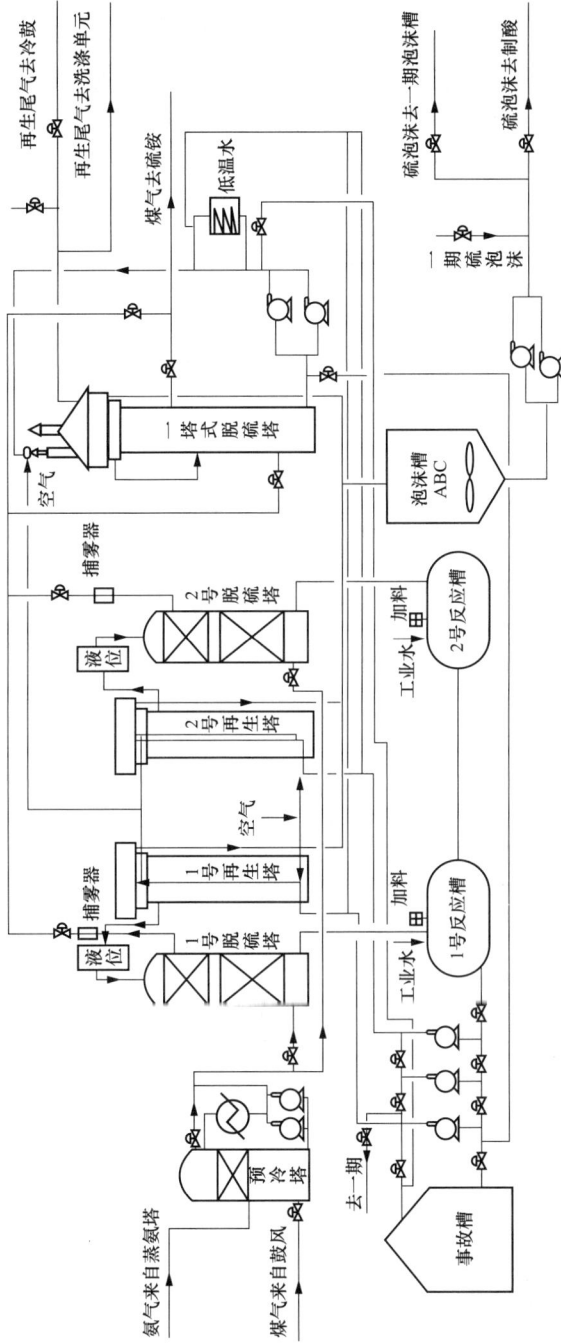

图 4-16 南京钢铁有限公司二期焦炉煤气 DDS 氨法脱硫的示意图

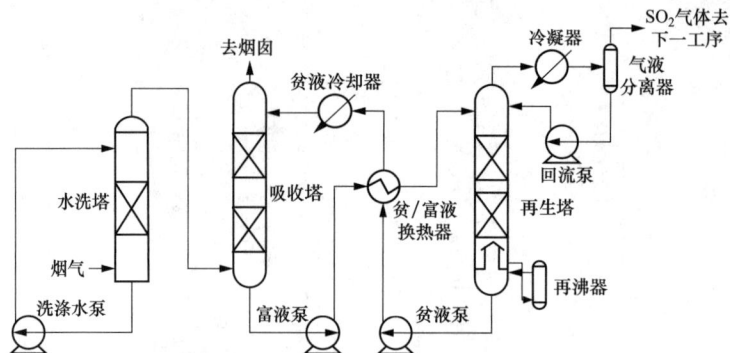

图 4-17　有机胺脱除 SO_2 示意图

（7）经过科学家研究发现，以氧化剂为核心的高级氧化技术及反应活化方式可以有效脱除 SO_2 和 NO。使用过碳酸钠作为 H_2O_2 的固体载体，然后用 FeOCl 催化。催化剂的最佳脱硫脱硝条件见表 4-8。由表可知，在反应温度为 55℃条件下，SO_2 和 NO 的催化剂的吸收效率达到了 99.9％和 85.6％。

表 4-8　　　　　　　　　　催化剂的最佳脱硫脱硝条件

类型	SO_2	NO
浓度 （mg/m^3）	1400	1400
反应温度 （℃）	55	55
FeOCl 的含量 （g/L）	0.8	0.8
H_2O_2 的含量 （mmol/L）	20	20
溶液初始 pH 值	5.5	5.5
反应时间 （min）	30	30
脱除效率 （％）	99.9	85.6

4.2.4　NO_x 的危害与去除

1. NO_x 毒化机理

NO_x（氮氧化物）一般是指 NO 和 NO_2 这两种主要的含氮气体，也是污染环境的两种气体，同时也能影响交换膜燃料电池的使用。反应方程式如下：

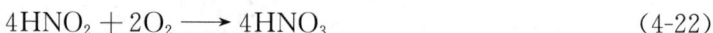

$$2NO_2 + H_2O \longrightarrow HNO_3 + HNO_2 \tag{4-21}$$

$$4HNO_2 + 2O_2 \longrightarrow 4HNO_3 \tag{4-22}$$

经过研究人员研究后发现水分和氧气会和氮氧化物发生反应，生成 HNO_3，电离出的 H^+ 会增加阴极的电势。研究人员还发现在高电流密度的时候，氢气也会和氮氧化物反应生成 NH_4^+。氮氧化物对燃料电池的危害和 CO、CO_2 一样是可逆的危害，只要往电池的阴极加入空气或氧气，能够很大程度地恢复燃料电池的工作效率。

2. NO_x 的去除

氮气相对其他气体来说还是一种比较稳定的气体，不容易分解，对电极的催化剂也没什么影响，但是它会和 H_2 在一定的条件下发生反应生成 NH_4^+，降低电解质膜的导电率，影响电池的使用效率。我们有必要对氢电池进行脱硝处理，其脱除原理与传统 NH_3-SCR 原理一样。

4.2.5　NH₃ 的危害与去除

1. NH₃ 毒化机理

NH₃ 进入 PEMFC 阳极后，在 Pt 表面发生吸附，与离子聚合物中的 H⁺ 反应生成 NH₄⁺，使得电极和隔膜的质子传导能力大幅下降，导致 PEMFC 欧姆极化增大、性能下降。NH₃ 在 PEMFC 中的反应原理见图 4-18，反应方程见式（4-23）和式（4-24）。

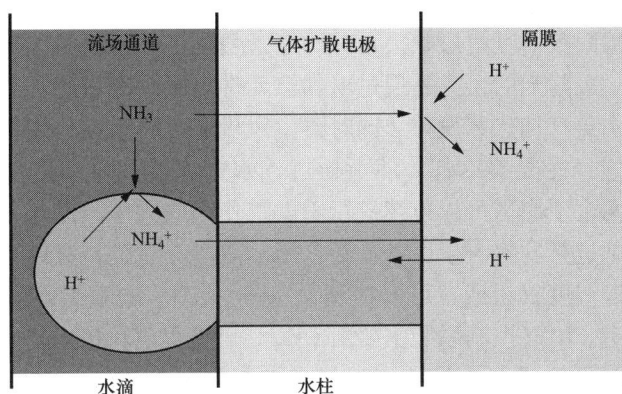

图 4-18　NH₃ 在 PEMFC 中的反应原理

$$NH_3(g) \longrightarrow NH_3(membrane) \tag{4-23}$$

$$NH_3(g) \longrightarrow NH_3(membrane) + H^+ \longrightarrow NH_4^+ \tag{4-24}$$

2. NH₃ 的去除

NH₃ 中毒过程缓慢，含有 NH₃ 的 H₂ 进入 PEMFC 阳极，短期运行（1～3h）的 PEMFC 可以恢复，长期运行后（15h），切换至纯 H₂，即使数天也不能恢复燃料电池性能。所以必须对燃料氢气进行脱硝处理。

4.3　气　体　干　燥

当气体含有水分的时候，水会和部分气体发生反应，使气体变质；可能还会腐蚀设备，对工业生产造成损失。氢燃料中的微量水主要是生产和纯化过程中脱除不彻底残留的，一般对燃料电池的性能影响较小，但可能会导致电池组件中存在的 Na⁺、K⁺ 等水溶性离子，从而影响质子传递。并且车载燃料系统在温度低的情况下可能会结冰，从而降低燃料电池效率。所以我们有必要干燥氢燃料电池里面的水分，下面简单介绍几种干燥装置。

1. 新型干燥器

新型干燥器是在吸附式氢气干燥器的基础上开发的。由过滤系统、氢气循环系统、氢气干燥系统、湿度监测系统及电气控制系统等组成。新型氢气干燥器可在发电机启、停机状态下除去氢冷发电机氢气中多余的水蒸气。从发电机抽出的原始氢气经过滤器过滤后，经氢气循环系统中循环风机加压，从而进入处于吸附状态的干燥塔中除去多余水蒸气，干燥后的氢气最终又被送回至发电机内，从而实现发电机内部氢气的干燥过程。为监测设备运行效果，在设备气体入口及出口各装一支湿度仪检测氢气露点情况。由于吸附剂容易受到发电机内密封油的污染而失效，在发电机内氢气进入吸附剂之前，需进行过滤。油过滤系统可将气体中混有的油蒸汽和微尘物截获，避免油蒸汽进入气体干燥系统而对吸附剂的活性造成影响。氢气循环系统由两只循环风机及截止阀操作系统构成，该氢气循环系统可使压差变大、流速变快，从而使氢气更好地进行后续干燥作业。同时，可通过其中的隔离阀操作系统决定气体流向，从而可在使用过程中使得两循环风机交替作业，以实现气体循环系统连续作业的要求，并且可以延长循环风机的使用寿命。当无须启动氢气循环系统时，氢气可通过氢气循环系统中的循环旁路直接流至氢气干燥系统。氢气干燥系统是专门用来除去氢气中所混有的水蒸气。水蒸气通过装有吸附剂的吸附层除去水分。正常情况下，经过重复再生，吸附剂的吸水性能和效果不受影响。吸附剂的再生是通过电加热元件对吸附剂进行加热完成的，电加热元件将吸附剂所吸附的水蒸气加热蒸发掉，同时再生风机通过再生循环用氢气带走吸附剂所吸附的水蒸气。这股氢气经冷凝器冷却，然后通过汽水分离器和自动排水系统将水排出系统外。气体干燥系统有两个干燥塔可以连续进行干燥工作。当一个干燥塔处于吸附状态时，另一个干燥塔的吸附层则进行脱附再生以备重新利用。双塔交替进行吸附和再生循环。湿度监测系统由设备进、出口湿度仪组成，可以检测设备进、出口氢气湿度，监测设备干燥情况，且可远传至现场集控室。电气控制系统主要由 PLC（可编程逻辑控制器）程序控制系统、触摸式显示屏系统、加热再生温度测量控制系统、控制箱置换系统和故障报警显示系统等组成。可通过 PLC 控制气体再生塔自动切换，可将干燥塔运行情况（含设备吸附/再生情况、故障报警情况）显示在触摸屏上，直观显示设备运行状况，并也可将设备报警情况远传至现场集控室，便于现场监督及维护。

2. 变温吸附（temperature swing adsorption，TSA）干燥装置

气体组分在固体材料上吸附能力都是不同的，并且吸附容量在温度不同的时候会发生变化，在温度低的时候吸附，温度高的时候解吸，实现气体分离。根据这个原理，发明了 TSA 干燥装置。这个装置低温下可以大量吸附能力强的组分，高温时吸附容量降低使得吸附组分得以解吸，通过将加温气体通入吸附剂层，提高吸附剂温度，吸附剂组分分解，然后将被加温气体带出吸附器。再生温度越高，解吸的效率也就越高。TSA 干燥装置原理示意图见图 4-19。

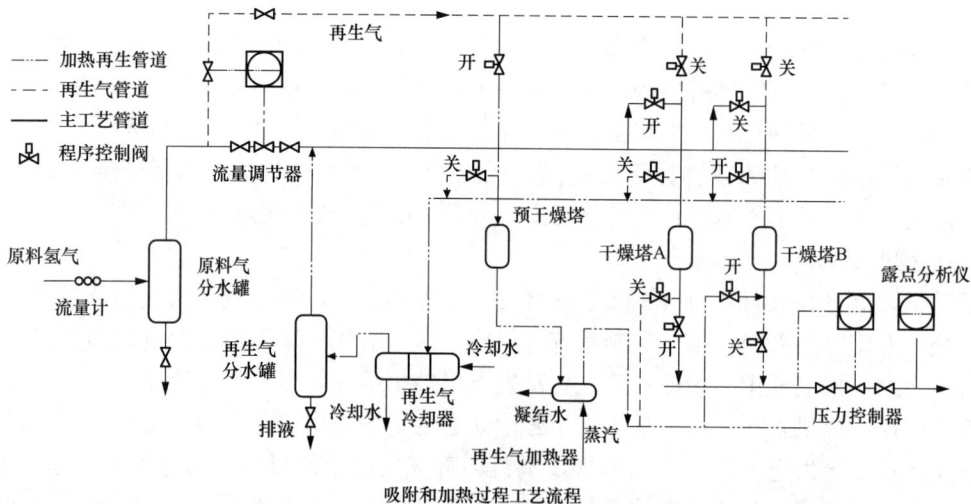

图 4-19　TSA 干燥装置原理示意图

变温吸附装置在我们研发使用以后，一直能够稳定运行，产品氢气常压露点小于 60℃，满足了氢气的使用要求。我们一般可以通过调整再生气量、加热和冷却过程的时间优化设备的运行。为了确保设备能够长时间地稳定运行，我们在使用设备的时候还可以优化变温吸附程序。

3. 分子筛干燥系统

图 4-20 是分子筛干燥系统示意图，氢气自压缩机增压后至氢气脱液聚结器脱除滴液和水，然后进入装有 5A 分子筛的干燥塔脱水，我们使用两个干燥塔进行循环工作，当干燥塔 T1 吸附一定时间达到饱和后，氢气就立刻切换到另一塔 T2，此时对 T1 进行再生。再生是用流量为 $200m^3/h$ 的氮气通过电加热器加热，加热至 180℃ 左右进入干燥塔，干燥水分。该装置的流程简单便于操作，但工作效率不高，经过该系统干燥后的氢气含水量依然比较大，不能达到工业使用的要求。分子筛再生需要的时间不短，不能满足使用要求。因此我们需要对这种干燥系统进行完善。

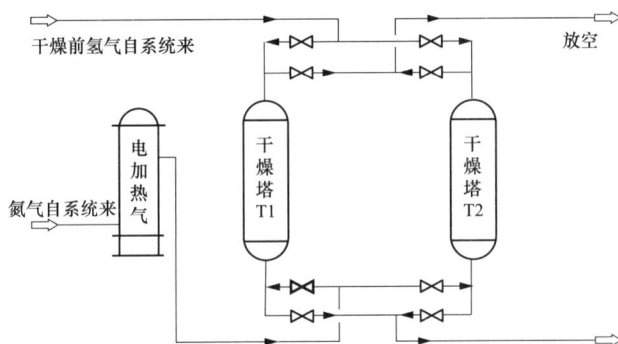

图 4-20　分子筛干燥系统示意图

图 4-21 是改进后的分子筛干燥系统示意图。我们可以清楚看到完善后的干燥设备比原先的设备多了氮气空冷器、氮气除水器和氮气循环风机。添加这几个设备后我们需要将氮气注入再生系统，当系统的压力到达一定值后，氮气通过风机循环使用，氮气循环系统采用电加热闭式循环方式，再生气（氮气）经电加热器加热到一定温度（200～280℃）后进入干燥塔，对塔内的分子筛进行升温解吸，解吸的水分与氮气进入空冷器冷却，冷却至 40℃ 左右进入除水器干燥，干燥后的氮气进入风机循环使用，经增压后的氮气再次进入电加热器加热循

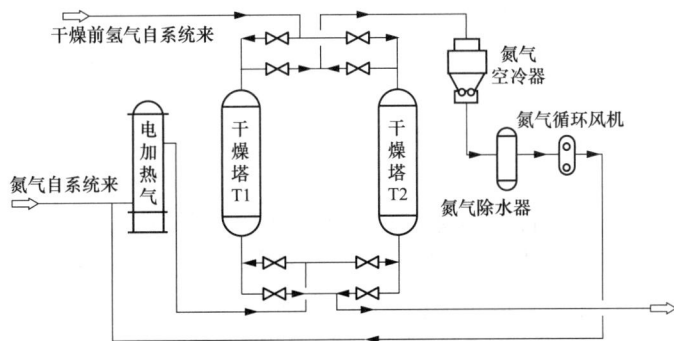

图 4-21　改进后的分子筛干燥系统示意图

环使用。在循环的不断进行过程中，随着分子筛中水分的蒸发，再生气体氮气的出口温度随之升高，氮气出口温度达到设定值，系统温度不变后，电加热器便停止工作，然后通过不断降温的氮气大循环，使床层温度逐渐降低，最后通入新鲜氮气冷吹使床层冷至常温使用，实现了干燥塔中分子筛的再生。改造后的设备完美解决了改造前遗留下来的问题，能够稳定使用。

4.4　气　体　提　纯

从富氢气体中去除杂质（H_2O、N_2、O_2、CO_2 与 CO 等）得到 5N 以上（≥99.999%）纯度的氢气大致可分为三个处理过程。第一步是对粗氢进行预处理，去除对后续分离过程有害的特定污染物，使其转化为易于分离的物质，传统的物理或化学吸收法、化学反应法是实现这一目的的有效方法；第二步是去除主要杂质和次要杂质，得到一个可接受的纯氢水平（5N 及以下），常用的分离方法有变压吸附（PSA）分离、低温分离、聚合物膜分离等；第三步是采用低温吸附、钯膜分离等方法进一步提纯氢气到要求的指标（5N 以上）。常用的富氢提纯方法见表 4-9。

表 4-9　　　　　　　　　　　常用的富氢提纯方法

方法类别	变压吸附	低温分离	聚合物膜分离
原料氢最小体积分数（%）	40～50	15	30
原料是否预处理	可不预处理	需预处理	需预处理
操作压力（MPa）	0.5～6.0	1.0～8.0	3.0～15
回收率（%）	60～99	95～98	85～98
分离后氢气体积分数（%）	95～99.999	90～99	80～99
脱除杂质	各种杂质	各种杂质可分离出多种产品	各种杂质
适用规模（m^3/h）	1～300 000	500～100 000	100～10 000

4.4.1　变压吸附技术

1. 变压吸附提纯工艺

PSA 分离技术的基本原理是基于在不同压力下，吸附剂对不同气体的选择性吸附能力不同，利用压力的周期性变化进行吸附和解吸，从而实现气体的分离和提纯，PSA 工艺流程图如图 4-22 所示。整个变压吸附工艺流程大概分成四个重要环节：升压阶段、吸附剂吸收阶段、顺放阶段、逆放阶段。根据解吸形式的不同，可分为常压解吸、变压解吸两种模式。常压解吸主要是冲洗过程，逆向冲洗需要配合最低过程压力，减小杂质的分压，通过冲洗气带出经过解吸的杂质。而变压解吸则是主要通过真空降压的手段减弱杂质分压，通过抽空气带出经过解吸的杂质。上述两种解吸方式都表现出吸附剂循环使用率随着充气量增多、抽空压力减小而增大的特点。

但吸附剂需要进行再生处理，如果是采用单一的固定吸附床操作，那么工作流程是间歇式的，工作效率会大打折扣。为此，工业上多采用两个或更多的吸附床，使吸附床的吸附和吸附剂的再生交替或依次进行，以保证整个吸附过程的连续进行，提高工作效率。根据原料气中不同杂质种类，吸附剂可选取分子筛、活性炭、活性氧化铝等。

变压吸附装置的好坏是由下面五个因素决定的：

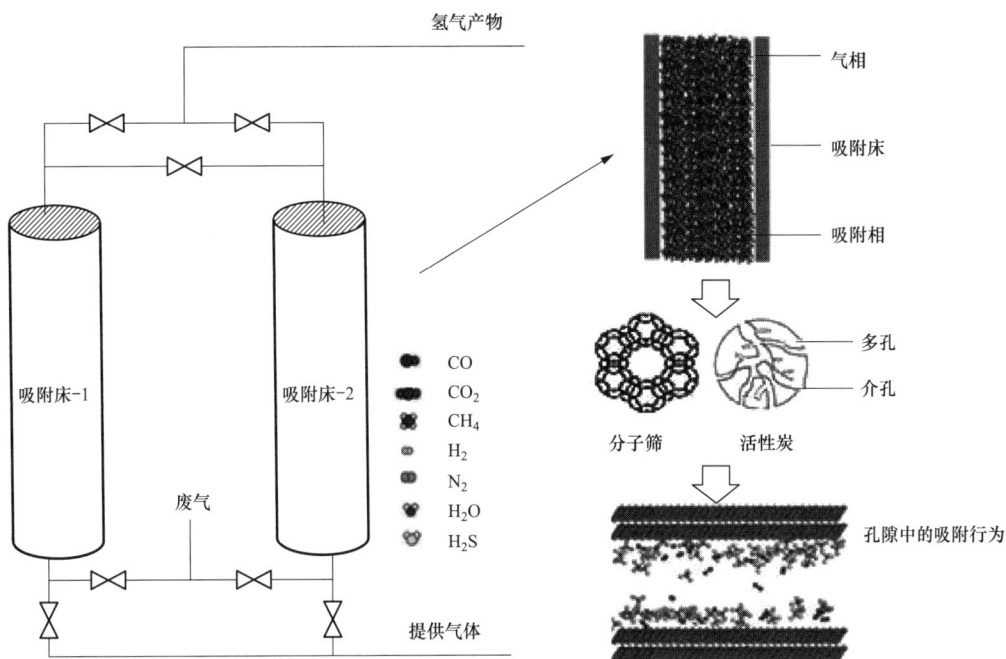

图 4-22　PSA 工艺流程图

（1）变压吸附装置的组成结构能够影响吸附效率。

（2）原材料的组成也能影响它的吸附效率。当原材料和我们预期产生较大偏差的时候，变压吸附材料的温度就会发生变化，影响吸收性能。当原料中含 H 的成分变多时，会生成更多的杂质气体，造成变压吸附装置运行困难，降低了使用效率。

（3）变压装置的操作压力也能够影响它的吸附效率。吸附塔中的吸附剂吸附效率随着压力的增加而增加，当压力增大的时候，能吸收更多的杂质，然而我们需要加大投资去打造抗压性能更好的材料，成本增加。当解吸压力越低，解析的程度就会相应加深，有利于吸附剂的循环利用和再生。如果我们的氢气在低压的环境下能够分离成功，就应该选择低压分离。

（4）原料气流速度也会影响它的吸附效率，当气流量大的时候，杂质也会越多，更多杂质被吸附剂吸收，氢气的纯度也降低了。

（5）在变压吸附过程的常压解吸过程中，在逆放和冲洗过程中再生吸附剂，再生吸附剂的时候要有一定量的氢气。所以我们一定要注意在逆流和冲洗过程中氢气的消耗，一般都是通过逆流和冲洗的时间控制的，然而时间太长氢气消耗得过多，降低了效率；时间太短，吸附剂的再生就会大打折扣，同样会影响效率。我们应该把握逆流和冲洗的时间不能过多或太少。

2. 变压吸附提纯工艺的发展

现阶段的变压吸附制氢工艺虽然比较成熟，但还是有一些不足，我们现在主要研究下面几种变压吸附工艺的改进方法。

（1）多床变压吸附工艺。在吸附塔的垂直方向上增加尺寸和增加吸附剂的装填量能够增加变压吸附工艺的效率，但因为有吸附剂颗粒制造强度，我们不能无限增加吸附塔的垂直高度，使用的变压吸附无法达到生产标准。所以我们有必要研发多塔变吸附工艺，达到生产标准。增加吸附塔的数目可以提高装置的处理能力，但也增加了压力均衡步骤，减少吸附塔消耗的氢气，提高氢气的回收率。但是增加吸附塔数目会提高相应装置的强度，提高了装备的成本。

（2）多种吸附剂的同塔分段安装。为了更好地分离提纯氢气，我们经常在吸附塔的入口端放置吸附容量大、粒径大和容易再生的吸附剂，这样不但可以提高单个吸附塔在吸附分离含氢混合气体时整体的吸附容量，而且可以减小单个吸附塔的轴向压力降。

分离含氢混合气可以在单个吸附塔中采用一种吸附剂或几种吸附剂的组合。在日常的氢气变压吸附分离工艺中，如果混合气中含有水、烃类、二氧化碳等气体的时候，我们需要分离这些物质，避免变压吸附效率的降低。单个吸附塔装填的吸附剂主要为活性氧化铝、硅胶、活性炭和分子筛。活性氧化铝和硅胶对大分子气体的亲和力低于活性炭和分子筛，同时能够很好地吸附这些物质，一般安装在吸附塔的底部。活性炭的吸附性能在硅胶、活性氧化铝和分子筛之间，一般在安装完预处理床层即活性氧化铝和硅胶后放置活性炭，最后安装分子筛。通过多种吸附剂的同塔分段安装，可以提高吸附塔的吸附性能，从而减少了吸附塔的尺寸，提高了单个吸附塔的吸收效率。

（3）同时生产多种产品。同时生产多种产品的变压吸附气体分离工艺虽然生产过程及操作维护比较复杂，但它能够同时生产出两种满足纯度要求并且产品气体的回收率保持较高水平的产品气体。但该系统的循环利用率不高，排出的废气里面仍然包含很多有用的气体，如果我们研发出可以将这些废气循环利用的设备，那么这种工艺将会全面代替传统工艺的气体分离。

（4）变压吸附和其他工艺之间的联合。每种技术都不是完美的，都有优点和缺点，有时候单一的一种工艺不能很好地提纯氢气，我们如果能将这些工艺相结合的同时又能弥补其缺点，便能更好地分离氢气，也能提高氢气的回收利用率。

1）PSA＋深冷分离。深冷分离工艺中氢气的回收率很高，但回收的氢气的纯度比变压吸附的产品氢气纯度偏低。因此对于那些气体量较大并且氢气含量较低的原料气源，可以先使用深冷分离工艺进行分离提纯出大部分的氢气，分离提纯后的氢气再用变压吸附工艺进行二次分离提纯，最终制得高纯度的产品氢气。通过两个工艺的有机结合，可以在一定程度上提高氢气的回收率并能有效降低设备的投资成本。

2）膜分离＋PSA。对于具有较高压力但低氢气含量的混合原料气（一般情况下混合原料气中的氢气含量为20％～40％），可以先通过膜分离工艺对其中的氢气进行分离提纯，再用变压吸附二次分离的方法实现整体工艺的高氢气回收率。上海焦化有限公司已经建立的燃料电池供氢装置就是利用膜分离技术和变压吸附技术两种气体分离与净化技术相结合的工艺技术。由于膜分离工艺首先去除了混合原料气中大量的杂质，因此降低了后续变压吸附制氢工艺的生产运行负荷，从而可以减少变压吸附工艺的设备投资成本。

3）TSA＋PSA。TSA是利用气体组分在固体吸附材料上的吸附容量在不同温度下的变化以及不同固体吸附材料对不同气体组分的吸附性能的差异来实现分离混合原料气体组分的工艺。在常温状态下，混合原料气PSA中的吸附剂对某些强吸附组分不能良好解吸，TSA非常适合这种情况下的混合原料气中各种组分的分离。单独使用PSA工艺会使其内部装填的吸附剂很快失活，因此对该种混合原料气采用TSA＋PSA联合工艺。混合原料气首先进入 TSA 单元,在常温下脱除原料气中碳的成分,同时利用加热后的 PSA 解吸气作为 TSA 单元中吸附剂的再生冲洗气。在该联合工艺中,TSA 既可以有效地脱除混合原料气中饱和水,从而保证后续 PSA 单元各吸附塔内吸附剂的使用寿命,又对原料气中各种组分的变化起到缓冲作用。该联合装置投产几年以来,运行非常稳定,PSA 各吸附塔内的吸附剂也没有更换过。该联合工艺对混合原料气整体适应能力强,生成的产品浓度达到 99.5%。另外特殊的 TSA 单元还可以放在 PSA 单元的后面,用于脱除 PSA 产品氢气中的微量杂质,如 Ar、N 等。纯化后的产品氢气纯度可达 99.999% 以上,高于电解水制氢气的纯度,可用于需高纯度氢气的生产工艺。

3. 变压吸附提纯工艺的特点

变压吸附技术在分离提纯氢气方面具有很多优点。该项技术与深冷分离技术和膜分离技术等其他氢气提纯技术相比具有以下优点:

(1) 工艺流程较为简单,无须复杂的预处理即可进行气体提纯,对气体中的各类杂质的承受能力较强。

(2) 装置调节能力强,具有较大的操作弹性。可根据原料气中各杂质气体的含量和压力条件进行调节,且可调节的范围很大。另外,装置在一定条件下可以改变生产负荷而不会对提取气体的质量造成影响。

(3) 吸附装置的使用寿命较长,不易发生故障,具有较高的可靠性。并且,随着技术的发展,装置具有了故障自动诊断、吸附塔自动切换等功能使装置更加可靠。

(4) 工艺过程能耗小,可在常温下进行操作,且对操作压力要求较低,可以减少能源的消耗。

(5) 工艺中使用的吸附剂的使用寿命较长,一般为 20 年左右。

(6) 该工艺成本较低。投资费用低、操作费用低,且维护也较简单。

(7) 环境友好,几乎无“三废”产生。在不考虑原料气中的污染气体外,装置在运行过程中几乎不会造成新的环境污染。

(8) 装置自动化程度高,操作方便。装置由计算机进行控制,基本可以实现全自动操作。

4.4.2　低温分离技术

低温分离法也称为深冷分离法,低温分离法是利用原料气中不同组分的相对挥发度的差异来实现氢气的分离和提纯。与甲烷和其他轻烃相比,氢具有较高的相对挥发度。随着温度的降低,碳氢化合物、二氧化碳、一氧化碳、氮气等气体先于氢气凝结分离出来。该工艺通常用于氢-烃的分离。低温分离法的成本高,对不同原料成分处理的灵活性差,有时需要补充制冷,被认为不如 PSA 或膜分离工艺可靠且还需对原料进行预处理,通常适用于含氢量比较低且需要回收分离多种产品的提纯处理,例如重整氢。此外,氢气的相对挥发度比烃类物质高,因此低温分离法也可实现氢气与烃类物质的分离。

低温分离技术的特点是适用于氢含量很低的原料气,氢含量为 20% 以上;得到的氢气纯度高,可以达到 95% 以上;氢回收率高,达 92%~97%;但由于分离过程中压缩和冷却能耗很高,其分离适用于大规模气体分离过程。

低温分离法的关键设备主要包括冷箱和膨胀机。

1. 冷箱

冷箱在低温领域是十分关键的设备，如空分等低温分离工艺都需要依靠冷箱来实现。冷箱的保冷性能对整套工艺的能耗水平、产品产量质量都有很大的影响。对于一般深冷的工作状况，珠光砂保冷就可达到使用要求。由于氢液化需要达到 20K 的低温，采用珠光砂已不能满足要求，行业经验采用真空＋多层缠绕绝热方式进行保冷。

2. 膨胀机

膨胀机是用来使气体膨胀输出外功以产生冷量的机器，其工作原理是将压缩气体的位能转变为机械功。根据气体膨胀输出外功的不同分为容积式和透平式。涡轮机膨胀机具有速度高、流量大、体积小、冷损小、结构简单、调节性能好、工作可靠、能长期连续平稳运转的优点，但膨胀比不能太大。

4.4.3　聚合物膜分离

聚合物膜分离法基本原理是根据不同气体在聚合物薄膜上的渗透速率的差异而达到分离的目的。目前最常见的聚合物膜有醋酸纤维、聚砜、聚醚砜、聚酰亚胺、聚醚酰亚胺等。与低温分离、变压吸附法相比，聚合物膜分离装置具有操作简单、能耗低、占地面积小、连续运行等独特优势。由于膜组件在冷凝液的存在下分离效果变差，因此聚合物膜分离技术不适合直接处理饱和的气体原料。

膜分离是依据膜的选择透过性，将分离膜作间隔层，在压力差、浓度差或电位差的推动力下，借于流体混合物中各组分透过膜的速率不同，使其在膜的两侧分别富集，以达到分离、精制、浓缩及回收利用的目的。单位时间内流体通过膜的量（透过速度）、不同物质透过系数之比（分离系数）或对某种物质的截留率是衡量膜性能的重要指标。单位时间内流体通过膜的量（透过速度）、不同物质透过系数之比（分离系数）或对某种物质的截留率是衡量膜性能的重要指标。分离膜只有组装成膜分离器，构成膜分离系统才能进行实用性的物质分离过程。工业上的膜分离装置一般有平膜式、管膜式、卷膜式和中空纤维膜式四种。膜分离过程是以压力差、浓度差或电位差作为推动力来实现的。

最初用作分离膜的高分子材料是纤维素酯类材料。后来，又逐渐采用了具有各种不同特性的聚砜、聚苯醚、芳香族聚酰胺、聚四氟乙烯（见氟树脂）、聚丙烯、聚丙烯腈、聚乙烯醇、聚苯并咪唑、聚酰亚胺等。高分子共混物和嵌段、接枝共聚物（见聚合物）也越来越多地被用于制分离膜，使其具有单一均聚物所没有的特性。制备高分子分离膜的方法有流延法、不良溶剂凝胶法、微粉烧结法、直接聚合法、表面涂覆法、控制拉伸法、辐射化学侵蚀法和中空纤维纺丝法等。

4.4.4　高纯氢提纯技术

由于受限于吸附平衡和相平衡，常用的氢气分离技术手段无法提纯氢气至 6N（≥99.9999%）及以上，10^{-6} 级杂质脱除较为困难。目前，生产纯度 5N 以上氢气的方法主要有低温及变温吸附法、金属钯膜扩散法和金属氢化物分离法等。

1. 低温及变温吸附法

低温及变温吸附法的原理是基于吸附剂（硅胶、活性炭、分子筛等）对杂质气体的吸附量随温度的变化而变化的特性，通常采用低温（液氮温度下）或常温吸附、升温脱附的方法实现氢气的分离提纯。

2. 金属钯膜扩散法

金属钯膜扩散法的原理是基于钯膜对氢气有良好的选择透过性，金属钯膜扩散法的原理如图 4-23 所示。在 $300 \sim 500 ℃$ 下，氢吸附在钯膜上，并电离为质子和电子。在浓度梯度的作用下，氢质子扩散至低氢分压侧，并在钯膜表面重新耦合为氢分子。由于钯膜对氢气有独特的透氢选择性，其几乎可以去除氢气外所有杂质，甚至包括稀有气体（如 He、Ar 等），分离得到的氢气纯度高（$>99.9999\%$），回收率高（$>99\%$）。为防止钯膜的中毒失效，钯膜提纯技术对原料气中的 CO、H_2O、O_2 等杂质含量要求较高，需预先脱除。此外，钯膜的生产成本较高，透氢速度低，无法实现大规模工业化的应用。

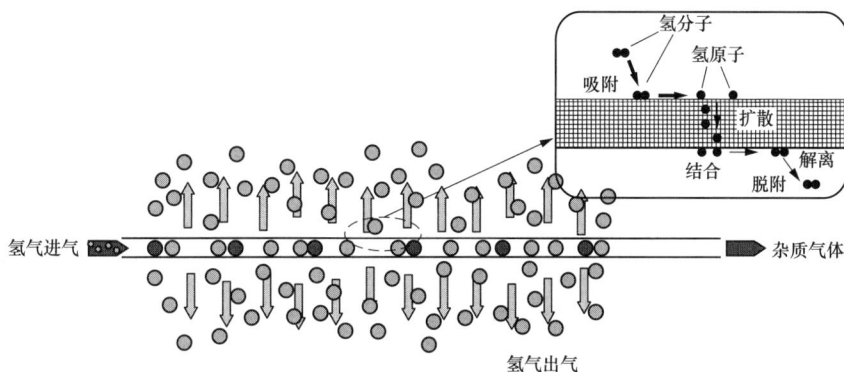

图 4-23　金属钯膜扩散法的原理

3. 金属氢化物分离法

金属氢化物分离法是利用储氢合金可逆吸放氢的能力提纯氢气。在降温升压的条件下，氢分子在储氢合金（稀土系、钛系、镁系等合金）的催化作用下分解为氢原子，然后经扩散、相变、化合反应等过程生成金属氢化物，杂质气体吸附于金属颗粒之间。当升温减压时，杂质气体从金属颗粒间排出后，氢气从晶格里出来，纯度可高达 99.9999%。金属氢化物分离法同时具有提纯和存储的功能，具有安全可靠，操作简单，材料价格相对较低，产出氢气纯度高等优势，可代替钯膜纯化法制备半导体用氢气；但是金属合金存在容易粉化，释放氢气时需要较高的温度，氢气释放缓慢，易与杂质气体发生反应等问题。

本章小结

前面章节介绍了所有的制氢方法，大部分制氢方法所获得的氢气中总会掺杂有各种杂质气体。因此，氢气的提纯必不可少。本章首先介绍了氢燃料电池用氢的标准，包括氢气品质要求和常见的氢源杂质两部分；其次介绍了杂质的危害与去除，包括 CO、CO_2、S、NO_x、NH_3 等杂质；接下来简单介绍了几种氢气干燥装置；最后主要介绍了四种氢气提纯方法，包含变压吸附技术、低温分离技术、聚合物膜分离和高纯氢提纯技术。高纯氢提纯技术又包含低温及变温吸附法、金属钯膜扩散法和金属氢化物分离法三种。氢气的提纯如图 4-24 所示。

氢气的提纯
- 氢电池燃料用氢的标准
  - 氢气品质要求 — 国家标准GB/T 3634.1—2006《氢气 第1部分：工业氢》；GB/T 3724—2018《原子交换膜燃料电池汽车用燃料 氢气》等
  - 常见的氢源杂质 — CO、CO_2、H_2O、NO、NO_2、SO_2、H_2S、NH_3等
- 杂质的危害与去除
  - CO的危害与去除
    - CO毒化机理 — CO吸附在催化剂使其效率下降，进而影响燃料电池性能
    - CO的去除 — 溶液吸收法、深冷分离法、变压吸附法分离提纯CO
  - CO_2的危害与去除
    - CO_2毒化机理 — 高浓度CO_2会使电池出现反极和碳蚀现象
    - CO_2的去除 — 吸收法、低温蒸馏法、膜分离，变压吸附分离技术等
  - S的危害与去除
    - H_2S与SO_2毒化机理 — 对电池造成严重不可逆的损害
    - H_2S和SO_2的去除 — 络合铁法脱硫技术，LO-CAT工艺和SulFerox工艺等
  - NO_x的危害与去除
    - NO_x毒化机理 — 使阴极反应电势变高，使电池电解质膜电导率下降
    - NO_x的去除 — 钒系低温脱硝催化剂、锰系脱硝催化剂、SCR脱硝技术
  - NH_3的危害与去除
    - NH_3毒化机理 — 导致PEMFC欧姆极化增大、性能下降
    - NH_3的去除 — 钒系低温脱硝催化剂、锰系脱硝催化剂、SCR脱硝技术
- 气体干燥 — 气体干燥装置包括新型干燥器、TSA干燥装置和分子筛干燥系统
- 气体提纯
  - 变压吸附技术
    - 变压吸附提纯工艺
    - 变压吸附提纯工艺的发展 — PSA法具有灵活性高，技术成熟，装置可靠等优势
    - 变压吸附提纯工艺的特点
  - 低温分离技术 — 利用原料气中不同组分的相对挥发度的差异来实现氢气的分离和提纯
  - 聚合物膜分离 — 根据不同气体在聚合物薄膜上的渗透速率的差异而实现分离的目的
  - 高纯氢提纯技术
    - 低温及变温吸附法 — 采用低温或常温吸附，升温脱附的方法实现氢气的分离提纯
    - 金属钯膜扩散法 — 基于钯膜对氢气有良好的选择透过性
    - 金属氢化物分离法 — 利用储氢合金可逆吸放氢的能力提纯氢气

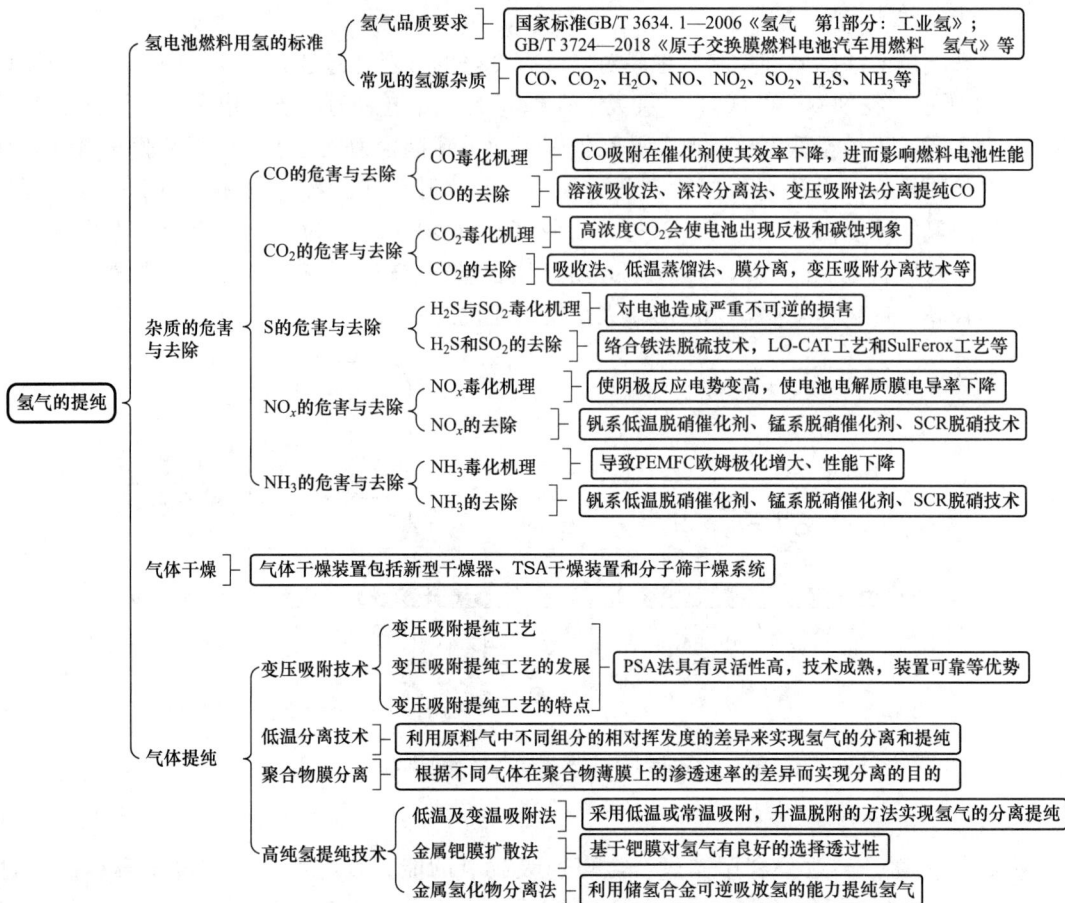

图 4-24 氢气的提纯

5 氢气的储存

氢能产业链包括氢能的制取、储运和利用三个大环节，前面章节讲述了氢能的制备和提纯，本章将针对氢能的存储进行介绍。依据储氢的原理，目前常用的储氢技术主要包括物理储氢、化学储氢与其他储氢。物理储氢主要包括高压气态储氢与低温液态储氢，具有低成本、易放氢、氢气浓度高等特点，但安全性较低。化学储氢包括有机液体储氢、液氨储氢、配位氢化物储氢、无机物储氢与甲醇储氢。化学储氢虽保证了安全性，但放氢难，且易发生副反应，氢气浓度较低。其他储氢技术包括吸附储氢与水合物法储氢。根据氢气的存在形式，储氢技术可分为三大类型：气态储氢、液态储氢和固态储氢。目前，商用的储氢形式以高压气态储氢和低温液态储氢为主，高压气态储氢通过高压将氢气封存于储氢瓶中，低温液态储氢通过低温液化将氢气以液态形式存储于储氢罐中。有机液体储氢是将氢气存储于有机物的不饱和双键中，固态储氢是将氢气存储于材料晶格间隙和材料孔道中，有机物液态储氢和固态储氢技术两者均处于实验室研发阶段。

目前限制氢能大规模发展的重大瓶颈是氢能的储存，而该问题的产生与氢气独特的物理化学性质密不可分。氢气常压下体积密度仅有 $0.089kg/m^3$，约为空气密度的 1/14，其体积能量密度不足 $12.7MJ/m^3$，远低于传统油气资源，储存效率低、经济性差。氢气分子半径小，长期安全存储同样是一大技术挑战。因而，为实现氢能高效、安全、经济的应用，开发高效的氢能大规模储存技术至关重要。氢气储存类型见图 5-1。

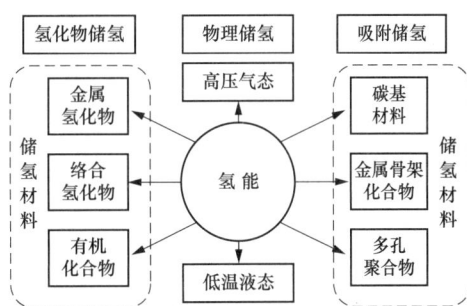

图 5-1 氢气储存类型

5.1 气 态 储 氢

高压气态储氢是目前发展最成熟、应用最广泛的物理储氢技术。高压气态储氢技术是指在高压下，将氢气压缩，以高密度气态形式储存，具有成本较低、能耗低、易脱氢、工作条件较宽等特点。但是它储量小、耗能大，需要耐压容器，存在氢气泄漏与容器爆破等不安全因素。

5.1.1 气态储氢原理

高压气态储氢即对氢气加压，减小体积，以气体形式储存于特定容器中。氢气的压缩与其他常规燃料气体（如天然气和城市煤气）的压缩之间的明显区别是能量需求不同。由于氢气的比重低于其他燃料气体，因此在给定的质量和压缩比下压缩氢气需要更多的能量。

理想气体状态方程描述了理想气体在处于平衡态时压强、体积、物质的量、温度间关系的状态方程。它建立在玻义耳-马略特定律、查理定律、盖-吕萨克定律等经验定律上，该方程可表述为式（5-1）：

$$pV = nRT \tag{5-1}$$

式中：p 为理想气体的绝对压力；V 为理想气体的体积；n 为气体物质的量；T 为理想气体的热力学温度；R 为理想气体常数。

由该公式可知，将一定量的自由状态理想气体压缩后体积会缩小，若理想气体与外界没有热交换，压力和温度会升高。根据热力学，25℃时氢气的体积储存密度可由 $0.0807\ p_1$ 计算。该表达式源自理想气体定律，其中 p_1 是以 bar 为单位的储存压力。例如，在典型的 $p_1 = 350$bar 时，体积密度为 28kg/m³。对于 5kg 氢气储存容量的车辆，在重新填充前可以行驶 500～700km，高压储存容器的尺寸应为 0.18m³。压缩氢气的能量储存效率约为 94%。这种效率可以与大约 75% 的电池存储效率相提并论。值得注意的是，增加储氢压力会增加体积储存密度，但整体能量效率会降低。

5.1.2 技术特点

目前最为常用的氢气储运技术是高压气态储氢，储运时工作压力一般达到 120～150atm，甚至高达 200atm。高压气态储氢的优点是应用比较广泛、成本相对低廉、充放氢气速度快，而且在常温下就可以操作。主要的缺点是需要配备高强度耐压容器，并且需要通过压缩才可储存，压缩过程中消耗大量能源。氢气的压缩特性曲线如图 5-2 所示。耐压容器在存储氢气时也容易被腐蚀，存在泄漏和爆破等风险。并且气态储氢的能量密度较低，只有 4.4MJ/L，远低于汽油 31.4MJ/L 的能量密度。该技术的储氢密度受压力影响较大，压力又受储罐材质限制。

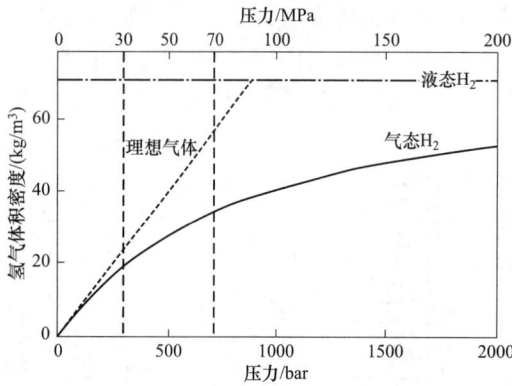

图 5-2　氢气的压缩特性曲线（密度-压力）

近期研究热点仍在于储罐材质的改进，寻找轻质、耐高压的储氢罐成为高压气态储氢的关键。Züttel 等人发现氢气质量密度随压力增加而增加，在 30～40MPa 时，增加较快；当压力大于 70MPa 时，变化很小。因此，储罐工作压力应在 35～70MPa。

高压储氢气罐是压缩氢气广泛使用的关键技术，广泛应用于加氢站及车载储氢领域。随着应用端的应用需求（尤其是车载储氢）不断提高，轻质高压是高压储氢气罐发展的不懈追求。目前高压储氢容器已经逐渐由全金属气罐（Ⅰ型罐）发展到非金属内胆纤维全缠绕气罐（Ⅳ型罐）。不同类型储氢罐对比见表 5-1。

表 5-1　　　　　　　　　　　　不同类型储氢罐对比

类型	Ⅰ型	Ⅱ型	Ⅲ型	Ⅳ型
材质	纯钢制金属罐	钢制内胆纤维缠绕罐	铝内胆纤维缠绕罐	塑料内胆纤维缠绕罐
工作压力（MPa）	17.5～20	26.3～30	30～70	＞70
介质相容性	有氢脆、有腐蚀性	有氢脆、有腐蚀性	有氢脆、有腐蚀性	有氢脆、有腐蚀性
质量储氢密度（%）	≈1	≈1.5	2.4～4.1	2.5～5.7
体积储氢密度（g/L）	14.28～17.23	14.28～17.23	35～40	38～40
使用寿命（年）	15	15	15～20	15～20

类型	Ⅰ型	Ⅱ型	Ⅲ型	Ⅳ型
成本	低	中等	最高	高
车载是否可以使用	否	否	是	是

高压氢气通常用圆柱形高压气罐或者气瓶罐装，这类高压容器的特点是：结构细长且壁厚；一般直径较小的高压容器采用平底封头，直径较大的常用不可拆的半球形封头，大型高压容器倾向于采用多层球封头；一般采用金属密封圈密封，密封结构多采用"半紧式"或"全紧式"。目前，高压气态储氢容器主要分为纯钢制金属瓶（Ⅰ型）、钢制内胆纤维缠绕瓶（Ⅱ型）、铝内胆纤维缠绕瓶（Ⅲ型）及塑料内胆纤维缠绕瓶（Ⅳ型）。

（1）Ⅰ型瓶：全金属结构；国内目前金属压力容器的材料是钢，一般是低合金钢、高合金钢和碳素钢，由于金属材料的加工工艺成熟和力学性能稳定，这类压力容器主要应用在化工原料的运输与储存、设核等方面，一般是相对固定的，毕竟金属质量比较大，承压比较低，在车载领域已经很少使用了。

（2）Ⅱ型瓶：金属内胆纤维环向缠绕；这种情况的产生是因为对于圆柱形压力容器，其环向应力是轴向应力的两倍，所以工业界通过纤维在筒身段的缠绕来分担金属压力容器的应力，进而降低整体的质量。这种瓶子主要采用优质的铬钢金属内胆，环向缠绕层根据条件要求可以采用玻璃纤维或碳纤维等，但在瓶子的封头段没有纤维缠绕。

（3）Ⅲ型瓶：金属内胆纤维全缠绕，目前国内最成熟的压力容器就是Ⅲ型瓶，Ⅲ型瓶相对于前面的Ⅱ型瓶，多了封头部分也缠绕的纤维，是在纤维缠绕技术的更进一步的发展的基础上得来的；金属内胆由钢材向铝内胆转变，超薄铝合金内胆纤维全缠绕压力容器凭借其轻质量、高强度、抗疲劳性能好等特点应用于20世纪80年代的航天、呼吸气瓶与交通领域。在20世纪90年代，纤维全缠绕气瓶逐渐成为民用市场的主要产品之一。

（4）Ⅳ型瓶：塑料内胆纤维全缠绕，区别于Ⅲ型瓶的是，Ⅳ型瓶使用的是非金属内胆，这样储气瓶的结构质量进一步减轻，储氢密度也大幅度提高，塑料内胆使其对于氢气的腐蚀抵抗能力明显提高；对于Ⅳ型瓶，国外的研究要比国内早得多，其已经实现了Ⅳ型储气瓶的量产，国内这几年也开始对其进行人力研发，能够制造出性能与国外差距不人的Ⅳ型瓶，相关标准也在完善当中。目前国际车载气瓶以Ⅳ型瓶为主，Ⅲ型瓶运用于重型车辆。

高压气态储氢罐，主要由内衬材料、过渡层、纤维缠绕层、外保护层、缓冲层、手动/电动阀门等组成。高压气态储氢罐结构见图5-3。

内衬的作用为密封氢气，有两个关键要求：抗氢渗透性（确保气体不会从管道中泄漏）；良好的机械性能（因此气体可以在高压下安全储存）。选择金属内衬还是塑料内衬的复合材料储氢容器要根据具体的使用条件来确定。

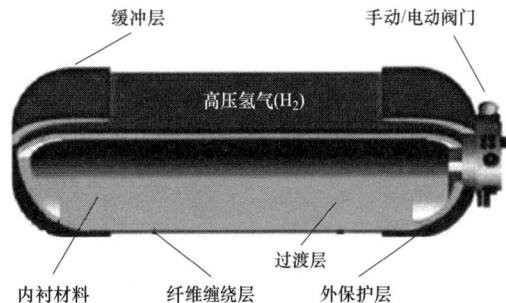

图 5-3　高压气态储氢罐结构

由于高压储氢容器内衬的基本要求是抗氢渗能力强且具备良好的抗疲劳性，一般金属的密度较大，考虑到成本、降低容器的自重和防止氢气渗透等多方面原因，金属内衬多采用铝合金，典型牌号如 6061。

目前塑料内衬多用对苯二甲酸丁二醇酯、聚苯硫醚、聚甲醛。这些内衬材料具有良好的抗渗透性、耐化学性和机械性能。基于前期的研究结果，聚甲醛被认为具有最好的抗氢渗透性，尤其是良好的抗气体渗透性，因此数十年来一直用于管道、盖子和汽车油箱。聚甲醛也曾在历史上，在低压条件下被用作储存容器和长期燃料储存罐。

纤维缠绕层的主要作用是保证耐压强度。所谓的纤维缠绕技术就是通过纱架把纤维引入，通过机床主轴和导丝头之间相互联动，纤维以通过仿真模拟后设定的缠绕规律缠绕在模具上，模具一般是金属内胆或者塑料内胆，以此完成结构的缠绕成型，这是一种纤维强度利用率高、成型效果好以及成型过程可控性好的复合材料中的成型技术。有关缠绕工艺是湿法缠绕和半干法缠绕。湿法缠绕：将纤维经过架子引出后，通过胶槽时浸渍树脂，在丝嘴的控制下，直接缠绕在模具上，此法操作简单，对设备要求不高，在各缠绕制品的生产中广泛应用；但是，由于湿法缠绕工艺需要在胶槽里浸渍树脂，故而此工艺存在含胶量不易控制、成型环境差和产品质量离散型偏高等问题。半干法缠绕：通过在纤维缠绕前将纤维和树脂浸润，然后再烘干，使树脂与固化剂有一定的反应，然后把这种纤维缠绕到模具上，这个既不需要纤维预浸设备加工，同样能处理树脂里的可能的挥发物，提高缠绕品的质量，并且这个方法中基体的交联程度低于预浸纤维，即便在环境温度下也可以进行纤维缠绕成形。

储氢系统作为燃料电池汽车不可缺少的组成部分，是影响燃料电池汽车使用安全和整体稳定性的重要因素之一，主要由高压气瓶、瓶阀、减压阀等零部件组成。其中，瓶阀作为储氢系统的关键一环，有密封气瓶、控制气体导通启闭的作用，一旦其安全质量出现问题，将会影响储氢系统及燃料电池汽车的正常使用，严重时还会引发安全事故。因此手动/电动阀门必须具有安全性高、密封性强，具有良好的开关特性，保障储氢气瓶必须始终处于安全状态。

高压气态储氢罐还有一些其他部件，高压储氢罐的过渡层起过渡作用。外保护层：高压储氢罐的外保护层的主要作用就是保护表面。缓冲层：高压储氢罐的缓冲层主要起缓冲作用。

此外，高压气态储氢罐具备以下关键技术。

塑料内胆直接与氢气接触，因此需要考虑内胆的耐蚀性和气密性；由于在气瓶缠绕的过程中，内胆将会承受一定的纤维张力，因此需要一定的强度保证缠绕过程中不坍塌；在气瓶充气过程中，气瓶内部温度将达到约 70℃，在放气过程中，气瓶瓶口温度可能到达−40℃，所以内胆需要良好的耐温性能。但是，强度和塑性不能同时满足，需要取其中的平衡点，目前一般选择高密度聚乙烯材料，基于其质量轻、强度高、低温性能好以及良好的加工性能，这种材料适合于各种塑料成型工艺，而且成型时间短，再加工容易，焊接性能很好，密封性能好，可以很好防止氢气泄漏。

复合材料层是储氢瓶强度的主要提供者，要保证储氢瓶在高压氢气下的稳定性。储氢瓶的绝大部分载荷都是由纤维缠绕层承担的，因此选择高性能缠绕碳纤维以及相配的树脂基体作为提高储氢瓶承载高压能力的最有效途径。针对高压储氢瓶，想获得更高的工作压力就必须用高强度的碳纤维，想要得到刚性模量储氢瓶，就需要碳纤维来控制瓶子的壁厚。研究表明，当模量小于 300GPa 时，要加大纤维缠绕量，使储氢瓶壁厚增加以获得足够的刚性，但是会导致储氢瓶的质量增大；当模量大于 400GPa 时，需要的纤维就少了，储氢瓶的刚性大并且质量轻，但是其耐压性能和耐冲击性能都降低了，所以要结合两者的情况选择纤维。树脂基体的主要作用是黏结纤维，传递和分布相邻两层纤维间的载荷，保护纤维不受外界的损伤。由于储氢瓶是要长期地充气和放气，基体容易发生疲劳损伤，因此需要耐疲劳、强度高的树脂保证储氢瓶的使用寿命。除此之外，缠绕工艺要求树脂在工作温度下的初始黏度比较低，并且能够在这个温度下长期使用。

5.1.3　发展现状

当前氢能储运的主流技术仍是高压气态压缩技术，表 5-2 为高压气态储氢公司发展现状及其主要产品。斯林达车用Ⅳ型储氢瓶见图 5-4。

表 5-2　　　　　　　　　　　　　高压气态储氢公司发展现状及其主要产品

公司名称	所属国家	简介
Faurecia（佛吉亚）	法国	该公司的储氢瓶（350bar 和 700bar）实现减重，从而节省能源消耗
Hexagon Composites（海克斯康）	挪威	该公司的内部测试能力涵盖绝大部分相关技术要求，包括液压、泄漏、爆破测试、燃烧、穿刺、渗漏等，以确保最高的安全与质量标准
天海工业有限公司	中国	凭借已掌握的气体储运产品制造技术和压力容器设计、制造资格，拥有车用液化天然气（LNG）气瓶、压缩天然气（CNG）气瓶、低温储罐、天然气汽车加气站等多方位的技术能力
中材科技股份有限公司	中国	以车载 CNG 气瓶、燃料电池氢气瓶及系统、大口径复合材料气体储运单元和加氢站用储运装备为主营业务
奥扬新能源科技有限公司	中国	主要生产制造氢气瓶、储氢瓶、高压氢气瓶、高压储氢瓶、供氢系统、车载供氢系统、车载储氢瓶、LNG 气瓶、车载 LNG 气瓶
斯林达安科新技术有限公司	中国	其作为国内 70MPa 车用储氢瓶技术代表，一直致力于车用氢瓶的研发和制造

图 5-4　斯林达车用Ⅳ型储氢瓶

5.2　液　态　储　氢

5.2.1　低温液态储氢

低温液态储氢是指氢气在高压低温条件下液化并储存于低温绝热真空容器中。液态氢密度为 70.78g/L（近乎气态的 800 倍），输送效率高于气态氢。液态氢的沸点为 −252.78℃，当氢气在常温下低于沸点温度时即可发生液化现象，氢的物相图见图 5-5。由于液态氢沸点极低，与环境温差极大，因此对储氢容器的绝热要求很高。液态氢储运具有运输成本低、氢纯度高、计量方便等优势，更适合大规模部署和输运。

1. 液态储氢原理

低温绝热技术是低温工程中的一项重要技术，也是实现低温液体储存的核心技术手段，

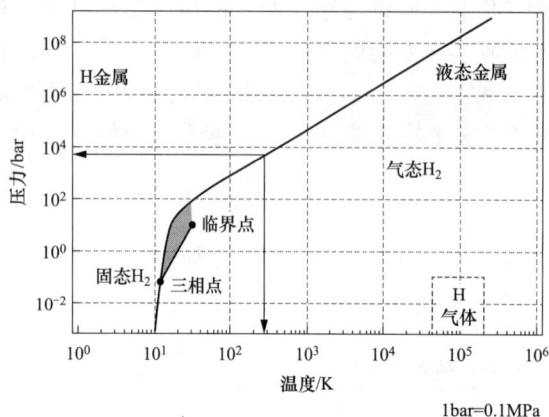

图 5-5　氢的物相图（RT：室温）

按照是否由外界主动提供能量可分为被动绝热和主动绝热两大方式。

被动绝热技术不依靠外界能量输入来实现热量的转移，而是通过物理结构设计，来减少热量的漏入而减少冷损，被动绝热技术已广泛运用于各种低温设备中。一种明显的思路是通过增加热阻来减少漏热，如传统的堆积绝热、真空绝热等。

主动绝热技术是通过以耗能为代价来主动实现热量转移，常见的手段是采用制冷机来主动提供冷量，与外界的漏热平衡，从而实现更高水平的绝热效果。其应用于液化天然气船的再液化流程及核磁共振仪中液氦的再液化等。虽能达到更好的绝热效果，甚至做到零蒸发存储，但需要其他的附加设备来增加整套装置的体积与质量，制冷机效率低、能耗大、成本高、经济性差。

氢气可以液化并储存在隔热容器中。通过增加压力、降低温度的方法将液态氢气储存于低温的绝热容器中，称为低温液态储氢技术，低温液态储氢技术如图 5-6 所示。

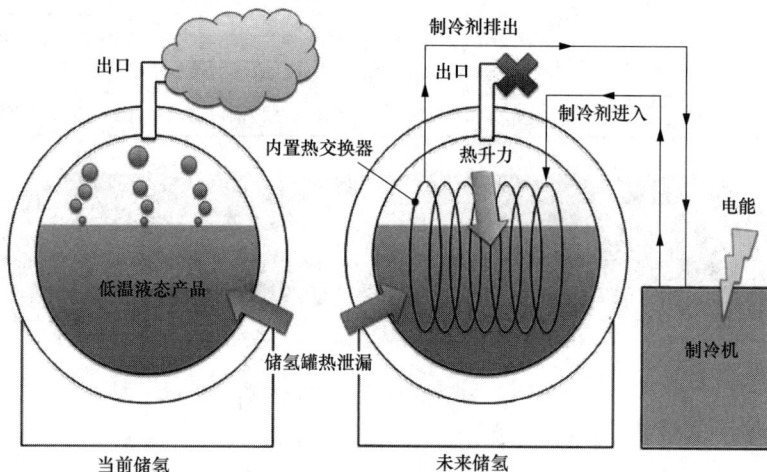

图 5-6　低温液态储氢技术

2. 技术特点

氢在液体中储存比在压缩氢气中储存具有更高的体积和质量储存密度。氢气被压缩并冷却在 202K 的反转温度以下。随后的膨胀在沸点为－253℃（20.37K）时形成低温氢液体，储能密度估计为 5MJ/L。当热值为 120MJ/kg 时，液态氢的体积储存密度约为 40kg/m³。Takeichi 等人报道的体积和质量储存密度分别为 20～50kg/m³ 和 8～25kg/m³。存储阶段的高压会导致气化，液态和气态氢气能量密度压力曲线如图 5-7 所示。

根据 Leung 等人的计算，在理想的 Linde 热力学循环中液态氢存储所需的能量为 11.88MJ/kg，比高压氢气压缩所需的能量高约 64%。考虑到氢的热值为 120MJ/kg，液化储氢的能源效率为 91%。Amos 报告说，能源消耗将为 10kWh/kg（36MJ/kg），相当于 77% 的氢存储能源效率。通过修改林德循环的热力学模型，使用多个热交换器、压缩机和膨胀阀，可以提高效率。但是，设备费用和相应的维修费用也会相应增加。

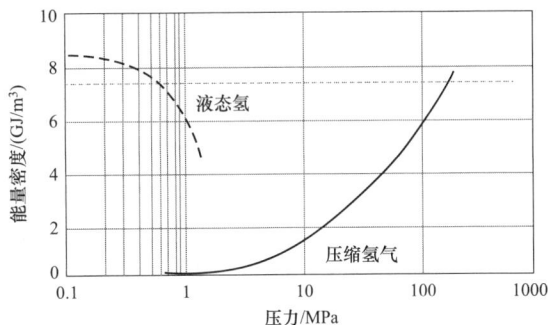

图 5-7　液态和气态氢气能量密度压力曲线

随着存储容器从环境中获得热量，存储的液态氢将逐渐蒸发。由于液态氢中分子的无规则运动和相互碰撞，在任何时刻总有一些分子具有比平均动能还大的动能。这些具有足够大动能的分子，如处于液面附近，其动能大于飞出时克服液体内分子间的引力所需的功时，这些分子就能脱离液面而向外飞出，这就是液态氢蒸发。考虑到安全因素，当压力超过临界操作压力时，氢气蒸汽被排出，导致蒸发损失。为了最大限度地减少蒸发，存储容器采用导热系数低的材料、疏散的双层壁和反射金属箔进行隔热，以分别减少导热、对流和辐射的传热。通常情况下，在容器充满液态氢后大约 3 天发生蒸发，蒸发率从 0.1% 到 3% 不等。容器越小，蒸发率越高。

若仅从储能密度上考虑，液态储氢是一种极为理想的储氢方式。但是液态氢的沸点极低（20.37K），与环境温差极大，因此对容器的绝热要求很高。并且氢气液化要消耗很大的冷却能量，液化 1kg 氢气需耗电 4～10kWh，大大增加了储氢和用氢的成本。另外液态氢容易挥发损失并且储运过程中需要配套的冷却方案与低温设备，使成本进一步增加。而且液态氢在大型储罐中储存时容易出现热分层，可能发生液态氢爆沸，产生大量氢气，使储罐爆破。由此来看，液态氢存储需要冷却设备配合，成本较高，现阶段主要用于军事和航天，在民用领域较困难，但它越来越有向民用发展的趋势。对于液态储氢，高度绝热的储氢容器是目前研究的重点。液态氢是航天飞机阿丽亚娜发射过程中的燃料，阿丽亚娜火箭发射如图 5-8 所示。

图 5-8　阿丽亚娜火箭发射

氢气液化通过多次循环节流膨胀等方式实现，其与外界存在巨大温差，为避免由内外温差引起的液态氢快速蒸发损失，研发高真空、强绝热的储氢容器成为液态氢应用的重点和难点。为降低比表面积，减少换热，储氢容器一般以圆柱状或球形为主，这是因为圆柱状容器生产简单，应用更加广泛。为减少和避免热蒸发损失，液态氢储罐多采用双壁层结构，其内胆盛装温度为 20K 的液态氢，通过支撑物置于外层壳体中心，内外壁层之间除保持真空外，还需放置碳纤维、玻璃泡沫、膨胀珍珠岩、气凝胶等绝热材料，防止热量传递。

对于液态储氢罐，主要由加氢口、安全阀、换热器、切断阀、保温层、液态氢灌入线、内外壳等组成，液态储氢罐主要部件见图 5-9。

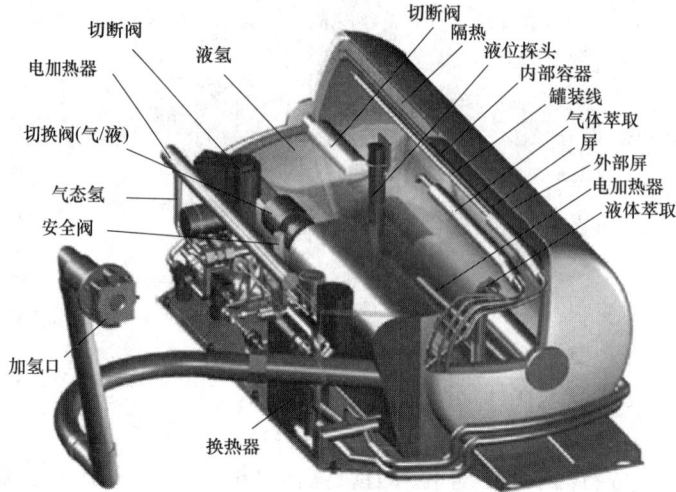

图 5-9　液态储氢罐主要部件

3. 发展现状

（1）国外公司。如俄罗斯 JSC、日本 JAXA 等已实现液态氢在航空航天领域的应用。俄罗斯 JSC 生产了容积为 140m³ 和 250m³ 的两种规格的液态氢储罐，1400m³ 的液态氢储罐为球形罐，外径为 16m，内径为 14m，球罐总高度为 20m，采用真空多层绝热方式，日蒸发率小于 0.26%，蒸发氢气在离球罐顶部 20m 处高空放空。日本种子岛航天中心的液态氢储罐容积为 540m³，采用珍珠岩真空绝热，日蒸发率小于 0.18%。发达国家在液态氢民用方面也进行了研究与应用。国际上能够提供商业化液态氢装置的公司主要有 Praxair、Linde、Air liquide 等。Praxair 液化装置单位能耗相对较低，为 12.5～15kWh/kg 液化氢（LH₂）；Air liquide 小型装置采用氦制冷氢液化流程，单位能耗约为 17.5kWh/kg（LH₂）；未来能耗有望降低至 9～10kWh/kg（LH₂），3 家企业均发布了 100～300m³ 储量的可移动储罐产品。

2021 年 11 月 5 日，国际知名海上油气工程供应商麦克德莫特国际集团（McDermott 国际公司）宣布，其下属 CB&I 储氢解决方案公司已完成全球最大球形液态氢储罐的概念设计。这项研究为 McDermott 国际公司与一家天然气生产商签约内容的一部分，证实了扩大液态氢存储规模以支持氢能规模化应用的可行性。该液态氢储罐存储容量为 4 万 m³，采用双层设计，比此前建造的同类装置大 8 倍（新建液态氢储罐如图 5-10）。低温液态储氢由于氢液化耗能巨大，且对低温绝热容器性能要求极高，导致其储氢成本昂贵，目前多用于航天方面。未来更适用于大规模氢能船舶运输。

2022 年 2 月 25 日，日本造船厂川崎重工业株式会社（简称川崎重工）宣布，世界上第一艘 LH₂ 运输船 Suiso Frontier 号带着第一批来自澳大利亚煤矿制造氢成功运抵日本，如图 5-11 所示。Suiso Frontier 号的成功抵达标志着世界上首次完成 LH₂ 远距离海上运输，川崎重工表示将继续进行数据验证，以确保该项目取得成功。川崎重工的主要目标和愿景是构建全球氢供应链。这也是耗资 5 亿澳元（3.55 亿美元）的氢能供应链试点项目的一个重要里程碑。该项目是世界上第一个通过海上提取、液化和运输 LH₂ 到国际市场的项目。8000t Suiso Frontier 号可以通过海上长距离运输大量 LH₂。在这里，LH₂ 处于其原始气态体积的 1/800，冷却至 −253℃。

图 5-10　新建液态氢储罐

图 5-11　世界上第一艘 LH$_2$ 运输船 Suiso Frontier 号

（2）中国公司。中国液态氢主要用于航天领域，已形成了完整成熟的液态氢应用体系。液态氢生产方面，目前拥有 3 家液态氢生产工厂，分别为西昌基地、航天科技集团六院 101 所和海南文昌，均服务于航空航天及相关研究，其中，海南文昌生产能力最大，液化能力为 2t/d。中科富海是掌握氢液化核心技术的新兴企业，成立于 2016 年，其定位为工业和民用相结合，以中国科学院理化技术研究所技术成果转化为依托，完成了液化能力为 1.5t/d 的氢液化装置生产，为中国液态氢生产装置的商业化奠定了基础。液态氢储罐方面，中国自主研发液态氢储罐最高压力可达到 35MPa，单罐储氢能力为 300m³，最大存储能力约为 2500m³。由于缺乏相关民用标准，国内尚无液态氢民用案例。2020 年 3 月，鸿达兴业拟募资投建 5×104t/年项目，其中液态氢产量为 3×104t/年，此项目是中国首个规模化民用液态氢项目，将填补国内民用液态氢规模化生产的空白。航天科技集团六院 101 所氢液化系统见图 5-12。

图 5-12　航天科技集团六院 101 所氢液化系统

5.2.2　有机物液态储氢

液体有机物储氢技术在储氢密度和储运便利性上兼具优势，但存在加、脱氢温度较高，催化剂成本高和效率难以兼容及装置复杂等问题，未来能否成为主流氢气储运方式，取决于其技术完善程度和市场推广速度。当前国内 70MPa 高压气态储氢和低温液态储氢均发展滞后，液态有机物储氢有望借此异军突起，在未来国内氢气储运市场占据一席之地。以氢阳能源为代表的国内企业正在积极推动液体有机物储氢的规模化和市场化，相关项目动态值得业内关注。

1. 有机物液态储氢原理

有机物液态储氢技术借助某些烯烃、炔烃或芳香烃等储氢剂和氢气产生可逆反应实现加氢和脱氢。从而可在常温和常压下，以液态形式进行储存和运输，并在使用地点在催化剂作用下通过脱氢反应提取出所需的氢气。有机物液态储氢的核心是利用液态有机储氢载体（LOHC）的加氢和脱氢过程。有机物液态储氢技术如图 5-13 所示。

图 5-13　有机物液态储氢技术

有机液体储氢的关键在于选择合适的储氢介质。目前主要有机液体储氢介质见表 5-3。环己烷利用苯-氢-环己烷的可逆化学反应来实现储氢，具有较高的储氢能力，在常温下为液态，脱氢产物苯在常温常压下也是液态，方便运输。甲基环己烷脱氢产生氢气和甲苯，且甲基环己烷和甲苯在常温常压下都是液体，因此甲基环己烷也是比较理想的储氢载体。十氢化萘储氢能力强，常温下是液体，但在加氢、脱氢及运输过程中可能出现原料的不断损耗。上述三种介质属于传统有机液体储氢材料，它们有一个共同缺点就是脱氢温度高，比如环己烷的脱氢温度在 270℃ 以上；甲基环己烷根据条件不同脱氢温度至少有 230℃，最高可达 400℃；十氢化萘的脱氢温度也在 240℃ 以上。传统有机液体氢化物难以实现低温脱氢，导致难以大规模应用和发展。因此有人提出用不饱和芳香杂环有机物作为新型储氢介质，其中咔唑和乙基咔唑是典型代表。咔唑主要存在煤焦油中，可通过精馏或萃取等方法得到，常温下为片状结晶。研究表明，咔唑可在 250℃ 下加氢、在 220℃ 下脱氢。乙基咔唑常温常压下也是无色片状晶体，可以在 130～150℃ 下快速加氢，在 150～170℃ 下脱氢，是较为理想的储氢介质。

表 5-3　　　　　　　　　　　　主要有机液体储氢介质

储氢介质	熔点（℃）	沸点（℃）	理论储氢量（%）
环己烷	6.5	80.7	7.19
甲基环己烷	−126.6	101	6.18
反式-十氢化萘	−30.4	185	7.29
咔唑	244.8	355	6.7
乙基咔唑	68	190	5.8

2. 技术特点（成熟度、安全性、经济性等）

与常见的高压气态储氢、低温液态储氢、固体储氢材料储氢相比，有机液体储氢具有以下特点：反应过程可逆，储氢密度高；氢载体储运安全方便，适合长距离运输；可利用现有汽油输送管道、加油站等基础设施。

同时，有机液体储氢也有一些问题有待解决：技术上操作条件相对苛刻，加氢和脱氢装置较复杂；脱氢反应需在低压高温下进行，反应效率较低，容易发生副反应；高温条件容易使脱氢催化剂失活。

液态有机氢化物储氢技术是一项很有前景的技术。所用储氢介质环己烷、苯等有机物均为工业上可大规模生产的化学品，通过制备高性能催化剂、设计结构合理的反应模式，将可实现有机液体的循环利用和低成本储氢。

目前该技术的瓶颈是如何开发高转化率、高选择性和稳定性的脱氢催化剂。同时，由于该反应是强吸热的非均相反应，受平衡限制，因而还需选择合适的反应模式，优化反应条件，以解决传热和传质问题。此外，还要解决环烷烃储氢技术整体过程的经济性问题，例如，如何降低催化剂中贵金属用量，如何提高随车脱氢的能量转换效率等问题。

液态有机环烷烃储氢技术还可以与其他技术联合，比如利用电解水技术给环烷烃储氢技术提供氢源，产生的氢气可被用于质子膜燃料电池技术以提高燃料效率。此外，化学热泵技术的导入，也将有效提高过程中的能量利用效率。

3. 发展现状

液态有机储氢材料最早由 Sultan 等于 1975 年提出，主要是利用液态芳香族化合物作为储氢载体，如苯（理论储氢量 7.19%）、甲苯（理论储氢量 6.18%）。

创建于 2014 年的湖北氢阳能源专注于常温常压液体有机储氢技术，目标在 3～5 年内实现基于常温常压液态有机储氢的配套装备。其推出的新型有机液态储氢材料安全指标远高于汽油、柴油等传统能源。氢阳新型液体储氢材料在常温常压下能够实现 58g/L 的储氢密度，虽然不及液态氢（－253℃）的 70g/L，但已高于 70MPa 高压氢的 39g/L，一旦技术成熟实现量产，前景将非常广阔。2018 年 11 月 13 日，氢阳能源全国首个常温常压液体储氢材料生产基地在湖北省宜都市启动建设，12 月 20 日投产，预计年产 1000t 乙基咔唑。值得注意的是该项目属于中试项目，中试是产品从实验室走向工业化规模生产的过渡环节，说明氢阳的液体有机储氢材料基本完成实验室研发阶段，正在为大规模量产做准备。早在 2016 年，氢阳能源就与扬子江汽车合作推出第一代基于液态有机储氢材料的氢燃料电池客车"泰歌号"，2017 年两家再次联手研发第二代氢燃料电池客车——"氢扬一号"大巴，如图 5-14 所示。相比第一代优化了有机液态储氢与燃料电池的耦合，提高续航里程到 400km。2018 年 2 月，氢阳能源与三环集团签订战略协议，共同研发基于有机液体储氢技术燃料电池的新能源汽车、火车氢燃料电池动力装置；两家公司推出了世界首台常温常压氢能物流车。

图 5-14 "氢扬一号"大巴

德国 Hydrogenious Technologies（HT）成立于 2013 年，同样致力于液态有机储氢技术的研发推广。其产品技术已经进入欧洲和美国，目前正在开拓中国市场。2018 年 1 月，大洋电机发布公告称公司将持有 HT 公司 10.2％的股权，成为 HT 第三大股东。大洋电机计划向 HT 采购一定数量的液态有机储氢系统，2019 年开始在国内建立并运营第一座基于液态有机储氢技术的加氢站。同时，HT 不断通过合作优化自家产品的性能。2018 年 6 月，HT 宣布与特种化学制造商科莱恩合作，通过借助科莱恩的高活性催化剂优化液态有机储氢材料的生命周期和效率；同时采用专家 HyGear 的氢气净化系统，净化储存的氢气。

有机液态储氢过程中，催化剂不仅能降低反应温度，还可以改善化学储氢技术的反应速率。加氢催化剂主要有镍系催化剂、钯及铂系催化剂、钌系催化剂和铑系催化剂，常规的加氢催化剂是以铝为载体的镍金属催化剂，而对于深度的芳烃催化，贵金属催化剂为首选。脱氢催化剂主要是贵金属催化剂、非贵金属催化剂以及混合型催化剂。贵金属催化剂活性较高，可以提高有机液体储氢材料的脱氢效率。

总体来看，液态有机储氢技术目前处于从实验室向工业化生产过渡阶段。液态有机物储氢未来能否成为氢气运输主流方式，取决于：①技术迭代速度能否快于其他储氢手段；②工业化和市场化速度能否快于低温液态储氢成本降低速度。当前高压气态储氢是主流，但是因为安全性其发展一直受到限制，且储氢密度较低，不适合大规模、长距离运输；低温液态储氢由于高成本、储运难度大，在国内的发展面临重重困难；液态有机储氢技术在安全性、储氢密度、储运效率上极具优势，在我国 70MPa 高压储氢和低温液态储氢均发展滞后的前提下，有望成为未来我国氢气储运的主要方式之一。

5.3　固　态　储　氢

固态储氢是利用固体对氢气的物理吸附或化学反应等作用，将氢储存于固体材料中。固态储存一般可以做到安全、高效、高密度，具有十分光明的前途。固态储氢一般有氢化物储氢和吸附材料储氢两种形式。氢化物储氢虽然储氢量大，但不能循环重复使用，所以使用受到限制，主要用于火箭和喷气式飞机等一次性应用场所。吸附材料储氢，是在金属原子之间的纳米空腔填充气体粒子。就目前来看，存在的主要问题是：这种形式的储氢量较小，储氢的稳定性和吸附材料的吸附效率、寿命及放气速率等较差，距离应用于商业化运作还有一定差距。但吸附材料储氢是一个相对较新的领域，值得深入研究和探索。因此，固态储存需要用到储氢材料，寻找和研制高性能的储氢材料，成为固态储氢的当务之急，也是未来储氢发展乃至整个氢能利用的关键。

许多机构和部门包括国际能源协会、日本世界能源网络等对储氢技术提出了标准。故目前衡量储氢材料技术性能的要求有储氢质量分数高、易活化；吸放氢动力学和热力学性能好；吸放氢可逆性好、滞后小、可循环使用寿命好及安全性高；原料储量大、成本低廉等。由此可见，研究储存氢气的材料及储存氢气安全技术是目前全球研究方向及趋势。本部分介绍的是近些年所发现的具有良好性能的储氢材料及其研究进展，主要包含储氢合金、碳基储氢材料、金属有机框架储氢材料、金属氢化物储氢材料及其他固体储氢材料等。

5.3.1　发展固态储氢的意义

固态储氢相对于气态和液态储氢，具有体积储氢密度高、工作压力低、安全性能好等优势。固态储氢是未来高密度储存和氢能安全利用的发展方向。

1. 安全性

2019 年 5 月 23 日，韩国首尔的一家太阳能制氢企业氢气罐测试过程中发生压力爆炸，造成 2 人死亡、6 人受伤，事件起因是储氢安全容器和相关安全设备故障导致压力突然增加；2019 年 6 月 10 日，挪威奥斯陆郊外桑维卡加氢站发生爆炸并引发火灾，爆炸引发汽车安全气囊弹出，致使两人受伤，事件起因是高压储存装置中储氢罐中特定接头装配错误，导致氢泄漏。

以上事故表明，从实用安全角度，固态储氢优势大。高压储氢存在着高压泄漏、液态氢储氢存在着蒸发泄漏等安全隐患，固态储氢可做到常温常压储氢，储氢容器易密封。当发生突发事件，出现氢气泄漏时，由于固态储氢放氢需吸收热量，因而可以自控式地降低氢气泄漏速度和泄漏量，为采取安全措施赢得时间，从而提高了储氢装置的使用安全性。

2. 体积储氢密度

固态储氢可为氢能的高密度、高安全储存提供重要的解决方案。固态储氢的体积储氢密度高，在现有的高压气态、液态或固态等储氢方式中，固态储氢具有最高的体积储氢密度。以 MgH_2 储氢为例，其体积储氢密度可达 $106kg/m^3$，为标准状态下氢气密度的 1191 倍，70MPa 高压储氢的 2.7 倍，液态氢的 1.5 倍。不同方式下的体积储氢密度如图 5-15 所示。

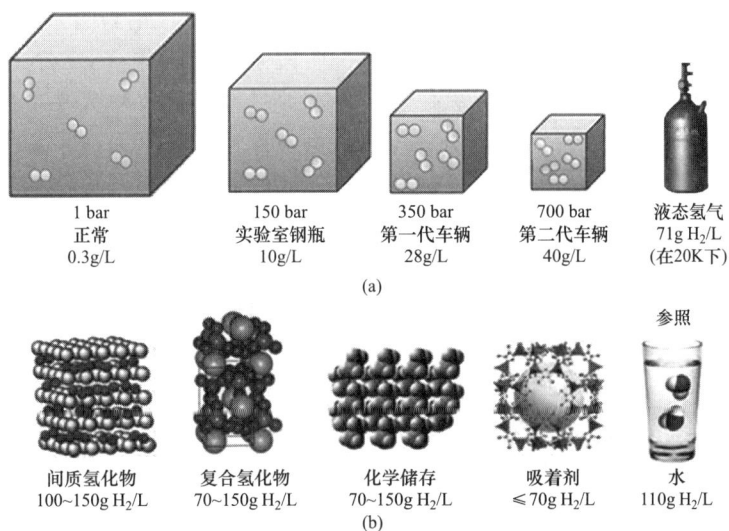

图 5-15　不同方式下的体积储氢密度
（a）物理储氢；（b）材料储氢

5.3.2　固态储氢特点

氢具有最高的质量储存密度，但其体积能量密度很低。因此为将氢能推向实用，需大幅提高氢能的体积能量密度。固态储氢相对于高压气态和液态储氢，具有体积储氢密度高、工作压力低、安全性能好等优势。采用固态储氢是提高体积储氢密度的最有效途径。氢气先在其表面催化分解为氢原子，氢原子再扩散进入到材料晶格内部空隙中，形成金属氢化物，因而其体积储氢密度比液态氢还高。对于固态储氢来说，体积储氢密度是强项，质量储氢密度是软肋。图 5-16 为现有储氢形式的能量密度对比。

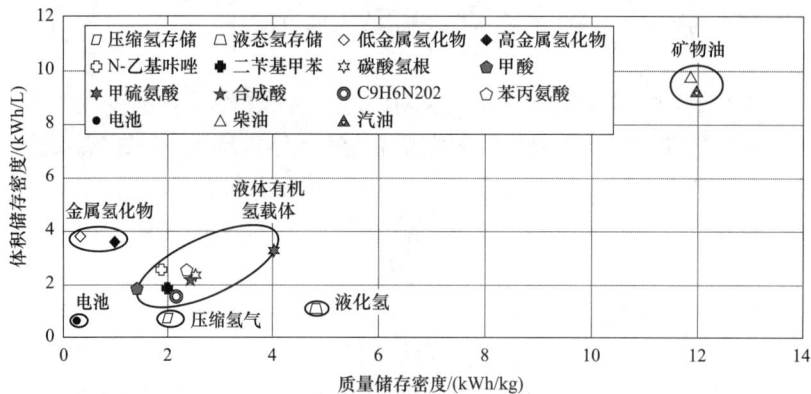

图 5-16　现有储氢形式的能量密度对比

在一定温度和压力下，储氢合金与氢接触首先形成含氢固溶体（α相），吸收的氢原子占据金属晶格中间隙位置，其溶解度与固溶体平衡氢压的平方根成正比。随着 α 相中氢原子的增加，氢的压力也随之增加，此为吸氢过程的第一阶段。当氢的吸收达到饱和后，固溶体与氢反应产生相变，生成金属氢化物（β相），当继续加氢时，系统压力不变，而氢在恒压下被金属吸收，此为吸氢过程的第二阶段。此阶段系统为两相（α＋β）互融的体系，这段曲线呈平直状故称为平台区，相应的恒定压力被称为平台压力或平衡压力。在全部组成转变成 β 相之后再提高氢压，则 β 相组成就会接近化学计量组成，氢化物中的氢仅有少量增加。吸氢过程的第三阶段氢化反应结束，氢压显著增加，吸放氢性能 PCT 曲线如图 5-17 所示（同一温度下，吸氢和放氢曲线具有滞后性）。

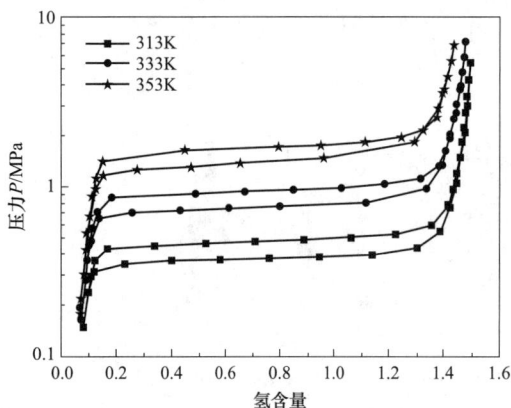

图 5-17　吸放氢性能 PCT 曲线

5.3.3　固态储氢材料

固态储氢材料分类见图 5-18。

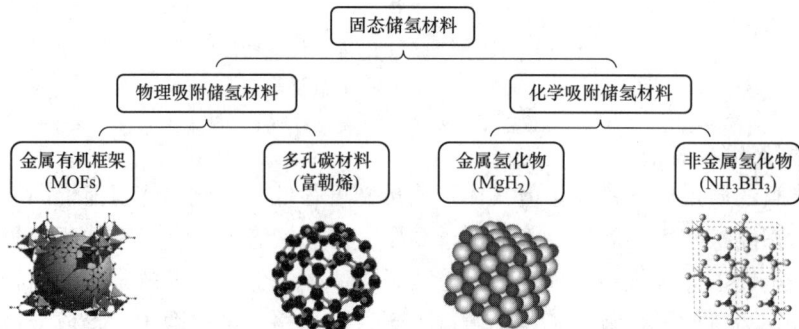

图 5-18　固态储氢材料分类

在介绍各种固态储氢材料之前，我们有必要对两类储氢密度进行说明：

1. 质量储氢密度（gravimetric hydrogen density，GHD）

质量储氢密度用作衡量单位质量的储氢材料中含有的氢气质量，单位为 kg H_2/kg。其计算公式见式（5-2）。

$$GHD = \frac{H\ \text{的质量}}{\text{储氢材料的质量}} = \frac{n \times H\ \text{原子质量}}{\text{储氢材料原子质量}} \tag{5-2}$$

式中：n 为储氢材料化学式中 H 原子的个数。

2. 体积储氢密度（volumetric hydrogen density，VHD）

体积储氢密度用作衡量单位体积的储氢材料中含有的氢气质量，单位为 kg H_2/m^3。其计算公式见式（5-3）。

$$VHD = \frac{H\ \text{的质量}}{\text{储氢材料的体积}} = \frac{n \times H\ \text{原子质量}}{\text{储氢材料质量 / 密度}} = \frac{n \times H\ \text{原子质量}}{\text{储氢材料原子质量}} \times \text{密度} = GHD \times \rho$$

$$\tag{5-3}$$

式中：n 为储氢材料化学式中 H 原子的个数；ρ 为密度。

3. 储氢合金及金属氢化物

20 世纪 60 年代，材料王国里出现了能储存氢的金属和合金，统称为储氢合金，这些金属或合金具有很强的捕集氢的能力。在一定的温度和压力条件下，氢分子在合金（或金属）中先分解成单个的原子，而这些氢原子便"见缝插针"般地进入合金原子之间的缝隙中，并与合金进行化学反应生成金属氢化物，外在表现为大量"吸收"氢气，同时放出大量热量。而当对这些金属氢化物进行加热时，它们又会发生分解反应，氢原子又能结合成氢分子释放出来，而且伴随有明显的吸热效应。20 世纪 70 年代，$LaNi_5$ 和 Mg_2Ni 在荷兰 Philips 公司被发现具有可逆的吸放氢能力并伴随的一系列物理化学机理变化。1973 年起，$LaNi_5$ 被试图作为二次电池负极材料采用，但由于其循环性能较差，未能成功。1984 年，荷兰 Philips 公司成功解决了 $LaNi_5$ 合金在循环中的容量衰减问题，为 MH/Ni 电池发展扫清了最后一个障碍。

（1）结构。储氢合金即能够存储氢气的合金。工业化生产中的储氢合金应具有氢气储存量大、吸/放氢的反应速率快、易活化、使用寿命长及成本低廉等特性。目前常见的储氢合金主要为稀土系、锆系、钛系与镁系等。稀土系 $LaNi_5$、钛系 TiFe、镁系 Mg_2Ni 分别如图 5-19～图 5-21 所示。

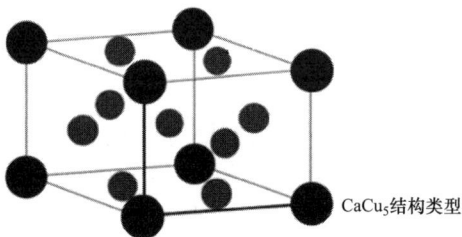

图 5-19 稀土系 $LaNi_5$

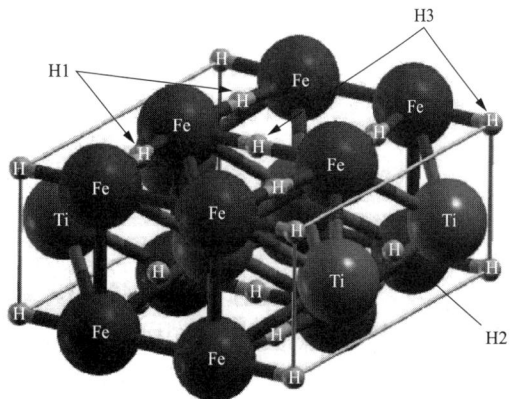

图 5-20 钛系 TiFe

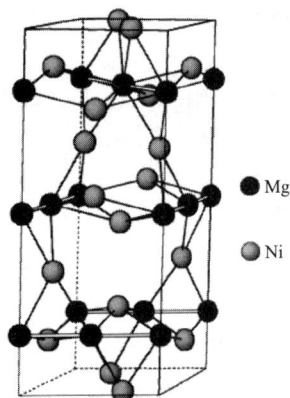

图 5-21 镁系 Mg_2Ni

金属氢化物储氢，是指在一定温度和氢气压力下，可逆地大量吸收、存储和释放氢气的金属间化合物。在金属氢化物储存中，氢分子与金属或合金化学结合形成金属氢化物。当氢与金属的原子比很小（<0.1）时，氢可以被放热溶解到金属中。氢原子占据金属晶格结构的间隙位置，形成间隙氢化物。氢化物储存装置（吸氢）充氢过程中产生热量，释放氢（解吸氢）也需要同样的热量。在频繁的充放电循环下，形成的金属氢化物必须具有化学稳定性和热稳定性。存储材料包括 Mg、Ti、Ti_2Ni、Mg_2Ni、MgN_2、NaAl 等，以及各种组合，如 $Nd(Ni_{1-x}Cu_x)(In_{1-y}Al_y)$、$Ti_{0.64}Zr_{0.36}Ni$、$LaNi_{4.7}Sn_{0.3}$、$MmNi_{4.6}Fe_{0.4}$、$MmNi_{4.6}Al_{0.4}$。

虽然金属氢化物储存具有很高的体积储存密度（$>100kg/m^3$），但由于含有重金属或合金，其质量储存密度很低。Amos 报道，氢化物储存的质量储存密度为 $0.02\sim0.06kg/kg$，而 Barbir 和 Veziroglu 则指出，最大质量储存密度约为 $0.07kg/kg$。氢化物储存在环境温度和压力下，通常质量储存密度约为 $0.03kg/kg$。

氢化物储氢虽然储氢量大，但不能循环重复使用，所以使用受到限制。就目前来看，存在的主要问题是：这种形式的储氢量较小，储氢的稳定性和吸附材料的吸附效率、寿命及放气速率等距离应用于商业化运作还有一定差距。但吸附材料储氢是一个相对较新的领域，值得深入研究和探索。

接下来以金属硼氢化物（$LiBH_4$）和金属铝氢化物（$NaAlH_4$）为例展开介绍。在 $105\sim112℃$ 下 $LiBH_4$ 的六方结构见图 5-22，$NaAlH_4$ 结构见图 5-23。

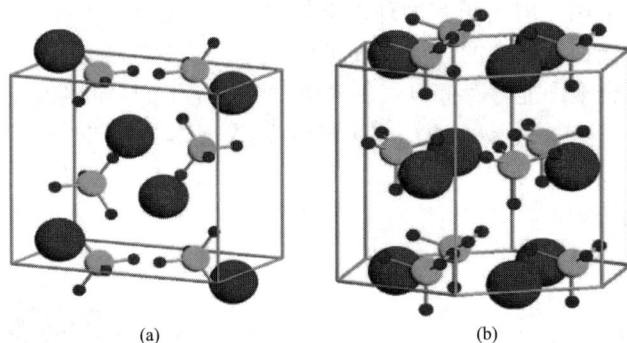

(a)　　　　　　　　(b)

图 5-22 在 $105\sim112℃$ 下 $LiBH_4$ 的六方结构（大圆、中圆和小圆分别代表锂、硼和氢原子）
(a) 室温下的正交结构；(b) $105\sim112℃$ 下的六方结构

（2）储氢原理。

1）储氢合金储氢原理。第一步：先吸收少量氢，形成含氢固溶体 MH_x，合金结构保持不变；第二步：固溶体进一步发生反应，产生相变（结构改变）生成氢化物相；第三步：继续提高氢压，金属中的氢含量略有增加。这个反应正向是一个吸氢、放热的反应，逆向可以放出氢气。吸放氢反应可以通过改变反应的温度和压力来控制。储氢合金储氢原理见图 5-24。

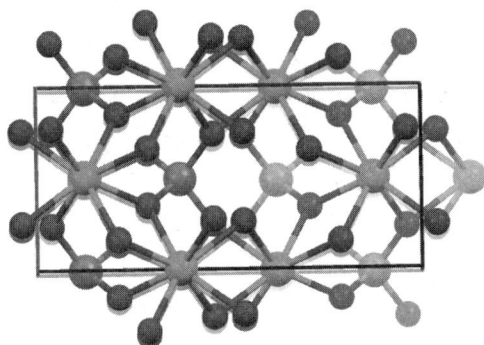

图 5-23 NaAlH$_4$ 结构

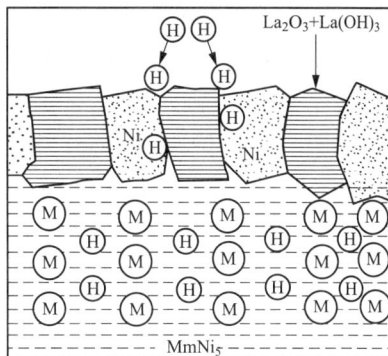

图 5-24 储氢合金储氢原理

2）金属氢化物储氢原理。

a. 金属硼氢化物。金属硼氢化物是一类具有较高的氢质量密度和体积密度的复合氢化物储氢材料。LiBH$_4$ 是金属硼氢化物的代表性材料，其放氢反应方程式如下：

$$LiBH_4 \longrightarrow LiH + \frac{3}{2}H_2 + B \tag{5-4}$$

研究表明，LiBH$_4$ 的含氢量可以达到 18.4%，被考虑作为车载储氢材料之一。NaBH$_4$ 也是硼氢化物储氢材料的一种，其放氢过程通常在水中进行。反应方程式如下：

$$NaBH_4 + 2H_2O \longrightarrow NaBO_2 + 4H_2 \tag{5-5}$$

NaBH$_4$ 水解放氢成本较高，水解产物的循环利用困难也导致该硼氢化物的研究较为缓慢。此外，Ca(BH$_4$)$_2$、Mg(BH$_4$)$_2$ 也被作为储氢材料得到了大量研究，其储氢量分别达到了 9.2% 和 14.9%，是很有潜力的氢气储存介质之一。

b. 金属铝氢化物。1997 年，德国科学家首次发现金属铝氢化物可实现可逆吸放氢，从而引起了人们对该类金属的研究热潮。虽然这些储氢材料的储氢量很高，但它们存在的普遍问题是吸放氢动力学性能差，吸氢温度和吸氢压强较高，并且合成困难。

为解决这一问题，人们通过掺杂改性的方式来改善其吸放氢性能。例如通过向 NaAlH$_4$ 中掺杂 Ti 基催化剂可以得到吸放氢良好的材料。其吸放氢反应过程如下：

$$3NaAlH_4 \longrightarrow NaAlH + 2Al + 3H_2 \longrightarrow 3NaH + 3Al + 4.5H_2 \tag{5-6}$$

由于反应的第二步过程需要较高的反应温度，实际的 NaAlH$_4$ 可逆吸放氢量仅为 1.0% 左右，当向其中加入 Ti 基催化剂后，NaAlH$_4$ 的可逆储氢量可达到 4.5%。

（3）发展现状。并不是所有与氢作用能生成金属氢化物的金属（或合金）都可以作为储氢材料。使用的储氢材料应具备以下条件：第一，容易活化（氢由化学吸附到溶解至晶格内部），单位体积质量吸氢量大；第二，吸收和释放氢速度快，氢扩散速度快，可逆性好；第三，有平坦和宽的吸放氢平台，平衡分解压适中，用作储氢时，室温分解压为 0.2～0.3MPa，做电池时分解压为 0.0001～0.1MPa；第四，吸收和释放过程中的平台压差小，即大部分氢均可在一持续压力范围内放出；第五，反复吸放氢后，合金粉碎量小，性能稳定；第六，有效导热率大；第七，在空气中稳定，不易受 N$_2$、O$_2$、水蒸气等毒害；第八，价格低廉，不污染环境。

能够基本满足上述要求的主要合金成分有 Mg、Ti、Nb、V、Zr 和稀土元素，添加成分有 Cr、Fe、Mn、Co、Ni、Cu 等，典型的储氢合金如 Mg$_2$Ni、ZrCr$_2$。目前研究和投入使用的储氢合金主要有稀土系、锆系、钛系、镁系几类。另外，可用于核反应堆中的金属氢化物及非晶态储氢合金复合储氢材料也引起人们极大的兴趣。不论哪种合金都离不开 A、B 两类元素。A 类元素是容易形成稳定氢化物的发热型金属，B 类元素是难于形成氢化物的吸热型金属。根据原子比的不同主要可分为 AB_5、AB_2、AB、A_2B 型。A 类元素含量的增加，吸氢量也随之增加，但反应速度减慢，反应温度升高，容易劣化；调整 B 类元素含量，反应速度和反应温度都可以调整，以此来满足实际需求。四类储氢合金的性能见表 5-4。

表 5-4　　　　　　　　　　　　　　　四类储氢合金的性能

类型	AB_5（稀土系）	AB_2（锆系）	AB（钛系）	A_2B（镁系）
氢含量	中	中/良	中/良	良
压力-组成-等温线	良	良	良	差
活化性能	良	中	中/差	中
循环稳定性	良/中	中/差	中/差	中
通用性	良	良	良	中/差
抗毒化	良	中	差	中
制造难易	良	中	良	中
自燃性	中	差	良	良
成本	中	良	良	良
储氢容量	中	中	中	良

综合性能：AB_5 较好；室温附近性能：AB_5、AB_2、AB 综合性能较好；AB_2、AB、A_2B 的吸氢容量较大；没有一种理想的储氢合金，需要进一步研发。

对于金属氢化物储氢，国内一些研究人员以石墨烯为载体，使金属氢化物储氢达到更优的效果。值得一提的是，北京航空航天大学水江澜教授团队还发现了具备室温储氢能力的材料 Ti_2CT_x 在室温和 6MPa 压力下质量储氢容量可达 8.8%，体积储氢容量也高达 96.4kg/m^3，超过了美国能源部 2020 年燃料电池技术储氢指标（6.5% 和 40kg/m^3）。此外，结合纳米技术，这些金属材料还可表现出更优的储氢性能。

（4）关键难点。

1）各种储氢合金的关键难点。稀土系储氢合金在吸氢后的氢化物体积膨胀 23.5%，从而导致合金粉化，而且原料成本过高。锆系储氢合金由于初期较难活化、高速放电效果差、成本高等原因也制约了其发展，因此只有少数领域才能进行应用。

钛系储氢合金在应用方面优势明显，成本低且能够在室温下进行吸放氢的特性决定了其广阔的应用前景。另外钛系储氢合金的循环寿命长，可以达到 2000 次以上，是稀土储氢合金的 4 倍而原料成本仅为稀土储氢合金的三分之一。目前钛系储氢合金面临的主要问题是活化困难，对于此问题的解决，可以通过机械球磨或者加入第 3 种元素形成吸氢后膨胀的第二相，以此来产生更多的洁净表面和更大的接触面积，另外也可以考虑在球磨的同时加入易活化类型的合金进行混合球磨，从而来增强合金表面的催化活性，改善活化性能。经过艰难的活化处理后，钛系储氢合金还面临着杂质气体毒化的挑战，活化后的合金在与空气中的 O_2、CO_2、H_2O 等杂质气体接触后即丧失了吸放氢活性，因此解决钛系储氢合金的杂质气体毒化缺陷是该储氢材料急需解决的问题。

虽然镁系储氢合金具有较高的储氢容量，但其距离工业化应用仍有一定的距离，主要的限制因素是氢化物稳定性过高和吸放氢要求的温度过高，机械球磨可以解决镁基氢化物稳定性过高的问题，但现有的改良技术并不能从根本上解决储放氢动力学缓慢的缺点，通过金属镁的合金化虽然能降低材料的吸放氢温度，但距常温常压下吸放氢的性能要求差距较大。因此在今后的研究中，需要寻求更高效的方法来改善镁系储氢材料的吸放氢动力学性能，一方面可以尝试更有效的合金元素来实现进一步的合金化；另一方面可以对合金的表面进行优化处理，进而来提升吸放氢的性能，降低储放氢的条件。

合金储氢材料是一种高效安全的储氢方式。为了实现合金储氢材料工业化，还需提高单位体积和质量的吸氢量，以满足实际应用对于储氢量的需求；并且需要降低吸放氢所需的温度并分解压力到合适的范围。目前储氢量高的合金材料需要苛刻的吸放氢环境，而可以在室温下工作的储氢合金却无法具备高储氢量的性能，这也是制约合金储氢材料大范围应用的一个原因。另外还需要进一步改善材料的动力学和稳定性能，降低合金储氢材料的制备加工成本。材料结构的纳米化和高催化性能的多元系合金的开发应用应是今后的开发方向。

2）金属氢化物的关键难点。

a. 如何提高质量储氢密度？

b. 如何提高材料快速吸放氢性能？

c. 如何降低分解氢的温度与压力？

d. 如何实现低热力学稳定性？

e. 如何延长循环寿命？

4. 碳基储氢材料

碳基储氢材料是依据碳基吸附材料可在低温条件下物理吸附储氢，高温条件下氢气解吸附的原理，进行氢气的储存和利用。在吸附过程中，当碳基储氢材料 H_2 分子之间的作用力是范德华力（或静电引力）时称为物理吸附。物理吸附的吸附强度主要与碳基储氢材料物理性质有关，与碳基储氢材料的化学性质基本无关。由于范德华力较弱，对 H_2 分子的结构影响不大，这种力像分子间内聚力一样，故可把物理吸附类比为凝聚现象。物理吸附时 H_2 的化学性质仍然保持不变。碳基吸附材料的密度小，对氢气的吸附量大，经济性好，对气体中的杂质不敏感且可以循环使用。碳基吸附储氢材料主要有活性炭、活性炭纤维、碳纳米材料三大类。

（1）活性炭。活性炭是黑色粉状、颗粒状或者柱状的多孔碳材料，具有无定形的微观结构和很大的比表面积。活性炭储氢是利用超临界气体的吸附原理，活性炭储氢的研究主要在低温领域，研究多集中于超高比表面积及发达孔隙结构的超级活性炭。超级活性炭储氢技术始于 20 世纪 60 年代，是以具有超高比表面积的活性炭为吸附剂，在中低温（77～273K）和中高压（1～10MPa）下的吸附储氢技术。

詹亮等使用高硫焦制备了一系列比表面积在 2332～3886m²/g 的超级活性炭，并研究了活性炭的储氢性能。研究结果表明，随着温度升高，活性炭的储氢能力下降，在 93K、6MPa 条件下的储氢量为 9.8（质量储氢密度），在 293K、5MPa 条件下的储氢量为 1.9（质量储氢密度）。

（2）活性炭纤维。活性炭纤维是 20 世纪 90 年代开发出的新型功能型吸附材料，主要由 C、H、O 三种元素组成，表面官能团非常丰富。碳原子以石墨微晶形式排列，具有发达的孔隙结构，比表面积一般为 500～2000m²/g，有以下显著特点：第一，纤维直径细，与吸附物质的接触面积大且均匀；第二，吸附、脱附速度快；第三，孔径分布范围窄；第四，耐热、耐酸碱；第五，滤阻小，是活性炭的 1/3。活性炭纤维具有更加规整的微孔结构，对氢气分子的吸附能力更强且脱附速度更快。

赵东林等以 KOH 活化法制备了沥青基活性炭纤维，比表面积为 $1484\mathrm{m^2/g}$，微孔孔容为 $0.373\mathrm{m^3/g}$。研究表明，随着压力增大，氢气在沥青基活性炭纤维上的吸附量增大，压力较低时（低于 0.5MPa），这种变化趋势很明显，压力逐渐增大，趋势趋于平缓，温度升高则氢气的吸附量急剧减少。

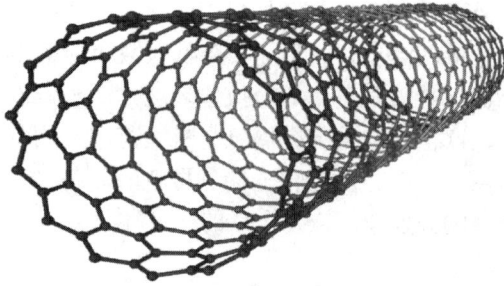

图 5-25　碳纳米管

（3）碳纳米材料。碳纳米纤维与碳纳米管（见图 5-25）同属一维碳纳米材料，表 5-5 列出了不同直径的碳纳米纤维的储氢性能。石墨纳米纤维是一种特殊的吸附储氢碳纳米材料，是由多层石墨片卷曲而成的纳米纤维，没有显著的"中空"结构，以特定的金属或合金为催化剂，以烯烃、氢气和一氧化碳的混合气体在催化剂表面经高温（700～900K）热解而获得。石墨纳米纤维的微观结构中，包含许多细小的石墨薄片层结构，宽度为 30～50nm，石墨片层规则地堆积在一起，层片间距为 0.34nm。石墨纳米纤维微管结构有管状、平板状和鱼骨状 3 种，其中鱼骨状石墨纳米纤维的吸附性能最佳。

表 5-5　　　　　　　　　　　　不同直径的碳纳米纤维的储氢性能

平均直径（nm）	质量（mg）	压力变化 Δp（MPa）	储氢容量（L/g）
80	317	9	1.73
90	237.8	7	1.79
100	335	7.5	1.36
125	674	15.2	1.37

碳纳米管是一类由单层或者多层石墨片层卷曲而成的具有"中空"结构的纳米纤维，可分为单壁碳纳米管和多壁碳纳米管。它们具有的特殊的"中空"结构以及较石墨材料略大的层间距（0.343nm），使其成为了较为理想的氢气储存材料。

石墨烯是单层的石墨碳原子层，具有较高的比表面积。理论研究表明，当石墨烯的片层间距达到 6Å（$1\text{Å}=10^{-10}\mathrm{m}$）时，氢气分子可以安插在层片间，形成"三明治"结构。改性后的石墨烯储氢性能优异，改性方法主要有碱金属掺杂、碱土金属掺杂、非金属掺杂和过渡金属掺杂等方式。

WeiChao 等人用硅原子来修饰石墨烯，并研究了其对氢气的吸附性能，发现硅原子在石墨烯表面呈现出很强的化学活性，氢分子在石墨烯片层上除了物理吸附之外，在石墨烯层片之间还有化学吸附作用。

（4）关键难点。

1）活性炭。由于活性炭储氢过程需要在低温的氛围下进行，因此想要实现规模化应用的关键在于能否解决储氢温度的问题。

2）活性炭纤维。碳纳米纤维主要采用裂解乙烯的方法（需用 Cu、Ni 等金属作为催化剂）等，制备工艺还处于实验室阶段，生产成本高，并且碳纳米纤维的循环寿命较短。

3）碳纳米管。目前碳纳米管的主要制备方法是激光法和电弧法，均还无法满足大规模生产的要求；另外对于碳纳米管中发生的部分物理化学变化仍不能完全了解，并且无法准确测得碳纳米管的准确密度和控制碳管的尺寸。因此今后的研究重点应该在于如何工业化制备碳纳米管，以及探究其储氢机理和掺杂改性。

5. 金属有机框架储氢材料

（1）结构。MOFs 材料的主体结构是由次级结构单元与有机连接体之间的相互连接来构筑的，其孔径形状以及大小都可以通过选择不同的金属中心和有机配体来实现。其基本结构是由金属离子与配体桥联，通过控制纳米晶形成的成核、生长过程而获得一维、二维或三维网络结构。从整体上看，MOFs 材料主要可以分成有机配体和金属离子两个组成部分：

1）有机配体是骨架的重要组成部分，可以分为单齿配体和多齿配体，它是具有构件作用的分子或离子，控制着金属离子之间的距离和配合物的维数。合成 MOFs 的有机配体应至少含有一个多齿基团或含有多个单齿配位原子，如 COOH、PO_3H、SO_3H 和吡啶基等。单齿配体合成的骨架结构比较简单，但稳定性较差；多齿配体的配位情况比较复杂，得到的配合物稳定性较好。有机配体主要包括羧酸类、氨类、吡啶类、醇类和腈类等。常见的中性配体为含氮杂环类化合物。

2）金属离子是 MOFs 材料的另一重要组成部分。金属离子在聚合物的构筑配位过程中充当连接配体的结点，不同金属离子具有不同的配位数和配位构型，因而金属离子在构筑 MOFs 中起着不同的连接作用。近几年，除过渡金属离子外，稀土金属离子尤其是镧系金属离子的应用已被广泛研究，镧系金属离子配位数较高，为 7、8 或 9 配位，可以形成结构更为复杂的 MOFs 材料。MOF-5 结构示意图如图 5-26 所示。

（2）储氢原理。多孔吸附材料的高比表面积是其吸附能力强、吸附容量大的主要原因。而多孔固体吸附材料的吸附能力与其内部孔结构、孔径分布以及表面化学性质有关。因此，通过材料结构设计和配基修饰来提高其比表面积、改变微孔结构、调节吸附性能可以获得具有不同应用价值的 MOFs 材料。

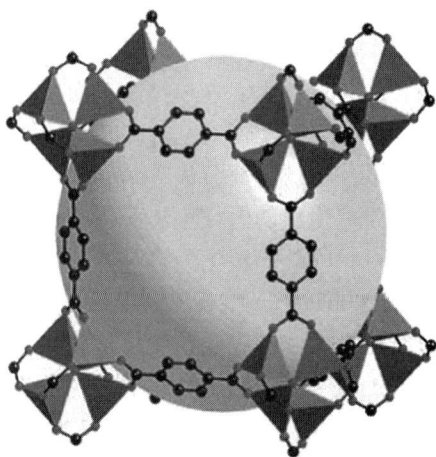

图 5-26　MOF-5 结构示意图

MOFs 材料的储氢原理基于物理吸附，其最大储氢量与比表面积有近似的线性关系，这意味着提高比表面积可提高其储氢量。研究者通过改变 MOF-5 的有机联结体或者同时改变中心金属离子，合成了一系列结构类似的 MOFs 类材料（如 IRMOFs 和 MMOMs），并且实现了 MOFs 类材料储氢性能的明显提高。

（3）发展现状。自 Yaghi 等首次提出"金属有机框架"这一概念以来，有关 MOFs 材料的研究逐渐成为配位化学、表面化学、催化化学、能源化学等学科交叉的最前沿方向之一。MOFs 材料既拥有类似于沸石类材料的高表面积和高孔隙率的特点，又包含可调节的孔径以及可变的金属节点和有机配体，这种兼顾无机和有机性质的特点使得 MOFs 材料与传统的多孔材料相比拥有巨大的优势，其在新型材料的基础理论研究和实际应用方面都表现出不俗的潜力。

（4）关键难点。常温条件下，受到自身储氢量小且用到的设备成本较高，以及技术也较复杂、脱氢的效率低等因素的影响，其产业化的应用前景并不是很好。

6. 其他固体储氢材料

（1）玻璃微球储氢材料。Teitel 研究，中空玻璃微球体可以用作储氢材料，玻璃微球储氢材料如图 5-27 所示。MgAlSi、石英、聚酰胺、聚乙烯三酚盐酸、N_{29} 等均为中空玻璃微球，储氢量质量分数为 $15\%\sim42\%$。温度为 $200\sim400℃$、直径在 $25\sim500\mu m$，壁厚度小于 $1\mu m$ 的玻璃微球的穿透率增大，在一定的压力下氢气进入玻璃体内，玻璃微球的穿透性随着温度的降低而逐渐降低，当温度降到一定程度时，玻璃微球的穿透性变为 0，氢气便留在玻璃微球体内；玻璃微球的穿透性随着温度的升高又逐渐增大，氢气便从玻璃微球内释放出来。玻璃微球储氢是一种具有发

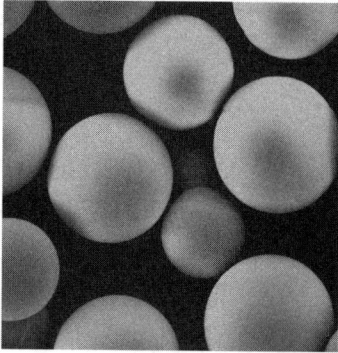

图 5-27　玻璃微球储氢材料

展前途的储氢技术，但制备高强度的空心微球是目前来说需要解决的一大问题。

（2）硼烷氨储氢材料。作为一种新型高能储氢材料，硼烷氨的储氢容量能达到质量分数 19.6%，放氢温度相比之下比较低，低于 $350℃$，由此，硼烷氨及其衍生物成为颇有研究价值的化学储氢材料之一，受到了国内外专家及学者的高度关注。硼烷氨储氢材料如图 5-28 所示。Larry 等研究，硼烷氨表明脱氢过程在离子液体中进行，能够大大地提高氢的释放量及释放速率；Reller 等人研究表明，硼烷氨中掺入 Ni 基催化剂，氢的释放量显著增多。由新加坡等各国科学家组成的研究小组研究表明，在 $90℃$ 条件下，将硼烷氨转化为硼烷氨锂后，氢的释放量能达到质量分数 11%。现如今，硼烷氨的合成工艺已经非常成熟，而再生技术却不够完善，严重阻碍了硼烷氨及其衍生物的发展及应用，这将是硼烷氨储氢材料研究过程中的一大挑战。

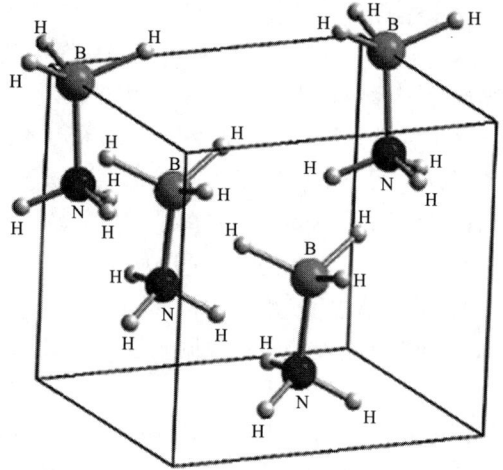

图 5-28　硼烷氨储氢材料

（3）水合物法储氢技术。水合物法储氢技术是指将氢气在低温、高压的条件下，生成固体水合物进行储存。由于水合物在常温、常压下即可分解，因此，该方法脱氢速度快、能耗低，同时，其储存介质仅为水，具有成本低、安全性高等特点。

H_2 分子较小，温度大于 $270K$ 时，纯氢须在压力大于 $250MPa$ 下，才能生成水合物（Ⅱ型）。但是当有四氢呋喃、环己酮、环戊烷（CP）等促进剂存在时，H_2 在温度为 $265\sim285K$，压力小于 $30MPa$ 的条件下，即可生成水合物（Ⅱ型）；当有甲基叔丁基醚（MTBE）、甲基环己烷（MCH）等大分子物质存在时，H_2 在温度为 $267\sim279K$，压力为 $50\sim100MPa$ 的条件下，即可生成水合物（H型）；当有四丁基溴化铵（TBAB）、四丁基氯化铵（TBAC）、四丁基氟化铵（TBAF）等四丁基铵盐离子液体存在时，H_2 在温度为 $285\sim$

300K，压力小于 30MPa 的条件下，即可生成水合物（半笼型）。由此可知，在不同条件、不同添加剂作用下，氢气生成水合物的笼形结构也有所差异。不同 H_2 水合物的相平衡条件区间图如图 5-29 所示。

5.3.4 固态储氢标准

《镁基氢化物固态储运氢系统技术要求》（见图 5-30）适用于最高运输压力不超过 0.1MPa，储运环境温度不低于－40℃且不高于 65℃，可逆充/放氢且充/放氢压力不高于储运容器公称工作压力的镁基氢化物固态储运氢系统，对氢气充放氢技术要求、运输要求和维护、检查等方面做了详细阐述。

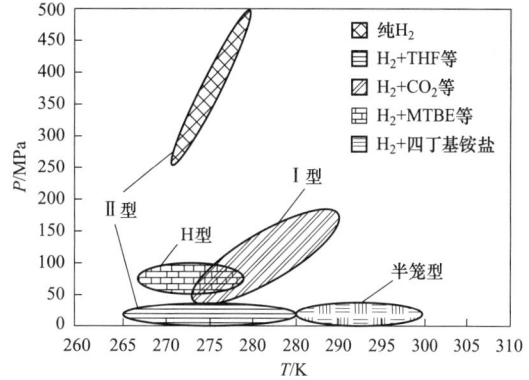

图 5-29　不同 H_2 水合物的相平衡条件区间图

图 5-30　《镁基氢化物固态储运氢系统技术要求》

5.3.5 固态储氢现状

国外固态储氢已在燃料电池潜艇中商业应用，在分布式发电和风电制氢规模储氢中得到示范应用；国内固态储氢已在分布式发电中得到示范应用。

氢储科技：2019 年 11 月氢储科技开始承担上海市科委关于 500kg/d 的镁基固态储氢装置的研发任务。目前，涵盖材料、机械结构、热系统管理、远程控制系统以及容器等的研发均已完成，并进行了大量的理论模拟和实验测试。2020 年第四季度，首座镁基固态储氢示范站将在山东省济宁市落成，加氢能力为 550kg/d，供两条公交线使用。

西安交通大学电气学院张锦英教授团队开发了石墨烯界面纳米阀固态储氢材料，以高活性轻金属氢化物为原材料，在不同组分界面建立石墨烯界面纳米阀结构，通过界面纳米阀非催化动力学调控机制实现储氢材料安全、可控、稳定释氢。同时该界面纳米阀结构能有效隔绝水氧，杜绝氢气自发泄漏，提高材料的储运安全性，避免了使用笨重的高压金属罐或者添加额外的保护装置来进行运输，极大地提高了材料便携性和系统储氢密度。克服了氢气低温释放的行业性难题，实现了石墨烯界面纳米阀固态储氢材料在－40～85℃的温度范围稳定工作，并成功在 50、200、1000W 燃料电池系统上进行了不同载荷验证。目前团队正在进行基于此新型储氢技术的便携式氢能电源、无人机、氢能源电动车等产品的设计和开发。

成熟的储氢材料已在热电联供、储能、摩托车载燃料电池等多个领域得到应用。德国 HDW 公司将开发的 Ti-Fe 系固态储氢系统用于燃料电池潜艇中，取得了固态储氢迄今为止最成功的商业应用。

Ti-Mn 系固态车储氢系统也已成功应用于燃料电池客车中，无须高压加氢站，在 5MPa 氢压下 15min 左右即可充满氢，已累计运行 1.5 万 km。40m³ 固态储氢系统与 5kW 燃料电池系统成功耦合，作为通信基站备用电源，可持续运行 16h 以上。

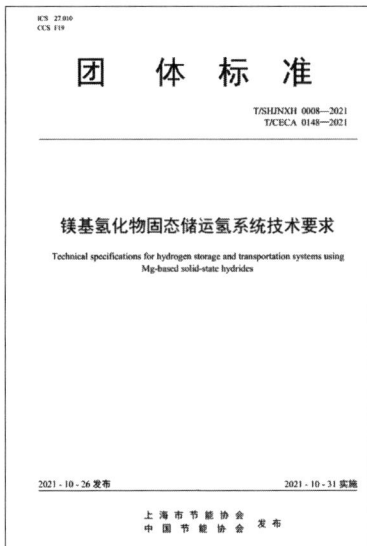

固态储氢也面临一些瓶颈,尽管国内外固态储氢材料的研究成果不断,但这类材料的综合性能还不能完全满足燃料电池动力系统的应用要求,特别是燃料电池乘用车车载储氢的要求。首先,成熟体系的储氢材料质量储氢率偏低。其次,储氢材料成本偏高也是制约其发展的一个重要因素。一方面,受有色金属原料价格波动影响,储氢材料的原料成本变动大;另一方面,这些材料应用的市场还较小,制造批量小,成品率低,导致其制造成本也较高。

5.4　其他储氢形式

5.4.1　氨气储氢

氨作为零碳燃料和氢能载体,在构建"氢能社会"方面有望发挥重要作用,国际社会对这一观点逐渐达成共识,对实现"双碳"目标将具有重要意义。从技术角度看,氨能源是一种以氨为基础的新能源,既可以与氢能融合,解决氢能发展的重大瓶颈问题,又可以作为直接或者间接的无碳燃料直接应用,是实现高温零碳燃料的重要技术路线。

与氢能相比,氨能源在储存和运输上具有明显的优点。众所周知,氢能源作为最终的清洁能源,其发展势不可挡,但最终要实现氢能源的商业化,安全性差和储运困难是首要解决的问题。

正是因为氢的储存和运输成本太高,氨开始受到更多的关注。氨由一个氮原子和三个氢原子组成,是天然的储氢介质;常压状态下,温度降低到−33℃就能够液化,便于安全运输。目前全球八成以上的氨用于生产化肥,因此氨有完备的贸易和运输体系。从理论上来看,可以用可再生能源生产氢,再将氢转换为氨,运输到目的地;可以极大降低氢的运输成本,并且提高运输的安全性能。绿氢生产合成氨的工艺流程见图 5-31。

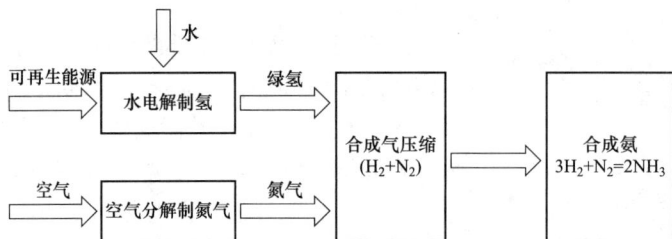

图 5-31　绿氢生产合成氨的工艺流程

5.4.2　甲醇储氢

绿色甲醇能量密度高,是理想的液体能源储运方式。甲醇储氢技术是指将一氧化碳与氢气在一定条件下反应生成液体甲醇,作为氢能的载体进行利用。利用可再生能源发电制取绿氢,再和一氧化碳结合生成方便储运的绿色甲醇,是通向零碳排放的重要路径。2017 年,北京大学的科研团队研发了一种铂-碳化钼双功能催化剂,让甲醇与水反应,不仅能释放出甲醇中的氢,还可以活化水中的氢,最终得到更多的氢气。同时,甲醇的储存条件为常温常压,且没有刺激性气味。中集安瑞科与中国科学院大连化学物理研究所合作建造的冬奥会的站内制氢项目就是甲醇制氢。

5.5　储　氢　技　术　对　比

高效利用氢气的关键在于氢气的储运。在氢气的储存环节，主要技术有高压气态储氢、低温液态储氢、有机液体储氢和固态储氢等，四种氢气储存技术对比见表 5-6。

表 5-6　　　　　　　　　　　　　　四种氢气储存技术对比

储氢方法		优点	缺点	应用
高压气态储氢		简单易行，成本低，相对成熟，充放气速度快和使用温度低	储量小、耗能大，需要耐压容器壁，存在氢气泄漏与容器爆破等不安全因素	已广泛应用于氢燃料电池汽车
液态储氢	低温液态	体积储氢密度高，储氢量大，安全性相对较好	液化过程能耗大，易挥发，成本高，对储氢容器要求高	航空航天领域
	有机液态	体积储氢密度高，液态氢纯度高，储运过程安全高效，可多次循环使用	能耗大，操作条件苛刻，有发生副反应的可能	船舶领域还未大规模应用
固态储氢		体积储氢密度高，安全性好，无爆炸危险，可获得高纯度氢，操作方便	储放氢动力学缓慢，质量储氢密度低和循环稳定性不足	技术攻关阶段

日前，高压气态储氢技术因其成本低、充放气速度快，是最常用的储氢技术，但存在较大安全隐患和储氢密度低等问题不适合长期推广；有机物液体储氢能够在常温下运输和加注，并且可以利用现有加油站设施，解决安全性和运输便利性两大重点问题，配合成熟的成品油供销体系极具应用前景，若能打破有机液体储氢技术壁垒，氢能产业将加速发展。

固态储氢技术能有效克服高压气态存储方式的不足，未来占比有望扩大。固态储氢技术将氢气与储氢材料通过物理或化学的方式相结合，具有体积储氢密度人、安全性高、运输方便、操作容易等优势，未来最有可能满足车载储氢技术的要求。

本 章 小 结

本章从氢气的储存出发，分别介绍了高压气态储氢、低温液态储氢、有机液态储氢和固态储氢等技术，简要阐述了其原理、技术特点和发展现状。对于高压气态储氢，结合高压气态储氢罐（包括Ⅰ型瓶、Ⅱ型瓶、Ⅲ型瓶和Ⅳ型瓶），介绍了其主流公司及产品。对于低温液态储氢，结合液态储氢罐，介绍了当下国内外主流公司及产品。对于固态储氢，围绕其发展意义、特点、材料、标准和现状，详细介绍了储氢合金、碳基储氢材料、金属有机框架储氢材料、金属氢化物储氢材料及其他固体储氢材料等。最后对四种技术进行了对比，阐明未来储氢的发展方向。氢气的储存见图 5-32。

氢气的储存
- 气态储氢
  - 原理 — 对氢气加压，减小体积，以气体形式储存于特定容器中
  - 技术特点 — 应用广泛、成本低廉、充放氢气速度快，常温操作
  - 发展现状 — 已广泛应用于氢燃料电池汽车
- 液态储氢
  - 低温液态储氢
    - 原理 — 增加压力、降低温度，储存于低温绝热容器
    - 技术特点 — 存储阶段的高压会导致气化
    - 发展现状 — 主要应用于航空航天领域
  - 有机物液态储氢
    - 原理 — 借助储氢剂和氢气产生可逆反应实现加氢和脱氢
    - 技术特点 — 很有前景，但加氢脱氢装置复杂、易发生副反应
    - 发展现状 — 船舶领域还未大规模应用
- 固态储氢
  - 发展意义
    - 安全性 — 从实用安全角度，固态储氢优势大
    - 体积储氢密度 — 为氢能高密度、高安全储存提供解决方案
  - 特点 — 体积储氢密度高、安全性好，但脱氢温度高、储氢质量密度低
  - 材料
    - 储氢合金 — 主要有稀土系、锆系、钛系、镁系几类
    - 碳基储氢材料 — 主要有活性炭、活性炭纤维、碳纳米材料
    - 金属有机框架储氢材料 — 主要可以分成有机配体和金属离子
    - 金属氢化物储氢材料 — MgH_2、$LiBH_4$、$NaAlH_4$等
    - 其他储氢材料 — 玻璃微球储氢材料、硼烷氨储氢材料
  - 标准 — 《镁基氢化物固态储运氢系统技术要求》
  - 现状 — 技术攻关阶段
- 其他储氢形式
  - 氨气储氢 — 氨由一个氮原子和三个氢原子组成，是天然的储氢介质
  - 甲醇储氢 — 绿色甲醇能量密度高，是理想的液体能源储运方式
- 储氢技术对比 — 以高压气态储氢为主，有机液体储氢为未来主要方向，固态储氢未来占比有望扩大

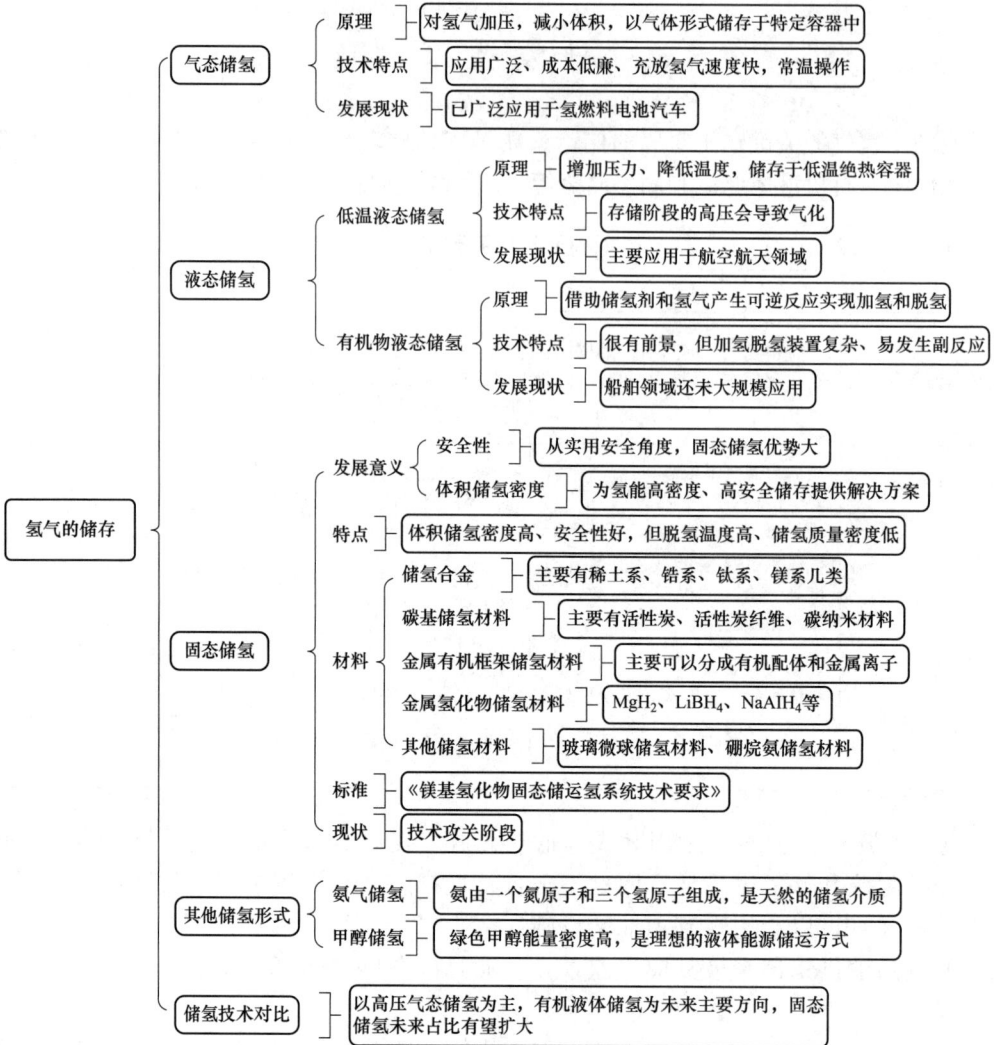

图 5-32　氢气的储存

6 氢气的运输与加注

第 6 章资源

氢气的运输与加注是氢能供应链中的重要环节。根据运输中氢气所处的状态，将氢气运输分为高压气态氢气运输、低温液态氢气运输、有机液体氢气运输和固态氢气运输。氢气运输分类如图 6-1 所示。气态氢气运输指氢气经加压至一定压力后，利用集装格、长管拖车和管道等工具输送；液态氢气运输是将氢气深冷至－253℃以下液化，利用槽罐车等输送；有机液体氢气运输主要是利用不饱和芳香烃、烯炔烃等作为储氢载体实现氢气输送；固态氢气运输主要是通过金属氢化物吸附氢气实现氢气输送。气态及液态氢气运输为目前国际上的主要运输方式。我国主要采用气态氢拖车运输，适用于小规模短距离运输；液态氢罐车运输适用于长距离运输，多用于航天及军事领域。随着氢能产业不断发展，氢气运输技术的进一步提高，气态氢管道运输、液态氢罐车运输等高效率低成本的运氢方式将会成为氢能产业运输发展的方向。运输过程的能量效率、氢的运输量、运输过程氢的损耗和运输里程是决定氢气运输方式的主要因素。本章将重点介绍车辆运输、管道运输和船舶运输等典型运输方式的工作原理、发展现状和经济性，同时介绍加氢站的分类、工作原理、系统组成和运行经济性。

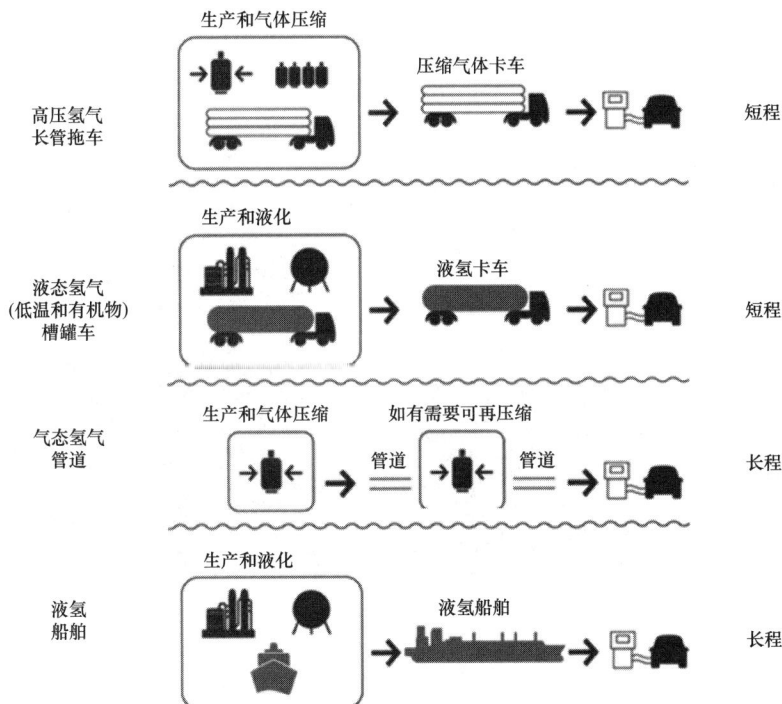

图 6-1 氢气运输分类

氢能经济的主要发展方向是氢燃料电池汽车，加氢站作为向氢燃料电池汽车提供氢气的基础设施，是氢燃料电池汽车产业中十分关键、不可或缺的重要环节，氢燃料电池汽车产业的发展和商业化离不开加氢站等基础设施的建设。

6.1 车 辆 运 输

6.1.1 集装格

高压氢气运输分为集装格和长管拖车两类，其中，集装格是采用钢结构框架将 10～16 只容积 40L 的单瓶集装在一起采用常规车辆进行运输，钢瓶压强可以达到 15～20MPa。集装格如图 6-2 所示，由于钢瓶自重较大，运输氢气的质量仅占钢瓶质量的 0.067%，运输效率低下，成本高。但集装格操作简单，运输方式灵活，适合于短距离、少量需求的供应。

图 6-2　集装格

6.1.2 长管拖车

1. 概述

长管拖车运输使用长管拖车，运输储存压力为 20MPa。因成本因素限制，该方式适用于短距离氢气运输，经济运输半径为 200km 左右。长管拖车结构包括车头部分和拖车部分，前者提供动力，后者主要提供存储空间，由 9 个压力为 20MPa、长约 10m 的高压储氢钢瓶组成，可充装约 3500m³（标准状态下）氢气，且拖车在到达加氢站后车头和拖车可分离，运输技术成熟、规范较完善，国内的加氢站目前多采用此类方式运输。长管拖车如图 6-3 所示。

图 6-3　长管拖车

工作流程：将净化后的产品氢气经过压缩机压缩至 20MPa，通过装气柱装入长管拖车，运输至目的地后，装有氢气的管束与车头分离，经由卸气柱和调压站，将管束内的氢气卸入加氢站的高压、中压、低压储氢罐中分级储存。加氢机按照长管拖车，低压、中压、高压储氢罐的顺序先后取出氢气对燃料电池车进行加注。长管拖车运氢工作流程如图 6-4 所示。

长管拖车运输设备产业在国内已经成熟，石家庄安瑞科、上海南亮、鲁西化工等公司都生产长管拖车。长管拖车在制氢厂一般通过压缩机充装，平均每辆加注时间约 8h，而海珀尔采用的高压储罐平衡充装大大缩短了车辆加注时间，仅 1.5h 便可快速安全完成加注。此外针对小规模用氢客户，可采用 15MPa 压力的氢气钢瓶和氢气集装格运输。

2. 经济性分析

以山东中材大力专用汽车制造有限公司的长管拖车为例，其中管束式集装箱的型号为

图 6-4 长管拖车运氢工作流程

GSJ12-2340-H2-25-Ⅰ，额定充装氢气质量为 545kg，设计使用年限为 20 年，动力车头投资额为 40 万元，折旧年限为 10 年。长管拖车设备相关参数见表 6-1。管束内氢气利用率与压缩机的工作压力有关，通常为 75%～85%，这里取平均值 80%；充氢时间为 7h；加氢站卸气时间为 3～5h，取平均值 4h。

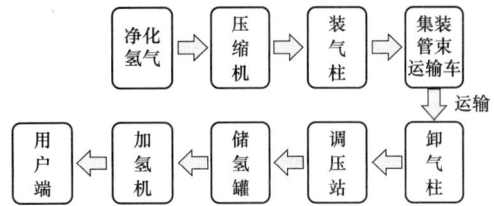

表 6-1　　　　　　　　　　　　　　长管拖车设备相关参数

管束式集装箱	
项目	数值
产品型号	GSJ12-2340-H2-25-Ⅰ
空箱质量（kg）	27 000
充装质量（kg）	545
额定质量（kg）	27 545
充装介质体积（标准状态下，m^3）	6062
公称工作压力（MPa）	25
使用环境温度（℃）	−40～65
允许堆码层数	禁止堆码
运输方式	公路运输
设计使用年限（年）	20
框架外形尺寸（mm×mm×mm）	12 192×2438×2148
氢气运输半挂车	
项目	数值
半挂车整备质量（kg）	32 000
半挂车满载质量（kg）	32 545
牵引销（kg）	8545
后轴（kg）	24 000
支腿载荷（kg）	15 000
前回转半径（mm）	1580
间隙半径（mm）	2570
牵引座结合面高度（空载，mm）	1350
外形尺寸（长×宽×高，mm×mm×mm）	12 325×2480×3648

计划氢气日均需求量 2000kg，并为每辆车配备一名司机，然后在加氢站和制氢厂各配备两名工作人员。

根据收集到的数据，得出长管拖车运输成本组成见表 6-2。

表 6-2 长管拖车运输成本组成

充装质量（kg）	545
充装时间（h）	7
卸气时间（h）	4
氢气利用率（%）	80
卡车平均速度（km/h）	50
百公里油耗（L）	25
柴油价格（元/L）	8.24
长管拖车投资额（万元）	40
拖车折旧年限（年）	10
管束式集装箱投资（万元）	100
管束式集装箱折旧年限（年）	20
单个员工年薪（万元/年）	10
车辆保险费用（万元/年）	1
车辆保养费用（元/km）	0.3
车辆过路费（元/km）	0.7

由氢气日运输量，可得氢气年运输量为

$$F_a = 365 F_d / C \tag{6-1}$$

式中：F_a 为氢气年运输量，kg；F_d 为氢气日需求量，kg；C 为氢气利用率，%。

由氢气年运输量以及长管拖车的充装质量可得到每年长管拖车需要运输的次数为

$$N_{dy} = F_a / m_{td} \tag{6-2}$$

式中：N_{dy} 为长管拖车一年中运输氢气的次数，次；m_{td} 为长管拖车的充装质量，kg。

长管拖车每天需要运输次数为

$$N_{dd} = N_{dy} / 365 \tag{6-3}$$

长管拖车年油耗量为

$$D_f = 2 \cdot N_{dy} \cdot \frac{d}{100} f_e \tag{6-4}$$

式中：d 为制氢厂到加氢站的距离，km；f_e 为拖车百公里油耗量，L/(100km)。

拖车运输一次所需时间为

$$T_d = \frac{2d}{v} + t_1 + t_u \tag{6-5}$$

式中：T_d 为拖车运输一次所需的时间，h；v 为拖车平均速度，km/h；t_1 为氢气充装时间，h；t_u 为卸气时间，h。

由此可以算出所需拖车的数量为

$$N_C = \left[\frac{N_{dd} T_d}{t_0} \right] + 1 （注：[ ] 为高斯符号） \tag{6-6}$$

式中：N_C 为拖车数量，辆；t_0 为卡车运行时间，h。

经过计算得到此时氢气运输成本为 5.66 元/kg，考虑 8% 的利润，氢气运输价格为 6.11 元/kg。长管拖车运输价格与距离的关系如图 6-5 所示。可以看出，长管拖车运输氢气成本随距离变化波动较大，这主要是因为长管拖车成本组成中油耗成本占比较大，随距离增加该部分成本也显著增加。

3. 安全标准

国内气态氢气运输主要使用长管拖车运输，严格按照 JT/T 617.1—2018《危险货物道路运输规则 第 1 部分：通则》。长管拖车运输安全装置如下：

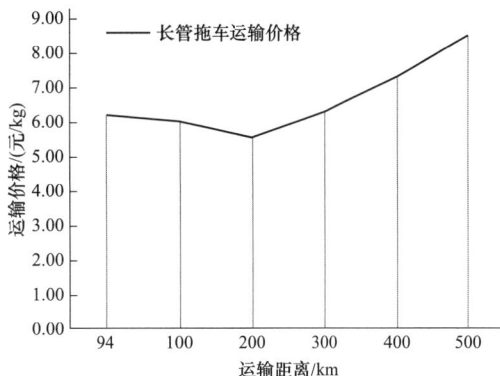

图 6-5 长管拖车运输价格与距离的关系

（1）气瓶质量：气瓶生产时内外表面均经喷丸处理，并用内窥摄像系统逐只进行内部检查，确保气瓶质量。气瓶成形及水压试验后逐只进行磁粉检测，确保质量可靠，无任何缺陷。

（2）爆破片装置：安装在气瓶两端，当瓶内气体因各种因素导致压力过高时，爆破片自动断开强制泄气，保护人员及设备安全。

（3）压力表：气瓶充卸气管路上设置有防爆压力表，量程取工作压力的 1.5～3 倍，精度 1.5 级。

（4）温度计：测量范围取 −40～80℃，覆盖最低和最高工作温度。温度计采用双金属型，读数方便，坚固耐用，采用防护套管与介质隔开，防止气体泄漏。

（5）安全连锁装置：装卸气过程中，操作舱门处于打开状态，在操作程序中设置互锁，防止误操作，并且在装卸软管等连接部位设置拉断阀，在受到外力拉扯时强制断开并封锁软管，防止气体泄漏并保护人员设备安全。

（6）导静电装置：长管拖车尾部设置导静电接地带，操作舱管路上设置导静电片，可随时导出运行及充卸气时积聚的静电荷，不至于突然放电而产生电火花。

（7）液态氢储运方面，目前国内只有国家车用标准。国外 70% 左右采用液态氢运输，安全运输基本问题已经得到充分验证。

（8）罐体质量：采用双层厚钢罐体，罐体中间为真空状态，隔热保温、防止泄漏，可大幅降低外力作用影响。同时，储罐安装各式安全传感器，可进行实时安全监控。

（9）压力传感器：用于监测罐体内部压力，可设置压力参考点，与安全阀联动。

图 6-6 液态氢槽罐车

（10）安全阀：当液态氢所挥发的气态氢压力达到参考点时，可开启安全阀泄压，保证罐内压力处在安全工作范围。

6.1.3 槽罐车

液态氢罐车运输系统由动力车头、整车拖盘和液态氢储罐 3 部分组成，液态氢槽罐车如图 6-6 所示。液态氢的体积能量密度为 8.5MJ/L，是 15MPa 压力下氢气的 6.5 倍。液态氢槽罐车运输是将氢气深度冷冻至 21K 液化，再装入隔温的槽罐车中运输，目前商用的槽罐车容量约为 65m³，可容纳 4000kg 氢气。国外加氢站使用该类运输略多于高压气态长管拖车运输。

液态氢的单车运氢能力是气态氢的 10 倍以上，运输效率提高，综合成本降低。但是该运输方式增加了氢气液化深冷过程，对设备、工艺、能源的要求更高。液态氢槽罐车运输在国外应用较为广泛，国内目前仅用于航天及军事领域，但相关企业已着手研发相应的液态氢储罐、液态氢槽车，如中集圣达因、富瑞氢能等公司已开发出国产液态氢储运产品。相关部门正在研究制定液态氢民用标准，未来液态氢运输将成为我国氢能发展的大动脉。

液态氢槽罐车的运输成本结构与集装管束车类似，只是增加氢气液化成本及运输途中液态氢的沸腾损耗。槽罐车市场价格约 45 万/辆，每次装载液态氢约 4300kg，运输途中由于液态氢沸腾平均每小时损耗 0.01%，单次液化全程损耗 0.5%。液化过程耗电 11kWh/kg。槽罐车充卸一次约耗时 6.5h。槽罐车年固定成本为 355 000 元，可变成本同样取决于运输距离。假设运输距离为 x km，则车辆往返运输一次耗时为 $(2x/50+6.5)$h，每年可以往返运输次数为 $[4500/(2x/50+6.5)]$ 次，运输里程为 $[4500/(2x/50+6.5)\times 2x]$km，共运送氢气 $[4500/(2x/50+6.5)\times 4300]$kg。液态氢槽车运输成本测算见表 6-3。

表 6-3	液态氢槽车运输成本测算	
成本项目	成本结构	金额
固定成本	折旧费	45 000 元/年
	人工费	300 000 元/年
	车辆保险	10 000 元/年
可变成本	保养费	0.2 元/km
	油料费	1.5 元/km
	过路费	0.7 元/km
	液化损耗	0.5%
	液化电费	6.6 元/kg
	运输损耗	0.01%/h

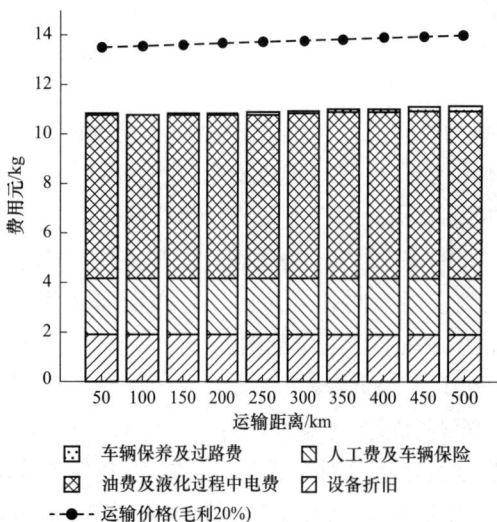

液态氢罐车成本变动对距离不敏感。当加氢站距离氢源点 50~500km 时，液态氢槽车的运输价格在 13.51~14.01 元/kg 的范围内小幅提升。虽然运输成本随着距离增加而提高，但提高的幅度并不大。这是因为成本中占比最大的一项——液化过程中消耗的电费（约占 60%）仅与载氢量有关，与距离无关。而与距离呈正相关的油费、路费等占比并不大，液态氢罐车在长距离运输下更具成本优势。影响成本上升的因素对比如图 6-7 所示。

图 6-7 影响成本上升的因素对比

6.1.4 发展现状
【案例 6-1】

2021 年 11 月 11 日，位于石家庄装备制造产业园的石家庄安瑞科气体机械有限公司院内，数台"身披"红色条幅，为北京冬奥会和冬残奥会火炬提供燃料的氢气管束式集装箱车（见图 6-8）鸣笛发车，驶往奥运赛场，为赛事举办提供氢能保障。本次石家庄安瑞科为北京冬奥供应的是氢气管束式集装箱，主体为 7 支大容积无缝钢瓶，工作压力 20MPa，共可以充装氢气 4600m³，是国内运输氢气数量最大的管束式集装箱。石家庄安瑞科已为北京冬奥会供应的 30 多台氢气管束式集装箱车，可满足冬奥运 200 多辆氢燃料公交车的运行。同时，该公司还为本次冬奥会加氢站提供 10 多台 50MPa储氢瓶组。

图 6-8　氢气管束式集装箱车

据介绍，石家庄安瑞科深耕压力容器制造行业迄今已有 50 余年，被誉为"神州第一瓶"。在氢能储运领域，该公司作为中国国际海运集装箱（集团）股份有限公司在国内布局的氢能业务中心和氢能装备制造产业示范基地，在气体储运装备制造领域处于国内领先地位，多项产品填补国内、国际市场空白。2020 年，石家庄安瑞科被授予"河北石家庄氢能装备制造产业示范基地"称号。10 月下旬，轻量化、运载效率高的 30MPa 船用氢燃料大容积缠绕储运气瓶也在该公司完成全球首发，并成功入级法国 BV 和英国劳氏双船级社认证机构。

【案例 6-2】

浙江蓝能自 2015 年开始投入开发车用氢燃料供气系统，先后参与金龙、东风等企业氢燃料车辆的管路开发和试装，现已取得多款燃料电池车辆公告，系列产品为国内众多客户提供多管路系统服务。2021 年上半年，公司的氢能业务同比增长 50％以上。蓝能的 45MPa 储氢瓶式容器组推出市场后很快得到市场的认可，2020 年下半年以来，国内新建加氢站 90％以上的储氢容器用的是浙江蓝能的产品。除了加氢站用储氢装置，车载供氢系统也是浙江蓝能氢能业务的主打产品。2021 年以来，浙江蓝能已经对外陆续供应了数百套车载供氢系统，氢能业务比重在持续提升。浙江蓝能氢气运输车如图 6-9 所示。

2021 年 2 月，由北奔重型汽车集团有限公司和上海交通大学共同研发的首台 100kW 级氢燃料电池环卫重卡车在内蒙古正式下线，该氢燃料重卡装配的是由浙江蓝能自主研发的车载供氢系统。新产品获得市场认可，且应用规模

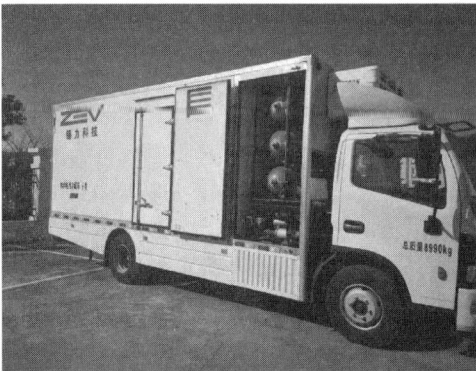

图 6-9　浙江蓝能氢气运输车

扩大，给浙江蓝能带来极大的信心。

【案例 6-3】

洛阳双瑞特种装备有限公司（简称双瑞特装）目前成功与北京、天津等地客户签约，获得首个氢气运输半挂车合同，标志着双瑞特装在氢能源储运装备领域取得重大突破。该合同订单包括多台 20MPa 氢气运输半挂车，如图 6-10 所示。目前首批 3 台氢气运输半挂车已顺

利完工，整装待发。

图 6-10   20MPa 氢气运输半挂车

在储氢技术中，容器压力的大小直接决定容量的大小，压力越大，存储量就越大，技术难度也越高。作为国内领先的特种设备设计、制造厂商，双瑞特装近年积极推进氢能源储运装备的研发，利用 20 多年来在海洋装备领域高压大容器气瓶设计、研发、生产中积累的丰富经验，依托超高压气瓶研制技术成果转化，开发了 20MPa 氢气运输半挂车及 45MPa 储气瓶组等多种储氢装备。

其中，20MPa 氢气运输半挂车主要用于输送氢气至距离短、没有管网的地区，应用领域主要有加氢站、工业氢用户及运输公司、氢燃料电池、炼油企业等；45MPa 储气瓶组主要用于加氢站、实验室储氢等。此外，该公司还积极研发储氢新产品，包括载气量更大的运输半挂车和更高压力等级的储气瓶组等。

近年，双瑞特装积极开展新产品研发，曾成功中标陆丰、海阳核电站用高压气瓶项目，实现国产高压气瓶产品在核电领域应用零的突破。氢气运输半挂车等产品的成功研发，标志着双瑞特装在又一新兴产业中具备竞争优势，为占领氢能源装备市场打下坚实基础。

6.2   管 道 运 输

6.2.1   概述

在目前的所有运输方式上，管道运输有着独特的优势。管道运输如图 6-11 所示，在建设上，与铁路、公路、航空运输相比较，投资上的成本可以减少很多。管道运输不仅运输量大，而且可以持续安全连续运输，既经济又安全可靠，占地少，费用低，并且可以实现持续控制。管道运输可以省去水运或者陆运的中转环节，缩短运输周期，降低运输成本，提高运输效率，适合进行长距离运输。当前管道运输的发展趋势为：管道口径不断增大，运输能力大幅度提高，管道运输的运输距离迅速增加。因而，如果用管道运输氢气，可以实现跨区域的大量运输，对于具有易燃易爆的氢气来说，管道运输有着安全、封闭等特点，可以解决远距离运输大量氢气的需求，从而可以降低氢气的成本。

管道运输通过在地下埋设无缝钢管系统进行氢气输送，管道内氢气压力一般 4MPa，输送速度可达到 20m/s。管道运输具有速度快、效率高的优点，但初始投资较高。氢气管道在

图 6-11 管道运输

美国及欧洲采用较多，我国相当少见。我国已知有一定规模的管道项目有两个：济源—洛阳（25km）及巴陵—长岭（43km）两个。

6.2.2 成本计算

管道氢气运输的成本主要包括管道建设费用折旧与摊销、直接运行维护费用（材料费、维修费、输气损耗、职工薪酬等）、管理费及氢气压缩成本等。根据国内最近建成运营的氢气输送管道"济源—洛阳"项目测算，采用 $\phi508$mm 管道，年输送能力 10.04 万 t，建设成本为 616 万/km，管道使用寿命 20 年。运行期间维护成本及管理费用按建设成本的 8% 计算。据统计氢气管道在满载输送过程中损耗为 1252kg/（年·km）。管道运氢成本测算见表 6-4。

表 6-4 管道运氢成本测算

成本项目	成本结构	金额
固定成本	管道折旧费	308 000 元/（年·km）
	维护及管理费	24 640 元/（年·km）
可变成本	氢气压缩费用	0.42 元/kg
	氢气运输损耗	13 897 元/（年·km）

管道输送的年运输能力取决于设计能力，而与运输距离基本无关。按照 $\phi502$mm 管道计算，年输送能力为 10.04 万 t。假设输送距离为 x km，则满负荷运行下年总输送成本为 $[(308\,000+24\,640)x+10.04\times10\,000\,000\times0.42+13\,897x]$ 元。

虽然测算结果显示管道运氢成本较低，但达到该成本的前提是管道的运能利用率达到 100%，即加氢站有足够的氢气需求。运氢成本随着利用率的下降而上升，当运能利用率仅为 20% 时，管道运氢的成本已经接近长管拖车运氢。在当前加氢站尚未普及、站点较为分散的情况下，管道运氢的成本优势并不明显。但随着氢能产业逐步发展，氢气管网终将成为低成本运氢方式的最佳选择。运氢利用率与管道运氢成本如图 6-12 所示。

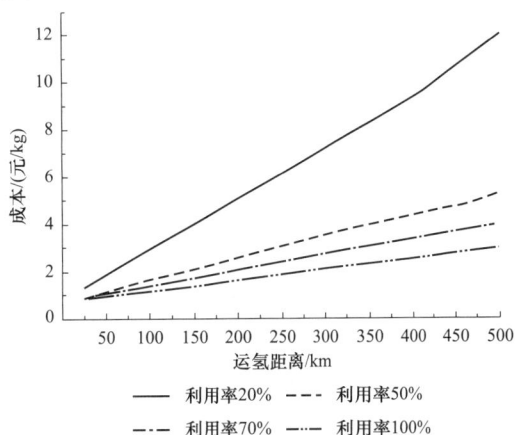

图 6-12 运氢利用率与管道运氢成本

6.2.3　发展现状

1. 中国石油天然气管道工程有限公司

2021 年 9 月 26 日，中国石油天然气管道工程有限公司（简称管道设计院）成功中标宁夏回族自治区"输氢管道及燃气管网天然气掺氢降碳示范化工程中试项目"初步设计、施工图设计。该项目包括 7.4km 的输氢主管线及一个燃气管网掺氢试验平台，计划 2021 年建成投运，建成后将成为国内首个燃气管网掺氢试验平台。实验平台建成后可以验证不同掺氢比例下，现有燃气管网管材、主要设备（流量计、过滤器、阀门）、检测仪表以及可燃气体探测器等适应性问题，现有燃气管网密封材料、地上及埋地管道焊缝适应性问题，氢脆产生的概率与风险评估等问题。平台可以实现掺氢环节、输送环节和用户环节全流程验证，试验数据对于后续制定燃气管网掺氢比例标准及实施具有重要的指导意义。

图 6-13　河北定州至高碑店氢气长输管道

管道设计院中标河北定州至高碑店氢气长输管道可行性研究项目，管道全长约 145km，是国内目前规划建设的最长氢气管道，如图 6-13 所示。该项目对于解决京津冀地区南北氢气运输难题、形成区域氢气骨干管网、推行京津冀地区新能源利用具有重要意义。我国目前大部分氢气来源于工业副产氢，与煤炭工业紧密相连，主要集中在北方内陆地区，而东部沿海地区氢能产业发展超前，氢能需求量巨大。氢能如果能像天然气一样形成多点供应的氢能管网，不仅能解决示范区氢源"后顾之忧"，也能促进全网氢气价格平衡，从而建立统一的氢能市场价格体系，实现氢能产业的整体降本和推广。氢气配送管道建设成本较低，但氢气长输管道建设难度大、成本高。我国油气企业在纯氢管网建设和运营方面具备技术和经验优势，可快速进入高压气态氢的储运环节。

2014 年，管道设计院还设计了我国首条氢气长输管道——济源至洛阳氢气管道，开创了氢气管道设计的历史，并在氢气长输管道、加氢站、油气电氢混合站、天然气管道掺氢输送等方面储备了丰富的技术。随着管道输送氢气压力等级的提高和规模增加，氢能输送成本可接近天然气。未来，随着氢气长管运输网络不断完善，氢能供给问题得到解决，我国氢能产业将迎来大规模产业化的黄金发展期。

2. 国家电力投资集团有限公司

2021 年 10 月 19 日，国内首个"绿氢"掺入天然气示范项目——国家电投辽宁朝阳天然气掺氢示范项目在民用终端应用验证方面取得了新进展。国家电投集团中央研究院此前在该项目中建设了国内首个"绿氢"掺入天然气输送应用示范项目，将可再生能源电解水制取的"绿氢"与天然气掺混后供燃气锅炉使用，已按 10％ 的掺氢比例安全运行 1 年。

6.3　轮　船　运　输

6.3.1　概述

海上运输氢气，一般采用船运液态氢容器的方式。加拿大曾计划利用丰富廉价的水电解产生氢气，将其液化后运往欧洲供其使用。该计划由加拿大和欧洲 40 家公司投资，称为"犹罗魁卜克计划"，于 1991 年实施，实际执行一部分而终止。2013 年，川崎重工也在推进一项业务，即以澳大利亚煤田出产的褐煤为原料，结合二氧化碳捕集及封存技术，在当地制造二氧化碳零排放的液态氢，然后用船将其运输到日本。液态氢运输船与液化天然气运输船相比，冷却温度需更低，因此需要进行新开发，川崎重工正在确定规格，认为此项业务具有可行性。显然，这种大容量液态氢的海上运输比陆上铁路或公路运输更经济、更安全。

大型液态氢运输船运氢能力大、能耗低，适合于远距离液态氢运输，大型液态氢运输船如图 6-14 所示，罐储量高达 1250m³ 的船用液态氢储罐和单船运输能力达 2500m³ 的液态氢专用驳船。液态氢运输船运的能耗低、输量大，受到多国关注。日本政府联合川崎重工在澳大利亚开展的褐煤制氢-液态氢船舶运输示范项目是第一个液态氢驳船运输项目，该项目的主要目的之一是论证液态氢大规模运输的可行性。加拿大和欧洲共同撰写的《氢能开发计划》中提到从加拿大运输液态氢至欧洲的计划，报告

图 6-14　大型液态氢运输船

重点讨论了总容积达 $1.5×10^4 m^3$ 的液态氢储罐在驳船甲板上的设置方式。德国已展开总容积为 $12×10^4 m^3$ 的大型液态氢运输船的研究。在特定场合，液态氢也可通过管道运输，由于管道容器的绝热要求高，管道结构复杂，液态氢管道仅适合短距离输送。

6.3.2　存在的问题

对于液态氢运输，由于容器不能完全绝热和氢气自身的正氢/仲氢转化放热，液态氢会不断蒸发，使容器内压力越来越高，从而形成危险特征。但是槽车系统上安装的卸压阀保证了容器内压力不超过极限值。同时由于氢气良好的逃逸性，卸出的氢气在户外也不会构成任何危险。

6.3.3　轮船运输公司

1. 澳大利亚压缩天然气公司

澳大利亚压缩天然气公司（Global Energy Ventures，GEV）近日披露了全球第一艘专为零碳能源运输量身制作的压缩氢气运输船设计。GEV 的压缩氢气运输船设计能够储存2000t（2300 万 m³）的压缩氢气，货物维护系统可以容纳环境温度为 3600 PSI（或 250bar）的氢气。

GEV 的大灵便型氢气运输船能够进入大多数港口，配备双燃料发动机，为发电机提供动力，并与两个电力驱动的固定螺距螺旋桨或动态定位系统相结合。2020 年年底，GEV 展示了一艘专为零碳能源运输量身定制的新型压缩氢气船设计。为了实现 2050 年零排放目标，GEV 的目标是到 20 年代中期拥有一支压缩氢气船队。无论是在航运领域还是在更广泛的经济领域，氢气都在全球脱碳倡议中发挥着重要作用。安全高效的海上氢气运输对于广泛应用氢气所需的基础设施至关重要。氢气想要为全球脱碳化目标作出贡献，必须要开发船舶储存和运输解决方案。据了解，压缩氢气供应方案相对液态氢与液氨技术方案，转换环节更少，

能源损失小，效率更高，压缩方案整体效率为 75%～85%（液态氢为 60%～65%，液氨为 47%～50%）。据悉，GEV 主要瞄准亚太地区的氢能市场，计划从澳大利亚运输氢气至新加坡（2000 海里）、日本、韩国（3500～4500 海里）。该公司认为，相对液态氢及液氨运输，压缩运输技术方案的平均成本在 2000 海里内具有强竞争力，在 4500 海里内具有竞争力。全球第一艘专为零碳能源运输量身制作的压缩氢气运输船如图 6-15 所示。

图 6-15　全球第一艘专为零碳能源运输量身制作的压缩氢气运输船

2. 川崎重工

2019 年 12 月，川崎重工建造的全球首艘液态氢运输船举行了下水仪式，并且原计划于 2020 年将该运输船投入运输，川崎重工建造的全球首艘液态氢运输船如图 6-16 所示。2021 年 1 月，川崎重工建成神户液态氢终端，这是世界上第一个液态氢接收终端。目前该设施已开始运行测试，将用于从澳大利亚向日本运输液态氢的国际氢能供应链示范测试。

从高工氢电产业研究所（GGII）了解到，目前使用液化天然气和煤炭发电的成本大幅低于氢能发电。要形成与液化天然气和煤炭基本相同的成本竞争力，关键在于建立国际供应链和实现大量运输。而通过液化氧的运输方式可以将氢燃料压缩到气体体积的八百分之一，这将大大提高氢气的运输量。不过，液态氢的储罐温度要求为 -253℃，而液化天然气的储罐只有 -163℃。理论上能够造液化天然气运输船的船厂都可以建造化氢运输船，但是对船厂的建造及技术都有更特殊的要求。对此，川崎重工作为亚洲第一家制造液化天然气运输船的公司，早在十多年前就开始开发包括氢液化系统和储气罐在内的氢供应链，力争 2030 年前后实现商用化。

川崎重工此前曾宣布将开始建造大型液态氢运输船，该船将获得日本政府提供的补助资金支持，计划 2026 年完工。这艘大型液态氢运输船全长约 300m，建造成本约为 600 亿日元（约合 5.78 亿美元）。该船总吨位约相当于 1 艘 13 万 t 的液化天然气运输船。同时，川崎重工计划到 2050 年建造拥有 80 艘液态氢运输船的大型船队，以支持每年进口 900 万 t 氢；到 2030 年，建造 2 艘商业规模的氢运输船，每年进口 22.5 万 t 氢燃料。此外，它的目标是在 2030 年实现与氢相关的总销售额 1200 亿日元（11.6 亿美元），在 2040 年达到 3000 亿日元（29 亿美元）。而这也符合日本政府的氢能布局方向。此前日本政府曾宣布，目标到 2030 年将日本的年度氢需求从现在的 200 万 t 提高到 300 万 t，到 2050 年提高到 2000 万 t。川崎重工建造的全球首艘液态氢运输船见图 6-16。

图 6-16 川崎重工建造的全球首艘液态氢运输船

在此背景下，未来日本对进口氢气的大型运输船需求会不断增加，川崎重工也将受益其中。而本次日澳液态氢运输项目如果能够顺利完成，也意味着日本的全球性氢供应链建设将获得巨大突破。

6.4 氢气运输形式对比

6.4.1 技术成熟度与经济性对比

选择何种运输方式，需基于以下四点综合考虑：运输过程的能量效率、氢的运输量、运输过程氢的损耗和运输里程。在用量小、用户分散的情况下，气态氢通常通过储氢容器装在车、船等运输工具上进行输送，用量大时一般采用管道输送。不同运氢方法对比见表 6-5。

表 6-5 不同运氢方法对比

运氢方式		运输量	应用情况	优缺点
气态	集装格	5～10kg/格	广泛用于商品氢运输	技术成熟，运输量小，适用于短距离运输
	长管拖车	250～460kg/车	广泛用于商品氢运输	技术成熟，运输量小，适用于短距离运输
	管道	310～8900kg/h	国外处于小规模发展阶段，国内尚未普及	一次性投资高，运输效率高，适合长距离运输，需要注意防范氢脆现象
液态	槽车	360～4300kg/车	国外应用较为广泛，国内目前仅用于航天及军事领域	液化能耗和成本高，设备要求高，适合中远距离运输
	有机载体	2600kg/车	试验阶段，少量应用	加氢及脱氢处理使得氢气的高纯度难以保证
固态	储氢金属	24 000kg/车	试验阶段，用于燃料电池	运输容易，不存在逃逸问题，运输的能量密度低

在陆地上进行大量氢气输送时，气体管道输送很有效。一般的氢气集装格和长管拖车中

都有连接钢瓶的气体管道，在陆地上能够铺设大规模、长距离而且高压的氢气管道进行氢气输送。管道运输是具有发展潜力的低成本运氢方式。低压管道适合大规模、长距离地运氢。由于氢气在低压状态（工作压力 $1\sim4MPa$）下运输，因此相比高压钢瓶输氢能耗更低，但管道建设的初始投资较大。

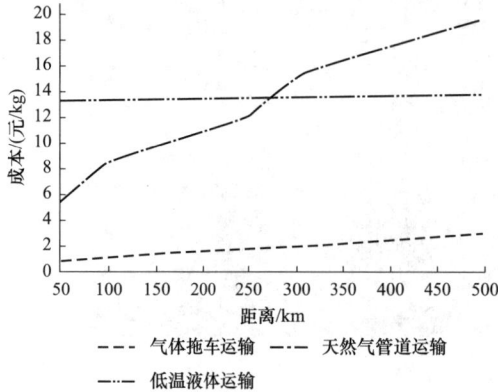

图 6-17　不同运输方式成本比较

有机液态储氢和液氨储氢也是正在开发的氢气储运方法，尤其是在长距离、大规模的氢气输送方面具有一定优势，但是杂质气体含量高，高纯氢气使用时需要重新纯化。固态合金输氢纯度高、安全性好，但是输运能耗高、成本高，适合人口密集的区域以及短距离的氢气输运。长管拖车输运氢气成本随距离的增加显著，适合 300km 以内的输氢，距离超过 300km 时，液态氢和管道输氢更合适，输氢量越大，这种趋势越明显。不同运输方式成本比较如图 6-17 所示。

6.4.2　我国氢气运输现状与规划

1. 发展现状

目前以高压气态储氢为主的氢气储运方式可以满足我国氢能产业起步阶段的氢能供应需求。然而，由于其储氢密度较低，远距离运输经济成本较高，不能满足将来大规模氢气储运的需求。气态管道运输、液态运输、固态运输在大规模、远距离输运方面具有显著优势，但目前技术还不成熟，主要体现在四个方面：气态管道运输受一次投资成本的影响，应用规模小，运输经验不足；低温液态储运缺乏民用标准，尚没有民用经验；有机液态储运脱氢温度高、效率低；固态储运材料不能同时满足高储氢密度和低脱氢温度的要求。

2. 未来规划

《中国氢能源及燃料电池产业白皮书（2019 版）》提出了未来氢能运输环节的发展路径：

中国氢能发展前期（约到 2025 年）：车载储氢将以 70MPa 高压气态储氢为主；运输将以 45MPa 长管拖车为主，低温液态运输和管道运输将逐步进行示范项目，协同发展。

中期阶段（约到 2030 年）：车载储氢将以气态、低温液态为主，多种储氢技术相互协同；氢气运输将以高压气态车载运输、低温液态运输和气态氢管道运输相结合的方式协同进行。

远期阶段（约到 2050 年）：全国氢能发展步入成熟阶段，氢气需求量增大，大力发展管道运输成为必然趋势，氢气管网将覆盖全国，保证氢气供应通畅。

6.5　氢气的加注

6.5.1　加氢站分类

加氢站是连接上游氢气制取、运输，以及下游燃料电池汽车应用的重要枢纽，是氢能供应的重要保障。加氢站根据氢气的来源可分为离站式加氢站和在站式加氢站两类。我国以离站式加氢站为主，在站式加氢站有北京永丰加氢站、大连新源加氢站等。

按建设形式不同，加氢站可分为固定式、撬装式和移动式三种类型。固定式加氢站占地面积比较大，为 2000～4000m²，对建设用地紧张的城市规划压力较大。撬装式和移动式加氢站将压缩机、储氢装置、加氢机等设备进行集成化、模块化设置，设备的占地面积很小，可小于 600m²，适合于加气、加油站、环卫厂区、物流园区等合建。

其按供氢压力等级可分为 35、70MPa，建设初期以 35MPa 为主，随着氢燃料轿车推广，70MPa 加氢站需求增加。加氢站有独立加氢站和合建加氢站两种建站模式，GB 50516—2010《加氢站技术规范》适用于前者，GB 50156—2021《汽车加油加气加氢站技术标准》适用于后者。合建加氢站通常是指将加注氢气与加油、加气、充电中的一种或多种功能进行组合，独立分区的油氢合建站平面布置方案、共用罩棚的油氢合建站平面布置方案分别如图 6-18、图 6-19 所示，其中，油氢合建站是未来的主要建站模式。

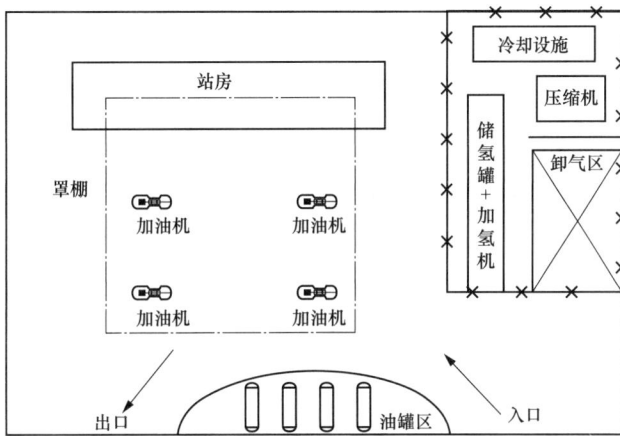

图 6-18 独立分区的油氢合建站平面布置方案

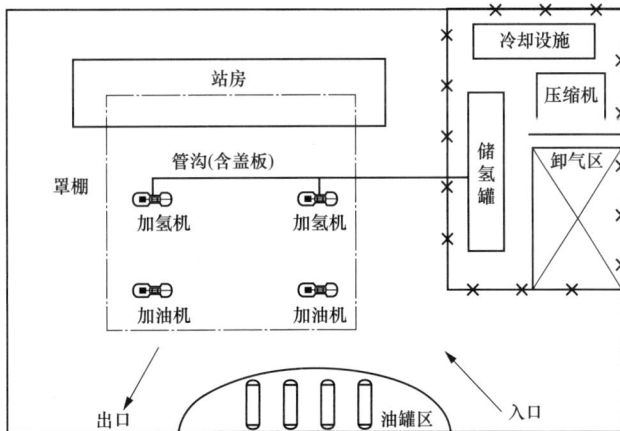

图 6-19 共用罩棚的油氢合建站平面布置方案

6.5.2 加氢站工作原理

加氢站是向氢燃料电池汽车提供氢气的燃料站。加氢站采用的加氢技术主要分为液态氢加氢技术和压缩氢气加氢技术，商业化民用领域主要采用压缩氢气加氢技术。根据获得氢气的不同方式，在站式加氢站按照制氢方式又可分为电解水制氢加氢站、工业副产氢加氢站、天然气重整制氢加氢站、甲醇重整制氢加氢站等。加氢站由制氢系统（在站式）或者输送系统（离站式）、氢气纯化系统（在站式）、氢气压缩系统、氢气储存系统、售气加注系统以及控制系统等子系统组成。加氢站工作流程示意图如图 6-20 所示。

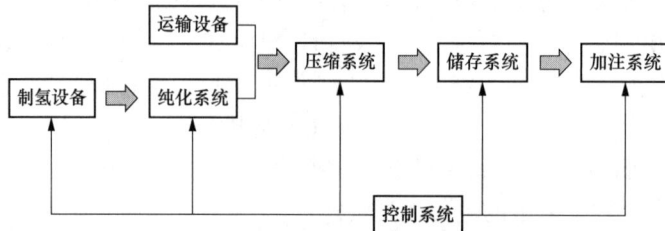

图 6-20　加氢站工作流程示意图

　　加氢站通过站内制氢或外部供氢设施获得氢气后，经氢气压缩机进入高压储氢罐储存，最后通过氢气加注机为氢燃料电池汽车进行加注。氢气压缩机、高压储氢罐、氢气加注机是加氢站系统的三大核心装备，其作用如下。

　　氢气压缩机是将氢源加压注入储气系统的核心设备，输出压力和气体封闭性能是其最重要的两个性能指标。从全球范围内来看，各种类型的压缩机都有使用。隔膜式压缩机输出压力极限可超过 100MPa，密封性能非常好，因此是加氢站氢气系统的最佳选择，但隔膜式氢气压缩机需采用极薄的金属液压驱动膜片将压缩气体和液油完全分开，液油压缩结构和冷却系统较为复杂，技术难度远高于常规压缩机。

　　高压储氢罐是加氢站储气系统的储氢容器，储气压力是其主要技术指标。在高压下，氢气与传统工业气瓶的钢质内胆易发生氢脆反应，诱发容器壁裂纹生长。加氢站高压储氢罐主要采用碳纤维复合材料或纤维全缠绕铝合金制成的新型轻质耐压内胆，外加可吸收冲击的坚固壳体。

　　氢气加注机为燃料电池汽车加注氢燃料的核心设备，加注压力是其主要参数，但其主要结构和工作原理与 CNG 加气机并无较大区别，未来的发展方向在于加注系统的智能化和安全性的提高。

6.5.3　加氢站系统组成

　　加氢站主要设备有卸气柱、氢气压缩机、储氢罐、加氢机，以及附属的氮气系统、氢气冷却器和顺序控制阀组等。加氢站主要设备如图 6-21 所示。

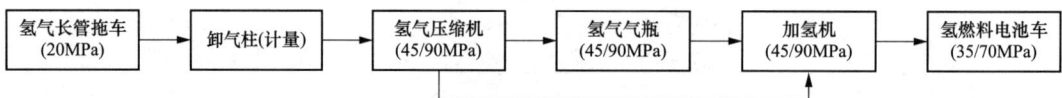

图 6-21　加氢站主要设备

　　卸气柱设置有氮气吹扫管线和过滤精度不大于 $10\mu m$ 的过滤器，每次卸氢前需要对管线进行吹扫置换，确保卸氢质量。卸车软管端设置有拉断阀防止长管拖车溜车或错误操作引起卸车软管断裂，造成氢气泄漏。当上游发生超压时，通过打开设置在卸气柱上的安全泄压阀，将压力降低至设计压力以下。设置紧急切断阀，当出现紧急情况时可以自动切断氢源，降低事故影响程度。另外，卸气柱还设有氢气取样口，通过取样分析即可掌握进站氢气品质情况。

氢气压缩机作为加氢站三大核心设备之一，加注氢气品质、加注速率及车辆充装压力与其性能息息相关。常用的氢气压缩机有金属隔膜、液驱活塞、机械活塞和离子液压缩机。从国内外加氢站实际使用情况来看，前两者应用较为广泛。常用氢气压缩机介绍见表6-6。

表6-6　　　　　　　　　　　　　　　　常用氢气压缩机介绍

项目	金属隔膜压缩机	液驱活塞压缩机	机械往复压缩机	离子液压缩机
优势	密封难度较小，氢气品质高	结构简单，可频繁启停	排气量大	占地面积小，氢气品质高
劣势	结构复杂，维护成本高，膜片寿命短	密封难度较大，氢气品质受影响	密封难度较大，氢气品质受影响	结构复杂，需整机进口，成本高
应用情况	应用广泛	应用较为广泛	日本、欧洲	较少应用

站内储氢设施包含固定储氢和移动储氢装置。固定储氢装置的设计、制造、安装、检验、使用和管理除了需要符合JB 4732—1995《钢制压力容器　应力分析法设计标准》，TSG 21—2016《固定式压力容器安全技术监察规程》，《特种设备安全监察条例》（2003年3月11日中华人民共和国国务院令第373号公布），以及TSG 08—2017《特种设备使用管理规则》的相关规定外，还需要满足加氢站的相关规范和标准，如GB/T 34583—2017《加氢站用储氢装置安全技术要求》。

储氢设施应执行"未爆先漏"的设计理念，即压力容器中的非穿透性裂纹发生扩展直至穿透壁厚而未爆破、仅发生介质泄漏的情况，缠绕式高压储氢容器就是代表之一。为了提高储氢装置的安全性，还应设置超压泄放安全阀、压力和泄漏检测点，出气管路上设置紧急切断阀以便事故工况下泄放储氢装置中的氢气。站内储氢容器作为疲劳容器，需要实时监测罐内的压力波动情况，当达到使用年限或设计疲劳次数时，应及时报废。

加氢机为燃料电池汽车提供氢气加注服务，带有计量和计价等功能，具有随机加注、频繁操作等特点。加氢软管须设置分离拉力不大于680N的拉断阀，防止加注车辆意外启动拉断软管或拉倒加氢机，导致氢气泄漏事故。基于J-T（焦耳-汤姆森）效应，被充压容器内氢气将产生温升。为防止车载储氢瓶超温，一般要求氢气加注速率不大于60g/s。终端加注压力为35MPa时，通常将氢气预冷至0～10℃；终端加注压力为70MPa时，通常将氢气预冷至−40℃，达到快速充装的目的。加氢机还应设置全启式安全阀防止超压；设置切断阀和紧急停车按钮，在紧急情况下能自动关闭阀门，停止加氢作业，并向站内控制系统发出停车信号；加氢机入口还需要设置精密过滤器（过滤精度不大于5μm），确保终端氢气品质。

安全辅助系统主要包含安全检测系统、电控系统、防雷防静电系统及消防系统。

6.5.4　加氢站运行成本

当前，国内外加氢站投资都处于比较活跃的状态，但投资加氢站的首要难题是巨额的建设成本。选取不同的技术路线，加氢站建设和运营的成本也各不相同。本节就加氢站的建设成本进行详细的分析和比较。

　　由于国内缺乏成熟量产的加氢站设备厂商，进口设备提高了加氢站建设成本。目前建设一座固定式加氢站的投资成本约为 1500 万～2000 万元，即使扣除政府补贴的 300 万～500万元，加氢站投资成本依然是传统加油站的 2～3 倍。

　　1. 外供氢加氢站经济性计算公式

$$C = C_i + C_o + C_h + C_t + C_s + C_f \tag{6-7}$$

$$C_i = \sum_{j=1}^{n} A_j \times C_{i,j} \tag{6-8}$$

$$A_j = \frac{r}{1-(1+r)^{-y}} \times \frac{1}{365} \tag{6-9}$$

式中：C 为加氢站日均成本，元/d；C_i 为日化投资成本，元/d；C_o 为日运营成本，元/d；C_h 为日购氢成本，元/d；C_t 为日运氢成本，元/d；C_s 为日储氢成本，元/d；C_f 为日原料成本，元/d；A_j 为成本回收系数，即 2.20×10^{-4}；$C_{i,j}$ 为设备初始投资成本；r 为利率，此处取 0.05；y 为设备寿命，此处取 20 年。

　　2. 外供氢高压氢气加氢站建设成本分析

　　以日供氢能力为 180kg/d，存储能力为 250kg 的外供氢高压氢气加氢站为分析对象，其氢气运输方式为集装管束拖车运输，加氢站同时具备 35MPa 和 70MPa 两种加氢压力。当加氢压力达到 70MPa 时，需要添加冷却系统，在加氢过程中对氢气进行预冷，以防止加氢过程中由于氢气温度过高而引发的安全事故。

　　国外的研究数据表明，该类型加氢站建成所需的与设备相关的费用约为 160 万美元，考虑投入使用前所需的调试费用、工程设计费用、管理费用、建筑施工费用等其他费用，总成本将超过 200 万美元。外供氢高压氢气加氢站建设成本组成见表 6-7。

表 6-7　　　　　　　　　　　　外供氢高压氢气加氢站建设成本组成

成本组成		费用（×1000 美元）	备注
压缩机		270	29kW 活塞式压缩机
储氢瓶		370	250kg 储氢能力
加氢及冷却系统	加氢	290	35/70MPa 双压力
	冷却	150	
其他系统成本		527	包括加氢站建成所需的其他阀门、管路、材料、链接设备等
系统费用总计		1607	—
其他建成前的必需费用		408	包括调试费、设计施工费、工程管理费用、项目申请产生的费用等
总计		3622	—

　　3. 外供液态氢加氢站建设成本分析

　　对于一个日供氢能力为 350kg/d，同样具备 35MPa 和 70MPa 两种加氢压力的外供液态氢加氢站进行建设成本分析。相比于外供高压氢气加氢站，外供液态氢加氢站在运输之前需要耗能将氢气温度降低到 −253℃，以液态氢的形式进行运输。加氢站中需要添加额外的储氢瓶和冷却系统保证加氢站的正常运行，占地面积更大，因此液态加氢站的建设成本高于高压氢气加氢站。国外的研究数据表明，外供液态氢加氢站建成所需的与设备相关的费用约为

193 万美元（高于外供氢高压氢气加氢站的 160 万美元），考虑投入使用前所需的调试费用、工程设计费用、管理费用、建筑施工费用等其他费用，总成本约为 280 万美元。外供液态氢加氢站建设成本组成如下表 6-8 所示。

表 6-8   外供液态氢加氢站建设成本组成

成本组成	费用（×1000 美元）	备注
压缩机	778	离子液压缩机，低温型
	12	仪用空气压缩机
储氢瓶	92	11.36m³ 储氢能力
加氢及冷却系统	319	35/70MPa 双压力
其他系统成本	729	包括加氢站建成所需的其他管路、材料、链接设备等
系统费用总计	1930	—
其他建成前的必需费用	873	包括调试费、设计施工费、工程管理费用、项目申请产生的费用等
总计	4733	—

4. 站内电解水制氢加氢站建设成本分析

国外某加氢站采用站内电解水制氢，该加氢站日供氢能力为 130kg/d，同样具备 35MPa 和 70MPa 两种加氢压力，下面对该加氢站的建设成本进行分析。站内电解水制氢加氢站由于站内具备制氢能力，与外供氢加氢站相比，省去了将氢气由制氢厂运至加氢站的运输费用。受益于模块化的设计，电解水制氢系统包含的所有设备都可以放置于 65.61～131.23m 的国际标准集装箱中，英国 ITM Power、加拿大的 Hydrogen Technology and Energy (HTEC) 公司以及美国 Hy Gen Industries 等企业都提供这种集装箱式电解水制氢系统。本部分对外供氢加氢站的分析中并没有考虑集装管束拖车的制造/使用成本、氢气运输成本等，仅针对加氢站建设投资成本进行分析比较。国外的研究数据表明，Hy Gen Industries 电解水制氢加氢站总建设成本超过 320 万美元，远远超过外供氢高压氢气加氢站（200 万美元）和液态氢加氢站（280 万美元），其中电解水制氢装置成本约 131 万美元。站内电解水制氢加氢站建设成本组成如表 6-9 所示。

表 6-9   站内电解水制氢加氢站建设成本组成

成本组成		费用（×1000 美元）	备注
压缩机		151	提供 35MPa 供氢压力
		112	提供 70MPa 供氢压力
储氢瓶		217	45MPa 压力存储 84.6kg 氢
加氢及冷却系统	加氢	388	35/70MPa 双压力
	冷却	19	
电解装置		1309	1.5MPa
其他系统成本		188	包括加氢站建成所需的其他材料、链接设备等

成本组成	费用（×1000 美元）	备注
其他建成前的必需费用	828	包括调试费、设计施工费、工程管理费用、项目申请产生的费用等
总计	3212	—

5. 压缩系统建设成本分析

根据 Ahmad Mayyas 等人的研究，通过对比压缩系统建设成本与生产规模的关系，我们发现：随着生产规模的增加，压缩系统核心部件的直接生产成本将大幅降低，当生产规模由 10 套/年增加到 100 套/年时，核心部件直接生产成本降低约 82%；核心部件直接生产成本降低的主要原因是随着生产规模的增加，平均到每套压缩系统的资本成本及设备/建筑成本明显降低；辅助设备成本随生产规模的增加变化很小，其中系统的控制单元价格最高，占辅助设备成本的 58%，高精度的控制单元成本约为 13000 美元；考虑压缩系统直接成本及装配成本的总成本随生产规模的增加而降低，生产规模由 10 套/年增加到 100 套/年时，总成本降低约 56%。

压缩系统的直接生产成本及装配成本与生产规模的关系如图 6-22 所示。预计在未来，压缩系统的成本降低空间将更大。随着生产规模的增加，辅助设备成本在总成本中的占比将超过直接成本，未来随着需求的增加，针对不同参数压缩系统的阀组、接头、传感器等辅助部件将趋于更加标准化、集成化的生产制造模式。届时，辅助设备成本将大幅降低，这使得压缩系统的成本在未来将有很大的降低空间。

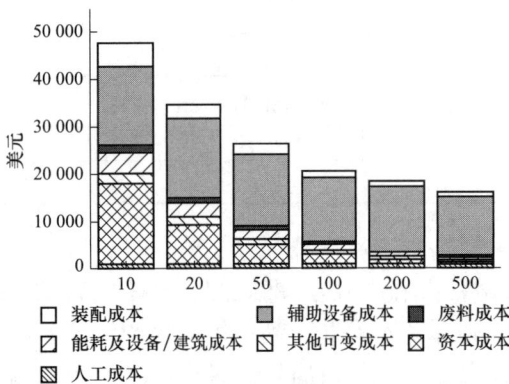

图 6-22　压缩系统的直接生产成本及装配成本与生产规模的关系

6. 中国加氢站建设成本分析

将我国加氢站压缩、储氢及加氢三大系统的建设成本与日本、德国等其他国家的建设成本进行比较，以分析中国在加氢站建设成本方面的国际竞争力。各国压缩系统建设的直接成本及装配成本比较如图 6-23 所示。各国压缩机系统建设成本比较：我国压缩系统建设的直接成本和装配成本在国际上具有明显优势，明显低于日本、德国等氢能利用更为广泛的国家；考虑压缩机制造企业加权

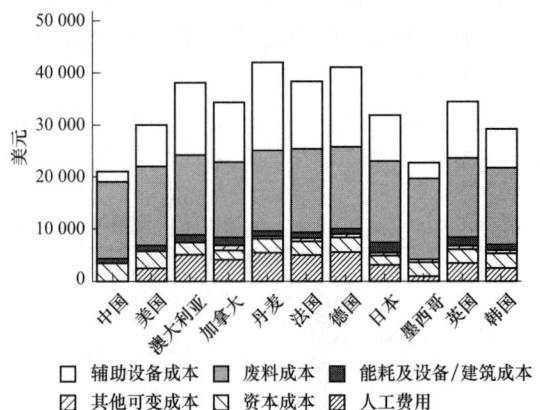

图 6-23　各国压缩系统建设的直接成本及装配成本比较

平均资本成本要求后，我国压缩机建设成本的优势降低，但依然低于其他发达国家；我国加氢站压缩系统建设成本较低的优势在于较低的人工费用及设备/建筑成本。中国加氢站成本

组成比例见图 6-24。

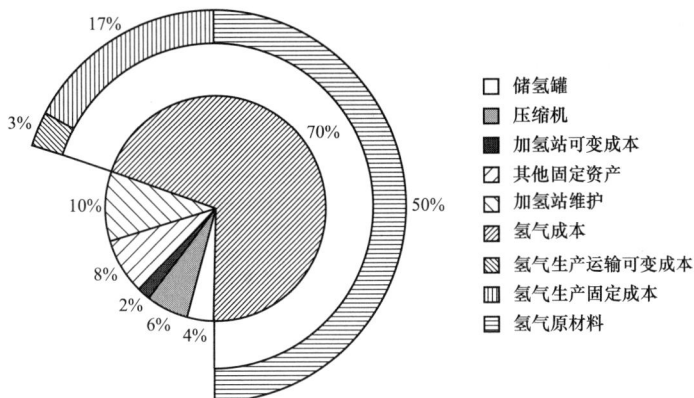

图 6-24　中国加氢站成本组成比例

氢气在制备、储存和输运过程中的成本比例，大体来说，制氢成本占 30%（其中 19% 为原料，固定和变动的运行费占 10%）；氢气输送占 8%；加氢站占 62%（其中设备费占 26%，运行费占 36%）。加氢站的压缩机、注氢机等关键设备依赖进口，因此建设投资大。现在氢气的出厂价为 20 元/(kgH$_2$) 左右，对应的输运和加氢站的成本为 5.3 元/(kgH$_2$) 和 41.3 元/(kgH$_2$)，最终氢气的销售价格为 66.6 元/(kgH$_2$)。距离平价氢气还有一定距离。不同氢源的成本构成如图 6-25 所示。

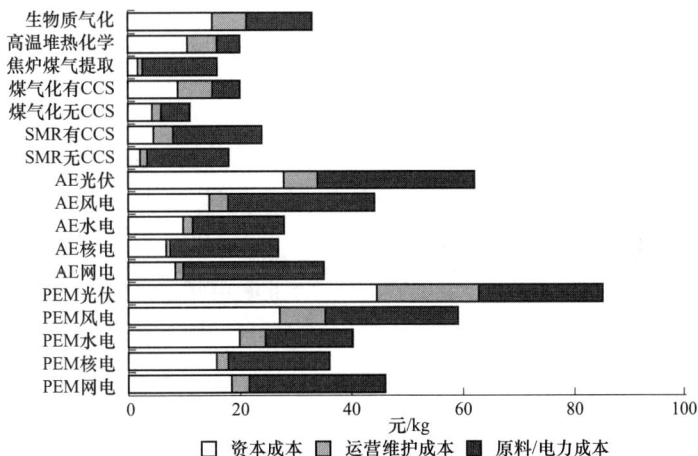

图 6-25　不同氢源的成本构成（SMR：小型模块化反应堆；AE：碱性水电解；PEM：质子交换膜水电解）

6.5.5　加氢站发展现状

1. 概况

全球首座商业化的氢燃料电池汽车加氢站位于德国慕尼黑国际机场，于 1999 年 5 月建成。根据 H$_2$stations.org 网站公布的全球氢燃料电池汽车加氢站年度评估报告，截至 2020 年年底，全球共有 553 座加氢站投入运营，全球加氢站分布、全球加氢站统计图、全球加氢站分布柱状图分别见表 6-10、图 6-26 和图 6-27。

表 6-10　　　　　　　　　　　　　　　　全 球 加 氢 站 分 布

地区	加氢站数量（座）						
年份	2014 年	2015 年	2016 年	2017 年	2018 年	2019 年	2020 年
欧洲	82	95	106	139	152	177	200
亚洲	63	67	101	118	136	178	275
北美洲	38	50	64	68	78	74	75
其他	1	2	3	3	3	3	3
总计	184	214	274	328	369	432	553

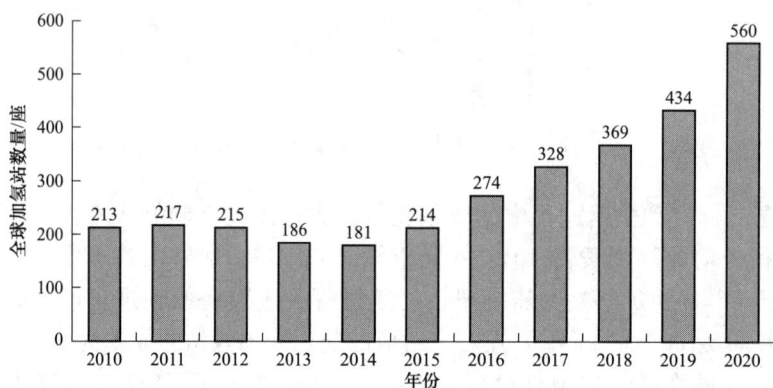

图 6-26　全球加氢站统计图

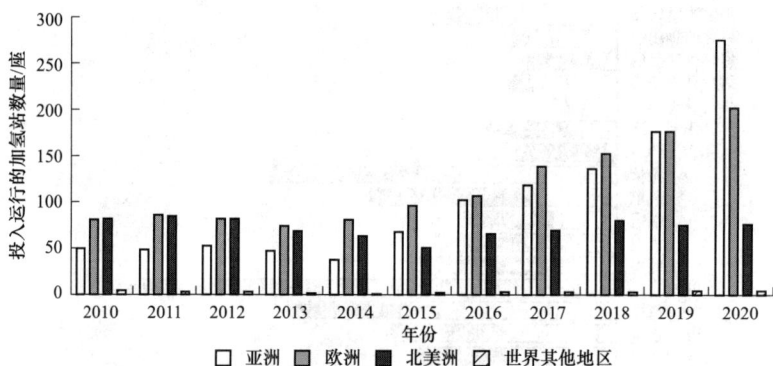

图 6-27　全球加氢站分布柱状图

2021 年年初增加了 7 座加氢站，并且已经制定了 225 座额外加氢站位置的具体计划。2020 年年底，欧洲有 200 座加氢站，其中 100 座在德国。法国仍以 34 座加氢站位居欧洲第二，计划建设 38 座加氢站，目前在欧洲增长最为强劲。然而，虽然其他欧洲国家专注于公共客车加氢站，但大多数法国加氢站的目标是为公共汽车和送货车队加油。预计荷兰的加氢站数量也会显著增加，计划中的加氢站数量已增至 23 座。根据计划，最近在瑞士开设了第九座加氢站。截至 2020 年年底，亚洲共有 275 座加氢站，其中日本 142 座，韩国 60 座。数据库中的 69 座中国加氢站几乎专门用于为公共汽车或卡车车队加油。2020 年还新增 4 座加氢站，规划专用加氢站数量大幅增加至 43 座。

2020 年年底，初步统计我国加氢站已建成 128 座，"十三五"规划 100 座加氢站目标已超额完成。已建加氢站分布在全国 17 个省份，主要集中在京津冀、长三角、珠三角地区，其中上海、武汉、佛山等地已制定或出台了明确的管理办法。

日本、德国加氢站的建设比较早，也比较多，中国起步较晚，相对较少。2019 年以后，中国加氢站数量呈爆发式增长，按照前瞻产业研究院的统计，2020 年已达到 88 座。中国石化计划"十四五"期间建设 1000 座加氢站。截至 2018 年年底世界各国加氢站及利用如图 6-28 所示。

2. 德国

近年来，德国能源转型暴露出越来越多的问题。首先，随着可再生能源装机容量和发电量的稳步提升，维护电力系统稳定性成为首要挑战。2019 年，德国部分地区出现了电力供应中断事故，暴露出储能和调度能

图 6-28 截至 2018 年年底世界各国加氢站及利用

力不足的短板。其次，为提升电力系统供应能力，德国增加了天然气发电，但需要从俄罗斯等国家进口更多的天然气，导致能源对外依存度提升。再次，能源转型带来价格走高，面临越来越多的争议。能源转型陷入困境的问题使碳减排进展不如预期。自 2015 年以来，德国碳排放量不降反升，2018 年在暖冬的影响下才实现"转跌"。传统减排路径边际效益递减，亟须开辟新途径，挖掘更多减排潜力。2020 年 6 月 10 日，德国联邦政府推出了《国家氢能战略》，成立了由内阁任命的国家氢能委员会。德国计划投资 90 亿欧元促进氢的生产和使用，努力成为绿氢技术领域的全球领导者。发展氢能可助力大规模消纳可再生能源，并实现"难以减排领域"的深度脱碳。电解水制氢技术发展迅速，规模提高、响应能力增强、成本下降，使其有望成为大规模消纳可再生能源的重要手段。在区域电力冗余时，通过电解水制氢将多余电力转化为氢气并储存起来，从而减少"弃风能""弃光能""弃水能"等现象，降低可再生能源波动性对于电力系统的冲击。与此同时，氢能具有高能量密度（质量密度）、电化学活性和还原剂属性，能够在各种应用领域扮演"万金油"角色，对"难以减排领域"的化石能源进行规模化替代，实现深度脱碳目标。围绕深度脱碳和促进能源转型，德国创新提出了电力多元化转换（Power-to-X）理念，致力于探索氢能的综合应用。具体而言，在氢气生产端，利用可再生电力能源电解水制取低碳氢燃料，从而构建规模化绿色氢气供应体系。在氢气应用端，将绿色氢气用于天然气掺氢、分布式燃料电池发电或供热、氢能炼钢、化工、氢燃料电池汽车等多个领域。现阶段，德国政府与荷兰等国正在开展深度合作，重点推广天然气管道掺氢，构建氢气天然气混合燃气（HCNG）供应网络。其中，依托西门子等公司在燃气轮机方面的技术优势，已开展了若干天然气掺氢发电、供热等示范项目。截至 2019 年年底，德国已有在建和运行的"PtoG"（可再生能源制氢＋天然气管道掺氢）示范项目 50 个，总装机容量超过 55MW。此外，蒂森克虏伯已开展氢能炼钢示范项目，预计到 2022 年进入大规模应用阶段。德国工业基础雄厚，借助该项优势将重点推动氢能及氢基燃料（氨、甲醇、合成甲烷、煤油等）在碳排放密集工业和交通行业中的应用。德国政府计划

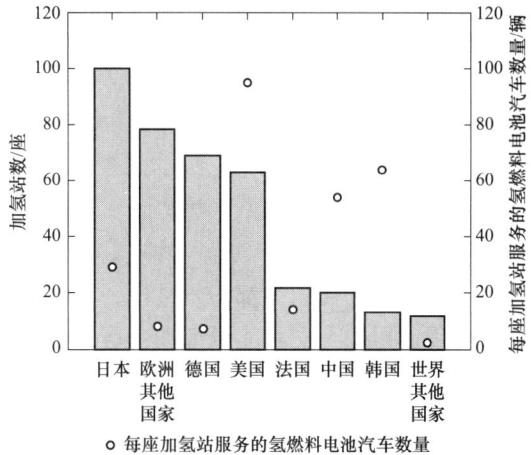

2030 年将航空煤油中的可再生燃料配额定为不低于 2％，还计划针对钢铁和化工行业的碳排放制订一项针对碳差价合约（CFD）的试点计划。在基础设施方面，战略提出充分利用现有的天然气基础设施构建氢气网络，增强氢气运输和分配能力，同时充分利用本国地理位置，做好周边国家管网衔接。

总体来看，当前欧洲大规模的经济复苏计划正在展开，德国氢能源发展战略的及时推出，有利于德国抓住关键时刻氢能产业国内发展和欧洲国家间协同发展的历史性机遇，并为全球可再生能源制氢、储运及氢能在更大范围内应用注入强劲的推动力。

3. 日本

多年来，日本能源安全形势严峻，急需优化能源进口格局和渠道方式。日本的能源结构高度倚重石油和天然气，二者占能源消费的比重高达 2/3。因为国内能源资源比较匮乏，95％ 以上的石油和天然气都需要进口。此外，日本政治局势日趋复杂，断供风险犹如悬在头顶的一把剑，再加上国际能源市场价格的大起大落，给日本能源安全甚至经济安全带来较大冲击。日本还是地震、海啸、台风等自然灾害频发的国家，能源供应中断经常发生。氢燃料电池汽车、家用氢燃料电池热电联产组件等设备在充满氢气或其他燃料的情况下，可维持一个家庭 1~2 天的正常能源供应。氢能终端设备的普及，还可以为日本减灾工作作出贡献。2011 年，福岛核事故发生后，日本核电发展遇到越来越多的阻力，如果实现本土"弃核"，就意味着能源对外依赖程度还要提升。因此，日本迫切需要在当下能源消费格局中开辟新的领域，寻找能源安全的缓冲区和减压阀，摆脱其对石油和天然气的依赖。基于此，日本开始大力发展氢能，提升能源安全水平，分化油气价格同向波动对经济的影响。

据估计，未来一段时间内燃料电池汽车将取代 2％~20％ 的燃油车；在能源和供暖行业，这一比例将分别为 30％ 和 20％。到 2025 年，日本将有 20 万辆燃料电池汽车（FCV），到 2030 年将达到 80 万辆。不难看出，日本的交通运输部门将主导着氢的需求结构。根据官方预计，到 2030 年，日本的氢气商业消耗量估计为每年 30 万 t。当前，日本在氢技术和供应链开展了许多试点项目。2020 年 4 月，一艘来自文莱达鲁斯-萨拉姆的货船将甲基环己烷运往日本，随后将其脱氢。货物来自文莱卢穆特液化天然气终端项目，该项目由文莱和日本的 4 家公司——三菱、三井、千代田和日本商事株式会社执行，在 2020 年交付的最大数量为 210t。目前，日本在技术、材料、设备等方面拥有非常明显的优势，尤其是已基本打通氢燃料电池产业链。经过多年的耕耘，日本已在氢能领域打造出一批"隐形冠军"，如东丽公司的碳纤维、川崎重工的液态氢储运技术和装备等。据统计，日本在氢能和燃料电池领域拥有的优先权专利占全球的 50％ 以上，并在多个关键技术方面处于绝对领先地位。据日本次世代自动车振兴中心数据，截至 2021 年 6 月，日本共有 147 座加氢站正在运营，位居世界第一位。

4. 中国

2019 年 3 月，氢能首次被写入我国《政府工作报告》，并先后出台多个配套规划和政策，推动氢能研发、制备、储运和应用链条不断完善。2020 年 9 月，国家发展改革委、科技部、工业和信息化部、财政部四部委联合发布《关于扩大战略性新兴产业投资 培育壮大新增长点增长极的指导意见》（发改高技〔2020〕1409 号），明确指出应该加快新能源发展，加快制氢加氢设施建设。2020 年 12 月，《新时代的中国能源发展》白皮书指出，支持新技术新模式新业态发展，加速发展绿氢制取、储运和应用等氢能产业链技术装备，促进氢能燃料电池技术链、氢燃料电池汽车产业链发展。2021年2月22日，国务院发布《关于加快建立健全绿色低碳循环发展经济体系的指导意见》（国发〔2021〕4号）指出大力发展氢能，加大加氢等配套设施建设。随着氢能政策的制定与完善，大批的氢能示范项目也陆续开展。

　　据不完全统计，截至2020年12月31日，全国在建和已建加氢站共181座，已经建成124座，其中2020年建成加氢站55座，国内已建成加氢站分布如图6-29所示。在建加氢站57座，主要集中在广东、山东等地。广东建成的加氢站数量最多，累计达到31座；山东、江苏11座，并列第二。全国共有22个省市布局加氢基础设施。截至2021年4月，北京、上海、四川、广东、江苏、浙江、山东、安徽、湖北、山西、福建、海南等多个省市发布了"十四五"或中长期的氢能产业发展规划。2021年4月16日，山东省省政府与科技部签署了"氢进万家"科技示范工程框架协议，将带动氢能供应体系建设、加氢站等配套设施建设和氢能关联产业发展，为加快我国能源结构转型升级，为实现"双碳"目标奠定了基础。具体内容如下：

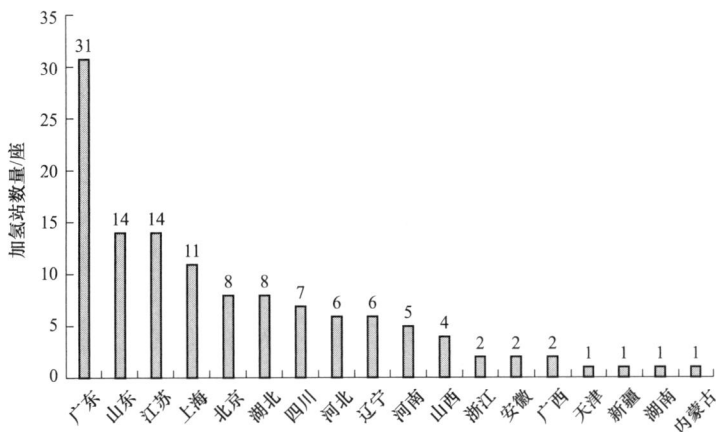

图6-29　国内已建成加氢站分布

　　（1）上海。2020年9月，中华人民共和国财政部等五部委印发《关于开展燃料电池汽车示范应用的通知》（财建〔2020〕394号），启动国家燃料电池汽车示范应用工作，明确京津冀、上海、广东大城市群进入首批燃料电池汽车示范应用。根据若干政策，到2025年年底前，上海市级财政按照中央财政奖励资金1∶1比例出资，统筹安排本市燃料电池汽车发展专项扶持资金。在加氢站建设补贴方面，对在2025年前完成竣工验收，并取得燃气经营许可证（车用氢气）的加氢站，按照不超过核定投资总额的30%给予补贴。2025年前，对氢气零售价格不超过35元/kg的加氢站运营主体，按照氢气实际销售量给予补贴。截至目前，上海城市群已建立城市群工作机制、组建市级工作专班，瞄准"百站、千亿、万辆"战略目标（规划建设加氢站接近100座，形成产出规模近1000亿元，推广燃料电池汽车接近10 000辆）。根据《上海市综合交通发展"十四五"规划》（沪府发〔2021〕8号）、《上海市生态环境保护"十四五"规划》（沪府发〔2021〕19号），上海正在加大氢燃料储运、加注等技术攻关力度，探索氢燃料电池的多场景、多领域商业性示范应用，在具备条件的公交、客运、重型货运、冷链运输、环卫、非道路移动机械等领域开展示范应用，燃料电池汽车应用总量突破1万辆。

　　（2）天津。华北地区最大氢燃料电池供氢项目成功投产。2021年9月28日，华北地区最大氢燃料电池供氢项目——中国石化天津石化燃料电池氢气项目成功投产，一次开车成功并顺利产出合格产品,氢气纯度达 99.999%。该项目氢气年产能力达 2250t,可满足天津全部加氢站的用氢需求,有效提高华北地区氢气生产和供应能力,促进天津氢能产业快速发展。该项目总投资近 5000 万元,由设计规模为 3000m³/h(标准状态下)的氢气纯化单元,以及 2000m³/h(标准状态下)的氢气充装单元组成,于 2021 年 6 月开工建设,9 月初顺利中交。项目采用中国石化自主开发专利技术建设,具有占地面积小、动力消耗低等优点。

(3)北京。中国石油在京加氢站正式投运。2021 年 8 月 15 日,中国石油在京首座加氢站正式投入运行。作为 2022 年北京冬奥会氢能车辆燃料加注的保障单位之一,福田加氢站位于北京市昌平区沙河镇,占地面积 1700m²,日均加注能力为 600kg,每日可加注氢燃料电池客车 50~60 辆。同时,该加氢站也是国家重点研发项目——科技冬奥"氢能出行"课题的成员,承担着为冬奥会氢燃料电池客车和氢燃料电池卡车的能源保供重任,是向世界展示"绿色冬奥"形象的重要窗口。同时作为中国石油在新能源领域的首批探索实施项目,未来可以为广泛布局加氢站,建设油、气、电、氢混建站等奠定坚实的基础、积累大量的经验、培养优秀的人才。

(4)广州。广州开发区政策升级,《"氢能 10 条"2.0 版》严格落实国家要求的氢气销售价格,延续了对加氢站运营的扶持,最高补贴 20 元/kg,确保示范期氢气价格保持在 35 元/kg 以下。同时对加氢站建设给予扶持,最高每站补助 250 万元。作为广州乃至粤港澳大湾区实体经济主战场,广州市黄埔区、广州开发区构建了"智谷氢谷药谷美谷纳米谷"五谷丰登产业发展格局。在打造氢谷方面,加速氢能布局,于 2019 年 8 月出台《"氢能 10 条"2.0版》,在全国率先实现全产业链扶持,综合扶持力度当时全国最大。目前已兑现补贴超 1200万元,推动区内氢能人才、技术和重点项目不断集聚。

1)更大力度推动氢能产业发展。《"氢能 10 条"2.0 版》在原有政策基础上延续了氢能全产业链扶持,同时在投资落户扶持、租金补贴、加氢站建设运营补贴等关键环节上进行了修订,以更大力度推动氢能产业发展。其中加大了对氢能关键领域投资落户的扶持力度。提出对落户广州市黄埔区、广州开发区的获得国家示范奖励扶持的关键零部件产品项目,固定资产投资 5 亿元以上的,按固定资产投资总额的 15% 给予奖励;对其他固定资产投资 5000万元以上的项目,取消原政策规定的分档支持,改为统一按固定资产投资总额的 10% 进行扶持。同一企业投资落户最高奖励 1 亿元。《"氢能 10 条"2.0 版》将对氢能产业园给予 25 万元一次性奖励及 3 年每年最高 100 万元运营补贴。作为产业园运营单位,雄川氢能科技(广州)有限责任公司已拿到运营补贴和引进企业奖励 100 余万元。

2)50 亿元基金助推技术攻关。为鼓励对氢能产业关键技术的研发,广州市黄埔区、广州开发区还设立了规模 50 亿元的氢能产业基金,发布"低碳 16 条",强化政策资金支持维度。黄埔区、广州开发区成为广州市乃至粤港澳大湾区氢能产业发展基础条件最好、配套环境最优、产业链最为完善的区域之一。当前,该区域正规划建设广州国际氢能产业园、湾区氢谷等 5 大氢能产业园区。其中,广州国际氢能产业园将围绕氢能上中下游产业重要技术及关键部件进行布局,构建"氢能创新链+智慧服务链"。目前现代氢燃料电池系统项目已落户该园区,初期规划年产能 6500 套,计划于 2022 年下半年投入批量化生产。

3)为减碳环保注入"氢动力"。针对目前广东地区氢气主要依靠化工副产氢,储运成本较高,不稳定因素大,氢气价格居高不下等难点,《"氢能 10 条"2.0 版》严格落实国家要求的氢气销售价格,延续了对加氢站运营的扶持。到 2025 年,该区将建成 30 座以上加氢站,日供氢能力达 3 万 kg 以上，构建满足示范、覆盖全域的氢能基础设施网络，开拓更多应用场景，促进氢能利用与现代服务业深度融合。广州市黄埔区、广州开发区力争到 2025 年实现"三个 5"的目标：5000 辆氢燃料电池汽车示范应用，500 亿元氢能产业规模，50 万 t 碳排放减排量。通过打造高质量氢能产业集群，让广州市黄埔区、广州开发区成为粤港澳大湾区氢燃料电池汽车关键领域创新产业"硬核"，支撑广东省燃料电池汽车示范应用城市群建设，为实现碳达峰、碳中和的宏伟目标添注强大的"氢动力"。

（5）西昌。中国西部高原首座标准化固定式加氢站投运。中国西部高原地区首座标准化固定式加氢站日前在四川省凉山州西昌市投运，西昌城区首批 10 辆氢燃料电池公交车也将陆续启动运营。西昌市月城加氢站每天可加氢 500kg，最多可满足每天 50 辆氢燃料电池公交车或 100 辆氢燃料电池物流车加氢需求。一辆氢燃料电池公交车 10min 加满 20kg 氢气，可"一口气"跑 500km。月城加氢站的建成，解决了西昌当地氢燃料电池汽车燃料加注问题，也为推进凉山州氢能汽车产业化发展提供了基础设施保障。这是凉山氢能产业从无到有的标志性项目，凉山州有着水能、风能、太阳能等丰富的清洁能源资源，目前正科学布局制、储、运、用为一体的氢能全产业链，构建四川省绿色氢源供给链条、氢能基础设施网络，为我国实现碳达峰、碳中和目标贡献力量。

氢能是世界能源发展的主要方向之一，是无污染、零排放的绿色能源。氢能汽车也是国际新能源领域最前沿课题。四川是中国第二个、西部地区首个开通氢燃料电池公交示范线的省份，也是西部首个建成加氢站的省份。

（6）武汉。武汉市首次实现油电氢供能一站式服务。武汉三环内首座加氢站——铁龙加氢站近日建成投入试运营，该站点是目前武汉市内唯一一座能够实现油、电、氢供能一站式服务的站点。这座固定式加氢站位于武汉南三环线光谷民族大道路段，站点内氢能展示厅、储氢罐、进口氢气压缩机、加氢机、站控系统及安防系统等一应俱全，紧挨着铁龙加氢站的是一座电动汽车充电站和一座中石油加油站。该站点规划设计日加氢能力 1000kg，一期工程目标实现日加氢能力 500kg，12h 内可满足 50 台大型氢能物流车或大型氢能客车加氢需求，目前主要为铁龙通勤自有的 34 台氢燃料电池通勤客车提供加氢服务。如果按照通勤车 3~4 天加一次氢气，这个站点最多可满足 300 台氢能汽车的加氢需求，为武汉绿色环保通勤做出更大贡献。

武汉是国内较早研发氢燃料电池技术和示范运营的城市，截至目前，武汉氢燃料电池汽车运营规模位居全国前列，多座加氢站已启动规划建设。武汉市委要求加快发展新产业，打造"965"产业集群，其中氢能作为新兴产业位列其中。按照《武汉市氢能产业突破发展行动方案》（武政办〔2020〕88 号），武汉市逐步探索在城市建成区建设加氢站，鼓励企业在现有加油站、加气站、充电站内改扩建加氢设施。通过科学规划建设，在全市形成闭合成环、辐射成线和交会成点的沿三环线、四环线加氢走廊。

本章小结

本章介绍了氢气的运输与加注两大内容。氢气运输方面对于车辆运输、管道运输、轮船运输，主要介绍了其概述、成本计算、发展现状等，并对三种运输方式从技术成熟度和经济性等角度进行对比。氢气的加注主要介绍了加氢站分类、工作原理、系统组成、运行成本、发展现状等内容。氢气的运输与加注如图 6-30 所示。

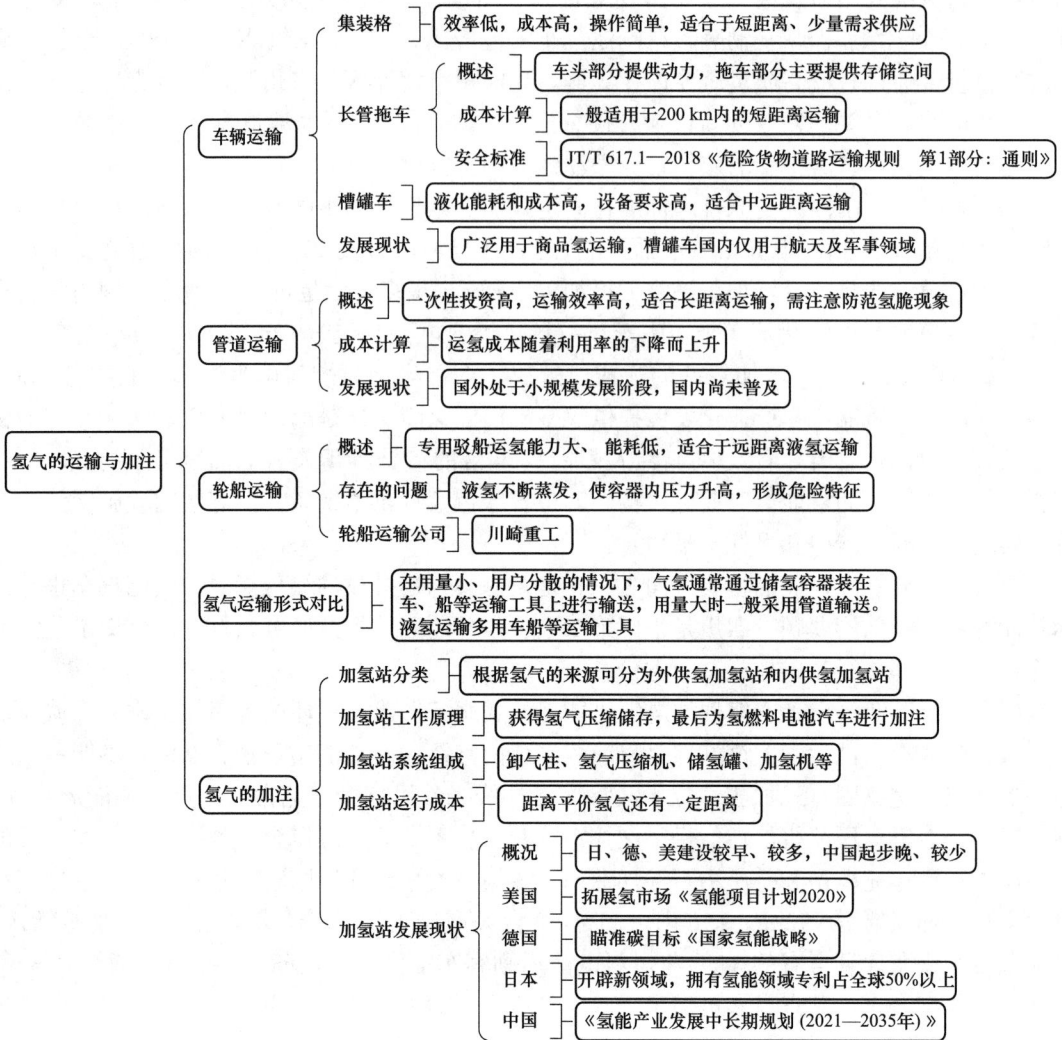

图 6-30　氢气的运输与加注

7 氢 燃 料 电 池

第 7 章资源

前面章节对氢能的制备、提纯、储运进行了介绍，接下来将介绍氢能利用中至关重要的一种形式——燃料电池（fuel cell）。燃料电池是继水力、火力、核能发电之后的第四代发电技术，具有无噪声、无污染、高效率等优点。燃料电池是一种能量转换装置，它将存储在燃料中的化学能通过电化学反应直接转换成电能。虽然燃料电池和锂电池都统称为电池，但其工作原理完全不同。锂电池是储能装置，而燃料电池是能量转换装置，携带能量的燃料和氧化剂被输入到燃料电池中，经电化学反应转换为电能。当燃料为氢气时，则称之为氢燃料电池（hydrogen fuel cell）。氢燃料电池氢气和氧气分别在阳极和阴极发生氧化还原反应，产生电力的同时排放水。尽管氢燃料电池具有诸多优点，但其发展历程并不顺利。早在 1839 年，英国物理学家威廉·葛洛夫便制作了首个氢燃料电池，这个时间比锂离子电池早发明 100 多年。1968～1972 年，碱性燃料电池用于阿波罗登月计划。直到碳达峰、碳中和战略提出后，氢燃料电池作为实现氢能转换为电能利用的关键载体，获得了基础研究与产业应用层面新的高度关注。本章将就燃料电池的分类、各类燃料电池的工作原理和特点、燃料电池的关键部件、发展趋势进行介绍。氢燃料电池示意图见图 7-1。

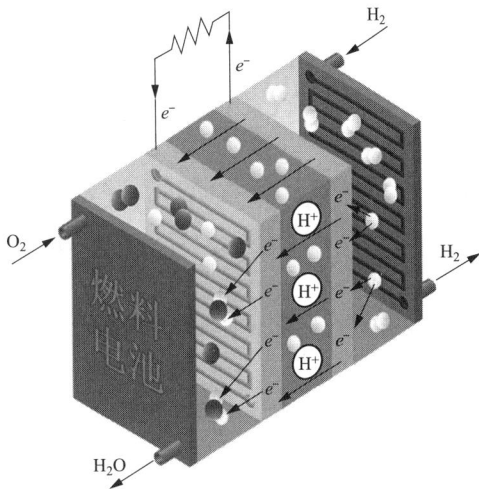

图 7-1　氢燃料电池示意图

7.1　氢燃料电池概述

氢燃料电池主要由阳极、阴极、电解质和外部电路等四个组成部分，工作原理如图 7-2 所示。氢燃料电池的阴、阳两极兼具电子传导及催化剂的作用，氢气由阳极通入，在催化剂的作用下分解为离子和电子，电子经外电路传导到阴极，离子在电场作用下通过电解质迁移到阴极上，两者同氧气在阴极上发生反应生成水。在此过程中，氢燃料电池由于自身的电化学反应以及内阻，会产生一定的热量。

目前，氢能的利用主要存在两种形式：一是通过燃烧将氢能转换为电能或热能；二是采用先进电化学装置将氢能转化为电能。在内燃机内部，能量的转化经历了从化学能—内能—机械能—电能的转变过程，而氢燃料电池是将储存在氢气与氧气中的化学能通过电化学反应直接转变为电能，极大地提高了可利用能量的利用率，是一种清洁环保的电化学发电装置，有着较高的氢能利用率，得到了世界各国和相关企业的高度关注。氢燃料电池颠覆了传统能源的动力模式，不再被热力学卡诺循环的效率所局限，它不经过热机过程，在污染减少 90%

以上的状况下，实现了高的能量转化效率（一次发电效率为 40%～60%，系统热电联供效率为 60%～80%）。此外，氢燃料电池由于具备零污染、噪声小、环境友好性和能量转换效率高等显著优点，被誉为是 21 世纪最具发展前景的"绿色能源"装置，越来越多的国家和政府正着力对燃料电池技术的开发和产业化给予更多的重视和大力的资助。

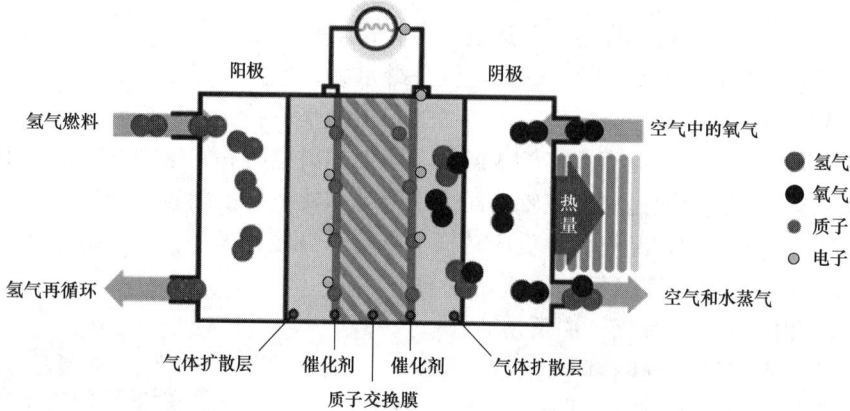

图 7-2 氢燃料电池工作原理

燃料电池是一种电化学装置，它可以动态地将氢氧间化学反应的能量，转换成电能供人们使用。在基本原理方面，燃料电池与其他电池类似，有两个被电解质分开的电极。而和电池不同的是，燃料电池是为连续补充反应物消耗而设计的。它依靠外部燃料和氧气供给产生电能，反过来作为限定内部电池存储容量的能量。现阶段，燃料电池仍处于研究阶段，并被不断证实有较好的性能和广泛应用前景。

通常氢燃料电池可以根据其运行原理、电解质类型、温度进行分类。根据运行原理可分为酸性燃料电池和碱性燃料电池。按电解质的种类不同，有碱性燃料电池、质子交换膜燃料电池、磷酸燃料电池、熔融碳酸盐燃料电池、固体氧化物燃料电池。按工作温度不同，可分为高、中、低温型三类，其中碱性燃料电池（100℃）、质子交换膜燃料电池（100℃）和磷酸燃料电池（200℃）称为低温燃料电池，熔融碳酸盐燃料电池（650℃）称为中温燃料电池，固体氧化物燃料电池（1000℃）称为高温燃料电池。

固体氧化物燃料电池、熔融碳酸盐燃料电池、磷酸燃料电池、质子交换膜燃料电池和碱性燃料电池等典型的燃料电池的技术对比，见表 7-1。在后续各节中将对各类氢燃料电池的工作原理、技术特点及发展现状和趋势等进行详细介绍。

表 7-1　　　　　　　　　　　　　各类燃料电池技术对比

类型	AFC（碱性燃料电池）	PAFC（磷酸燃料电池）	MCFC（熔融碳酸盐燃料电池）	SOFC（固体氧化物燃料电池）	PEMFC（质子交换膜燃料电池）
电解质	氢氧化钾溶液	液态磷酸	碳酸钾	固体氧化物	含氟质子交换膜
迁移离子	OH^-	H^+	CO_3^{2-}	O^{2-}	$(H_2O)_n H^+$
阳极	Pt/Ni	Pt/C	Ni/Al、Ni/Cr	Ni/YSZ	Pt/C
阴极	Pt/Ag	Pt/C	Li/NiO	Sr/LaMnO₃	Pt/C

续表

类型	AFC （碱性燃料电池）	PAFC （磷酸燃料电池）	MCFC （熔融碳酸盐 燃料电池）	SOFC （固体氧化物 燃料电池）	PEMFC （质子交换膜 燃料电池）
燃料	氢气	天然气、 氢气	天然气、煤气、 沼气	氢气、天然气、 煤气、沼气	氢气、甲醇、 天然气
氧化剂	纯氧	空气	空气	空气	空气
效率（%）	60～90	37～42	50	50～65	43～58
启动时间	几分钟	几分钟	>10min	>10min	<5s
工作温度（℃）	60～120	160～220	600～700	600～1000	80～100

7.2　碱　性　燃　料　电　池

7.2.1　概述

碱性燃料电池（alkaline fuel cell，AFC）也称为培根燃料电池，是第一代燃料电池，也是燃料电池中生产成本最低的一种。从 20 世纪 60 年代到 80 年代，国内外学者深入广泛地研究并开发了碱性燃料电池。碱性燃料电池的工作温度大约 80℃，可快速启动，但电流密度却比质子交换膜燃料电池的低数十倍。

7.2.2　工作原理

碱性燃料电池以强碱（如氢氧化钾、氢氧化钠）为电解质，氢气为燃料，纯氧或除去 CO_2 的空气为氧化剂，氧电极为 Pt/C/Ag，氢电极为 Pt-Pd/C、Ni 等，隔膜为饱浸碱液的多孔石棉，双极板为无孔碳板、镍板等，碱性燃料电池的工作原理如图 7-3 所示。首先，H_2 从阳极通入，在催化剂的作用下分解为质子（H^+）和电子（e^-），电子从外电路流到阴极，质子和电解液中的氢氧根（OH^-）反应生成水；阴极侧通入的氧气、水和电子反应生成氢氧根，阴极生成的氢氧根在电场的作用下由阴极流向阳极。阳极和阴极发生的电化学反应如式（7-1）和式（7-2）所示。

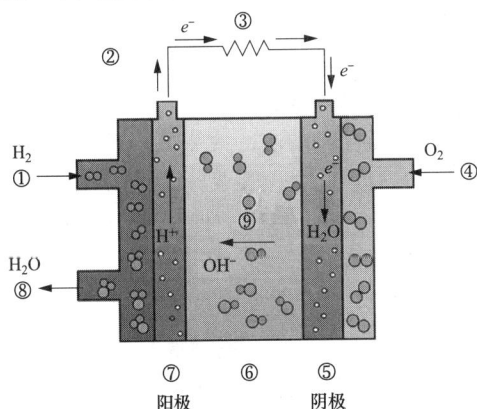

图 7-3　碱性燃料电池的工作原理

阳极侧：

$$H_2 + 2OH^- \longrightarrow 2H_2O + 2e^- \tag{7-1}$$

阴极侧：

$$O_2 + H_2O + 4e^- \longrightarrow 4OH^- \tag{7-2}$$

碱性燃料电池阳极的反应为氢氧化反应（hydrogen oxidation reaction，HOR）。碱性燃料电池阴极主要为氧还原反应（oxygen reduction reaction，ORR），由于反应中牵涉到 4 个电子的转移步骤，还有 O—O 键的断裂，易出现中间价态粒子，如 HO_2^- 和中间价态含氧物种等问题，因此 AFC 中阴极的氧还原反应是一个很复杂的过程。目前关于 ORR 的真实反应途径尚不清楚，普遍认为主要有以下两种途径：

1. 直接的四电子途径

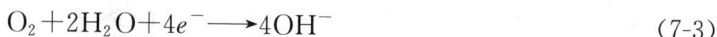

$$O_2 + 2H_2O + 4e^- \longrightarrow 4OH^- \tag{7-3}$$

2. 二电子途径

$$O_2 + H_2O + 2e^- \longrightarrow HO_2^- + OH^- \tag{7-4}$$

$$HO_2^- + H_2O + 2e^- \longrightarrow 3OH^- \tag{7-5}$$

从动力学理论上说，碱性体系中的氧还原反应（ORR）速率要比酸性体系中更快一些。正是由于碱性体系中 ORR 速率较酸性体系更快，使得大量的材料得以用作 AFC 阴极催化剂，主要包括 Pt 基、Pd 基、Ag 基及非贵金属催化剂等。

碱性燃料电池以强碱为电解质，在实际使用中使用空气作为氧化剂，空气中的 CO_2 会和液态电解质反应生成碳酸根，引起电极催化剂中毒，影响燃料电池的性能，反应如式（7-6）所示。用空气作为氧化剂，其中毒反应直接涉及碱性电解质。生成的碳酸盐可能沉积和堵塞催化剂的微孔，从而引起催化剂中毒使电池性能下降。

$$CO_2 + 2OH^- \longrightarrow CO_3^{2-} + H_2O \tag{7-6}$$

对阳极而言，电催化剂失活主要受以下三个方面的影响：毒性金属杂质的影响；阳极燃料气流中 CO 的影响，阳极燃料气体中的 CO 会与阳极催化剂发生强烈的化学吸附，将催化剂表面占据，使催化剂不能与 H_2 接触，从而引起中毒；阳极燃料气流中 CO_2 和 O_2 的影响。尽管 CO_2 的存在对电池性能具有不利影响，但这种影响在实验条件下是可逆的，比如说可以采用改变阳极气流中 CO_2 的浓度的方式，实验数据表明在 $40mA/cm^2$ 的条件下，当氢气流中 CO_2 的含量为 $0\% \sim 4\%$ 时仅仅产生了 $75mV$ 的极化效应。此外，阳极气流中 O_2 的存在对电池性能也有一定的影响：H_2 和 O_2 同时在阳极上发生反应发生自放电现象，这也是影响电池性能的原因之一。

7.2.3 技术特点

AFC 具有启动快、效率高、价格低廉、操作简便等优点，具体如下：碱性燃料电池可以在一个宽温度（$80 \sim 230℃$）和压力范围内运行。因其可以在较低的温度（大约 $80℃$）下运行，故它的启动也很快，但其电力密度却比质子交换膜燃料电池的密度低十几倍。AFC 具有较高的效率（$50\% \sim 55\%$）。因由氢氧电解液所提供的快速动力学效应，故碱性燃料电池可获得很高的效率，碱性环境下的氧还原反应比酸性环境容易得多，活性损耗也非常低。材料来源较多，可用非贵金属作催化剂，是燃料电池中生产成本最低的一种电池。碱性燃料电池中的快速动力学效应使银或镍可用以替代 Pt 作为催化剂。其电池本体可以用价格低的耐碱塑料制作，且使用的是廉价的电解液。通过电解液完全的循环，电解液被用作冷却介质，易于热管理，更为均匀的电解液集聚，解决了阴极周围电解液浓度分布问题；提供了利用电解液进行水管理的可能性；若电解液已被 CO_2 过度污染，则有替换电解液的可能性。当电解液循环时，燃料电池被称为"动态电解液的燃料电池"，这种循环使碱性燃料电池动力学特性得到了进一步的改善。

AFC 存在易毒化、运行风险等问题，具体如下：碱性燃料电池最大的问题在于 CO_2 的毒化。电池对燃料中 CO_2 敏感，碱性电解液对 CO_2 具有较强的吸收能力，电解液与 CO_2 接触会生成碳酸根离子（CO_3^{2-}），这些离子并不参与燃料电池反应，但削弱了燃料电池的性能，影响输出功率；碳酸的沉积和阻塞也将是一种可能的风险，这一问题可通过电解液的循环予以处理。虽然使用 CO_2 除气器可从空气流中排除 CO_2 气体，但是会增加成本和系统复杂度。除此之外，还会受到毒性金属杂质的影响。含毒性金属元素的物质有的是在催化剂制备过程中，由于使用的化学药品不纯带入的；有的是反应原料中含有的；有的是因选用的设备材料不合适引入的。这些金属杂质会与 Pt 或 Pd 结合，使它们失去催化活性，其中 Hg 和 Pb 的毒性特别强。循环电解液的利用增加了泄漏的风险。氢氧化钾是高腐蚀性的，具有自然渗漏的能力，甚至于有透过密封的可能性，具有一定的危险性，且容易造成环境污染。此外，循环泵和热交换器的结构，以及最后的气化器均更为复杂。另一问题在于，如果电解液被过多循环或单元电池没有完全的绝缘，则在两单元电池间将存在内部电解质短路的风险。

7.2.4　发展现状与趋势

20 世纪 60 年代初，中温碱性燃料电池被用于"阿波罗"太空飞船，标志着燃料电池技术成为民用。碱性燃料电池在太空飞行中的应用获得成功，因为空间站的推动原料是氢和氧，电池反应生成的水经过净化可供宇航员饮用，其供氧分系统还可以与生保系统互为备份，而且对空间环境不产生污染。

20 世纪 90 年代以来，众多汽车生产商都在研究使用低温燃料电池作为汽车动力电池的可行性。由于低温碱性燃料电池存在易受 CO_2 毒化等缺陷，使其在汽车上的应用受到限制，因此，除少数机构还在研究碱性燃料电池外，大多数汽车厂商和研究机构都在质子交换膜燃料电池和直接甲醇燃料电池上寻求突破，但他们都以贵金属 Pt 为主催化剂，批量生产阶段将被迫面临 Pt 匮乏的问题。碱性燃料电池可以不采用贵金属作催化剂，如果采用 CO_2 过滤器或碱液循环等手段去除 CO_2，克服其致命弱点后，用于汽车的碱性燃料电池将具有现实意义。因此，碱性燃料电池领域近年的研究重点是 CO_2 毒化解决方法和替代贵金属的催化剂。

这种电池用 35%～45% KOH 为电解液，渗透于多孔而惰性的基质隔膜材料中，工作温度小于 100℃。这种电池的优点是氧在碱液中的电化学反应速度比酸性液中大，因此有较大的电流密度和输出功率，但氧化剂应为纯氧，电池中贵金属催化剂用量较大，而利用率不高。目前，此类燃料电池技术的发展已非常成熟，并已经在航天飞行及潜艇中成功应用。国内已研制出 200W 氢-空气的碱性燃料电池系统，制成了 1、10、20kW 的碱性燃料电池，20 世纪 90 年代后期在跟踪开发中取得了非常有价值的成果。发展碱性燃料电池的核心技术是要避免 CO_2 对碱性电解液成分的破坏，不论是空气中百万分之几的 CO_2 成分还是烃类的重整气使用时所含有的 CO_2，都要进行去除处理，这无疑增加了系统的总体造价。此外，电池进行电化学反应生成的水需及时排出，以维持水平衡。因此，简化排水系统和控制系统也是碱性燃料电池发展中需要解决的核心技术。

近年的研究表明，CO_2 毒化问题可通过多种方式解决，如通过电化学方法消除 CO_2，使用循环电解质、液态氢，以及开发先进的电极制备技术等。德国的 E. Gülzow 等人 2004 年研究发现：当电极采用特殊方法制备时，可以在 CO_2 含量较高的条件下正常运行而不受毒化。在电极制备中，催化剂材料与聚四氟乙烯（PTFE）细颗粒在高速下混合，粒径小于 $1\mu m$ 的PTFE 小颗粒覆盖在催化剂表面，增加了电极强度，同时也避免了电极被电解液完全淹没，减小了碳酸盐析出堵塞微孔及对电极造成机械损害的可能性。香港大学倪萌等人 2004 年提出使用氨（NH_3）作为氢源，在碱性燃料电池上使用将具有较好的发展前景。NH_3 在室温下仅需 8～9MPa 就可被液化，不需较高能量消耗，且价格低，具备比较完善的生产、运输体系。氨具有强烈刺鼻的气味，其泄漏很容易检测。氨的爆炸范围比较小，仅 15%～28%（体积比），相对安全。在碱性燃料电池使用中，只需在燃料入口增加一个重整器，将 NH_3 分解为 N_2 和 H_2 即可。NH_3 的使用为碱性燃料电池的应用打造了一片较好的前景。

在替代贵金属的催化剂方面，近年的研究集中于：如何在非贵金属催化剂的稳定性和电极性能方面取得突破，开发与贵金属复合的多元催化剂，以及提高贵金属利用率、降低贵金属负载量等。基于纳米材料的电催化剂的应用研究是该领域近年的发展方向之一，纳米材料具有大比表面积、优良的导电性，在强碱液中表现出良好的耐蚀性，碳纳米管（CNTs）可作为碱性燃料电池中 H_2 氧化反应的催化剂或催化剂载体。2000 年，印度的 N. Rajalakshmi 等人采用直流电弧放电法制备单壁碳纳米管，经过加热、纯化、浓硝酸处理过后的碳纳米管具有类似于金属氢化物的催化活性。将其与铜粉按比例混合后制备的工作电极的电化学性能稳定、效率较高。2007 年，日本汽车商 Daihatsu 宣布开发出一款无铂的碱性燃料电池。该技术适用于小型、有限范围的汽车，对性能和耐久性的要求不像大型汽车那么严格，但该技术还处于初级阶段，近期不会有商业化产品。

在实际使用中，往往采用空气作为氧化剂，碱性燃料电池会受 CO_2 毒化而大大降低了效率和使用寿命，因此，人们认为 AFC 不适合作为汽车动力，并将研究重点转向了质子交换膜燃料电池，只有少数机构还在对 AFC 进行研究。

为防止空气中的 CO_2 和 AFC 的电解液态氢氧化钾溶液发生反应，通过采用可传导离子的聚合膜作为电解质是一种有效方式。因此，阴离子交换膜燃料电池（anion exchange membrane，AEMFC）被提出，阴离子交换膜起的主要作用是隔绝阳极与阴极，传导氢氧根离子。阴离子交换膜燃料电池由于其具有环境友好、可使用非贵金属催化剂、电极反应速率快等特点受到广泛关注。阴离子交换膜是 AEMFC 的关键组件，起到传导离子和阻隔燃料的作用，其性质决定着碱性燃料电池的性能、能量效率和使用寿命。阴离子交换膜在结构上是指高分子主链上连有含阴离子交换功能基团的离子型聚合物膜。阴离子交换膜的阴离子交换功能基团主要作用是提供阴离子传导功能。由于阴离子交换膜在燃料电池中的工作环境为强碱性，阴离子交换功能基团容易受到氢氧根离子的进攻而发生分解，从而使膜的性能降低，因此，如可以通过对阴离子交换膜的降解机理进行研究，以提高膜的碱稳定性能。含有季铵盐类功能基团的阴离子交换膜由于合成方法比较简单，成本较低，而受到了广泛关注。尽管研究人员对具有聚合物骨架结构的阴离子交换膜的制备和性能进行了广泛研究并取得了一些进展，但对于阴离子交换膜的研究刚刚处于起步阶段，阴离子交换膜的碱稳定性能的提高仍是挑战。

7.3　磷　酸　燃　料　电　池

7.3.1　概述

磷酸燃料电池（phosphoric acid fuel cell，PAFC）是当前商业化发展得最快的一种燃料电池。这种电池使用液体磷酸为电解质，通常位于碳化硅基质中。磷酸燃料电池的工作温度要比质子交换膜燃料电池和碱性燃料电池的工作温度略高，为 150～200℃，属于中温型燃料电池，但仍需使用 Pt 贵金属来加速反应。虽然 PAFC 在技术上已经比较成熟，但仍然面临一些亟待解决的难题，如进一步提高电池比功率，延长使用寿命，降低制造成本等，而开发活性高、稳定性好的新的电极催化剂是解决上述问题的关键途径。

7.3.2 工作原理

磷酸燃料电池是以 100% 磷酸作为电解质，其常温下是固体，相变温度是 42℃，在电池工作温度下为液体，磷酸燃料电池工作原理如图 7-4 所示。氢气通入阳极，在催化剂的作用下分解为质子（H^+）和电子（e^-），电子从外电路流到阴极，质子和磷酸结合成磷酸复合质子，向阴极移动。从外电路传递到阴极的电子，同氧气、磷酸和质子三者发生 ORR 反应，生成水分子。由于其工作温度较高，因此其阴极上的反应速度要比质子交换膜燃料电池的阴极的速度快，但仍需 Pt 等贵金属催化。阳极和阴极发生的电化学反应方程分别见式（7-7）和式（7-8）。

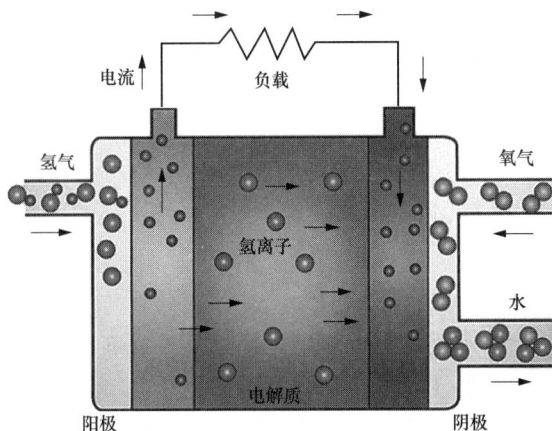

图 7-4　磷酸燃料电池工作原理

阳极侧：

$$H_2 \longrightarrow 2H^+ + 2e^- \tag{7-7}$$

阴极侧：

$$O_2 + 4e^- + 4H^+ \longrightarrow 2H_2O \tag{7-8}$$

电催化剂层由负载在碳上的 Pt 或 Pt 的合金和疏水性高聚物聚四氟乙烯组成，并涂布在透气性的支撑物上。聚四氟乙烯起到疏水的作用，防止电极被电解质淹没，同时也能发挥黏合剂作用，使电极结构保持整体性；透气性支撑物通常用碳纸，它不仅作为电催化剂层的支撑物，而且还是电流基极，起到使气体流畅通过的作用。

目前，磷酸燃料电池气体扩散电极的阴阳极所用的 Pt 贵金属的电催化剂材料，它们具有良好的电催化活性和耐腐蚀性以及长期的稳定性。对 Pt/C（催化剂）制备方法有浸渍法、离子交换法、胶体吸附法等；对 Pt 合金电催化剂有常用的金属氧化物沉淀法、硫化物沉淀热分解法和碳化物热分解法。此外，为降低贵金属铂的用量，甚至欲取代贵金属及其合金的电催化剂，过渡金属有机大环化合物正逐渐向磷酸燃料电池的阴极材料方面应用，与 Pt/C 相比具有更好的电催化活性和稳定性，但在热的浓磷酸电解质条件下，它们的化学稳定性只能在 100℃ 左右。因此，不断改进金属有机大环化合物新材料的性质，并寻找有可能取代贵金属及其合金的电催化剂材料，从而大大降低燃料电池的造价。

由于磷酸具有较高的沸点，因此在 200℃ 的工况下挥发性也很低。100% 磷酸相变温度是 42℃，电池在停止运行时，电解质会发生固化，使得电池体积增加。此外，磷酸在凝固及重新熔化的过程中会产生应力，并损坏电池的电解质隔膜，使电池性能降低。因此，PAFC 在运行和不运行时，都要使电池的温度保持在 45℃ 以上。

7.3.3　技术特点

这种电池采用磷酸为电解质，工作温度在 200℃ 左右。其突出优点是贵金属催化剂用量比碱性氢氧化物燃料电池少，对还原剂纯度要求较低，一氧化碳含量可允许达到 5%。该类电池一般以有机碳氢化合物为燃料，正负电极用聚四氟乙烯制成的多孔电极，电极上涂 Pt 作催化剂，电解质为 85% 的 H_3PO_4。在 100～200℃ 的范围内性能稳定，导电性强。磷酸电池较其他燃料电池制作成本低，已接近可供民用的程度。PAFC 与其他类型燃料电池相比，具有杂质耐受性强、燃料来源广等优点，具体为对杂质的耐受性较强。当其反应物中含有 1%～2% 的一氧化碳和百万分之几的硫时，磷酸燃料电池可以正常工作。磷酸燃料电池的构造简单、稳定，电解质挥发度低。磷酸燃料电池采用磷酸为电解质，利用廉价的碳材料为骨架。它除以氢气为燃料外，还有可能直接利用甲醇、天然气、城市煤气等低廉燃料。此外，磷酸燃料电池在使用时不需要 CO_2 处理设备，排气清洁，环境污染小。

PAFC 与其他类型燃料电池相比，具有以下不足：效率低，磷酸燃料电池的效率比其他燃料电池低，约为 40%，其加热的时间也比质子交换膜燃料电池长。冷启动时间长，不适合做快速启动电源。采用磷酸为电解质，采用贵金属 Pt 作为催化剂，成本较高。

7.3.4　发展现状与趋势

目前，国际上功率较大的实用燃料电池电站均用这种燃料的电池。欧洲现有 5 套 200kW PAFC 发电装置在运转；日本福日电器和三菱电器已经开发出 500kW PAFC 发电系统；我国魏子栋等专家进行 Pt_3（Fe/Co）/C 氧还原电催化剂的研究，并提出了 Fe/Co 对 Pt 的锚定效应。磷酸燃料电池发电技术目前已得到高速发展，但是其启动时间较长以及余热利用价值低等发展障碍导致其发展速度减缓。

提高电池功率密度不但有利于减少电池的质量和尺寸，而且可以降低电池造价。开发高活性催化剂，优化多孔气体电极结构，研制超薄的导热、导电性能良好的电极基体材料等都将改善电池的输出性能。在 PAFC 长期运行过程中，其输出性能不可避免要降低，特别是在操作温度比较高，电极电位也比较高的情况下，电池性能下降更快。为此，需要研究催化剂 Pt 微晶聚集长大以及催化剂载体腐蚀问题，开发保证电池温度分布均匀的冷却方式，以及寻找避免电池在低的用电负荷或空载时出现较高电极电位的方法。由于电池本体占整个 PAFC 装置成本的 42%～45%，因此降低它的制造成本非常关键。在电池性能方面，提高电池功率密度，简化电池结构都是非常有效的措施。在电池加工方面，则待开发电池部件的大批量、大型化制造技术以及气室分隔板与电极基板组合的技术。

PAFC 用于发电厂包括两种情形：分散型发电厂，容量在 10～20MW，安装在配电站；中心电站型发电厂，容量在 100MW 以上，可以作为中等规模热电厂。PAFC 电厂比起一般电厂具有如下优点：即使在发电负荷比较低时，依然保持高的发电效率；由于采用模块结构，现场安装简单、省时，并且电厂扩容容易。

受 1973 年世界性石油危机影响，日本决定开发各种类型的燃料电池，PAFC 作为大型节能发电技术由新能源产业技术开发机构（NEDO）开发。自 1981 年起，进行了 100kW 现场型 PAFC 发电装置的研究和开发。1986 年又开展了 200kW 现场型发电装置的开发，以适用于边远地区或商业用的 PAFC 发电装置。

富士电机公司是日本最大的 PAFC 电池堆供应商。截至 1992 年年底，该公司已向国内外供应了 17 套 PAFC 示范装置。富士电机公司在 1997 年 3 月完成了分散型 5MW 设备的运行研究。作为现场用设备已有容量为 50、100、500kW 等总计 88 种设备投入使用。

在我国燃料电池市场快速发展的背景下，PAFC 电池拥有一定的发展空间，但是由于政策和资本对此关注低，以及其他类型燃料电池的高速发展，进入行业布局的风险较大，导致我国 PAFC 电池行业发展缓慢。相较于其他燃料电池，PAFC 电池的技术壁垒较低，加上行业起步较早，因此现阶段 PAFC 电池技术较为成熟，但是依然存在急需解决的问题。

PAFC 亟待解决的问题包括：提高电池功率密度，即提高电池的比功率，它指的是单位面积电极的输出功率，是燃料电池的一项重要指标；延长电池使用寿命，提高其运行可靠性；进一步降低电池制造成本。

7.4　熔融碳酸盐燃料电池

7.4.1　概述

熔融碳酸盐燃料电池（molten carbonate fuel cell，MCFC），是由多孔陶瓷阴极、多孔陶瓷电解质隔膜、多孔金属阳极、金属极板构成的燃料电池，其电解质是熔融碳酸盐。MCFC 于 1980 年研制成功，工作温度为 580～650℃，属于高温型燃料电池。MCFC 的性能取决于压力、温度、反应气体利用率、燃料中杂质和电流密度等。

7.4.2　工作原理

MCFC 的电解质为熔融碳酸盐，一般为碱金属 Li、K、Na、Cs 的碳酸盐混合物，隔膜材料是 $LiAiO_2$，正极和负极分别为添加锂的氧化镍和多孔镍，熔融碳酸盐燃料电池工作原理如图 7-5 所示。

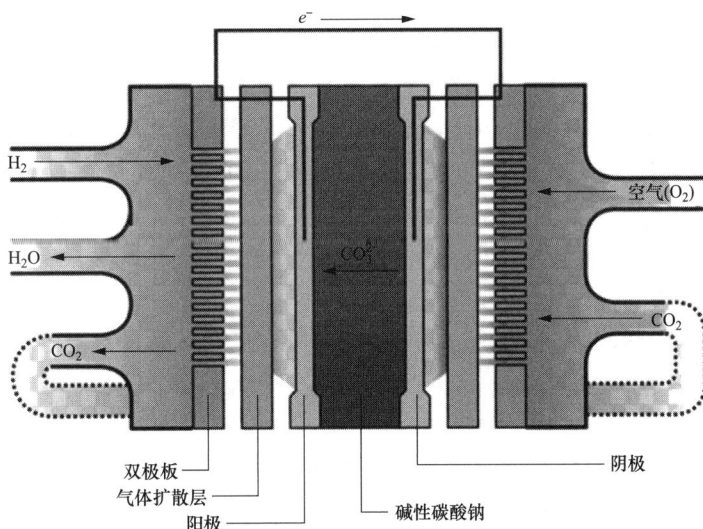

图 7-5　熔融碳酸盐燃料电池工作原理

阳极侧通入氢气，在催化剂的作用下分解为质子和电子，电子从外电路传导至阴极，质子和碳酸根（CO_3^{2-}）反应生成 CO_2 和 H_2O，生成的 CO_2 循环进入至阴极；阴极侧通入氧气和 CO_2，在催化剂的作用下，O_2、CO_2、e^- 三者发生反应生成 CO_3^{2-}，生成的 CO_3^{2-} 在电场的作用下向阳极移动。阳极侧、阴极侧和总反应方程分别如式（7-9）～式（7-11）所示。

如果通入阳极的燃料为 CO，CO 和 CO_3^{2-} 反应生成 CO_2 和电子，电子从外电路传导至阴极；阴极侧通入氧气和 CO_2，在催化剂的作用下，O_2、CO_2、e^- 三者发生反应生成 CO_3^{2-}，生成的 CO_3^{2-} 在电场的作用下向阳极移动。阳极侧、阴极侧和总反应方程分别如式 (7-12)～式 (7-14) 所示。

H_2 燃料，阳极侧：

$$2H_2 + 2CO_3^{2-} \longrightarrow 2CO_2 + 2H_2O + 4e^- \tag{7-9}$$

H_2 燃料，阴极侧：

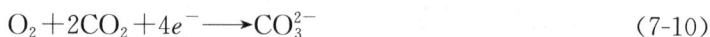
$$O_2 + 2CO_2 + 4e^- \longrightarrow CO_3^{2-} \tag{7-10}$$

H_2 燃料，总反应：

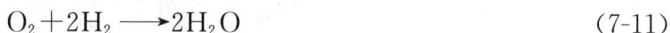
$$O_2 + 2H_2 \longrightarrow 2H_2O \tag{7-11}$$

CO 燃料，阳极侧：

$$2CO + 2CO_3^{2-} \longrightarrow 2CO_2 + 4e^- \tag{7-12}$$

CO 燃料，阴极侧：

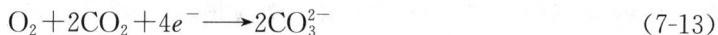
$$O_2 + 2CO_2 + 4e^- \longrightarrow 2CO_3^{2-} \tag{7-13}$$

CO 燃料，总反应：

$$O_2 + 2CO \longrightarrow 2CO_2 \tag{7-14}$$

MCFC 的电极是 H_2、CO 氧化和 O_2 还原的场所，MCFC 的电极必须具备两个基本条件：①保证加速电化学反应，必须耐熔盐腐蚀；②保证电解液在隔膜、阴极和阳极间的良好分配，电极与隔膜必须有适宜的孔度相配。

MCFC 的阳极电催化剂材料有 Ag、Pt 和 Ni 等。采用 Ni 取代 Ag 和 Pt 是为了降低电池成本，而演变为镍合金是为了防止镍的蠕变现象。MCFC 的阴极材料有 NiO、$LiCOO_2$、$LiMnO_2$、CuO 和 CeO_2 等，由于 NiO 电极在 MCFC 工作过程中会缓慢溶解，同时还会被从隔膜渗透过来的氢还原而导致电池短路，所以 $LiCOO_2$ 等新型阴极材料正逐渐取代 NiO。

隔膜是 MCFC 的核心部件，必须具备高强度、耐高温熔盐腐蚀、浸入熔盐电解质后能阻气和具有良好的离子导电性能。MCFC 的隔膜材料是 $LiAiO_2$。$LiAiO_2$ 粉体有三种晶型，分别为 α 型（六方晶系）、β 型（单斜晶系）和 γ 型（四方晶系）；外形分别为球形、针状和片状；密度则分别为 $3.400g/cm^3$、$2.610g/cm^3$ 和 $2.615g/cm^3$。

7.4.3 技术特点

MCFC 与其他类型燃料电池相比，具有如下优势：操作温度高，电极反应活化能小，无论氢的氧化或是氧的还原，都不需贵金属作催化剂，降低了成本；用镍（Ni）或不锈钢作为电池的结构材料，材料容易获得并且价格便宜；能够耐受 CO 和 CO_2 的作用，可采用富氢燃料和煤制气；熔融碳酸盐燃料电池为高温型燃料电池，余热温度高（余热温度高达 673K），余热可以充分利用，使总的热效率达到 80%；无须用水冷却，而用空气冷却代替，尤其适用于缺水的边远地区。

MCFC 与其他类型燃料电池相比，具有如下不足：高温以及电解质的强腐蚀性对电池各种材料的长期耐腐蚀性能有十分严格的要求，电池的寿命也因此受到一定的限制。但电池边缘的高温湿密封难度大，尤其在阳极区，该处遭受到严重的腐蚀。以 Li_2CO_3 及 K_2CO_3 混合物做成电解质，在使用过程中会烧损和脆裂，降低了熔融碳酸盐燃料电池的使用寿命，其强度与寿命还有待提高。在整个化学反应过程中，CO_2 要循环使用，从燃料电极排出的 CO_2

要经过催化除 H_2 的处理后，再按一定的比例与空气混合送入氧电极，CO_2 的循环系统增加了熔融碳酸盐燃料电池的结构和控制的复杂性。

7.4.4 发展现状与趋势

在日本和西欧等国家对 MCFC 的研究和利用较多。2～5MW 外公用管道型熔融碳酸盐燃料电池已经问世，在解决 MCFC 的性能衰减和电解质迁移方面已取得突破。意大利 Ansaldo 公司与西班牙 Spanishcomp's 合作开发 100kW MCFC 发电装置和 500kW MCFC 发电装置。日本日立公司 2000 年开发出 1MW MCFC 发电装置，三菱公司 2000 年开发出 200kW MCFC 发电装置，东芝开发出低成本的 10kW MCFC 发电装置。我国已将 MCFC 正式列入国家"九五"攻关计划，已研制出 1～5kW 的熔融碳酸盐燃料电池。MCFC 中阴极、阳极、电解质隔膜和双极板是基础研究的四大难点，这四大部件的集成和对电解质的管理是 MCFC 电池组及电站模块的安装和运转的技术核心。

MCFC 在建立高效、环境友好的 50～10 000kW 的分散电站方面具有显著优势。MCFC 以天然气、煤气和各种碳氢化合物为燃料，可以实现减少 40％以上的 CO_2 排放，也可以实现热电联供或联合循环发电，将燃料的有效利用率提高到 70％～80％。

发电能力 50kW 左右的小型 MCFC 电站，主要用于地面通信和气象台站等。发电能力在 200～500kW 的 MCFC 中型电站，可用于水面舰船、机车、医院、海岛和边防的热电联供。发电能力在 1000kW 以上的 MCFC 大型电站，可与热机联合循环发电，作为区域性供电站，还可以与市电并网。

近年来，利用熔盐电化学法将复杂环境条件中的 CO_2 进行规模化捕集与转化均取得了很大的进展，其中包括电解含碳无机盐或化合物熔盐体系制备碳纳米管、碳纳米线等具有特定形貌的无定形碳粒碳材料，优化熔盐电解质的组成获得了高产值的一氧化碳和合成气等碳基燃料气相产物，这种通过直接熔盐电解还原将 CO_2 转化为具有高应用价值的碳材料和环境友好燃料的技术也逐渐成为世界范围研究关注的热点。

MCFC 可用煤、天然气作燃料，是未来绿色大型发电厂的首选模式。随着 MCFC 燃料电池发电系统的一些关键性基础问题的解决，MCFC 的优越性能正在越来越被人们所瞩目，将是未来最有前景的燃料电池发电系统。我国是储煤和产煤大国，及时重点开发 MCFC 燃，将改变我国电力事业的落后状况，降低环境污染，产生巨大的直接经济效益和社会效益，对推动国民经济的发展带来不可估量的作用。同时开展燃料电池发电系统研究可形成我国有自主知识产权的燃料电池产业，增强国际竞争能力，促进一批基础学科及交叉学科的发展。

7.5 固体氧化物燃料电池

7.5.1 概述

固体氧化物燃料电池（SOFC）是一种可直接将储存在燃料和氧化剂中的化学能高效、环境友好地转化为电能的能量转换装置。SOFC 可进行热电联供，能量转换率在 80％以上。SOFC 采用全固态结构，长期稳定性更好；不需要贵金属催化剂，成本更低；不受低温燃料电池中必须使用纯氢燃料的限制，可以直接使用各种碳基燃料发电，很容易与现有能源资源供应系统兼容。SOFC 被誉为是 21 世纪最有应用前景的绿色发电系统，而且可以满足不同规模、不同层次的电力需求，尤其适用于分布式发电系统，还可以用作便携式电源和辅助动力装置，以及火车、轮船和潜艇上的动力系统。

7.5.2　工作原理

固体氧化物燃料电池主要由阴极、阳极和致密电解质构成。阳极为燃料发生氧化的场所，阴极为氧化剂还原的场所，两极都含有加速电极电化学反应的催化剂。工作时相当于一个直流电源，其阳极即电源负极，阴极为电源正极，固体氧化物燃料电池工作原理如图 7-6 所示。

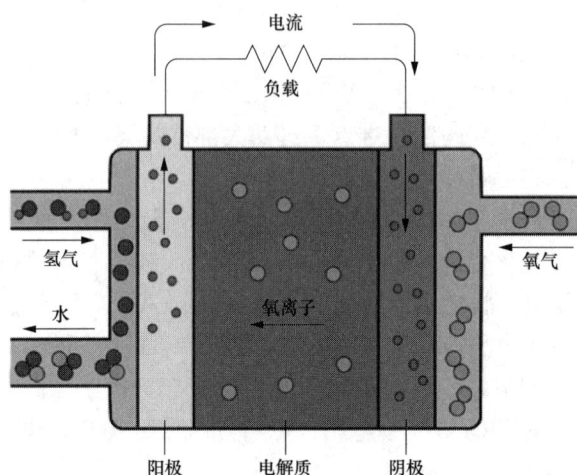

图 7-6　固体氧化物燃料电池工作原理

SOFC 的燃料来源广泛，不仅限于 H_2，也可以用 CO、CH_4 和水煤气（$CO+H_2O$）等，不同燃料下阳极发生的氧化反应方程有所不同。当燃料侧为 H_2 时，阳极侧氢气分解为质子和电子，质子和电解质中的 O^{2-} 反应生成 H_2O，电子从外电路导入阴极侧，阴极侧通入的氧气发生还原反应生成 O^{2-}，在电场的作用下生成的 O^{2-} 向阳极移动。阳极侧、阴极侧和总反应方程分别如式（7-15）～式（7-17）所示。

H_2 燃料，阳极侧：

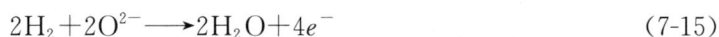

$$2H_2+2O^{2-} \longrightarrow 2H_2O+4e^- \tag{7-15}$$

H_2 燃料，阴极侧：

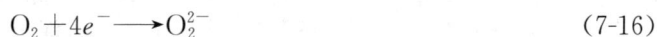

$$O_2+4e^- \longrightarrow O_2^{2-} \tag{7-16}$$

H_2 燃料，总反应：

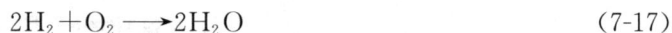

$$2H_2+O_2 \longrightarrow 2H_2O \tag{7-17}$$

当燃料侧为 CO 时，阳极侧、阴极侧和总反应方程分别如式（7-18）～式（7-20）所示。

CO 燃料，阳极侧：

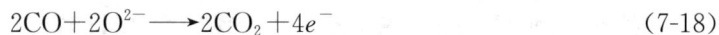

$$2CO+2O^{2-} \longrightarrow 2CO_2+4e^- \tag{7-18}$$

CO 燃料，阴极侧：

$$O_2+4e^- \longrightarrow O_2^{2-} \tag{7-19}$$

CO 燃料，总反应：

$$2CO+O_2 \longrightarrow 2CO_2 \tag{7-20}$$

当燃料侧为 CH_4，产物为 CO_2 时，阳极侧、阴极侧和总反应方程分别如式（7-21）～式

（7-23）所示。

CH$_4$ 燃料，产物 CO$_2$，阳极侧：

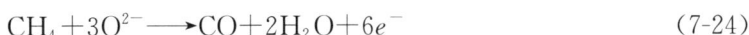

$$CH_4 + 4O^{2-} \longrightarrow CO_2 + 2H_2O + 8e^- \tag{7-21}$$

CH$_4$ 燃料，产物 CO$_2$，阴极侧：

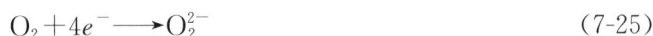

$$2O_2 + 8e^- \longrightarrow 2O_2^{2-} \tag{7-22}$$

CH$_4$ 燃料，产物 CO$_2$，总反应：

$$CH_4 + 2O_2 \longrightarrow CO_2 + 2H_2O \tag{7-23}$$

当燃料侧为 CH$_4$，产物为 CO 时，阳极侧、阴极侧和总反应方程分别如式（7-24）~式（7-26）所示。

CH$_4$ 燃料，产物 CO，阳极侧：

$$CH_4 + 3O^{2-} \longrightarrow CO + 2H_2O + 6e^- \tag{7-24}$$

CH$_4$ 燃料，产物 CO，阴极侧：

$$O_2 + 4e^- \longrightarrow O_2^{2-} \tag{7-25}$$

CH$_4$ 燃料，产物 CO，总反应：

$$2CH_4 + 3O_2 \longrightarrow 2CO + 4H_2O \tag{7-26}$$

电解质材料是 SOFC 的核心材料，要求完全是离子导体，所以电子迁移数越小越好；在高温氧气或氢气等极端条件下应处于热力学稳定状态；而且体积要稳定，不应发生氧化还原而膨胀或收缩；要求是致密体，不会发生气体的扩散泄漏；高温下电解质与电极材料之间不能发生化学反应；电解质应具有足够的机械强度和与其他材料相互匹配的热膨胀系数等。电解质材料按照导电离子的不同可以分为两类：质子导电电解质和氧离子导电电解质。SOFC 固态电解质的两种类型如图 7-7 所示。目前，对于质子导电电解质主要集中在基础材料、导电机理等基础研究，常用的有稀土掺杂的 BaCeO$_3$ 钙钛矿结构材料和锆酸钡材料。目前固体氧化物燃料电池仍广泛应用氧离子传导电解质，主要包括氧化锆系、氧化铈系、镧锶镓镁钙钛矿系和一些其他系列，SOFC 与钙钛矿阴极材料如图 7-8 所示。

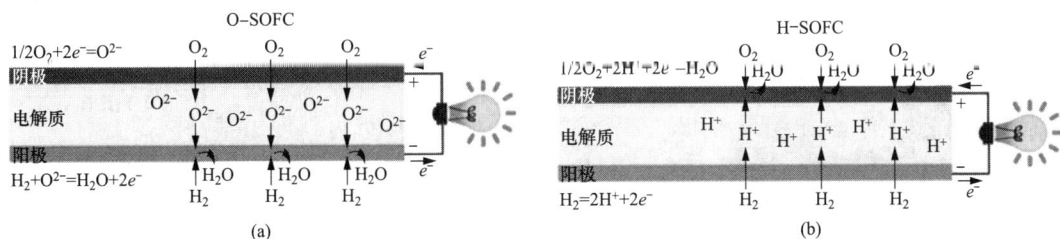

图 7-7 SOFC 固态电解质的两种类型

（a）氧离子导电电解质；（b）质子导电电解质

7.5.3 SOFC 结构特点

在 SOFC 的结构设计中，由于固体电解质的电阻率高，因此固体电解质应该尽可能地薄。最早的电解质是挤压成型的，而挤压工艺不可能生产足够薄的电解质层。后来西屋公司研究出薄膜制备技术，使得 SOFC 的制造手段有了新的突破。除了电解质要求尽量薄外，SOFC 的结构设计还要求结构紧凑、密封性能好、比体积/能量高、电解质电阻低、气体隔流能力强、各组分化学相容性及热膨胀性能匹配，有足够的机械强度，制造成本适中。

目前研究的电池结构形式有管式、叠层波纹板式和平板式。通常采用的结构类型只有管式和平板式两种。

1. 管式 SOFC

管式结构是最早发展的一种形式，也是目前较为成熟的一种形式。管式 SOFC 结构如图 7-9 所示，单电池由一端封闭、一端开口的管子构成。最内层是多孔支撑管，由里向外依次是阳极、电解质和阴极薄膜。燃料从管芯输入，空气通过管子外壁供给。管式 SOFC 电池堆单体自由度大，不易开裂；采用多孔陶瓷作为支撑体，结构坚固；电池组装相对简单，容易通过电池单元之间并联和串联组合成大功率的电池组。但是管式 SOFC 电极之间的间距大，电流通过电池的路径较长，内阻损失大，因此相应的功率密度较低，大大限制了 SOFC 的性能。管式 SOFC 一般在很高的温度（900～1000℃）下操作，主要用于固定电站系统，故高温 SOFC 一般采用管式结构。

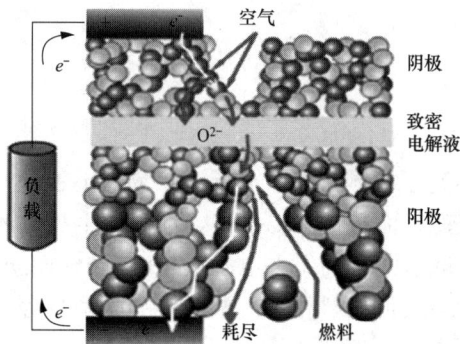

图 7-8　SOFC 与钙钛矿阴极材料

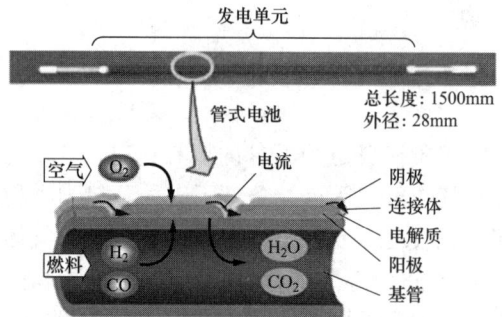

图 7-9　管式 SOFC 结构

2. 平板式 SOFC

平板式 SOFC 结构如图 7-10 所示，由阳极、电解质、阴极组成单体电池，两边带槽的连接体连接相邻阴极和阳极，并在两侧提供气体通道，同时隔开两种气体。平板式 SOFC 电池结构和制备工艺简单，从而可以大大降低制造成本。但是平板式 SOFC 电池组件边缘要求通过密封来隔离氧化气和燃料气；对双极连接板材料要求很高，需要与电极材料热匹配，具有良好的抗高温氧化性能和导电性能。

7.5.4　技术特点

SOFC 与其他类型燃料电池相比，具有如下优势：较高的电流密度和功率密度；阳、阴极极化可忽略，极化损失集中在电解质内阻降；可直接使用氢气、烃类（甲烷）、甲醇等作燃料，而不必使用贵金属作催化剂；能提供高质余热，实现热电联产，燃料利用率高，综合能量利用率高达 80% 左右，是一种清洁高效的能源系统；广泛采用陶瓷材料作电解质、阴

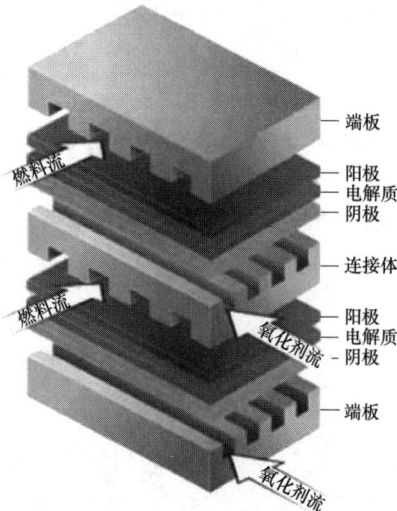

图 7-10　平板式 SOFC 结构

极和阳极，具有全固态结构，避免了中、低温燃料电池的酸碱电解质或熔盐电解质的腐蚀及封接问题；陶瓷电解质要求中、高温运行（600～1000℃），加快了电池的反应进行，实现多

种碳氢燃料气体的内部还原，简化了设备。在我国，Ce、La 等轻稀土属于高丰度稀土资源，价格仅约 20 元/kg。这为构建低成本 SOFC 系统奠定了基础，同时也有利于提高我国高丰度稀土资源的平衡利用。

SOFC 与其他类型燃料电池相比，具有如下不足：运行温度高，为保证设备热膨胀匹配，升温速度不宜过快，启动时间较长，可采用管式结构，可有效提高设备升温速率，缩短启动时间，降低设备工作温度，可有效缩短启动时间；目前已商业化使用的阳极 Ni-YSZ 在使用碳氢燃料或含硫燃料时存在碳沉积与硫中毒问题，使电极失活，影响输出功率使用寿命（对 Ni-YSZ 进行改性，或改变燃料气成分，使生成的积碳与硫无法长期存在，需要开发新型阳极材料，具有抗碳沉积、硫中毒能力）；目前已商业化使用的阴极 LSM-YSZ 催化活性依然较低，阴极极化损失较大，仍需开发新型高性能阴极材料；目前已商业化使用的电解质 YSZ 工作温度较高，电导率较低（开发新型中低温高离子电导率电解质材料），同时固体氧化物燃料电池在高温下长期运行的寿命仍需考证。

7.5.5 发展现状与趋势

电池中的电解质是复合氧化物，在高温（1000℃以下）时，有很强的离子导电功能。它是由于钙、镱或钇等混入离子价态低于锆离子的价态，使有些氧负离子晶格位空出来而导电的。目前世界各国都在研制这类电池，并已有实质性的进展，但存在缺点：制造成本较高；温度太高；电解质易裂缝；电阻较大。目前已开发了管式、平板式和瓦楞式等多种结构形成的固体氧化物燃料电池，这种燃料电池被称为第三代燃料电池。日本多家公司正在开发 10kW 平面轮机 SOFC 发电装置。德国西门子-西屋电气公司正在测试 100kW SOFC 管状工作堆，美国在测试 25kW SOFC 工作堆。国内大都处于 SOFC 的基础研究阶段。SOFC 在高温下工作也给其带来一系列材料、密封和结构上的问题，如电极的烧结，电解质与电极之间的界面化学扩散以及热膨胀系数不同的材料之间的匹配和双极板材料的稳定性等。这些也在一定程度上制约着 SOFC 的发展，成为其技术突破的关键方面。

从技术进展的世界趋势上看，SOFC 也处于最合适的发展阶段。在世界范围内，PEMFC 已经从科研界转入产业界，我国也进行了大量的示范运行，多年来国家也给予 PEMFC 大量的资金支持。但是，PEMFC 必须采用昂贵的电池组件（包括质子交换膜本身、Pt 电极催化剂等），成本居高不下。燃料则必须采用纯氢，而氢不是一次能源，只是一种能源载体，在制备、储存、输运、安全防护等方面存在一系列问题。新近发展的碱性阴离子膜燃料电池，有可能使用可替代贵金属的催化剂，但是仍然需要以 H_2 为燃料，世界范围内尚处于探索起步阶段，短期内难以形成示范效应。只有 SOFC 在世界范围内处于从科研界向产业界的转化阶段，从示范运行向商业运行的发展阶段。世界各地已经有数百台 SOFC 示范系统成功运行，最长运行时间达 4 万 h，展示了 SOFC 在技术上的可行性。对此，欧洲、日本等发达国家已经开展了系统而深入的研究工作。在中国，尽管 SOFC 研究起步并不晚（我国自"八五"开始），但是支持力度很低，一直处于零散作战状态，尚处于较低水平的跟踪阶段，未形成自己的特色。近年来，科技部"863"项目支持了 SOFC 系统相关研究，资助力度也在持续增加，但是，由于缺乏对 SOFC 相关基础科学问题研究的支持，致使我国在 SOFC 领域进展缓慢，总体技术水平与国外先进水平相比仍然有很大差距。现阶段十分迫切需要开展碳基燃料 SOFC 基础科学问题的研究工作，踏踏实实做好积累，以推动高效率、低成本、长寿命的 SOFC 在中国的跨越式发展。

SOFC 作为未来发电的战略高技术，世界各国都非常重视。经过几十年的研究积累，已经取得了很大进步，发达国家已经对多量级的 SOFC 发电系统进行了广泛的示范运行。但是，为了在电池性能、成本、可靠性等方面进一步改进，满足产业化应用的要求，仍然需要对 SOFC 相关的基础科学问题、技术工程问题进行系统、深入的研究，以进一步提高其稳定性，降低成本，仍需解决的具体问题如下：从 SOFC 相关的结构、材料及荷电传输机制，组元之间的相容性及其中的界面演化特征等科学问题入手，探究 SOFC 长期稳定性相关的影响因素；进一步优选性能优良、价格低廉（非贵金属）的陶瓷材料，发展高性能纳米材料及低温烧结理论和方法；研究非均质多层膜高温匹配机制，优化单电池和电池堆结构和系统设计；探究 SOFC 中多尺度多物理场（温场、电场、流场）耦合规律等，为 SOFC 系统长期运行和成本降低奠定基础；发展和建立 SOFC 理论和技术基础平台，为 SOFC 产业化奠定科学基础。

7.6 质子交换膜燃料电池

7.6.1 概述

质子交换膜燃料电池（proton exchange membrane fuel cell，PEMFC）采用可传导离子的聚合物膜作为电解质，也称为聚合物电解质燃料电池（polymer electrolyte fuel cell，PEFC）。PEMFC 是继 AFC、PAFC、MCFC、SOFC 之后迅猛发展起来的温度最低、比能最高、启动最快、寿命最长、应用最广的新一代燃料电池。在历史上，PEMFC 实际上是最先得到应用的燃料电池。

7.6.2 分类

质子交换膜燃料电池按照燃料类型可分为直接甲醇质子交换燃料电池、氢氧质子交换燃料电池、天然气质子交换燃料电池三类。

1. 直接甲醇质子交换燃料电池

直接甲醇燃料电池（direct methanol fuel cell，DMFC）是指直接使用甲醇为阳极活性物质的燃料电池，是质子交换膜燃料电池的一种，只是燃料不是氢而是甲醇而已。DMFC 是世界上研究和开发的热点，其基础是 E. Muelier 在 1922 年首次进行的甲醇的电氧化实验。1951 年，Kordesch 和 MarKo 最早进行了 DMFC 的研究。

DMFC 是指使甲醇与水在阳极发生电化学反应，产生 CO_2、H^+ 和 e^-，H^+ 则通过离子交换膜迁移到阴极，并与 O_2 反应生成 H_2O。其中：

阳极反应：

$$CH_3OH + H_2O \longrightarrow CO_2 + 6H^+ + 6e^- \tag{7-27}$$

阴极反应：

$$3O_2 + 12H^+ + 12e^- \longrightarrow 6H_2O \tag{7-28}$$

总电池反应：

$$2CH_3OH + 3O_2 \longrightarrow 2CO_2 + 4H_2O \tag{7-29}$$

直接甲醇燃料电池存在以下优点：第一，由于甲醇在常温下为液态，价格低廉，是极具发展潜力的清洁能源用功率源；第二，直接燃料电池不像间接燃料电池需要进行燃料重整，简化了设备；三是甲醇的生产途径广泛，可以从煤、石油、天然气中获得，特别是以天然气为原料生产的甲醇占甲醇总产量的 80%。但是，甲醇的电化学活性低，甲醇从阳极到阴极的渗透等问题严重制约着甲醇燃料电池的发展，其性能和成本还不能满足大规模商业化的要求。随着DMFC的技术进步，其潜在的应用前景可能主要集中在分散电源、移动电源、电子产品电源及传感器件等领域。

2. 天然气质子交换燃料电池

天然气质子交换燃料电池具有发电效率高、环境污染小、振动和噪声小、能连续供电、寿命长、适用范围极为广阔、成本偏高的特点。

7.6.3 工作原理

在PEMFC阳极通入的氢气，通过阳极集流板经由气体扩散层到达阳极催化层，在催化剂的作用下，氢气在阳极催化层上发生氧化反应，被分解成质子（H^+）和电子。由于质子交换膜具备选择透过性，只允许质子通过，阳极反应生成的质子穿过质子交换膜到达阴极催化剂层。电子则通过集流板收集，通过外电路到达阴极。在电池的另一端阴极，空气或氧气通过阴极集流板经由气体扩散层到达阴极催化层，在催化剂的作用下，氧气在阴极催化层上发生还原反应，与从质子交换膜中获得的H^+和从电极上获得的电子发生反应生成水。燃料电池内部电化学反应生成的水大部分都经过电极，随反应尾气及时排出，防止造成电极水淹。只要连续不断地提供氢气和氧气，燃料电池内部的电化学反应就会持续进行，若在阳极和阴极之间加上负载，燃料电池就可以源源不断地向负载提供电能。PEMFC的工作原理示意图如图7-11所示。阳极侧、阴极侧和总反应方程分别如式（7-30）～式（7-32）所示。

阳极侧：

$$2H_2 \longrightarrow 4H^+ + 4e^- \tag{7-30}$$

阴极侧：

$$O_2 + 4e^- + 4H^+ \longrightarrow 2H_2O \tag{7-31}$$

总反应：

$$O_2 + 2H_2 \longrightarrow 2H_2O \tag{7-32}$$

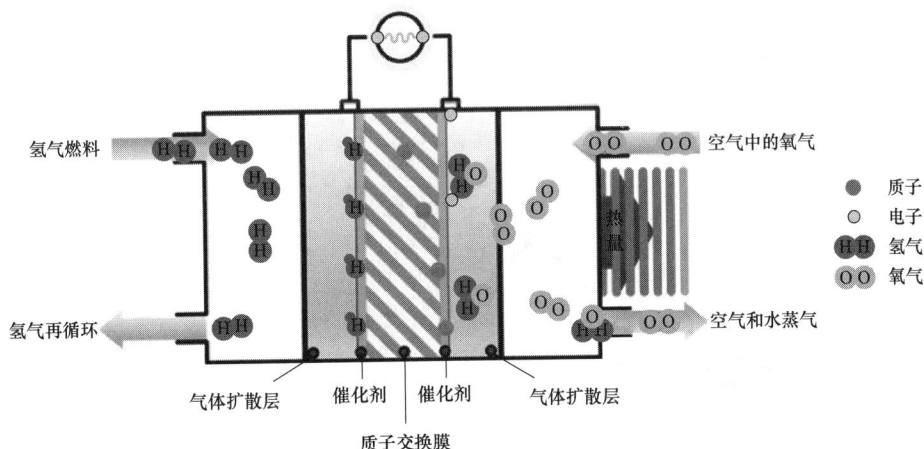

图 7-11　PEMFC 的工作原理示意图

7.6.4　系统组成

燃料电池系统由燃料电池电堆、空气压缩机、增湿器、氢气循环泵、DC/DC变换器、散热器等关键部件组成，如图 7-12 所示。高压氢气从储氢罐的氢气喷射器进入燃料电池电堆的氢气端入口，空气经过空气压缩机升压和增湿器润湿后进入氧气端入口，产生的电力通过 DC/DC 转换器转换后输入到电动机等用电器，产生的热量经过散热器排走。

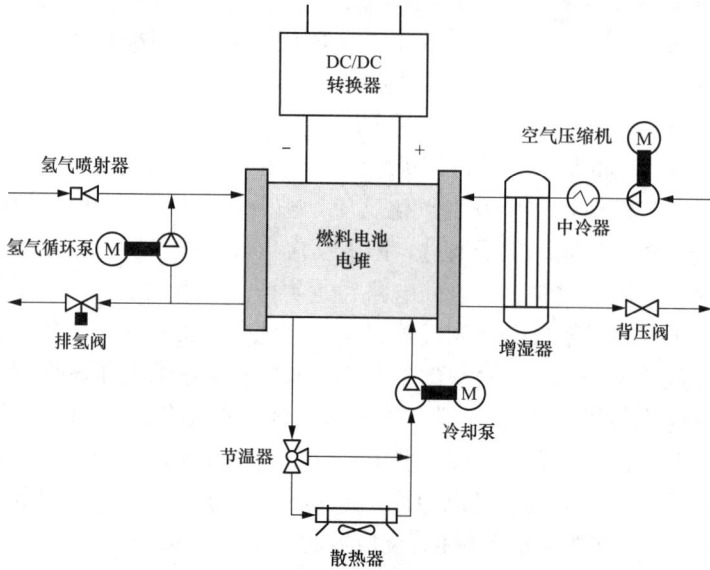

图 7-12　燃料电池系统

燃料电池堆可简称为电堆，由端板、绝缘板、集流板、紧固件、密封圈、单电池等组成，而单电池由双极板（bi-polar plate，BPP）和膜电极组件（membrane electrode assembly，MEA）等组成。燃料电池堆系统组成如图 7-13 所示。

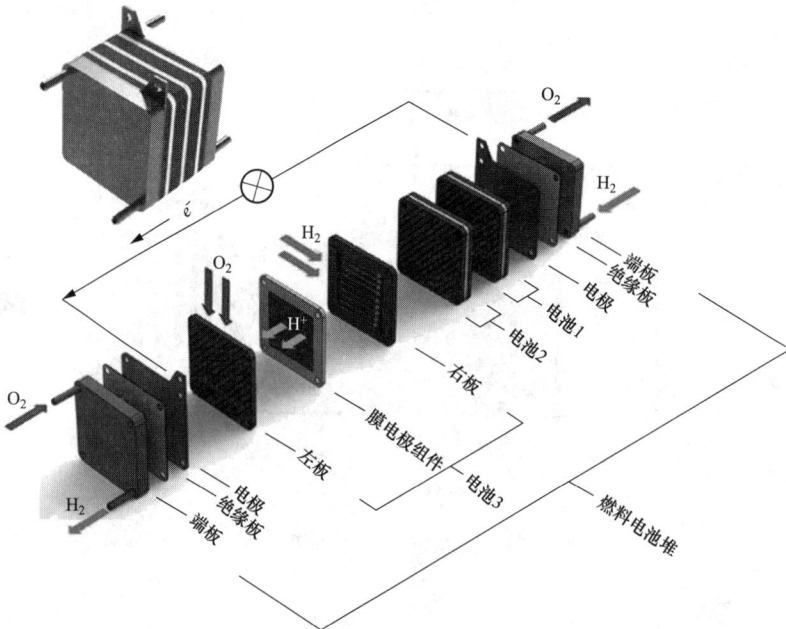

图 7-13　燃料电池堆系统组成

端板的主要作用是控制接触压力，因此足够的强度与刚度是端板最重要的特性。足够的强度可以保证在封装力作用下端板不发生破坏；足够的刚度则可以使得端板变形更加合理，从而均匀地传递封装载荷到密封层和 MEA 上。紧固件的作用主要是维持电堆各组件之间的接触压力，为了维持接触压力的稳定以及补偿密封圈的压缩永久变形，端板与绝缘板之间还可以添加弹性元件。绝缘板对燃料电池功率输出无贡献，仅对集流板和后端板电气隔离。为了提高功率密度，要求在保证绝缘距离（或绝缘电阻）的前提下最大化减少绝缘板厚度及质量。但减少绝缘板厚度存在制造过程产生针孔的风险，并且可能引入其他导电材料，引起绝缘性能降低。集流板是将燃料电池的电能输送到外部负载的关键部分。考虑到燃料电池的输出电流较大，都采用导电率较高的金属材料制成的金属板（如铜板、镍板或镀金的金属板）作为燃料电池的集流板。燃料电池用密封圈的主要作用就是保证电堆内部的气体和液体正常、安全地流动，需要满足较高的气体阻隔性，以保证对氢气和氧气的密封；低透湿性可保证高分子薄膜在水蒸气饱和状态下工作；强耐湿性可保证高分子薄膜工作时形成饱和水蒸气；高环境耐热性可适应高分子薄膜工作的工作环境；高环境绝缘性可防止单体电池间电气短路；高橡胶弹性可吸收振动和冲击；耐冷却液可保证低离子析出率。

一个单电池的功率密度为 $1\sim1.5\mathrm{W/cm}^2$，膜电极尺寸面积为 $250\sim400\mathrm{cm}^2$，单片膜电极的电流约 $2\mathrm{A/cm}^2$。为了获得大功率驱动的电器，以双极板、膜电极组件为最小的重复单元，通过将几十到几百个重复单元串联组成一个电堆，单电池串联组成电堆结构如图 7-14 所示。通常一个电堆的功率在 $30\sim50\mathrm{kW}$。

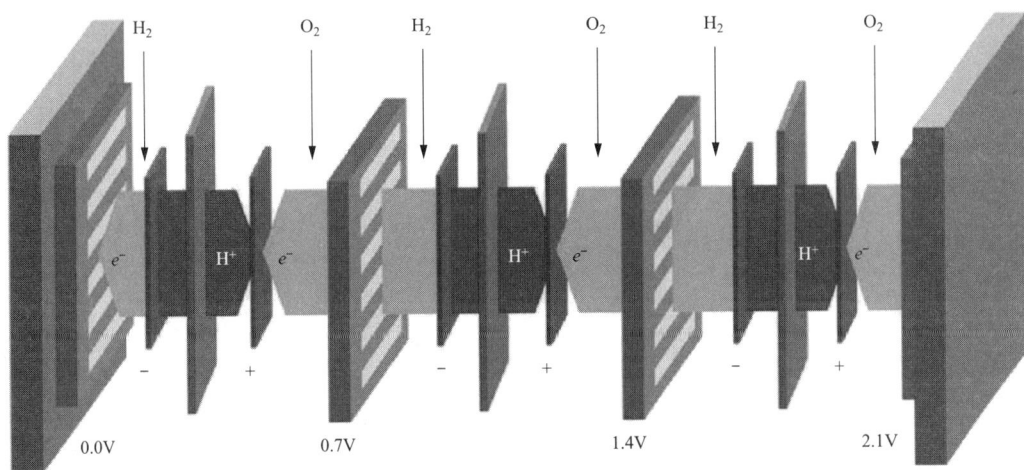

图 7-14　单电池串联组成电堆结构

1. 双极板

双极板是燃料电池的一种核心零部件，双极板结构如图 7-15 所示。如果把燃料电池电堆看作人体，BPP 就相当于人体的骨骼和血管，主要具有以下作用：支撑 MEA，BPP 通常是由刚性材料制成，零件的抗压强度高于 MEA，可以起到支撑 MEA 的作用；通过设计与加工的流道，可将流体均匀分配到电极的反应层进行电化学反应；分隔氢氧，阻止互相混合，BPP 需要阻隔气体，流体腔之间通常无孔结构；串联各单电池并具有收集、传导电流。BPP 是电的良导体，避免大功率燃料电池运行时电阻过大，产生过量的废热；传导热量，BPP 是热的良导体，以确保电池在工作时温度分布均匀，使电池的废热顺利排出。

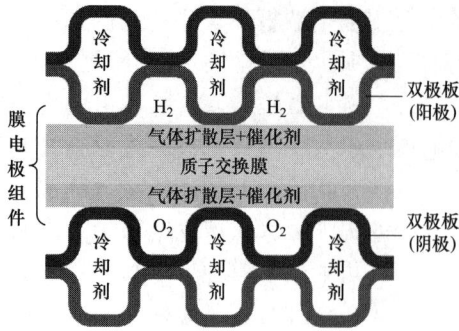

图 7-15　双极板结构

双极板的设计、加工、制造和组装过程如图 7-16 所示。通过设计与加工的流道，可将流体均匀分配到电极的反应层进行电化学反应。BPP 表面有使反应气体均匀分布的通道，称为流场，确保反应介质在整个电极各处均匀分布。

捷氢科技的 PROME M3H 电堆采用金属双极板，结构为"一片两极三场"。PROME M3H 电堆采用的金属双极板为薄层金属板冲压成型，形成了阳极板外侧的氢气流场、阴极板外侧的空气流场。将"两极"阳极板和阴极板通过焊接方式连接，阳极板和阴极板拼合后内部形成冷却液流场，这样"一片"金属双极板就拥有了"三场"（氢气流场、空气流场、冷却液流场）。

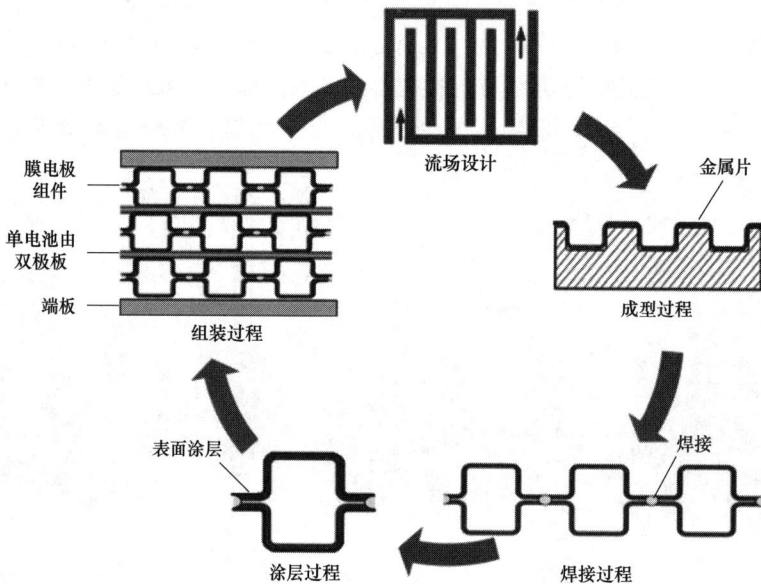

图 7-16　双极板的设计、加工、制造和组装过程

商用双极板根据功能不同，可分为 4 个功能区域，公用管道区、分配区、流场区、不通密封区，商用双极板结构功能分区如图 7-17 所示。公用管道区的主要作用是形成氢气、空气、冷却液的供应通道。根据流体介质的流量计算、设计获得公用管道区的面积和形状，既要 BPP 面积利用率用最大化，又要减小流体介质在大功率电堆模块分配过程中各单电池之间的流量差异。

分配区是反应气体由公用管道区进入流场区的过渡区域，其主要作用为通过导流使反应气进入流场区时在各流道内分配均匀，从而使 MEA 活性区电化学反应均匀。同时，水腔分配区对冷却液导流，使冷却液进入冷却流场各流道的流量均匀，达到散热均匀。

BPP 流场区与 MEA 活性区对应，是参与反应的重要区域。BPP 流场区的设计目标是使得反应气顺利进入 MEA，减小传质阻力；利于反应生成水的顺利排出，避免水淹；BPP 自身的体电阻与 GDL 的接触电阻最低。

密封区主要作用是使用密封件,在电堆组装后与 MEA 组件配合实现"三场"之间的密封。密封区的设计要与密封件的结构、MEA 组件的结构相互配合,保证在燃料电池装配条件下密封件有足够的压缩量保证密封性能,同时保证 MEA 活性区受力均匀,活性区的装配力设定需要兼顾接触电阻和 GDL 压缩变形量。商用双极板结构功能分区见图 7-17。

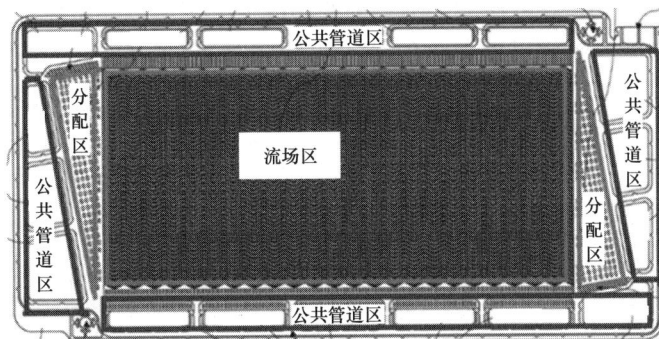

图 7-17　商用双极板结构功能分区

典型双极板流道结构如图 7-18 所示,最常见的结构是直通式双极板流道。直通道结构的流场,由于气体的传输主要依靠扩散,当气体做层流运动时,气体向 MEA 的传递就相对比较弱,可以将流道内部形成粗糙表面产生湍流来促进消耗层气体与富积层气体的混合,但是这种产生湍流的方法会增加流场进出口压差。在设计双极板时需要考虑如下因素:

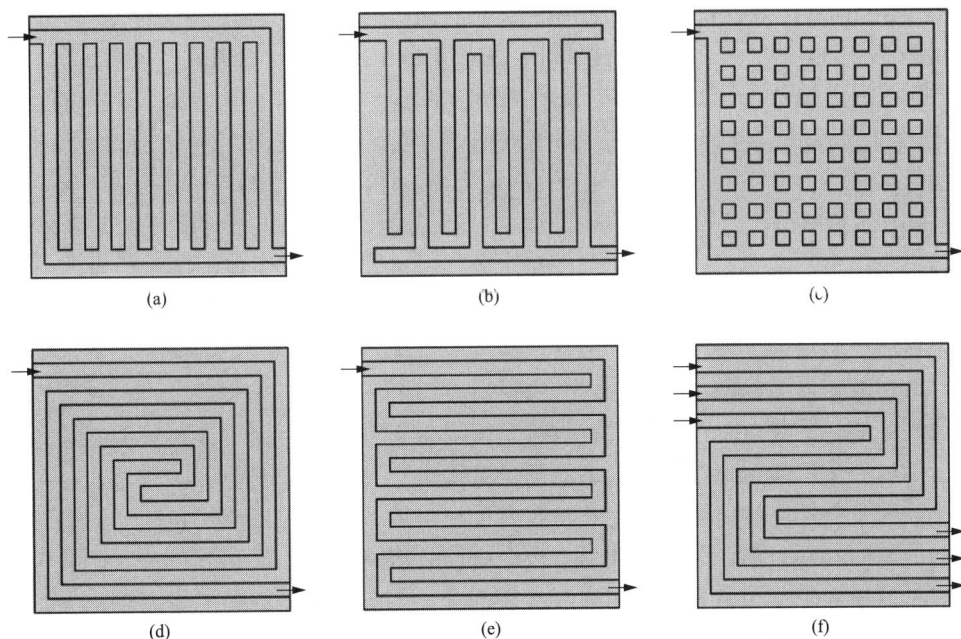

图 7-18　典型双极板流道结构

(a) 直平行流道;(b) 交织型流道;(c) 点阵状流道;(d) 螺旋流道;(e) 单蛇形流道;(f) 多蛇形流道

保证介质均匀性:平行流道可以提高流体速度和浓度分布均匀性,可以通过加宽分配流道,改变流道的横截面积等手段实现流体均匀分布。催化层局部长期欠气也会加速催化剂性能退化。一方面，在一定流量下，反应剂通过流场的压力降要适中且要平均，一般压力降为20～80kPa。压力降太小则不利于反应气体向扩散层、催化层的传输；而压力降太大会造成过高的动力损失，系统需要匹配更高压比的空气压缩机。另一方面，双极板内气体流动由压差驱动，增加进出口压差可以更有效移出电池内部多余的液态水而改进电池性能。

恰当的水热管理：质子交换膜会因为水分蒸发而导致膜质子电导率大幅降低，从而电池内阻变大。一般氧化剂、燃料和冷却剂的流道安排，即采用燃料与氧化剂逆流排布、冷却剂和氧化剂顺流排布方式。这样可以避免在氧化剂入口侧膜的干燥状态和在氧化剂的出口处发生水淹现象。热管理是与水管理相关联的，阴极反应完的空气携带反应生成水排出电堆，高温空气的含湿量较大，如果温度过低，将会生成大量液态水；合适的双极板设计应该能调节同一流场内各个区域的温度，使之达到满意的水热管理。

避免接触电阻过大：依据电极与双极板材料的导电特性，流场沟槽的面积应有一个最优值。沟槽面积和电极总面积之比一般称为双极板的开孔率，其值应为40%～75%。开孔率太高会造成电极与双极板之间的接触电阻过大，增加电池的欧姆极化损失。

保证足够的支撑强度：细密化的流道和脊对膜电极的机械支撑是有利的，这是因为细密化的流道减小了脊支撑的跨度。虽然增大脊的宽度能提高电和热传导性能，但是它增加了通道间距、减小了膜电极与反应气体的接触面积、增加水在这部分气体扩散电极中的积累。在较窄的地下水容易从扩散层转移到流场通道内，从而使得反应气体更容易扩散到催化层中。

流场的形式和结构对反应物和生成物在电堆内部的流分配、扩散等起关键的作用。流场的设计是否合理将直接影响电堆能否正常运行。常见的流场形式主要有点状流场、平行沟槽流场、单通道蛇形流场、多通道蛇形流场和交织状流场等。

流场由各种图案的气体通道（沟槽或孔）和起支撑作用的脊或面组成。沟槽或孔为反应气体和水的流动提供通道，而脊或面的电极接触则起导电导热的作用。沟槽或孔所占的比例称为流场的开孔率。流场结构和开孔率不但影响双极板与电极的接触电阻，还影响传质和排水。可见，流场的几何形状、尺寸及开孔率等方面都是流场设计应该考虑的内容。另外，还应考虑电堆应用环境、工作状态、流场板与电极的电阻、气流分配、流速、压力和压力降等因素。

点状流场结构简单，特别适合于气态排水的燃料电池，而对于以液态水排出的PEMFC，由于反应气流在这种流场中的流速较低，不利于液态水的排出而很少采用。网状流场和多孔流场对电极的扩散层强度要求较低，另外，当反应气体平稳流动时，容易形成局部湍流，这有利于扩散层的传质并且减小了极化。

平行沟槽流场的优点是可以通过有效减少压降来提高效率，但可能出现的问题是水、反应杂质（如氯）等可能聚集在某个通道局部无法排出，因而反应气体无法正常通过，导致某个电极区域内没有反应物的供给。为此，有人提出采用单通道蛇形流场，这样，能够保证反应物在各处不会存在阻塞，即使存在阻塞也会被及时清除。

对于单通道蛇形流场，它需要额外的功来推动，主要是因为这种流场压降较大，通道长而弯曲，所以电流的密度分布不均匀是气体的浓度分布不均匀导致的。为此，研究者结合平行沟槽和单通道蛇形流场的优点设计出多通道蛇形流场，这种流场效果较好，是目前PEM-FC使用较为广泛的流场。

能够提高电池的功率密度是交织状流场具有的特点。目前，在流场设计领域还需要进行大量深入的研究，结合膜电极这种特殊的气体扩散电极以及整个电堆对热水管理的要求，需要对流场进行严格的模拟和实践。由于燃料电池条件的复杂性以及变动性，一成不变的流场结构不可能是未来的发展方向。将燃料电池与仿生学结合，设计出可以根据工作情况自动调节流场结构的新型流场将是未来的一个研究方向。目前已有相关专家和学者开始进行相关方面的研究，主要研究内容集中在燃料电池的可抗干扰性，可通过采取一些新型材料来改善燃料电池的性能。

现在制备 PEMFC 双极板主要采用的材料是石墨、金属和复合材料。

（1）石墨双极板：目前 PEMFC 中采用较多的是石墨双极板。石墨双极板具有耐腐蚀性强、导电导热性能好的优点。缺点为：①为了防止石墨板造成弯曲和收缩等变形的情况，石墨板的石墨化温度需要进行程序升温，需要高于 2500℃；②双极板需要进行切割，但花费时间长，而且对机械的精度要求高，造成成本过高；③因为石墨易碎，所以难点在于组装；④因为石墨是多孔材料，须做堵孔处理。目前采用的石墨双极板厚度大多在 0.8mm 以上，而且石墨双极板的体积比功率和质量比功率都相对较低。

（2）金属双极板：金属双极板的优点在于导电性和导热性都很好，而且致密易于加工。缺点为：它具有高质量和高密度，易于腐蚀（阳极，酸性环境），并且由于表面钝化（阴极）而使内部电阻迅速增加。常用的金属材料是铝、镍、铜、钛和不锈钢。金属双极板受到腐蚀后金属粒子会污染质子交换膜，增加质子传递阻力，从而影响电池的性能，因此要对金属双极板进行表面处理，使得双极板既能保证导电需要，又能防止被腐蚀。

（3）复合双极板：复合双极板有两种：一种是金属石墨复合双极板，即以金属片为基材，在两侧复合石墨材料层，具有金属成型容易、耐漏电性优异的优点。另一种是高分子复合材料双极板，具有热塑性聚合物材料的塑性，即材料在黏度流动转变温度下具有流动性和黏附性。

2. 膜电极

膜电极（MEA）包括气体扩散层、催化层、质子交换膜等组成，常规厚度为 0.4～0.5mm，没有足够的自支撑刚度和强度。质子交换膜和电催化剂是影响燃料电池耐久性的重要因素。燃料电池中的成本比例为电催化剂（46%）、质子交换膜（11%）、双极板（24%）等。其中，由于电催化剂大量使用贵金属铂，其成本也占据了燃料电池总成本的近一半。质子交换膜和双极板的高成本也同样增加了燃料电池的总成本。高性能、高耐久性、低成本的质子交换膜燃料电池新材料是目前该领域的研究热点。

质子交换膜（proton exchange membrane，PEM）作为一种选择透过性多孔膜，主要作用有两个：一是为氢质子提供通道，二是隔离两极的燃料气体和氧化气体。用于质子交换膜的材料至少应满足以下要求：良好的离子导电性，即具有较高的 H^+ 传导能力；在 PEMFC 运行条件下，膜结构与树脂组成保持不变，即具有良好的化学和电化学稳定性；具有低的反应气体渗透性，保证燃料电池具有高的法拉第效率；具有一定的机械强度和结构强度；膜的表面性质可以与电极的催化层结合。

从膜的结构来看，PEM 大致可分为三大类：磺化聚合物膜、复合膜、无机酸掺杂膜。目前研究的 PEM 材料主要是磺化聚合物电解质，按照聚合物的含氟量可分为全氟磺酸质子交换膜、部分氟化质子交换膜以及非氟质子交换膜等。全氟磺酸质子交换膜分子结构如图 7-19 所示。

（1）全氟磺酸质子交换膜：乙烯是全氟磺酸质子交换膜的原始单体，乙烯中的四个氢原

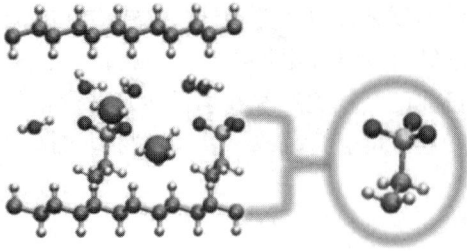

图 7-19 全氟磺酸质子交换膜分子结构

子被氟取代变成四氟乙烯，经过聚合成为 PTFE，再经过磺化成为 PEM。

目前使用的全氟磺酸质子交换膜主要是 DuPont 公司的全氟磺酸质子交换膜，即 Nafion 膜。全氟磺酸质子交换膜的摩尔质量为 1mol 磺酸基团的树脂质量，摩尔质量值越小，树脂的电导率越大，但膜的强度越低。膜的酸度通常以树脂的摩尔质量值表示，也可用交换容量（每克树脂中含磺酸基团的物质的量）表示，摩尔质量和交换容量互为倒数。由于全氟磺酸质子交换膜以 PTFE 作为主体结构，具有很多优点，即使处于强电化学氧化还原条件下，膜也不会发生明显的变化，因此已实现了产品的商业化。表 7-2 列出了常见 Nafion 全氟磺酸质子交换膜的性能参数。

表 7-2 常见的 Nafion 全氟磺酸质子交换膜的性能参数

型号	干膜厚度（μm）	干膜质量（g/cm²）	电导率（S/cm）
N115 膜	127	250	0.083
N117 膜	183	360	0.083
NRE211 膜	25.4	50	0.083
NRE212 膜	50.8	100	0.083

全氟磺酸膜的优点是机械强度高、化学稳定性好，在高湿度条件下具有高电导率，在低温下具有高电流密度和低质子传导性。然而，全氟磺酸膜质子交换膜的质子电导率随温度升高而降低，高温下易于化学分解，单体合成困难，且价格昂贵。

（2）部分含氟的质子交换膜：为了解决全氟磺酸膜成本高的问题，科学家致力于开发部分含氟的质子交换膜。如加拿大 Ballard 公司研发的 BAM3G（a，β，B-三氟苯乙烯与取代的同系物共聚，再经磺化后制得 BAM3CG 树脂）效果良好。该膜具有较好的电化学稳定性、热稳定性、机械性能，以及低摩尔质量值和高水含量。部分含氟的质子交换膜具有高的工作效率和非常低的磺酸基含量，同时氢燃料电池的寿命提高到 1500h，成本也较 Nafion 膜和 Dow 膜低得多，更易商业推广。

（3）无氟质子交换膜：无氟质子交换膜价格低、对环境友好、化学稳定性好，是未来质子交换膜发展的方向。当 Nafion 膜与用磺化聚酰亚胺制得的膜厚度相同时，可以明显看到 Nafion 膜的吸水能力较弱、稳定性差、氢气渗透速率大，故磺化聚酰亚胺膜的性能总体优于 Nafion 膜。在研究中发现，无氟质子交换膜的关键问题在于使它具有质子传导性和平衡的机械强度。

总体来说，质子交换膜虽然已取得长足的进步，但不可避免地也有许多问题。现在全氟磺酸膜发展较快，技术也较为成熟，但是它价格高昂，制作工艺烦琐，所以推广受到了限制。同时，全氟磺酸膜的阻醇性能差，只适用于氢氧燃料电池，而不适用于 DMFC。其他种类的质子交换膜也大多存在各自的缺点。

催化层（catalyst layer，CL）是电化学反应的场所，故催化层需要具备质子、电子、反应气体的连续传输通道，同时也要及时排出产物水，保证反应能够顺利进行，催化剂层结构如图 7-20 所示。气体要通过空隙，电子要通过导电载体，质子要通过离聚物，这对催化剂层材料提出了很高的要求。首先它必须是多孔的，这样氢气和氧气才能通过；其次它的导电性必须好，这样电流才能大；然后，它和离聚物的接触要好，确保质子能过来；再次，催化剂层必须很薄，使得由于质子迁移速率和反应气体渗透到催化剂层深处所引起电池电位损耗最小；最后，必须有效清除反应生成的水，否则催化剂将浸入水中，导致气体无法到达。

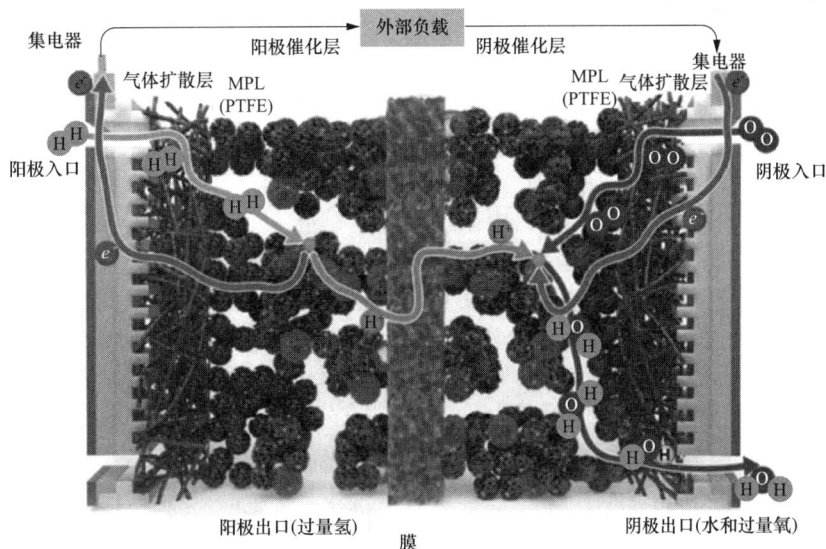

图 7-20　催化剂层结构（MPL：微孔层）

根据应用环境（包括电流密度、燃料和氧化剂的类型、压力、流速等）以及阴极和阳极气体的组成，催化剂层分为憎水催化剂层、亲水催化剂层、复合催化剂层、超薄催化剂层。

憎水催化层：憎水催化层因为采用 PTFE 作为黏合剂，所以疏水性很好，电极的里面有许多气体通道生成，所以传质效果也好。此外，由于催化层与质子交换膜的膨胀系数不同，质子交换膜失水后收缩，容易发生与催化层分离的现象，对于电极的使用寿命有一定的影响。

亲水催化层：为了解决憎水催化层电导率低和催化层与膜间树脂变化梯度大的问题，有学者提出在制备催化层时不加 PTFE 作为黏合剂，改用 Nafion 制成亲水催化层。这种催化层具有很多优点，如催化剂分布均匀，质子、电子传导性能较好。同时存在缺点，气体传递阻力较大，需要控制催化层厚度，结合强度随着使用时长而逐渐下降，所以需要提高催化层的结合强度。

复合催化层：综合考虑憎水催化层和亲水催化层的优点和缺点，研究人员提出了一种亲、疏水复合催化层结构。该催化层由两个催化单层构成：第一个单层是憎水催化单层，由 PTFE 和催化剂构成；第二个单层是亲水催化层，由 Nafion 和催化剂构成。复合电极具有很多优点，比如在催化剂用量相同时，它比传统疏水或亲水电极具有更好的传质性能和离子传导性能，所以催化剂的利用率得到极大提升。但它的缺点是制备流程复杂，制得的催化层较厚。

超薄催化层：为了进一步降低铂载量，研究者又提出了超薄催化层的理论。铂催化层的厚度小于 $1\mu m$，一般为几十纳米。随着新型碳材料的开发和碳纳米材料技术的不断发展完善，可以通过在基底材料上定向生长碳纳米管，通过在定向生长碳纳米材料的表面上直接制造电极催化剂来形成超薄催化剂层。这种结构具有显著的优点。首先，其厚度一般小于

$1\mu m$，可以大大简化催化剂层内部的水和热管理；其次，在该结构中铂的催化活性非常高；此外，催化剂层中无须添加额外的离子导电聚合物，其尺度为纳米级。但它的缺点是普遍生产困难，电极的寿命还没有定论。

燃料电池电催化剂需具备良好的导电性、电化学稳定性、催化性能等特征。Pt 具有的优良分子吸附、离解行为使得 Pt 系材料始终是催化剂的研究重点，且 PEMFC 的工作温度一般在 100℃ 以下，因此一直以铂作为首选催化剂，同时为了提高铂的利用率，将高分散的纳米级 Pt 颗粒均匀地负载到导电、抗腐蚀的乙炔炭黑型催化剂。

对于阳极而言，氢气是 PEMFC 的最佳燃料，碳载铂（Pt/C）作为目前活性最佳的氢氧化反应的催化剂而得到广泛应用。但当以各种烃类或醇类的重整气作为 PEMFC 的燃料时，重整气中含有一定浓度的 CO，会导致铂催化剂中毒，因此抗 CO 电催化剂是 PEMFC 阳极催化研究的重点。目前研究的重点主要集中在 Pt-M（M 表示贵金属或过渡金属）二元或多元组分合金催化剂，Pt-Ru/C 是一种已实用化抗 CO 电催化剂，但其性能依然受到 CO 浓度的影响。对于阴极而言，主要是选择能够快速催化氧还原的催化剂。

目前，高分散的碳载铂催化剂依然是 PEMFC 阴极主要的活性物质，然而氧气在铂表面的还原速度要远小于氢气在铂表面的氧化速度，因此为了获得更高催化活性的氧化还原反应催化剂，P-M 合金催化剂是有效的途径。由于 Pt 金属价格昂贵，且资源短缺，为了降低 PEMFC 的成本，一些非铂催化剂（如过渡金属、碳氮化合物、过渡金属大环化合物、过渡金属氧化物等）成为研究重点。

扩散层起支撑催化层的作用，气体扩散层结构示意图如图 7-21 所示。反应气体参加电化学反应前需要经过扩散层后进入催化层，在燃料电池电堆设计过程中气体扩散层的选择对燃料电池性能影响很大，通常会在厚度、比重、压缩回弹、厚度、孔隙率、PTFE 含量、电导率特性、热导率特性和气体扩散特性等方面权衡考量，具体如下：

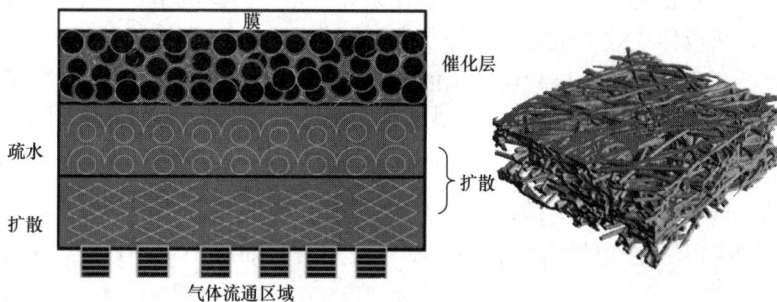

图 7-21　气体扩散层结构示意图

机械性能：气体扩散层在电堆装配过程中，随着压紧力的增加，扩散层的应变、孔隙率、电导率以及气体扩散特性等指标均会产生变化，而且双极板脊下和槽下的扩散层特性也有很大区别，这些都会影响到燃料电池工作时的水热管理。在整堆结构设计时必须充分考虑扩散层的回弹性能、扩散层与密封线在压缩量和压缩力之间的匹配，以及流道跨度和深度匹配等。

导电与导热性能：气体扩散层制造工艺造成的碳纤维分布特点决定了扩散层在平面内的导电率比垂直平面的导电率要高数倍，提升扩散层本身的导电导热特性可以在扩散层制备过程中提高石墨化温度并延长时间，这对减缓扩散层衰减也有积极作用。

气体渗透性能：气体扩散率在垂直于气体扩散层方向上的数值是平面内气体扩散率的几

倍，目前对气体扩散层失效的研究并不像对其他部件的失效研究那么深入，气体的扩散和液态水的排出总是相互影响，因此扩散层失效形式与燃料电池性能衰减之间的关系还需要大量的研究工作。目前主要用于对气体渗透率进行测评的方法包括 DIN EN ISO 9237 *Paper and board—Determination of air permeance（medium range）—Part 5*：*Gurley method* 和 ISO 5636-5 *Determination of permeability of fabrics to air*。

亲疏水特性：随着长时间的使用，气体扩散层表面亲水性越来越强，燃料电池工作中反映出的浓差极化明显升高，这与 PTFE 涂料脱落，亲水杂质累积，孔隙率分布改变都有一定的联系。通过对气体扩散层进行的加速老化试验研究表明：老化后接触角明显变小，MPL 层（微孔层）的质量也明显减小。

根据气体扩散层制作工艺中对碳纤维采用的黏接、纺织、成纸及热压等不同工艺，成品可以分为碳纸、碳布、碳毡等多种类产品，如图 7-22 所示。当碳毡、碳纸或碳布的表面不平时，需要进行平整处理，否则会影响催化层。目前从事扩散层生产

图 7-22　气体扩散层材料

的厂家有很多，具有代表性的包括东丽（Toray）、科德宝（Freudenburg）、西格里特（SGL）等，这些厂家主营业务覆盖了材料、纺织、石墨等领域，这些领域都与扩散层的制作工艺有着密切的联系，其中 SGL 是全球最大的碳石墨制造商，也是现代 NEXO 燃料电池扩散层供应商。

7.6.5　技术特点

质子交换膜燃料电池作为燃料电池类型中应用最为广泛和普遍的一种，它除了具备同其他燃料电池类型兼有的利用率高和环保性好等优点外，还具备工作温度低、功率密度高、响应速度快、能量转换效率高、稳定性好以及无电解质腐蚀等显著优点，在便携式电源、车载动力源、分布式发电站以及航空等领域具有非常广阔的应用前景。具体优点如下：不会造成化学腐蚀：质子交换膜燃料电池不含具有腐蚀性的物质，它用水来润湿电解质。燃料来源广，适应性高：质子交换膜燃料电池所用的燃料氢气可以通过很多途径获得，除了用纯氢作为燃料，也可以用重整氢气。低工作温度：质子交换膜在低温下也可以启动，因为它的工作温度一般在 60～80℃。高能量转化率：能量转化效率高达 40％～60％。绿色环保：水作为质子交换膜燃料电池唯一的排放产物，不会对环境造成污染。维修简单：因为质子交换膜燃料电池的内部结构简单，故拆卸、清洗和维修方便。低噪声：质子交换膜燃料电池中只有固定的部件，故在工作过程中不会产生太大的声音。

同时，PEMFC 也存在一定的不足，具体如下：对温度要求高，质子交换膜燃料电池中 Nafion 系列膜最常见，它们最合适的工作温度为 70～90℃；对水含量要求高，若温度升高，则膜的含水量也会下降，从而导致导电性能变差；成本高，工艺烦琐。质子交换膜制作流程复杂且困难，故导致成本过高。

7.6.6　发展现状与趋势

PEMFC 是继 AFC、PAFC、MCFC、SOFC 之后正在迅速发展起来的温度最低、比能最高、启动最快、寿命最长、应用最广的第五代燃料电池，它是为航天和军用电源而开发的。国内研制具有代表性的是利用 AFC 技术积累全面开展 PEMFC 研究。

日本三洋、三菱等公司也已研究开发出便携式 PEMFC 发电堆。加拿大电力系统公司与日本的 EBARA 公司合作研究开发 250kW PEMFC 发电设备和 1kW PEMFC 便携式发电系统。德国在柏林建造了一个 250kW PEMFC 的实验堆。质子交换膜燃料电池的核心技术是电极-膜-电极三合一组件的制备技术。为了向气体扩散，电极内加入质子导体，并改善电极与膜的接触，采用热压的方法将电极、膜、电极压合在一起，形成了电极-膜-电极三合一组件，其中，质子交换膜的技术参数直接影响着三合一组件的性能，因而关系到整个电池及电池组的运行效率。PEMFC 的价格也制约着其商业化进程，因此，改进其必要组件性能，降低运行成本是发展 PEMFC 的重要方向。

电堆作为质子交换膜燃料电池的核心部件，其功率大都在 30～60kW。2020 年，诸多电堆企业扎堆推出新品，超 110kW 的大功率产品占据绝大多数。比如，氢璞创能发布的一款面向未来 5～10 年的电堆产品 NowogenV，功率达到了 150kW；清极能源推出的 E90 燃料电池发动机系统，额定输出功率为 100kW，质量功率密度更是达到了 680W/kg；上海氢晨自主研发的第二代燃料电池电堆 H2150F，额定输出功率为 150kW；捷氢科技推出的新一代车用质子交换膜燃料电池电堆 PROMEM3H，功率高达 130kW，电堆功率密度达 3.8kW/L，拥有 10 000h 的超长耐久性。

作为目前在国内电堆产能最大、市场占率最高的国鸿氢能，去年也推出了鸿芯 GI 电堆产品和鸿途 G 系列燃料电池动力模块产品。其中，鸿途 G110 净输出功率为 110kW，体积比功率为 555W/L，系统最高效率达到 61%，额定点系统效率 44%。

此外，新源动力发布的最新款金属双极板燃料电池模块 HYMOD-110，额定输出功率为 110kW，由 370 节单电池串联组成，较此前发布的相同节数的 HYMOD-70，额定输出功率提升了 57%，实测峰值输出功率可达到 130kW。重塑科技推出的全新平台氢燃料电池系统 PRISMA 镜星系列，采用一体式模块化设计，搭载全新自主知识产权电堆，具有寿命长、集成度高、扩展性高、可靠性高等优点，系统更是包含了中、高功率产品系列，功率横跨 60～110kW。

7.7　各类氢燃料电池应用

前面章节分别对 AFC、PAFC、MCFC、SOFC、PEMFC 等典型燃料电池的工作原理和技术特点进行介绍，不同类型的燃料电池可实现的功率不同，其应用场景也有所不同。典型燃料电池功率分布和应用场景如图 7-23 所示。PEMFC 功率范围广泛，可用于电子产品、轨道交通、社区功能等场景。MCFC 和 SOFC 主要面向大功率应用场景，如电站和潜艇等。PAFC 主要用于社区供能和电站等场景。AFC 主要用于家庭和社区的分布式供能。

本章小结

本章介绍了氢燃料电池的定义、优点和分类，重点介绍了碱性燃料电池、磷酸燃料电池、熔融碳酸盐燃料电池、固体氧化物燃料电池、质子交换膜燃料电池等典型燃料电池的工作原理、技术特点和发展现状，重点论述了质子交换膜燃料电池系统中的双极板和膜电极等重要组件的加工设计和发展趋势。氢燃料电池如图 7-24 所示。

电脑

汽车

潜艇

10^0　10^1　10^2　10^3　10^4　10^5　10^6　10^7

kW　　　MW

手机

军用电池

家用电

医院

带电网的电站

PEMFC

SOFC

MCFC

PAFC

AFC

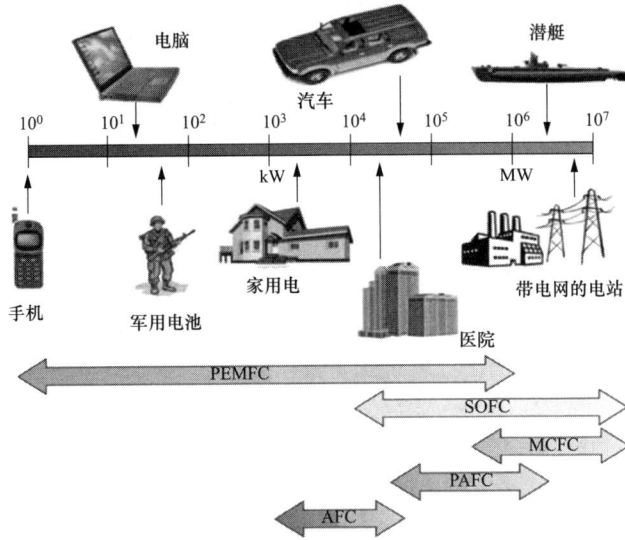

图 7-23　典型燃料电池功率分布和应用场景

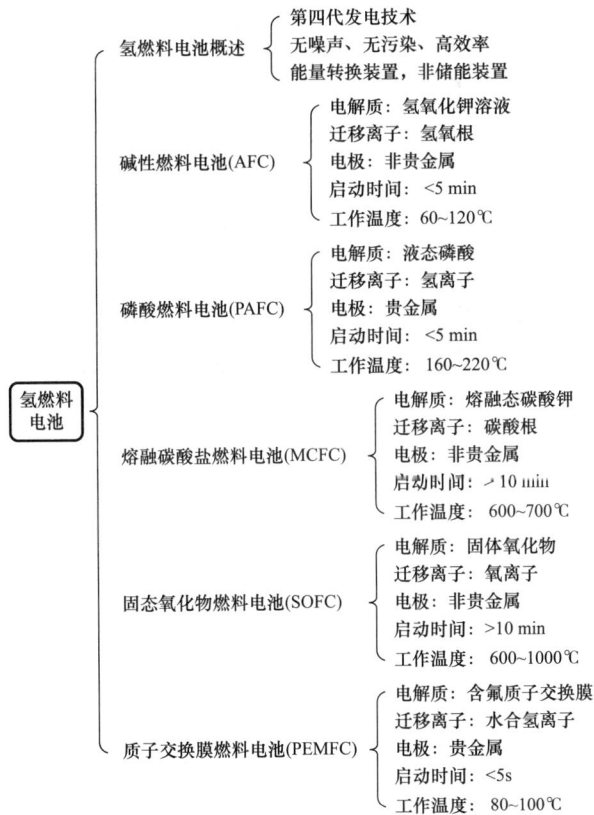

氢燃料电池

- 氢燃料电池概述
  - 第四代发电技术
  - 无噪声、无污染、高效率
  - 能量转换装置，非储能装置

- 碱性燃料电池(AFC)
  - 电解质：氢氧化钾溶液
  - 迁移离子：氢氧根
  - 电极：非贵金属
  - 启动时间：<5 min
  - 工作温度：60~120℃

- 磷酸燃料电池(PAFC)
  - 电解质：液态磷酸
  - 迁移离子：氢离子
  - 电极：贵金属
  - 启动时间：<5 min
  - 工作温度：160~220℃

- 熔融碳酸盐燃料电池(MCFC)
  - 电解质：熔融态碳酸钾
  - 迁移离子：碳酸根
  - 电极：非贵金属
  - 启动时间：>10 min
  - 工作温度：600~700℃

- 固态氧化物燃料电池(SOFC)
  - 电解质：固体氧化物
  - 迁移离子：氧离子
  - 电极：非贵金属
  - 启动时间：>10 min
  - 工作温度：600~1000℃

- 质子交换膜燃料电池(PEMFC)
  - 电解质：含氟质子交换膜
  - 迁移离子：水合氢离子
  - 电极：贵金属
  - 启动时间：<5s
  - 工作温度：80~100℃

图 7-24　氢燃料电池

8 氢能利用体系

为应对气候变化，实现碳达峰、碳中和的目标，我国能源结构将迎来巨大的转型，可再生能源的发展及其带来的调峰需求将会促进氢能存储与利用的发展。在脱碳的社会背景下，氢能成为替代化石能源，应对气候变化，实现碳中和的重要选择。为促进氢能产业的发展，世界各国都在加紧完善氢能产业链。氢能用途广泛，可作为燃料提供动力和电力；也可为工业和建筑提供热量；还可以作为化工原料，在工业化工、交通、电力以及航天工程等众多领域有着广泛的应用。氢能的主要利用体系有氢能交通、氢能储能、氢能发电和氢能工业等，氢能利用体系如图 8-1 所示。

图 8-1　氢能利用体系

8.1　氢　能　交　通

在第七十五届联合国大会上，中国声明将碳排放争取 2030 年前达到峰值，并且在 2060 年前实现碳中和。在中国，交通运输业的碳排放约占中国碳排放的 25%，城市交通运输部门的碳排放约占中国交通运输部门的 40%。气候对交通运输部门的碳排放影响较大，特别是在严寒地区，因寒冷取暖和路面湿滑导致交通方式、能耗方式不同而导致更高的碳排放，新能源车的普及率低以及电气化的实现程度低也使得严寒地区交通运输部门的碳排放与其他地区存在显著的差异。因此，需要在严寒地区提出针对性的减排措施，以尽快实现交通运输部门的碳达峰。

8.1.1 氢燃料自行车

电动自行车已经成为我国普通市民最主要的出行方式之一，具有经济环保、高效方便、价格便宜、操作简单等优点。但是目前电动自行车普遍采用铅酸电池或者锂离子电池作为动力源，续航里程在 $40\sim60km$，其充电慢，充电过程也有许多安全隐患。而搭载氢燃料电池和储氢瓶的氢燃料自行车，续航里程可达到 $70\sim100km$，甚至更高，同时加氢也仅需要 $2\sim3min$，使用便利性大幅提高。

氢燃料自行车是在普通自行车的基础上，增加了氢气发电机和储氢器。氢气发电机即为燃料电池，其核心技术是：当氢气喷射到发电机质子膜上，与氧气反应后在膜的两边产生正负离子，从而形成电流，电流再驱动自行车的电动机运行。相较于汽油、液化气、煤气等可燃气体，氢燃料自行车的氢气在使用中较为安全，因为氢气是世界上已知密度最小的气体，其质量小、扩散速度快，无论是在氢燃料自行车还是在家里使用氢气，只要有透气的小孔，氢气能很快扩散到空气中，安全可靠。

2018 年 1 月 15 日，法国初创企业推出了一款名为 Alpha 的氢燃料电池驱动自行车，如图 8-2 所示，其是全球首款量产商用氢燃料自行车。Alpha 的外表框架与普通变速自行车类似，拥有车架、车胎、脚蹬部件、前叉组件和链条等。二者唯一的区别在于，Alpha 的车架上安置了一个 2L 的储氢罐及一个动力转换系统，这使它的质量约达到 25kg，比普通自行车重上一倍。依靠这个储氢罐，这款自行车可骑行约 100km，Alpha 加注 2L 氢气只需要约 2min，行驶排出的物质只有水。

2021 年 12 月 22 日，全球首个大规模"氢能自行车系统"在常州市正式投运，该系统与常州城市公共自行车、共享电动助力车系统有机融合，标志着常州市共享公共出行领域进入了氢能时代。该款氢燃料自行车储存 $0.5m^3$ 的氢气，可实现续航里程 70km，最高时速 23km，人工换氢仅需 5s 完成，市民使用价格是 0.1 元/min。常州氢燃料自行车见图 8-3。

图 8-2 Alpha 的氢燃料电池驱动自行车

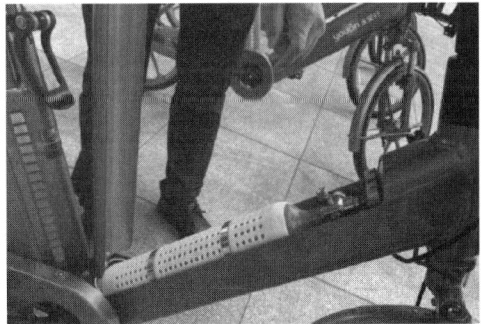

图 8-3 常州氢燃料自行车

8.1.2 氢燃料电池汽车

氢燃料电池汽车（HFCV）是一种用车载燃料电池装置产生的电力作为动力的汽车。车载燃料电池装置所使用的燃料为高纯度氢气或含氢燃料经重整所得到的高含氢重整气。动力系统包含燃料电池堆栈、储能电池、储氢罐、电动机和电堆辅助设备等。

1. 燃料电池汽车的十大系统

氢燃料电池车主要由热管理（冷却）系统、DC/DC 变换器、电力与电子控制器、变速器、驱动电动机、燃料电池电堆、储氢罐、加氢口、电池包（动力电池）、辅助电池等部件组成，如图 8-4 所示。

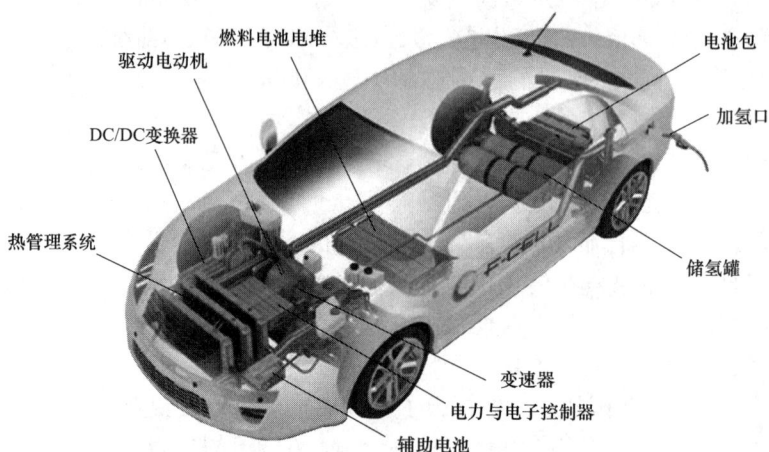

图 8-4　氢燃料电池汽车十大部件

热管理（冷却）系统：该系统能够将燃料电池、电动机、功率电子，以及其他零部件维持在其合适的工作温度上。一个典型的氢燃料电池热管理系统循环主要包含水泵、节温器、去离子器、中冷器、水暖 PTC（正温度系数热敏电阻）、冷却模块及冷却管路等。

DC/DC 变换器：这里指的是将动力电池的高压电转化为辅助电池能够接受的低压电的装置。燃料电池的输出电压受到单体电压的限制，不能直接对电动汽车的动力电池和电动机驱动供电。为了能让燃料电池稳定有效地输出功率，采用 DC/DC 变换器对其进行功率控制，改善输出特性。DC/DC 变换器的另一个作用是，可以根据电动机驱动和动力电池的需求来控制输出电压和输出电流。DC/DC 变换器作为燃料电池发电系统的关键部件，其技术的进步促进了燃料电池产业的发展，为燃料电池电动汽车的推广奠定了技术基础。前人对应用于燃料电池的 DC/DC 变换器做了大量的研究。

电力与电子控制器：能够管理燃料电池和动力电池的电能，进行电压控制。

变速器：从电动机传递机械动力来驱动车轮。

驱动电动机：利用来自燃料电池和动力电池组的电能，输出机械能驱动车轮。另外也能够回收减速时的动能，转化为电能。

燃料电池电堆：将多片燃料电池组装而成的电能转化装置。其一般被置于一个壳体内，国内一般称为燃料电池电堆模块。

储氢罐：用于储存氢气。

加氢口：特殊设计的金属嘴，能够卡住加氢枪，将氢气加入氢罐中。

电池包（动力电池）：较小容量的电池包。与纯电车上所使用的电池包区别不大。

辅助电池：就是燃油车上常见的 12V 辅助电池。在电动车辆中，低压辅助电池在牵引电池接合之前提供电力以启动汽车；它还为车辆配件提供动力。

2. 氢燃料电池汽车发展现状

氢燃料电池汽车具有绿色环保、续航里程长、加氢速度快的特点，面临安全、技术、高成本等问题，在现阶段技术条件下尚未像锂电池那样进入大规模商用，但其发展空间将有望超越锂电池。我国燃料电池汽车发展主要分为 3 个阶段：

第一阶段是到 2020 年，初步实现燃料电池汽车的商业化应用，商业化规模达到 1 万辆，投入运营的加氢站 100 座，在北京、上海、郑州、武汉、成都、张家口、佛山等全国多个城市，以公共交通、仓储物流为主要业务，开展商业化示范运行。第二阶段是到 2025 年，基本掌握氢能以及燃料电池汽车的核心技术和制造工艺，初步建立较为完整的供应链和产业体系。加快实现氢能及燃料电池汽车的推广应用，以公共服务用车的批量应用为主，基于现有的储存、运输和加注技术，在 150km 的辐射范围内，因地制宜地推广氢能燃料电池技术，通过优化燃料电池系统的结构，加速关键零部件的产业化，大幅度降低燃料电池系统的成本，实现车辆的保有量约 5 万辆，部署建设一批加氢站。第三阶段是到 2035 年，要实现氢能及燃料电池技术的大规模推广应用，氢气的大规模制取、储存、运输、应用达到一体化，加氢站的现场储氢、制氢规模的标准化和推广应用也达到一定的程度，完全掌握燃料电池关键核心技术，建立完备的燃料电池的材料、部件及系统的制备能力。

当前汽车工业正经历从传统燃油车向纯电动车的转型，即车辆动力源正从汽油燃烧产生的化学能转变为电能。作为氢燃料电池汽车的重要潜在消费市场之一，我国已掌握部分氢能基础设施与一批燃料电池相关技术，具备一定的产业装备及燃料电池整车的生产能力。2016～2020 年，中国氢燃料电池汽车保有量逐年上升，标志着我国氢燃料电池汽车正在进入商业化初期。2020 年，受到疫情影响，氢燃料电池汽车销量有所下滑，氢燃料电池汽车年销量1177 辆，同比下降 56.8%；保有量 7352 辆，同比增长 19.1%。在交通领域，我国现阶段以客车和重卡为主，正在运营的以氢燃料电池为动力的车辆数量超过 6000 辆，约占全球运营总量的 12%；燃料电池汽车的能量转换效率是 50%～60%，燃油车是 30%～40%。2018年，我国氢燃料电池汽车产量 1527 辆，车型以客车和物流车为主；2019 年，我国氢燃料电池汽车产量 2821 辆；2020 年 4 月，财政部、工业和信息化部、科技部、发展改革委发布《关于调整完善新能源汽车补贴政策的通知》（财建〔2020〕86 号），推出"以奖代补"政策，在技术要求、运营要求、补贴车型等不明确的情况下，地方政府与企业普遍倾向于等待具体补贴政策出台，再以此调整生产计划，又因为新型冠状病毒感染的冲击，我国 2020 年氢燃料电池汽车产销量大幅下滑。在政府大力支持、技术创新加速、基础设施不断完善以及资本迅速涌入的大背景下，中国氢燃料电池汽车行业爆发在即，预计 2025 年产量规模将突破 3万辆，同时，燃料电池技术也有望实现突破，成本大幅下降。到 2030 年，中国氢燃料电池汽车产销量预计将达到数十万辆。

以氢燃料电池汽车为例，当前全球多个国家积极布局氢燃料电池汽车产业链，2021 年全球主要国家共销售氢能源汽车 16313 辆，同比增长 68%，其中中国全年氢能源汽车销量为1586 辆，同比增长 35%。根据中国氢能联盟预测，到 2050 年氢能需求量有望达到 6000 万 t，在终端能源体系中占比为 10%，预计产业链年产值将达 12 万亿元，其中交通运输领域用氢2458 万 t，约占该领域用能 19%。

在国家"双碳"目标下，氢燃料电池汽车正成为新的发展趋势，相关配套设施已累计建成加氢站超过 250 座，因其动力充足、加注时间短、续航里程长等优势逐渐延伸至应急救援车、平衡车、观光车等应用场景，越来越多的企业涉及氢燃料电池及氢燃料电池汽车领域，国家为了新能源汽车产业的不断壮大，多次出台政策以扶持新能源汽车产业的发展。在国务院发布的关于印发《新能源汽车产业发展规划（2021—2035 年）》（国办发〔2020〕39 号）

的通知中提出：到 2025 年我国新能源汽车市场竞争力明显增强，动力电池、驱动电机、车用操作系统等关键技术取得重大突破，安全水平全面提升。氢燃料电池汽车的性能现与传统汽车性能差不多持平，但要想被广泛应用，需要进一步完善氢燃料电池汽车的缺陷，例如成本和推广，同时其附属设施的建设也要跟得上氢燃料电池汽车的发展脚步。未来，各国将根据自身实际颁布更多利好政策用于新能源汽车的研究与应用。同时针对氢燃料电池汽车，各类加氢站以及其他基础设施也将根据氢燃料电池汽车的发展应运而生。随着国家技术的不断突破和政策的不断推进，燃料电池市场前景广阔。

图 8-5 韩国 ix35FCV 现代汽车

2013 年 2 月 26 日，韩国 ix35FCV 现代汽车（见图 8-5）正式下线，成为世界上第一辆量产版氢燃料电池车。ix35FCV 车身由后部的氢储存区、中部的电池及逆变器、前部的燃料电池及动力总成组成。其工作流程是氢气和氧气在燃料电池堆栈里发生反应，产生电能、热量和水；燃料电池产生出的电能用于驱动车辆电动机以及储存于电池组中；经过一系列的反应后，最后排出的只有水。

基于燃料电池在载重运输领域的优势，欧美日韩等国家近年来开始着力发展燃料电池在中重型商用车、物流车方面的应用。2016 年 6 月，Plug Power 公司宣布将参与欧洲一个全部由使用 Plug Power 氢燃料电池叉车的物流配送中心项目，这将是欧洲第一个由氢燃料电池叉车搬运货物的物流中心，2016 年预计投入 40 辆，到 2017 年达到 60 辆。这个示范项目将于本月在法国圣西瓦勒昂地区的 Prelocentre 配送中心启动，旨在让物流企业和地方政府看到以氢燃料电池叉车组成的物流配送中心的运营可行性和环保可持续性。该项目在欧洲氢燃料电池叉车历程中具有重要里程碑意义，这将向当地其他企业展示氢燃料电池叉车的经济性和环保性优势，进而提升 Plug Power 公司在欧洲市场的占有率。

2021 年日本丰田研制的燃料电池叉车 3min 即可加满氢并续航 8h，已被实际应用于港口、工厂、机场和物流中心等场所，如图 8-6 所示，同时丰田还在 Motomachi 工厂中配套建设了适用于叉车的小型简化加氢站 SimpleFuel，以确保氢燃料的供应。丰田计划 2030 年年产量达到 10000 辆，相较于传统汽油叉车，其总碳排放降低 94%，相比电动叉车也降低了 86%。

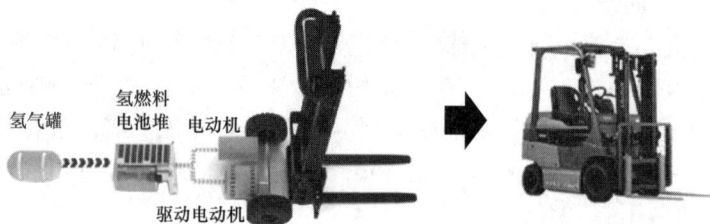

图 8-6 燃料电池叉车

氢燃料电池汽车在中国的发展主要以客车、货车等商用车型为先导，客车以政府采购的燃料电池公交车为主，目前全国已经有超过 30 个城市出台了氢能规划及燃料电池车示范推广方案。完备的产业链和对关键核心技术的掌控能力，是我国燃料电池商用车产业健康可持续发展的关键因素之一。目前看，我国自主开发的燃料电池汽车在车型开发、整车动力性、续驶里程、燃料电池发动机功率、低温启动等方面与国外存在一定差距，但在等效燃料经济性水平和车辆噪声水平方面与国外基本处于同一水平。

截至 2019 年 2 月，中国燃料电池汽车相关企业数量近 250 家，其中近三年来相关企业数量增速加快，并初步形成了长三角、华南及环京几大产业集聚区。另外，中部、西部、东北一些电动汽车产业相对落后，或工业副产氢以及光电水电资源较为丰富，以及气候极寒等地区，也是布局燃料电池汽车产业的重要区域。商用车是目前中国燃料电池汽车的主要应用领域，产品种类主要包括大中型客车、轻型客车、轻型货车（物流车）。

"2008 年北京奥运会燃料电池轿车"专项计划于 2007 年 8 月启动，这是上海市政府为响应"科技奥运、绿色奥运、人文奥运"而实施的重要举措，2008 年北京奥运会燃料电池轿车如图 8-7 所示。2008 年 7 月 6 日下午，我国自主研制的氢燃料电池轿车在同济大学新能源汽车工程中心举行了发车仪式，20 辆氢燃料电池轿车驶进奥运会场。这 20 辆氢燃料电池轿车是由整车企业牵头，利用大众帕萨特领驭车型，通过集成最新一代燃料电池轿车动力系统技术平台而成功研制出来的。与以前的样车相比，其工程化、产

图 8-7　2008 年北京奥运会燃料电池轿车

品化程度更高。为确保安全性、可靠性，前 5 辆车每辆均已完成 3000km 的实际道路行驶试验，另外 15 辆车也已完成相当量的行驶里程。

2014 年，上海汽车股份有限公司荣威 750 燃料电池轿车成为国内首款发布的燃料电池汽车；2016 年，荣威 950 燃料电池轿车成为国内首款发布、销售和上牌的燃料电池轿车，荣威 950 燃料电池轿车也是国内首款应用燃料电池 70MPa 储氢系统的车型，上汽荣威 950 燃料电池轿车如图 8-8 所示。但截至目前，燃料电池乘用车总体上均处于研发验证阶段。

2017 年中国重型汽车集团有限公司（简称中国重汽）已推出一款氢燃料电池港口牵引重卡 HOVA，如图 8-9 所示，该车配备了四瓶每组 70MPa 的氢气罐，加氢量为 10.5kg。其气罐小、加氢量小，满载状态下一次加氢续航里程为 110km 左右。

图 8-8　上汽荣威 950 燃料电池轿车　　图 8-9　中国重汽氢燃料电池港口牵引重卡 HOVA

2021 年 6 月，在举办的第六届国际氢能与燃料电池汽车大会上，中国第一汽车集团有限

公司也曾发布过基于上代 H5 的燃料电池车——红旗 H5 燃料电池车（见图 8-10）。红旗 H5 燃料电池车采用双氢罐设计，续航可达 520km。2022 年，首台全新红旗 H5 燃料电池车在中国第一汽车集团有限公司试制下线。新车搭载自主研发的第二代燃料电池发动机，以实现一30℃的快速冷启动，此技术达到国内领先水平。

图 8-10　红旗 H5 燃料电池车

第五代移动通信技术深化应用、车辆智能驾驶技术趋于成熟，赋予了燃料电池商用车与汽车高智能化融合发展的宝贵机遇，"燃料电池技术＋智能驾驶技术"将成为产业应用创新的重点方向。燃料电池技术将促进商用车成本降低，高智能化带来的舒适驾驶体验将推动商业运输业的快速发展，从而为经济社会活动提供更加便捷和环保的交通出行服务。

8.1.3　氢燃料轮船

船舶行业每年的碳排放量为 11.2 亿 t 以上，约占世界 CO_2 排放总量的 4.5%，并仍处于继续增加的趋势。而减少碳排放是社会发展的基本要求，氢能船舶则是船舶行业的重要发展方向。

在我国，氢能船舶（氢动力船/氢燃料电池船）发展获得国家层面的政策支持。2020 年 6 月，交通运输部发布《内河航运发展纲要》（交规划发〔2020〕54 号），提出鼓励探索发展燃料电池动力船舶，研究推进氢能等应用。我国交通运输部海事局也制定了《氢燃料动力船舶技术与检验暂行规则（征求意见稿）》（海便函〔2021〕874 号），以期在借鉴国内外经验、结合实船技术方案，在充分研究论证的基础上，对船舶使用氢燃料电池系统的布置、系统设计、燃料储存、加注系统等方面进行规范。

我国对于船舶使用氢能的探索更多地体现在氢燃料电池研发等方面。2019 年底，中国船舶集团有限公司发布了全球首艘氢燃料试点船舶设计方案，这艘 2000t 级定点航线内河自卸货船由中国船舶重工集团公司七一二所自主设计研发，采用 4 组 125kW 氢燃料电池作为船舶主动力源，辅以 4 组 250kWh 锂电池组调峰补偿，同时载有 35MPa 高压氢气瓶组储存氢气燃料。2021 年初，武汉众宇动力系统科技有限公司获得了由中国船级社（CCS）颁发的首张船用燃料电池产品型式认可证书，不仅填补了国内空白，也标志着氢燃料电池船舶商业化应用向前迈进了一步。

而对于船用氢燃料电池的规范研究工作主要集中在 CCS。2017 年，CCS 编制了《船舶应用替代燃料指南》，其中根据氢燃料电池系统主要构成及各系统设备在船上的应用特点，提出燃料电池船舶布置、系统设计、燃料储存、加注辅助系统等方面的安全技术指标。随后，CCS 又围绕氢燃料电池船舶关键技术开展了一系列应用研究和工程实践，在船舶总体安全设计、储氢、加氢和用氢等环节上取得了大量研究进展，陆续攻克了船舶应用氢燃料在总体设计、系统设计、装备制造、标准研发和风险评估等技术难题，通过获得的大量实测资料，为我国后续氢燃料电池实船建造提供了重要的理论基础和数据支撑。

氢燃料动力船舶重点风险安全区域主要包括高压氢气加注站（含充装接头、气相管路、控制阀件及附件）、氢气瓶间（氢气瓶组、氢气管路氮气系统、通风系统、相关附件）、燃料电池处所（燃料电池模块、氢气管路、处所通风系统、相关附件）、锂电池与机电设备间（锂电池组、能量管理系统、配电系统、机电设备）等。

目前，CCS已经完成了"船舶氢燃料储存及应用技术"研究工作，在已有指南基础上，对高压气瓶储氢技术的在船应用进行研究，对氢燃料加注技术、船用氢气管路连接方式、燃料电池处所安全防护技术开展了深入分析，解决了陆上技术标准与船舶环境条件差异性问题，提出了相应船用技术要求，为氢燃料的在船安全应用提供技术支撑。此外，CCS还创新性地研究了液体有机化合物储氢、金属氢化物储氢技术在船舶上的应用，有针对性地提出了船舶储存、布置、脱氢、材料等方面的技术要求建议，为后续开展高密度储氢技术研究、拓展船舶氢燃料适用面奠定了坚实的基础。

2017年，比利时某公司已经完成了全球第一艘基于氢燃料动力且实现零排放的轮船建造，并开始商业运营。这一全球首艘氢燃料动力轮船被命名为"Hydroville"。2021年8月20日世界上第一艘氢燃料电池商用船在美国华盛顿下水，首次实现了由柴油航运向脱碳航运的过渡，氢燃料电池动力组由零排放工业公司提供，由246kg的储氢罐和360kW的康明斯燃料电池组成。德国柏林工业大学Gerd Holbach教授的团队打造的Elektra为全球第一艘氢动力拖船，由2016年开始研发，历时2年建造，于2022年1月进入测试阶段。Elektra的长、宽、吃水分别为20m、8.2m和1.25m。荷兰C-JOB的海军建筑师设计了足以改变可再生能源市场的全新液态氢油轮，用于解决液态氢供应链问题。该油轮可为2万辆重型氢能卡车或40万辆中型氢能汽车提供燃料，预计2035年之前将可以为5000艘氢动力船舶提供液态氢供应。

2022年5月17日，国内首艘入级中国船级社（CCS）的氢燃料电池动力工作船——"三峡氢舟1号"在江龙船艇中山科技园开工建造，如图8-11所示。该船为钢铝复合结构，总长49.9m、型宽10.4m、型深3.2m，采用全回转舵桨推进，氢燃料电池额定输出功率500kW，最高航速达到28km/h，巡航航速20km/h时的续航里程可达200km，具有高环保性、高舒适

图8-11　"三峡氢舟1号"

性和低能耗、低噪声等特点，将主要用于三峡库区及两坝间交通、巡查、应急等工作。"三峡氢舟1号"开工标志着我国首艘CCS氢燃料电池动力工作船正式转入建造阶段。

世界各国都在竞相研发氢动力船舶，加快推进脱碳船舶的进程，柴油动力船最终将被氢燃料动力的脱碳船舶取代。

8.1.4　氢燃料飞机

根据国际能源机构的统计，在过去20年里航空碳排放迅速增加，2019年达到10亿t，占了全球化石燃料燃烧CO_2排放的2.8%。全球民航业正为实现航空碳减排目标而开展积极的行动。其中，氢能源飞机的研发应用已成为重要选项之一。作为飞机上使用的能源载体，氢气具有污染少、全球可用和安全等优点。因此，氢气被认为是一种合适的航空燃料。未来几十年，氢动力飞机将发挥关键作用，使航空业更加适应气候变化。研究表明，航空系统创新和氢技术相结合，有助于减少航空业所占全球变暖中的份额。

氢作为飞机燃料的研究已有相当长的历史。早在1957年，美国国家航空咨询委员会

（NACA）利用氢作为燃料让马丁 B-57 轰炸机飞行了 20min。1988 年，世界上第一架使用液态氢作为燃料的实验性商用飞机升空。这架由苏联研制的图-155 飞机共进行了约 100 次试飞。如今，航空业再次将注意力转向氢燃料商用飞机。

首架"纯氢气飞机"于 2016 年起飞。首架"纯氢气飞机"是 HY4 小型飞机，由德国航空航天中心和斯洛文尼亚制造商蝙蝠公司合作设计，设有 4 个座位，飞行里程可达 1500km。

在欧洲，2020 年 9 月，空中客车公司（简称空客）推出了 ZEROe 零排放商用飞机项目，公布了三款混合氢能概念飞机，分别用涡轮螺旋桨、翼身融合和涡轮风扇三种类型的发动机，利用燃烧氢气作为燃料。第一款采用涡轮风扇发动机的设计方案（可搭载 120～200 名乘客），航程超过 2000 海里，能够进行跨大陆运行，由燃烧氢气而非传统航空燃料的改型燃气涡轮发动机提供动力。液态氢将通过位于后耐压舱壁后面的储罐进行存储和输送。第二款采用涡轮螺旋桨发动机的设计方案（最多搭载 100 名乘客），使用涡轮螺旋桨发动机代替涡轮风扇发动机，并且还通过改进的燃气涡轮发动机中的氢燃烧来提供动力，航程超过 1000 海里，是短途旅行的理想选择。第三款采用"翼身融合"的设计方案（最多搭载 200 名乘客），机翼与机身采用融合设计，航程与涡轮风扇概念机相似。超宽的机身为氢气的储存和输送，以及为客舱布局提供了多种选择。这三款混合氢能概念飞机暂定于 2025 年原型机试飞，2035 年投入使用。

2020 年 10 月，专门生产环保飞机发动机的飞机制造商 Zero Avia 公司将一架名为"Hy-Flyer"的氢动力飞机送入空中。"HyFlyer"是一架 6 座燃料电池飞机，作为英国政府支持项目，计划最早于 2023 年首次投入商业运营。

2022 年 2 月，在公布氢能飞机项目 20 个月后，空客宣布与美国通用汽车公司和法国赛峰飞机发动机公司的平股合资公司 CFM 国际公司强强联合，双方决定于 2025 年左右共同启动氢能飞机示范项目。该项目旨在对氢燃料发动机进行地面和飞行测试，为 2035 年推出第一款零排放飞机做好准备。该示范项目将使用 A380 测试飞机作为飞行测试平台，配备由空客在法国和德国的工厂准备的液态氢罐。从 2026 年开始，空客将在 A380 巡航期间对氢燃料发动机进行测试，这架作为氢燃料发动机测试平台的 A380，机身内将安装 4 个液态氢罐。这些液态氢罐将携带共 400kg 液态氢，并可以将氢燃料输送到发动机的燃料分配系统。

8.1.5　氢燃料无人机

氢燃料电池用作无人机动力的时间并不长。美国在 2009 年曾试飞"离子虎"无人机，其动力来源就是所携带的气态压缩氢。2013 年，"离子虎"无人机燃料改为液态氢，可连续飞行 48h。但随着其航程增加，燃料处理过程中的成本也一涨再涨，并且氢气罐体积较大，有违小巧轻便的无人机设计理念。

2014 年，同济大学航空航天与力学学院、上海奥科赛和上海攀业三家单位共同研制出我国第一架燃料电池无人机"飞跃一号"，它起飞质量 10kg，有效载荷 1kg，可连续飞行 6h。2016 年 4 月，科比特多旋翼无人机实现连续飞行 273min，2020 年 3 月，新研氢能源科技有限公司与中国航空公司联合研发的六旋翼氢燃料电池无人机不间断飞行 331min。2020 年 6 月 2 日，我国推出了 GB/T 38954—2020《无人机用氢燃料电池发电系统》，规定了无人机用氢燃料电池发电系统的通用要求、技术要求、试验方法以及标志、包装和运输要求，这也是全球首个国家级无人机用氢燃料电池标准，并已于 2020 年 12 月 1 日开始实施。

北京冬奥会期间，中国商飞北京民用飞机技术研究中心研发的复合翼、固定翼、多旋翼

3 款氢能无人机，对风机、光伏板、500kV 高压线路等关键输电场景进行巡检，很好地完成了保障任务。这 3 款无人机搭载的是由国家电投集团氢能科技发展有限公司自主研发的"氢腾"千瓦级空冷燃料电池系统，其系统功率密度、使用循环寿命等指标处于国际先进水平，还可根据实际应用场景进行功率定制，并且突破了低温、续航等瓶颈，可以在寒冷的天气状况下，长时间执行任务。同时，三款氢能无人机还搭载了国网智能电网研究院自主研发的巡检图像智能识别模型算法，覆盖了输电巡视场景中的常见缺陷，实现超视距飞行、人工智能识别能力，可快速发现问题。

2020 年由韩国斗山创新（DMI）制造的一种有 8 个电机的 DS30 新型商用远程无人机使用氢燃料电池，DS30 新型商用远程无人机如图 8-12 所示，同样由 DMI 打造的 2.6kW 燃料电池为其提供动力，能够为距离基地长达一小时航程的偏远地区的灾民提供人道主义救援。DS30 的飞行速度高达 80km/h，轻载时，补充一次燃料可飞行达 2h。DMI 的无人机能量密度比当前电池高 4～5 倍，因此可在不补充燃料的情况下完成检查任务。相比之下，电池供电无人机则需要更换 6 次以上电池才能完成任务。

图 8-12　DS30 新型商用远程无人机

2022 年 1 月，哈尔滨工业大学重庆研究院氢动力及低碳能源研究中心研发的"青鸥 30"氢动力无人机，成功完成首飞，如图 8-13 所示。无人机最大起飞质量 30kg，翼展 4m，飞行巡航速度 18～25m/s，巡航时间 9h，载重 3kg，续航里程可达 800km。该无人机采用了首创的撞击换气燃料电池动力系统，降低了燃料电池附属系统功率，大幅度提升了系统运行效率，是国内续航时间最长的垂直起降固定翼无人机，可应用于长时间侦查、线路巡检、航测、物流运输及火灾预警等场景。该研究中心负责人秦江介绍，"青鸥 30"氢动力无人机采用氢动力，其转换效率高，噪声低，续航能力相比于同等功率等级的锂电池无人机提升 3～4 倍。2022 年 6 月，该中心氢动力六旋翼无人机成功首飞。这是该中心于今年初成功推出"青鸥 30"氢动力无人机之后的第二款氢动力无人机。截至 2022 年 6 月，中心已成功开发出 5 款氢动力无人机，同时，自主设计开发出航空级能量控制模块，为推动氢燃料电池实现产业化向前迈进了"一大步"。六旋翼无人机配备大功

图 8-13　"青鸥 30"氢动力无人机

率燃料电池动力系统，机身为碳纤维框架，强度高、质量轻，顶部搭载氢气瓶，可根据需求定制体积。其最大起飞质量 35kg，最大载重 6kg，续航距离 48km，续航时间 100min，空载续航 3h，是同等起飞质量锂电池无人机的 3 倍。此外，抗风等级可达 6 级，工作噪声小于 65dB，防尘能力 IP5，工作温度为 −20～40℃，能够自主返航、应急降落。机体中部挂载氢动力系统，可实现定点空中投放、操作简捷、灵活高效、适应性强，15min 快速补能，有效延长工作时间，提升续航能力。该机可完成物资投放、应急救援地形勘测、城镇规划边防巡

逻、石油巡检，可进行多场景、多领域、多方面作业。

在碳达峰、碳中和的背景下，更多的是需要依靠科技的力量，实现低碳绿色的目标，而氢能无人机因为零污染、长续航等多方面的特性，必然会对于整个无人机行业产生巨大的影响。

8.2　氢　能　储　能

目前在储能领域，抽水蓄能系统占据绝对主导，电化学储能、氢能储能、飞轮储能等新的储能技术也在不断发展。氢能能量密度高，运行维护成本低，可同时适用于极短或极长时间供电的能量储备，是少有的能够储存上百亿瓦时以上的储能形式，被认为是极具潜力的新型大规模储能技术。根据国际氢能委员会估算，到 2050 年氢能将承担全球 18％的能源终端需求。

氢储能技术是利用电-氢-电互变性而发展起来的。其基本原理就是将水电解得到氢气和氧气。在可再生能源发电系统中，电力间歇产生和传输受限的现象常有发生，利用富余的、非高峰的或低质量的电力大规模制氢，将电能转化为氢能储存起来；在电力输出不足时利用氢气通过燃料电池或其他方式转换为电能输送上网。氢储能技术能够有效解决当前模式下的可再生能源发电并网问题，同时也可以将此过程中生产的氢气分配到交通、冶金等其他工业领域中直接利用，提高经济性。氢储能系统主要包括三个部分：制氢系统、储氢系统、氢发电系统，如图 8-14 所示。

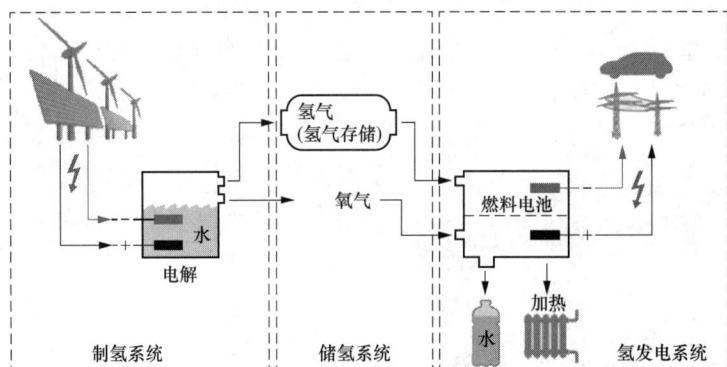

图 8-14　氢储能系统

1. 河北张家口大规模氢储能发电项目通过评审

2021 年 11 月 13 日，张家口 200MW/800MWh 氢储能发电工程初步设计在中国石油管道设计大厦举行的专家评审会中顺利通过，标志着我国氢能在大规模储能调峰应用场景迈出实质性一步。据了解，张家口 200MW/800MWh 氢储能发电工程是全球规模最大的氢气储能发电项目，投资约 30 亿元，建设期为 2 年，预计于 2023 年完全投入运行，涉及再生能源发电及削峰电能进行电解水制氢、金属固态储氢和燃料电池发电等国内领先的技术，是可再生能源利用和氢能应用的低碳环保项目。同时，该项目是 220kV 氢气储能发电站，装机容量为 200MW/800MWh，配置两台 240MVA 主变压器，以 220kV 电压等级并网发电。

其中，整个发电区设有 80 套 1000m³/h（标准状态下）大型电解水制氢装置、96 套吸放氢金属固态储氢装置、384 台 640kW 燃料电池模块，以及逆变、升压电气设备组成的大型制氢储氢、发电系统。张家口 200MW/800MWh 氢储能发电工程项目将极大促进氢储能产业的发展，并为能源的清洁高效利用提供路径借鉴，且因其集装箱式模块化的设计方式，具备大规模推广复制的可能，项目建设有着重要的示范和推广意义。

2. 贵州省重大工程和重点项目名单含多个氢能储能项目

2022 年 2 月 15 日，贵州省发展和改革委员会发布 2022 年贵州省重大工程和重点项目名单，共安排省重大工程和重点项目 3347 个，年度计划投资 6448.79 亿元。其中包含贞丰县源网荷储（制氢）一体化项目、开阳县邦盛年产 100 万 t 磷酸铁和 80 万 t 磷酸铁锂及 10GWh 储能电池项目、开阳县中伟新材料储能与动力电池项目、贵阳高新区沙文动力电池产业园项目、贵州双龙航空港经济区锂电池及 PACK 试验线（一期）项目、红花岗区锂电池新能源产业基地项目、松桃县卡落塘储能新材料产业园配套基础设施项目、清镇市年产 2.8 万 t 超薄及动力电池铝箔项目、贵安新区中科电气年产 10 万 t 锂电池负极材料一体化项目等多个储能项目。

3. 德国能源公司 Uniper 在德国进行试点储氢项目

2022 年 7 月 25 日，Uniper 宣布计划在德国开展首个试点项目，以探索大规模储氢。该项目将位于北海的德国威廉港附近，试点储氢项目受益于其靠近威廉港和北海海上风电场的位置如图 8-15 所示。德国正在那里开发其第一个液化天然气接收站，该接收站也计划成为未来燃料的枢纽。该项目旨在向整个价值链提供气体储存方法以及设备和材料对氢气产生反应的相关信息，德国能源储存公司 Uniper Energy Storage 将在真实环境中大规模测试专门为储氢而建造的新盐洞的建设和运营。该新盐洞将位于德国北部克鲁姆霍恩的天然气储存设施内，该设施自 2017 年以来一直未用于商业用途。

图 8-15 试点储氢项目受益于其靠近威廉港和北海海上风电场的位置

4. 安徽六安国内首个兆瓦级氢储能项目

六安建设的兆瓦级固体聚合物电解水制氢及燃料电池发电示范工程，是由国网安徽综合能源服务有限公司投资建设，总投资 5000 万元，落户金安经济开发区，占地约 6666.67m^3。建设的 1MW 分布式氢能综合利用站是中国第一个兆瓦级氢能储能电站，六安兆瓦级氢能综合利用示范站如图 8-16 所示。2021 年 9 月 10 日兆瓦级氢储能电站制氢系统部分在安徽六安正式满负荷运行调试成功，首次实现兆瓦级氢储能在电网领域的应用。2021 年 12 月 28 日，六安兆瓦级氢能综合利用示范站首台燃料电池发电机组成功并网发电，标志着国内首座兆瓦级电解纯水制氢、储氢及氢燃料电池发电系统首次实现全链条贯通，整站技术验证工作取得圆满成功。

图 8-16　六安兆瓦级氢能综合利用示范站

该示范站采用先进的质子交换膜水电解制氢技术，清洁零碳，年制氢可达 70 余万 m^3（标准状态下）、氢发电 73 万 kWh，对于推动氢能研究应用、服务新型电力系统建设具有重要示范引领作用。所制氢气可在氢燃料电池车、氢能炼钢、绿氢化工等领域广泛应用，氢能发电可用于区域电网调峰需求。

5. 浙江台州大陈岛氢储能示范项目

2022 年 7 月 8 日，国家电网浙江台州大陈岛氢能综合利用示范工程投运，如图 8-17 所示。这也是全国首个海岛"绿氢"综合能源示范工程，为我国可再生能源制氢储能、氢能多

图 8-17　国家电网浙江台州大陈岛
氢能综合利用示范工程

元耦合与高效利用提供了可复制、可推广的示范样板。该工程投运后，预计每年可消纳岛上富余风电 36.5 万 kWh，产出氢气 73000 m^3（标准状态下），这些氢气可发电约 10 万 kWh，减少二氧化碳排放 73t。

工程应用了制氢/发电一体化变换装置等首台首套装备，实现国内首套氢综合利用能量管理和安全控制技术突破。这一技术提高了新型电力系统对新能源的适应性与安全性，其综合能效超过 72%，达到国际领先水平，是新型电力系统的一次有力探索和实践。

8.3 氢能发电

长期以来，氢作为潜在的燃料，被视为石油和天然气的清洁替代品。氢能动力系统因其

零碳排放和广泛的适应性有望成为实现快速减排的少数选择之一，氢能动力系统包括固体氧化物燃料电池的氢能热电联供、氢内燃机和氢燃气轮机。

8.3.1 氢能热电联供

固体氧化物燃料电池即一种清洁、高效的天然气分布式热电联供技术，也是解决我国日益突出的能源与环境问题的关键技术之一。固体氧化物燃料电池属于第三代燃料电池，是一种在中高温下直接将储存在燃料和氧化剂中的化学能高效、环境友好地转化成电能的全固态化学发电装置，在燃料电池中理论能量密度最高。有业内人士认为，SOFC通过电解水制氢及电解CO_2制一氧化碳可以使风能、太阳能转化成可持续能源，是未来有前景的能源转化储存和碳中和技术，越来越多的国家和地区正在鼓励企业投资。

热电联产是指在同一电厂中将供热和发电联合在一起的生产方式，发电厂既生产电能，又利用汽轮发电机做过功的蒸汽对用户供热。热电联产具有节约能源、改善环境、提高供热质量、增加电力供应等综合效益。基于热电联产的运作模式和节能特性，氢能可在其中发挥重要作用。相比于日韩已经将氢能成熟运用于热电联产，国内在探索氢能应用于热电联产方面才刚刚起步。国内对氢能在热电联产领域的探索，已经开始向示范应用阶段迈进，中国东方电气集团有限公司、浙江高成绿能科技有限公司、江苏铧德氢能源科技有限公司等多家公司都已经成功交付了燃料电池热电联产示范项目。

1. 日本将在2018年用氢作为燃料为神户部分地区供电

日本的大林组株式会社和川崎重工将在2018年用氢作为燃料为神户市部分地区供电。这是世界上首次引入氢能为城区供电。该计划于2017年施工，2018年内开始运转。投资额预计约20亿日元。该项业务得到日本关西电力株式公社和神户市的配合，将向伫立着神户波多比亚酒店和神户国际会议中心的人工岛地区约$25hm^2$的区域供电。供电量可满足约1万人上班的商务区用电，氢的年使用量相当于2万辆燃料电池车的年使用量。发电时产生的热量还可输送到酒店等，用作热水的热源。

相关机构将在神户设置功率为1000kW级的川崎重工防灾株式公社制造的涡轮发电厂。最初是将氢和天然气按2：8的比例混合起来发电。由于氢在发电时不产生CO_2，因此可减少20%的CO_2排放，并探讨将来只用氢进行发电。

2. 东方氢能100kW级商用氢燃料电池冷热电联产系统

2021年5月下旬，由东方电气集团有限公司旗下全资子公司东方电气（成都）氢燃料电池科技有限公司（简称"东方氢能"）自主研制的100kW级商用氢燃料电池冷热电联产系统正式发运交付。100kW级商用氢燃料电池冷热电联产系统由可再生能源制氢与固态储供氢耦合、燃料电池冷热电联产几部分组成，由东方氢能、东方电气集团东方锅炉股份有限公司与中国华电集团公司四川分公司三方联手打造，东方氢能主要承担燃料电池热电联产部分研制工作。该系统发电效率大于52%，热电联产总效率超过90%，支持离网并网、孤岛运行和黑启动，同时对外提供65℃热水。

东方氢能100kW级商用氢燃料电池冷热电联产系统的正式交付，意味着公司成功打通水电制氢、氢气发电、供热制冷等环节。探索出了一条氢燃料电池在发电领域应用推广的有效模式，前期将会在水电资源丰富的四川进行示范应用。

3. 浙江高成绿能科技有限公司20kW燃料电池热电联产系统

相比于东方氢能100kW级的商用氢燃料电池冷热电联产系统，国内更多公司在进行小

功率的热电联产尝试。2021 年 6 月下旬，由浙江高成绿能科技有限公司自主研发生产的
20kW 燃料电池热电联产系统成功交付到嘉兴红船基地"零碳"智慧园区。

该系统是一种新型的基于燃料电池进行开发的零排放热电联供电站系统，额定并网功率
为 20kW，包含电解水制氢模块、储氢模块、燃料电池发电模块、余热回收模块、直流配电
模块和控制模块，可大规模应用于储能侧，作为循环发电电源和调峰电源，并为用户提供热
水或者暖气。

4. 天然气重整制氢型的分布式氢燃料电池热电联产示范项目

此外，国内也有企业在天然气重整制氢型的热电联产方面取得了突破。2021 年 7 月下
旬，江苏铧德氢能源科技有限公司与江苏科技大学联手打造的天然气重整制氢型的分布式氢
燃料电池热电联产示范项目完成交付。该套系统对原有浴室热水供应量进行补充，所发电量
可以供给校园电力系统，在实现能源高效利用的同时，降低校园能源费用。公司正在推动热
电联产系统关键部件的国产化和产品的整体降本，江苏铧德氢能源科技有限公司接下来将会
积极推进山东和佛山的热电联产项目。

8.3.2　氢内燃机

氢内燃机最早的研究可以追溯到 20 世纪 30 年代末，自 20 世纪 70 年代以来，氢内燃机
逐步在汽车工业中得到重视。宝马、大众、马自达等在内的汽车公司将氢内燃机应用于车用
领域，其中宝马更是开发了示范车队。但是，由于种种原因，最终在 21 世纪初逐步放弃了
氢内燃机的开发。氢内燃机的零碳排放特性使其成为实现汽车低碳化发展的重要技术路径之
一。过去 20 年来，随着燃料电池、内燃机以及混合动力总成的技术进步，使得氢内燃机可
以充分利用现有产业基础，促进其在车用动力中的应用。同时，氢内燃机具备的成本优势将
有助于提高氢气的使用需求，从而推动氢基础设施的建设。

1. 原理和系统组成

氢内燃机基本原理与普通的汽油或者柴油内燃机的原理一样，是基本的气缸活塞式的内
燃机，同样是按照吸气—压缩—做功—排气 4 个冲程来完成化学能对机械能的转化。氢内燃
机是一种通过燃烧释放反应气体的化学能，通过气体膨胀做功的动力设备。但是氢内燃机里
的燃料是氢气。氢气发动机的能量转换效率受卡诺循环的限制，燃料利用率一般不可能超过
氢燃料电池。

氢燃料电池通过电化学反应，直接将氢燃料中的化学能直接转变为电能，能源利用率
高、工况平稳、能实现零排放，一度被认为是氢能源最有效的利用方式。但氢气纯度要求高
（99.97%），依赖于稀有金属铂，以及尚未完善的工业体系，导致氢燃料电池的价格一直居
高不下。在可以预见时间段内，氢燃料电池很难通过规模化、产业化生产来满足全社会
需求。

氢内燃机虽然在能源利用和排放方面存在不足，但它使用的氢气具有极宽的可燃极限，
与汽油、柴油相比有显著优势。此外，氢气常温下是气态，不需要雾化，易于与空气混合，
这意味着，氢内燃机无须采用缸内直喷、分层燃烧等复杂技术，就能实现稀薄燃烧。不仅如
此，氢气可以在气体体积分数仅为 4% 的情况下进行有效的稀薄燃烧，且没有积碳的风险。
同时氢气的燃烧火焰扩散速度快、热值高，等质量氢气燃烧释放的能量差不多是汽油的三
倍。在这两点的共同作用下，氢内燃机气缸的温度会比汽、柴油内燃机的更高。除此之外，
在结构上和传统内燃机差距不大，内燃机的生产可以依托于现有的工业体系，再进行低成本

批量化生产。当然，氢气作为优秀燃料的同时也会引发问题。氢虽然质量能量密度高，但体积能量密度低，输出功率和扭转相比较同等条件下的汽油发动机都有所下降。但是从整体上看，在氢能源利用方面，氢内燃机更有希望在汽车行业大规模生产使用。

氢燃料电池发动机是由电堆、氢气循环系统、空气供给系统、水热管理系统、电控系统和数据采集系统六大组成部分。氢燃料电池发动机组成部分如图 8-18 所示。

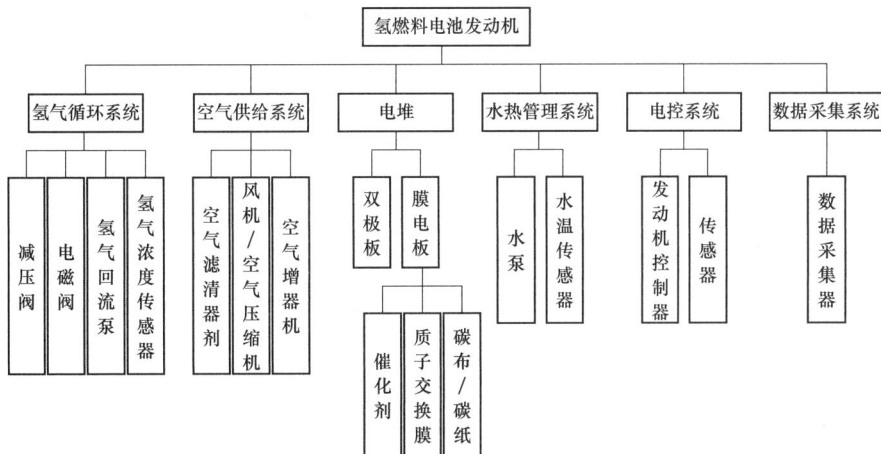

图 8-18　氢燃料电池发动机组成部分

（1）电堆是氢燃料电池发动机的核心部件，也是氢气与氧气发生化学反应产生电能的场所。电堆由双极板和膜电极两大部分组成，催化剂、质子交换膜和碳布/碳纸构成膜电极。

（2）氢气循环系统由瓶阀、溢流阀、过滤器、减压阀、泄压阀、截止阀、气水分离器、氢循环泵及管道及接头组成，根据系统的不同需要还配备了单向阀、阻火器和喷射器。

（3）空气供给系统包含空气滤清器、空气压缩机/吹风机、空气增湿器三个部件。

（4）水热管理系统由水泵和水温传感器两部件组成，与传统内燃机散热小循环系统类似。

（5）氢燃料电池发动机的电控系统主要是由发动机控制器（FCU）及各种传感器构成。

（6）数据采集系统主要是指数据采集器。

2. 发展现状

（1）康明斯展示最新的 15L 氢内燃机。2022年 5 月 9 日，在加利福尼亚举办的 ACT Expo 展会上，康明斯展示了其最新的 15L 氢内燃机，如图 8-19 所示。该发动机基于康明斯最新的适用于多种燃料的发动机平台，该平台的发动机气缸垫下方的大部分零部件结构相似，而气缸垫上方则根据不同燃料的类型，采用不同的零部件组合。作为康明斯推进零碳目标战略的重要组成部分，该发动机可使用清洁、零碳的氢气作为燃料，助力客户加速温室气体减排。

康明斯《PLANET 2050》可持续发展战略制

图 8-19　康明斯 15L 氢内燃机

定了一系列重要目标，包括实现零碳排放。要实现"油井到车轮"的碳减排，需要创新能源和动力解决方案。电动动力和燃料电池动力总成应用前景可期，与此同时，借助可靠的内燃机技术，以绿氢为燃料的氢内燃机将成为未来零排放解决方案的重要补充。早在 2021 年 7 月，康明斯就已开始氢内燃机测试，并取得丰硕的早期成果，实现设定的功率和扭矩目标（中型发动机：扭矩超 1097.56N·m，功率超 216.25kW）。此外，更先进的原型机测试也将很快开展。依托康明斯全球强大的生产基地布局，可快速实现规模化生产。

康明斯拥有专业的知识、先进的工具和丰富的资源，能助力向零碳转型。氢内燃机的外形、声音和大家所熟悉的发动机相似，并且可轻松地装配到现有车辆上。氢内燃机可以采用零碳燃料，且与现有车辆相兼容，对车辆改动很小，初始应用成本较低。得益于技术成熟度高、初始应用成本低、车辆适用范围广、加氢时间短、动力总成安装通用性强等优势，氢内燃机在车辆上的应用有望进一步加速。

（2）一汽解放集团股份有限公司（简称一汽解放）自主设计研发的国内首款重型商用车缸内直喷氢气发动机。2022 年 6 月 8 日，一汽解放自主设计研发的国内首款重型商用车缸内直喷氢气发动机成功点火并稳定运行。此款氢气发动机属 13L 重型发动机，运转功率超 372.85kW，同级排量动力最强，指示热效率突破 55%，具有技术首创、行业首发、国际领先三大特点，标志着我国氢气直喷发动机自主研发取得重大突破。一汽解放氢基内燃动力的发布，为商用车产业可持续发展提供了新的解决方案，是应对新一轮产业变革的强有力的措施，是积极践行"双碳"目标的最好证明，是适应汽车产业发展格局的正确选择。另外，一汽解放氢气直喷发动机成功点火，开启了零碳发动机的科技创新，标志着一汽解放已经成为行业落实"双碳"目标的领头羊，彰显了一汽解放作为商用车领军企业的责任担当，引领中国商用车进入了零碳燃料时代。

面对百年未有之大变局及全球能源格局的深刻调整，一汽解放将继续坚定技术领先和产品领先战略，围绕"双碳"目标，勇当世界和中国商用车新能源智能转型发展的引领者、产业链供应链的构建者、产业生态系统的主导者、人-车-社会和谐发展的创造者，努力为壮大中国汽车产业，推动中国商用车低碳发展、绿色发展、转型发展做出新的更大贡献。一汽解放作为商用车制造企业，经营业绩主要取决于行业需求增长情况、公司产品竞争力和自身的成本控制能力。一汽解放产品主要用于牵引、载货、自卸、专用、公路客运、公交客运等各个细分市场，同时提供标准化及定制化的商用车产品。对于目前氢能源商用车的布局及技术优势，一汽解放表示，根据国家和地方政策、市场需求、基础设施建设及典型应用场景，公司已经同步启动开发纯电、混动及燃电三条技术路线产品。一汽解放将倾力打造以零碳工厂为标准，以氢能产业集群为特色的燃料电池整车与系统专属基地。

（3）中国重汽、潍柴动力股份有限公司（简称潍柴动力）联合发布全国首台商业化氢内燃机重卡。2022 年 6 月 15 日，在山东重工新科技成果展上，中国重汽、潍柴动力联合发布全国首台商业化氢内燃机重卡。该款车型为中国重汽新一代黄河品牌高端重卡，搭载潍柴动力自主开发的 13L 氢内燃机，可商业化应用到港口、城市、电厂、钢厂、工业园区等特殊运输工作场景。潍柴动力作为全球重型内燃机行业的龙头企业，自 2018 年起开始布局氢内燃机技术，完成了关键核心技术和商业化应用的突破，掌握了一批原创性专利技术，实现了有效热效率 41.8%，达到了国际先进水平。在性能开发和配套应用方面，该车采用精准氢气喷射控制技术，实现氢燃料灵活准确供给，可充分满足发动机变工况需求；采用高效增压、稀薄燃烧技术，解决了氢气异常燃烧难题，确保发动机平稳高效运行；采用潍柴自主电子控制单元系统，智能控制、自主可控，确保控制策略定制化开发；基于已有的气体机产品平台进行技术再延伸，可快速推动商业化落地。氢内燃机具有三大优势：一是可沿用现有内燃机工业体系进行开发，大部分零部件与现有内燃机成熟产品通用，可极大缩短开发周期，产业化转化更有利；二是具备无后处理器的情况下满足严苛排放法规的潜力，后处理等系统可取消或简化，产品成本优势显著；三是采用传统燃烧做功模式，对氢气燃料纯度要求较低，燃料适应性好。

（4）广西玉柴机械集团有限公司（简称玉柴）YCK16H燃氢发动机。2021年12月，玉柴成功点火中国首台面向城市客车、市政、环卫、物流配送领域的燃氢发动机YCK05H，带动中国内燃机行业进入了零碳能源动力系统赛道，也标志着我国商用车用燃氢发动机研发新阶段的开始。2022年6月30日，玉柴YCK16H燃氢发动机在广西玉林成功点火。该款发动机排量达15.93L，最大功率达417.59kW，是目前中国排量最大、功率最大的燃氢发动机。玉柴YCK16H的点火成功，标志着玉柴在零碳能源动力系统赛道上又迈出了坚实一步。

此次点火的YCK16H采用了先进的燃料高压共轨、高压缸内直喷技术和双流道增压技术，可以按需求在缸内实现均质燃烧或者分层燃烧，动力性更强、热效率更高、稳定性更好。该平台对燃料纯度的适应性高，可以适配灰氢、绿氢、甲醇在线制氢等多种途径制备的燃料，依据用户需求和燃料制、储、运的基础条件，可以自由组合燃料供给，是一种高适应性、灵活可控的零碳/低碳动力解决方案。为解决燃氢发动机升功率相对较小的问题，玉柴选择了YC16H平台，功率更大，但同类产品体积更小、质量更轻，可广泛用于49T牵引车等重型商用车和分布式能源等场景。在完成轻型燃氢发动机平台开发之后，此次又推出了YCK16H重型缸内直喷燃氢发动机，使玉柴成为国内氢能领域唯一产品覆盖轻型及重型氢内燃机，以及燃料电池系统的专业动力系统供应商。

（5）上海新动力汽车科技有限公司（简称上海新动力）首台直喷式氢气发动机。2022年7月1日，上海新动力首台直喷式氢气发动机（见图8-20）在试验认证部试验基地点火成功，

图8-20 上海新动力首台直喷式氢气发动机

标志着该公司向新能源领域又迈出了坚实的一步。该款直喷式氢气发动机排量 12.8L，设计最大功率为 357.94kW，采用领先的缸内氢气直喷技术，热效率高达 44%，符合公司一贯秉承的对澎湃动力和清洁高效的追求。

8.3.3 氢燃气轮机

用清洁的氢燃料替换天然气进行发电，那么每年将会减少巨量的碳排放，这是未来的一个趋势，氢燃气轮机的发展除了开发全新的机型外，常规燃气轮机上氢燃料替代天然气的改造也是重要研究方向。

1. 原理和系统组成

氢燃气轮机与天然气燃气轮机的工作原理是相同的，采用的是布雷顿循环。布雷顿循环包含四个主要的热力过程，在一个热力循环中完成压缩、加热、膨胀和冷却过程，通过一个完整的热力过程将燃料中的化学能转化为燃气轮机的机械功，燃气轮机简单循环热力系统示意图如图 8-21 所示。本部分将介绍燃气轮机热力循环的特点以及工质在燃气轮机中完成各基本热力过程时关键设备的工作特性。

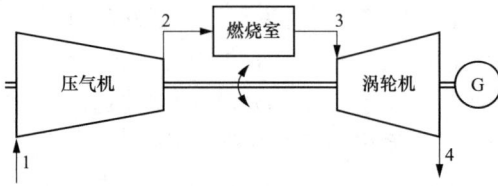

图 8-21 燃气轮机简单循环热力系统示意图

燃气轮机热力系统由压气机、燃烧室与涡轮机三个关键部件构成。压气机用于完成工质的压缩过程，这一过程中空气从环境中被吸入到压气机，并将其压缩至需要的压力，此过程消耗的机械能被转化为空气的热力学能；燃烧室用于完成工质的加热过程，在燃烧室中燃料燃烧放出的热量将空气的温度提升；涡轮机完成高温高压工质的膨胀过程，燃烧室出口的高温高压工质在涡轮机中膨胀并推动转子旋转，工质的热力学能转化为转子的机械能；涡轮机排气可通过余热利用设备完成冷却过程，工质温度恢复至环境温度。在简单循环热力系统示意图中，每个数字都代表一个热力过程的起始点。

前面介绍燃气轮机热力循环时已经给出了燃气轮机的热力系统简图，压气机负责将吸入的空气压缩至需要的压力，重型燃气轮机所采用的压气机为轴流式压气机，压气机通常由动叶与静叶组成的级构成，每一级都可以完成工质的压缩过程，多级串联可以获得更高的压比。为了保证机组的安全和高效运行，重型燃气轮机所采用的轴流压气机通常在进口位置设置可调的进口导叶。压缩后的空气进入燃烧室，在燃烧室中与喷入的燃料燃烧升温，燃烧后的燃气进入涡轮机膨胀带动转子旋转做功。为提高机组的性能，涡轮机入口的燃气温度非常高，目前涡轮机的进气温度已达到 1600~1700K，如此高的温度使涡轮机叶片需要能够承受高温引起的热膨胀、热应力、热冲击和热腐蚀等问题；但受材料性能的限制，涡轮机叶片难以长期在如此高温下安全运行，解决叶片运行的安全性问题的方法除了提升材料的耐高温性能外，需要采用冷却措施将高温部件的工作温度降至允许的范围内。通常涡轮机叶片采用空气冷却保证叶片安全运行，冷却空气来自压气机不同压力的抽气，经涡轮机叶片内部的冷却通道冷却叶片后汇入涡轮机的主流燃气中。通常的单轴燃气轮机压气机、涡轮机与发电机共轴，工质在涡轮机中所做的机械功一部分被用来为压气机的压缩过程提供机械能，剩余部分用于带动发电机发电。通常压缩过程消耗的机械功占涡轮机功率的 1/2~2/3。

2. 发展现状

20 世纪 80~90 年代开始，多个国家和国际机构制订了和氢能相关的研究计划。2005 年美国能源部启动为期 6 年的"先进 IGCC/H$_2$ 燃气轮机"项目和"先进燃氢透平的发展"项目。这两个项目以 NO$_x$ 排放小于 0.03mg/kg 的燃气轮机为目标，主要研究内容包括富氢燃料/氢燃料的燃烧、涡轮机及其冷却、高温材料、系统优化等；2007 年欧盟在其第七框架协议（FP7）中启动了"高效低排放燃气轮机和联合循环"重大项目，以氢燃料燃气轮机为主要研究对象。2008 年欧盟第七框架又把"发展高效富氢燃料燃气轮机"作为一项重大项目，旨在加强针对富氢燃料燃气轮机的研究。日本将高效富氢燃料 IGCC 系统的研究作为未来基于氢的清洁能源系统的一部分列入其为期 28 年的"新日光计划"中，以效率大于 60% 的低污染煤基 IGCC 系统为目标展开研究。如今世界上富氢燃料燃气轮机已有较多的应用业绩，主要是应用于以合成气扩散燃烧模式的 IGCC 电厂系统。

　　国内外学者及主要燃气轮机厂商均对混氢/纯氢燃料用于燃气轮机开展了一些研究、试验及示范应用工作，已经取得一定的技术突破和少量的实际应用经验。三菱日立动力系统公司提出将开发干式低排放技术和注水/主蒸汽技术结合的燃烧室，在保证低 NO$_x$ 排放的同时实现较宽的燃料适应范围，使燃烧器能够燃烧富氢燃料。2018 年，开展了大型氢燃料燃气轮机测试，氢气含量 30% 的氢燃料测试结果表明，新开发的专有燃烧器可以实现富氢燃料的稳定燃烧，与纯天然气发电相比可减少 10% 的 CO$_2$ 排放，联合循环发电效率高于 63%；德国西门子能源公司的氢燃气轮机是以 SGT-6000G（W501G）为基础开发合成的气/氢气燃气轮机，如图 8-22 所示。对于富氢燃料干式低排放燃烧器的研究，目前第 4 代 DLE 燃烧系统富氢燃烧已完成多次试验，试验表明，氢浓度在 35% 时该系统的 NO$_x$ 排放可控制到 0.2mg/kg 以内；美国 GE 公司的氢燃气轮机开发是在 7FA 燃气轮机基础上进行的，20 世纪 90 年代其中以合成气

图 8-22　西门子燃氢汽轮机

扩散燃烧＋N$_2$/水蒸气稀释为主的 7FB 机组已完成开发并广泛应用，随后也推广到 6B 机组中。

　　目前国际上成功的氢燃料发电示范项目有：韩国的大山精炼厂使用 6B03 燃气轮机燃用氢气含量 70% 的氢燃料超过 20 年，最大氢气含量超过 90%，到目前为止，该装置已累计使用富氢燃料超过 105h；意大利国家电力公司（ENEL）的富西纳电厂自 2010 年起就开始使用一台 11MW 的 GE-10 燃气轮机燃用氢气含量 97.5% 的氢燃料；美国的陶氏铂矿工厂于 2010 年开始在 4 台配备 DLN2.6 燃烧系统的 GE7FA 燃气轮机燃用 5∶95（体积比）混合的氢气和天然气混合物；三菱日立动力系统公司计划在 2023 年将瓦腾福公司装机容量 1.3GW 的马格南电厂 3 套联合循环机组中的 1 套机组改造成氢燃料机组，在该厂的 M01FF 燃气轮机上应用新的干式低排放技术，使其具备燃烧纯氢燃料的能力，同时保证维持同样的 NO$_x$ 排放水平；2022 年 6 月三菱电力和佐治亚电力公司以及美国电力研究院（EPRI）已经在佐治亚州士麦那的佐治亚电力公司麦克多诺-阿特金森电厂的 M501G 天然气涡轮机上验证了氢气和天然气混合燃料的部分和满负荷。根据发布的公告，该示范项目是第一个在北美先进燃气轮机上验证 20% 氢燃料混合的项目，也是迄今为止同类测试中功率最大的一次。

　　在与新能源耦合方面，世界上首个可再生能源制氢与燃氢发电相结合的示范工程 HY-FLEXPOWER 项目于 2020 年正式启动。该电厂将采用德国西门子能源公司基于 G30 燃烧室

技术的 SGT-400 工业燃机，径向旋流器预混设计使燃烧室具备更大的燃料适应性。该示范项目旨在探索从发电到制氢再到发电的工业化可行性，证明通过氢气生产、存储再利用的方式可以解决可再生能源波动性问题。

8.4　氢　能　工　业

工业化让化石燃料成为全世界应用最广的能源，也给世界带来了污染问题和气候问题。因为使用化石能源使得地球气候温度已经上升 1℃ 左右，世界上很多国家已经感受到了气候变暖的影响，如果继续放任气候问题发展，全球将会有更多人口面临炎热和洪水等极端气候灾害的危害。工业化造成的温升还需要工业领域的低碳化来解决。目前，日本、韩国、欧美等国高度重视氢能产业的发展，不同程度地将氢能作为能源创新的重要方向。在我国实现碳中和过程中，尤其是工业领域，氢能更是深度减排的"攻坚利器"。工业领域减排是减排的硬骨头，工业领域应用氢能减排短期内更是面临着经济性的挑战，但是随着技术的成熟、升级和规模化带来的成本下降，未来依然可期。

8.4.1　氢化工

目前，我国年产氢 2100 万 t 左右。氢的四大用途（包括纯氢和混合氢）分别是炼油（33%）、合成氨（27%）、合成甲醇（11%）和直接还原铁矿石生产钢铁（3%）。纯氢的其他用途虽然占比较小，但应用领域很广，包括电子工业、冶金工业、食品加工、浮法玻璃、精细化工合成、航空航天工业等领域。

根据国家统计局历史数据，目前合成氨产量每年在 5000 万～5500 万 t，按照 1t 合成氨耗 0.16t 氢气计算，合成氨板块对于氢气一年的需求量约为 1000 万 t。按照经验统计，原油加工对应加氢的比例约为 1.5%。根据中国石油经济研究院的数据，目前每年全国大约 6 亿 t 的原油加工量规模，对应的氢气需求量约为 900 万 t。

石油炼制过程中是在高温高压下，氢气经催化剂作用使重质油发生加氢、裂化和异构化反应，转化为轻质油（汽油、煤油、柴油或催化裂化、裂解制烯烃的原料）的加工过程。加氢裂化实质上是加氢和催化裂化过程的有机结合，能够使重质油品通过催化裂化反应生成汽油、煤油和柴油等轻质油品。由于有氢气参与反应，加氢裂化的产品分布和生焦率远远优于催化裂化，如加氢裂化的液收率可以达到 98% 以上，甚至可以超过 100%（因为加入了氢）；而加氢裂化工艺的焦炭产率几乎为零，所以加氢裂化催化剂的活性和稳定性高，使用周期长，不用频繁地再生。加氢裂化的原料范围非常广，操作灵活性大。如加氢裂化可以汽油为原料生产优质液化气，以馏分油为原料生产优质轻质油品，也可以某些重油为原料生产轻质油品等。工业上加氢裂化装置最主要的用途是以柴油或馏分油为原料，生产优质的喷气燃料。

2018 年壳牌公司联合 ITM Power 在德国莱茵州的炼厂建设 10MW 的质子交换膜（PEM）水电解制氢厂，绿氢年产量达到 1300t，率先开启了推动绿氢对灰氢减量替代行动。2019 年壳牌丹麦 Fredericia 炼油厂启动 HySynergy 项目，将建设北欧最大的利用可再生能源发电的电解水制氢工厂，全面建成后，制氢厂的产能可完全满足精炼厂全面使用绿氢的需求。

国内也在进行绿氢化工的探索。2020 年 1 月，国内首个太阳能燃料生产示范工程落地兰州新区精细化工园区。该项目采用光伏发电，为电解槽供电实现电解水制氢，氢气与二氧化碳反应合成甲醇，年产甲醇 1440t。2020 年 3 月，北京京能电力股份有限公司签订 5000MW 风、光、氢、储一体化项目，项目建成后除提供日常用电外，再利用风光电价优势，规划建设 2 万 m^3/h 水制氢及制氧、20 万 m^3/h 制氮的绿色能源岛，为周边化工产业园供应氢气、氮气和压缩空气。同时，利用氢气资源研究氢燃料重卡汽车代替传统燃料汽车项目，降低园区内企业煤炭、灰渣、物流运输成本。

2022 年，沙漠光伏制氢这朵"太阳花"争先恐后盛开。根据氢应用区别，氢云链认为中外沙产业处于不同阶段。在国内，中国已经进入"光伏治沙-光伏制氢-氢化工"的第三阶段，目标是氢工业，图 8-23 为库布齐沙漠国家电投"骏马"光伏电站；在国外，沙特、澳大利亚、非洲、中亚也出现了一批沙漠光伏制氢项目，多数属于光伏制氢第二阶段，目标为氢工业。如近日澳大利亚与日本的合作项目。据悉，澳大利亚公司 Aqua Aerem 和日本大阪燃气达成价值 107.5 亿美元的绿色氢气联合开发协议，双方将共同开发位于澳大利亚北领地滕南特克里克的 Desert Bloom Hydrogen 项目。该项目初期的产量约为每天 2500kg，然后逐步提升至每天 35 000kg，进入第二阶段之后，每年生产多达 41 万 t 绿色氢气，成本低于 2 美元/kg。总的说来，"光伏治沙-光伏制氢-氢化工"的思路是农业治沙、工业脱贫；以太阳和 CO_2 成为工业原料来源，工农产业融为一体的沙产业创新发展模式，基本契合钱学森基于对未来社会第六次产业革命的思考的构想。

图 8-23　库布齐沙漠国家电投"骏马"光伏电站

8.4.2　氢冶金

钢铁工业作为国民经济重要的基础原材料工业，属于能源、水资源、矿石资源消耗大的资源密集型产业，生产过程中会产生大量的 CO_2 等污染物。中华人民共和国工业和信息化部资料显示，2020 年中国全国生产生铁、粗钢和钢材产量分别为 8.88 亿 t、10.53 亿 t 和 13.25 亿 t，同比分别增长 4.3%、5.2% 和 7.7%，粗钢产量首次超过 10 亿 t，一直稳居全球第一。钢铁工业是碳排放大户，在全球范围内，钢铁工业的碳排放占总排放的 5%～6%，在中国 15% 的 CO_2 排放是钢铁工业中产生的。理论上，冶炼 1t 铁水需要消耗 414kg 碳，而事实上，由于工业条件的限制以及冶炼过程中的原燃料与电力消耗，即便扣除循环回收的二次能源消耗，铁的消耗也在 695kg 左右，相当于 CO_2 排放 1.58t。钢铁工业是一个相对成熟的行业，工业规模、设备水平及自动化程度已经发展到较高的水平，其实际应用及减排能力有限。2020 年 9 月我国首次提出碳达峰和碳中和国家战略目标，在此背景下，钢铁行业转型升级势在必行。2030 年碳达峰及 2060 年碳中和任务的迫近推动了低碳冶金技术的发展，其中氢冶金技术成为最受关注的领域。

1. 蒂森克虏伯"高炉氢能炼钢"项目

2019 年 11 月 11 日，德国钢铁生产商蒂森克虏伯正式启动了氢能冶金的测试。据蒂森克虏伯称，这是全球范围内钢铁公司第一次在炼钢工艺中使用氢气代替煤炭，以减少 CO_2 的排放。2021 年 2 月 3 日，蒂森克虏伯已成功完成了杜伊斯堡 9 号高炉氢利用的第一阶段试验。受新型冠状病毒感染疫情影响，第二阶段试验计划推迟到 2022 年开始。第二阶段试验的研究重点将放在氢气利用技术对高炉冶金工艺的影响上。

2. 瑞典 HYBRIT 项目——全球第一个无化石燃料海绵铁中试线

HYBRIT 为瑞典的"突破性氢能炼铁技术"技术攻关项目，由三家行业巨头［瑞典钢铁集团（简称 SSAB）、欧洲最大铁矿石生产商 LKAB 公司（简称 LKAB）和欧洲最大电力生产商之一瑞典大瀑布电力公司］合资创建的 HYBRIT 发展有限公司负责推进。SSAB、欧洲最大铁矿石生产商（力矿矿业集团）和瑞典大瀑布电力公司计划打造世界上第一个拥有"无化石钢铁制造"价值链。SSAB 的目标是，到 2026 年，通过 HYBRIT 技术，在世界上率先实现无化石冶炼技术；到 2045 年，SSAB 将完全按无化石工艺路线制造钢铁。高炉工艺和 HYBRIT 工艺生产铁水和海绵铁的流程对比如图 8-24 所示。

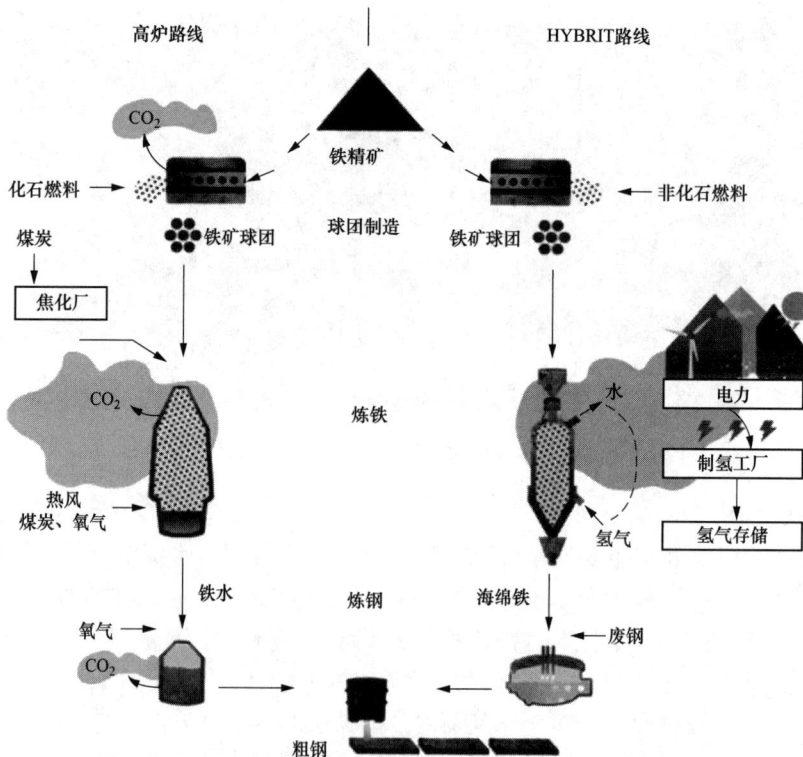

图 8-24　高炉工艺和 HYBRIT 工艺生产铁水和海绵铁的流程对比

3. 奥钢联 H2FUTURE 项目

2017 年年初，由奥地利联合钢铁集团（简称奥钢联）发起的 H2FUTURE 项目旨在通过研发突破性的氢气替代焦炭炼铁技术，降低钢铁生产过程中的 CO_2 排放，最终目标是到 2050 年减少 80％的 CO_2 排放。H2FUTURE 项目的成员单位包括奥钢联合、西门子、奥地利领先电力公司、奥地利电网公司、奥地利冶金中心组等。奥钢联 H2FUTURE 项目产业链如图 8-25 所示。

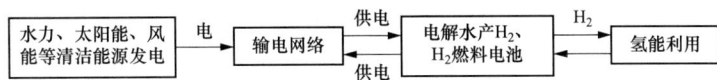

图 8-25　奥钢联 H2FUTURE 项目产业链

国外钢企氢冶金发展态势见表 8-1。

表 8-1　　　　　　　　　　　　　　国外钢企氢冶金发展态势

序号	项目	投资	进展及计划	氢源
1	安赛乐米塔尔建设氢能炼铁实证工厂	6500 万欧元	2019 年 9 月开工	天然气，高炉顶煤气变压吸附制氢（95％），其他可再生氢
2	瑞典 HYBRIT	10 亿～20 亿瑞典克朗	2016 年成立，2018 年 6 月～2024 年实行中试；2021 年开始在地下 25～35m 处建造氢储存设施；2035 年实现商业化	清洁能源发电产生的电力电解水制氢
3	奥钢联 H2FUTURE	1800 万欧元	2035 年实现氢冶炼	电解水制氢
4	德国蒂森克虏伯氢炼铁技术	计划到 2050 年投资 100 亿欧元	2019 年 11 月开始试验，将氢气注入杜伊斯堡 9 号高炉；计划从 2022 年开始，该地区其他三座高炉都将使用氢气进行钢铁冶炼	法国液化空气公司将通过其位于莱茵—鲁尔区全长 200km 的管道确保稳定的氢气供应
5	德国迪林格和萨尔开展富氢炼铁技术	1400 万欧元	2020 开始实施将产生的富氢焦炉煤气输入高炉中，用氢取代部分碳作为还原剂的工艺技术	富氢焦炉煤气
6	萨尔茨吉特低 CO_2 项目	5000 万欧元	2020 年投用	风电制氢，可逆式固体氧化物电解
7	日本 COURSE50	150 亿日元	2008 年启动，2030 实现商用	焦炉煤气制氢
8	韩国浦项核能制氢	1000 亿韩元	2010 年 6 月项目确立	核能制氢

4. 中国宝武的核能-制氢-冶金耦合技术

2019 年 1 月 15 日，中国宝武与中核集团、清华大学签订《核能-制氢-冶金耦合技术战略合作框架协议》，三方将合作共同打造世界领先的核氢冶金产业联盟。以世界领先的第四代高温气冷堆核电技术为基础，开展超高温气冷堆核能制氢技术的研发，并与钢铁冶炼和煤化工工艺耦合，依托中国宝武产业发展需求，实现钢铁行业的 CO_2 超低排放和绿色制造。其中核能制氢是将核反应堆与采用先进制氢工艺的制氢厂耦合，进行大规模 H_2 生产。经初步计算，一台 60 万 kW 高温气冷堆机组可满足 180 万 t 钢对氢气、电力及部分氧气的需求，每年可减排约 300 万 tCO_2，减少能源消费约 100 万 t 标准煤，将有效缓解我国钢铁生产的碳减排压力。中国宝武的低碳冶金技术路线图见图 8-26。

2020 年 7 月，中国宝武在新疆八一钢铁股份有限公司进行了富氢碳循环氧气高炉工艺实验，把脱碳后的煤气接入富氢碳循环高炉，与接入欧冶炉脱碳煤气前相比，富氢碳循环高炉

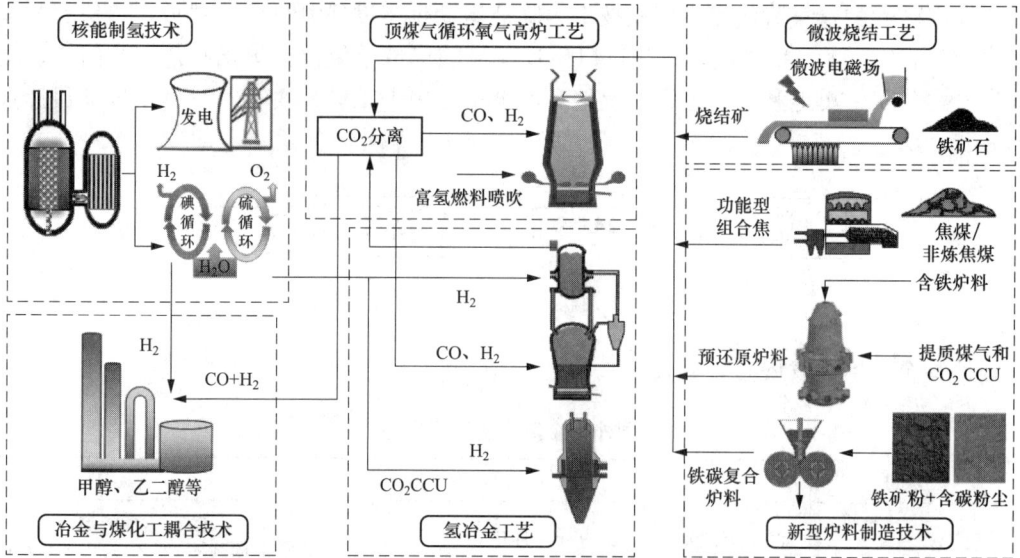

图 8-26　中国宝武的低碳冶金技术路线图（HTGR：高温气冷反应堆；CCU：碳捕集技术）

吨铁燃料比下降近 45kg，比传统高炉减排 CO_2 高 30%。2021 年 7 月，新疆八一钢铁股份有限公司富氢碳循环高炉已完成第二阶段 50%（第一阶段 35%）富氧目标，后期新疆八一钢铁股份有限公司富氢碳循环高炉将通过技术升级和优化，实现全氧冶炼目标。中国宝武 2021 年 1 月宣布 2023 年实现碳达峰，2035 年实现减碳 30%，2050 年实现碳中和。

5. 河钢集团富氢利用项目

2019 年 11 月 22 日，河钢集团与意大利特诺恩集团签署谅解备忘录，商定双方在氢冶金技术方面开展深入合作，利用世界最先进的制氢和氢还原技术，并联手中冶京诚工程技术有限公司，共同研发、建设全球首例 120 万 t 规模的氢冶金示范工程，应用于河北钢铁集团宣化钢铁集团有限责任公司转型升级项目。2021 年 5 月，河北钢铁集团宣化钢铁集团有限责任公司氢能源开发和利用工程示范项目正式启动建设。该项目充分利用张家口地区国家级可再生能源示范区优势，打造可推广、可复制的"零碳"制氢与氢能产业发展协同互补的创新发展模式。该项目开发的氢还原新工艺，依靠自主和集成创新，采用产学研相结合的模式，核心技术为 Tenova 公司的 Energiron-ZR（零重整）技术，可替代传统高炉碳冶金工艺，预计每年可减碳幅度达 60%。

截至 2021 年年底，国内的氢冶金发展态势见表 8-2。

表 8-2　　　　　　　　　　　　　国内的氢冶金发展态势

单位名称	主要行动及成果
中国宝武钢铁集团有限公司	签订《核能-制氢-冶金耦合技术战略合作框架协议》
河钢集团	组建氢能技术与产业创新中心
酒泉钢铁集团有限责任公司	建设了首套煤基氢冶金中试装置及配套的干磨干选中试装置
天津荣程联合钢铁集团有限公司	在"西部氢都""时代记忆""能源互联岛"项目上开展合作
中晋太行矿业有限公司	建设气基竖炉直接还原铁工艺
建龙集团内蒙古赛思普科技有限公司	采用富氢熔融还原法生产高纯铸造生铁

本章小结

本章内容围绕氢能利用体系展开，从氢能交通、氢能储能、氢能发电和氢能工业四方面展开介绍。对于氢能交通，分别介绍了氢燃料自行车、氢燃料电池汽车、氢燃料轮船、氢燃料飞机和氢燃料无人机的发展现状及最新产品；对于氢能发电，简单介绍了固体氧化物燃料电池的氢能热电联供、氢内燃机和氢燃气轮机的工作原理和系统组成，并列举了相关重大项目和最新的研究成果；对于氢能储能，列举了相关氢能储能项目；对于氢能工业，主要介绍了氢化工和氢冶金方面的重大项目。氢能利用体系如图 8-27 所示。

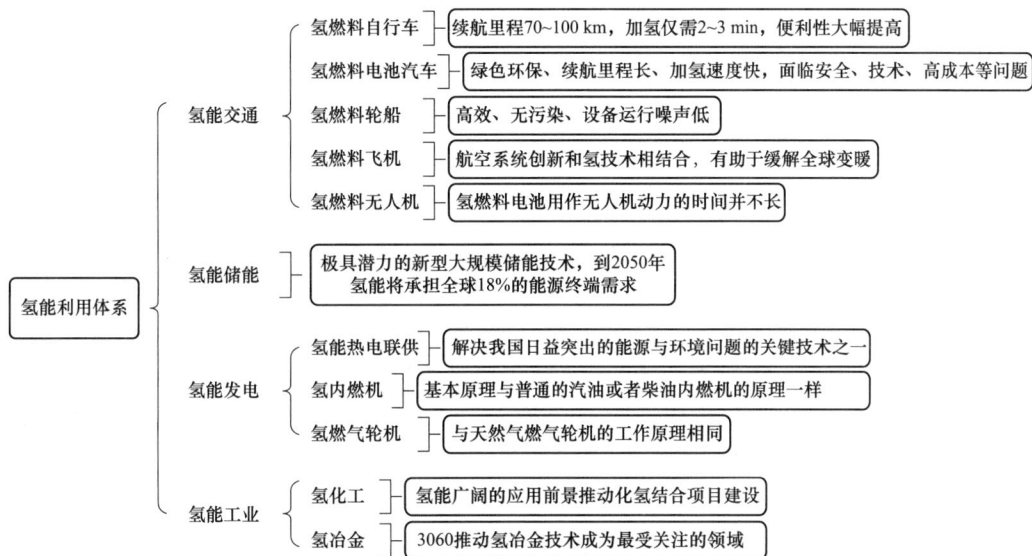

图 8-27　氢能利用体系

9 氢安全与标准

氢气无色无味，具有易燃性、易爆性、扩散性、易发生氢脆等特点。氢气泄漏后与空气混合，遇到明火、静电会发生燃烧或爆炸。2019年，美国、韩国、挪威分别在氢运输、储存、加注过程发生了氢安全事故，导致当地宣布暂停加氢站运营，引发了业界对氢能产业健康发展的担忧和对氢能利用安全技术研究的重视与关注。目前，对氢气的危险性仍存在一些误区，容易"谈氢色变"，其实只要遵守安全操作规程，在氢能的制备、储运、利用任何一个环节的安全风险都是可控的。本章将介绍氢泄漏与扩散、氢燃烧与爆炸、氢与容器材料相容性等典型氢安全事故，介绍氢风险评估与安全准则，重点对氢制备、氢储运、加氢站、氢能利用全生命周期的氢安全进行介绍，并对氢安全检测设备和标准规范进行介绍，以树立正确的氢能安全观，使人们掌握氢安全基本准则和突发事故处理方法。

9.1 氢安全与事故分类

氢安全包含氢能的制备、储运、利用等全生命周期。许多国家成立了专门的研究机构开展氢安全研究，以期在氢能产业化进程中占据主动权和制高点。如日本供氢加氢应用技术协会、日本氢能检测研究中心、美国圣地亚国家实验室（SNL）、欧盟燃料电池和氢气联合协会、北爱尔兰氢安全工程研究中心（HySAFER）、加拿大电力科技实验室等。国际上也专门通过成立国际氢安全协会（IA-Hysafe）来推动氢安全的发展。IA-Hysafe每两年组织一次国际氢安全会议，为展示和探讨氢安全领域的最新研究成果，以及分享氢安全相关信息、政策和数据提供了一个开放的平台。国际氢能协会创立了《国际氢能杂志》，该杂志涵盖了氢的制取、储输、应用、标准化等各个领域，现阶段已成为氢能领域研究成果交流的主流期刊。

每种能源载体都有其物理、化学、技术性等特有的安全问题，汽油、天然气和氢气的物性参数见表9-1。氢气的点火能量低，仅为0.019MJ，不到汽油和天然气的1/10，更容易着火。氢气燃烧和爆炸浓度范围是4%～75%和18.3%～59%，比汽油和天然气的范围都要广，更易发生燃烧和爆炸，但是氢气的单位体积爆炸能和发热量均较小，氢气燃烧时单位体积发热量仅为汽油的0.053%，单位体积的爆炸能量为汽油的4.57%。由于氢气密度比空气低，且氢气的扩散系数比天然气和汽油的大，在非受限空间内，一旦发生意外泄漏，会迅速上浮并向四周扩散；而在受限空间，泄漏的氢气易于在局部聚积，能够快速形成危险的可燃性混合物。

表 9-1　　　　　　　　　汽油、天然气和氢气的物性参数

物性	汽油	天然气	氢气
最小点火能量（MJ）	0.24	0.29	0.019
燃烧浓度范围（kg/m³）	1.0～7.6	5.3～15.0	4.0～75.0
爆炸浓度范围（kg/m³）	1.1～3.3	6.3～13.5	18.3～59.0

物性	汽油	天然气	氢气
空气扩散系数（m²/s）	5×10^{-6}	1.6×10^{-5}	6.1×10^{-5}
密度（空气为1）	3.4~4.0	0.55	0.0695
自燃温度（℃）	228	540	527
单位体积发热量（MJ/m³，标准状态）	242.7	55.5	12.8

氢能的典型事故类型包括氢泄漏与扩散、氢燃烧与爆炸、氢与容器材料相容性等，下面将进行详细的介绍。

9.1.1　氢泄漏与扩散

氢是自然界最轻的携能分子，具有易泄漏扩散的特性。氢气无色无味，泄漏后很难被发现，若在受限空间内泄漏，易形成氢气的积聚，存在引发着火爆炸事故的潜在威胁。液态氢能量密度高、沸点低，泄漏后会造成周边空气的冷凝，若大规模泄漏则易在地面形成液池，蒸发扩散后会与空气形成可燃气云，增加了发生着火爆炸的可能性。研究氢泄漏与扩散的规律，明确上述领域的研究现状和挑战，对氢能的大规模应用具有重要意义。

1. 氢气泄漏与扩散

根据氢气泄漏源与周围环境大气压之间压力比值的不同，氢气泄漏可分为亚声速射流和欠膨胀射流。亚声速射流在泄漏出口处已经充分膨胀，压力与周围环境压力相等，气流速度低于当地声速，泄漏后的氢浓度分布满足双曲线衰减规律；欠膨胀射流在泄漏口处速度等于当地声速，出口外射流气体继续膨胀加速，形成复杂的激波结构，氢浓度分布也更为复杂。美国圣地亚国家实验室通过试验研究了稳态氢气前膨胀射流出口处的激波结构，并测量了马赫盘的位置，马赫盘的位置只与喷嘴直径和压力比有关。试验测量了不同压力和泄漏孔直径下氢浓度的分布，得出了射流方向上氢平均浓度、浓度波动和可燃概率的经验计算公式。

以5MPa储氢罐氢气泄漏为例，其高压氢气射流激波结构与纹影图像如图9-1所示。储罐内（位置0）的气体经过喷嘴出口（位置1）泄漏到环境空气中，形成了核心区和边界层区两个流区。在核心区内的气流经过加速膨胀后达到最大流速（位置2a），然后经过马赫（Mach）盘后减速为亚声速流（位置2b），而边界层区内的氢气与空气混合气流在经过Mach盘后仍保持很高的流速（位置3）。气流由喷嘴出口绝热膨胀到Mach盘处，气流经过Mach盘后压力和温度恢复到环境压力和温度。边界层区内的氢气和空气混合气流在到达位置3处压力等于环境压力。

随着氢燃料电池汽车和小型储氢容器的市场化应用，对氢在车库、隧道、维修站、储氢间等受限空间内的泄漏已有大量研究。当泄漏率一定时，受限空间内氢浓度的分布主要取决于空间受限程度和通风状况。氢在可通风室内空间泄漏后存在压力峰值现象，即使未被点燃仍会产生较大超压。目前可根据储氢压力、超压泄放装置直径、通风口大小等参数判断峰值压力的工程算图，同时采用CFD数值模拟，可以有效研究不同通风条件下氢在车库内的泄漏的压力峰值和分布。

氢气泄漏与扩散研究主要面临的挑战如下：泄漏口形状、障碍物、氢浓度梯度及空气浮力对氢泄漏扩散的影响规律；基于虚喷管法的泄漏模型优化及多个通风口情形下峰值压力的预测方法；氢气/空气分层对压力释放装置（pressure relief devices，PRD）泄放过程的影响；氢发生多处泄漏时，不同氢射流之间的相互作用与影响。

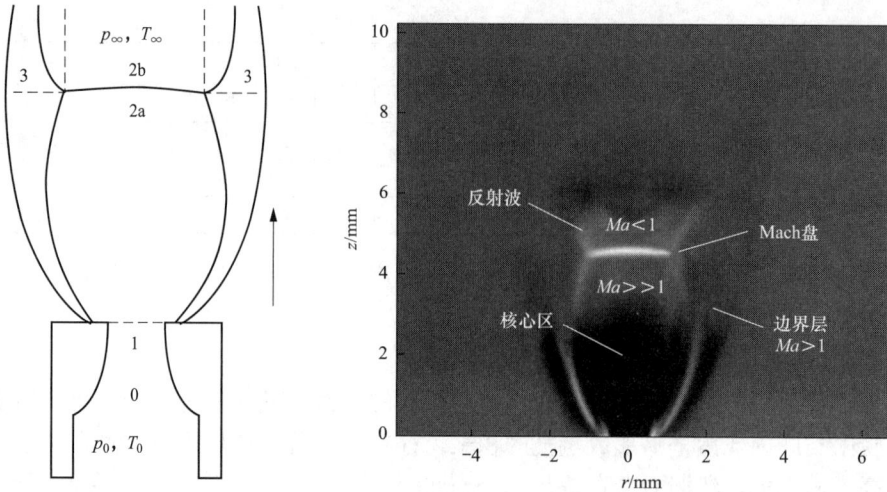

图 9-1　高压氢气射流激波结构与纹影图像（$p_0 = 5\text{MPa}$，Ma 为马赫数）

2. 液态氢泄漏与扩散

液态氢的意外泄漏扩散规律研究是保障液态氢安全使用的重点。美国国家航空航天局（NASA）、德国联邦材料研究与测试学会（BAM）和英国健康安全实验室（HSL）都成功开展了液态氢的大规模泄漏试验，得到了可燃蒸汽云浓度、地面温度、蒸汽云耗散时间等宝贵数据。其中 HSL 液态氢试验形成的地面空气冷凝，如图 9-2 所示。液态氢大规模泄漏试验的模拟研究也在进行，建立了一系列液态氢泄漏模型，泄漏率、风速条件、大气压力、地面温度等参数对液态氢可燃蒸汽云形成和扩散有影响。但由于液态氢的复杂特性，其泄漏模型的建立比气态氢更为困难，现阶段仍不成熟，模拟结果与试验结果存在一定的偏差。除了大规模泄漏试验外，边界条件更明确的小型液态氢泄漏试验也已开展，小型液态氢泄漏试验表明液态氢的浓度衰减速度小于气态氢。

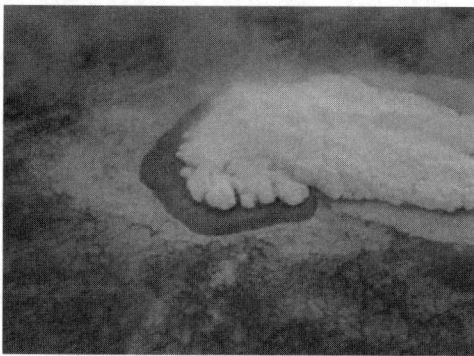

图 9-2　HSL 液态氢试验形成的地面空气冷凝

液态氢泄漏与扩散研究主要面临的挑战如下：蒸汽扩散对液态氢液池扩展、蒸发过程的影响及液态氢闪蒸蒸汽分数的评估方法；考虑氢的非理想特性的液态氢泄漏模型；从空气、地面到低温蒸汽的热辐射研究及该部分热辐射对整体热量传递的作用；边界条件明确的小规模液态氢泄漏试验；液态氢容器耐火性能的提高。

由于氢气的易燃易爆特性，对氢泄漏和排氢浓度的监控和处理显得尤为重要。一般情况下，常采用高精度的氢气浓度传感器监控氢泄漏，以实现实时监控氢含量。对于燃料电池汽车而言，通常需要在燃料电池附近、乘客舱顶棚和储氢瓶附近布置多个传感器，任何监控的位置发生氢泄漏，均需要采取安全措施。氢泄漏报警分为四类，其一是氢浓度传感器故障，另外三类是三级泄漏报警，按照氢泄漏浓度不同依次为轻度报警、中度报警和紧急报警。

轻度报警又称一级泄漏报警，指空气中的氢含量在 $0.4\% \sim 1\%$，氢能系统控制器将轻度氢气泄漏报警信息上报燃料电池控制器系统和整车控制系统，并提示驾驶员有氢泄漏异常；中度报警又称二级泄漏报警，指空气中的氢含量在 $1\%\sim2\%$，氢能系统控制器将向燃料电池控制器系统和整车控制系统上报严重的氢气泄漏报警，并提示驾驶员立即停车；紧急泄漏报警又称三级泄漏报警，指空气中的氢含量超过 2% 时，氢能系统控制器向燃料电池控制器系统和整车控制系统上报紧急泄漏报警，同时进入故障处理模式，立即关闭氢瓶上的电磁阀，并声光报警提示司机氢气泄漏。

9.1.2 氢燃烧与爆炸

氢燃烧范围宽，点火能量低，若泄漏后被立即点燃会形成射流火焰，称为氢喷射火。依据泄漏状态的不同，氢喷射火可分为亚声速喷射火和欠膨胀射流喷射火。SNL、HySAFER 等机构开展了一系列氢喷射火试验，得到了火焰长度和热辐射值等试验数据，并总结出基于弗雷德数 Fr、雷诺数 Re 和马赫数 Ma 计算不同喷火类型下火焰长度的经验公式，但试验所用喷嘴形状均为圆形。

氢在受限空间内泄漏后，易发生氢气的积聚，形成可燃氢气云。若可燃云团被意外点燃，由于障碍物的影响，火焰与障碍物之间产生的循环激励效应加剧了燃烧过程。在燃烧初始阶段，燃烧波与冲击波分离且速度低于冲击波，称为爆燃；随着火焰的加速，当燃烧波与冲击波以同样的速度向前传播时，称为爆轰，整个过程称为爆燃爆轰转变（DDT）。爆轰波的形成会严重加剧事故后果，因此 DDT 一直是氢燃烧爆炸研究的热点。障碍物尺寸、空间受限程度、燃料气体成分、燃料浓度梯度和反应边界条件对火焰加速过程和 DDT 发生位置均具有明显影响。火焰传播经历缓燃、爆燃、爆燃转强爆轰、强爆轰衰减及稳定爆轰五个阶段，火焰、主导激波和反射激波间的相互作用是影响 DDT 的主要因素。高压氢气泄漏后在没有点火源的情况下会发生自燃，但目前国际上对氢自燃机理尚无定论，相关机理主要包括逆焦耳-汤普逊效应、扩散点火机理、静电点火机理、热表面点火机理和催化反应点火机理。

氢燃烧与爆炸研究主要面临的挑战如下：喷嘴形状、障碍物对喷射火焰长度、热辐射的影响，以及氢浓度梯度对火焰加速和 DDT 的影响；氢喷射火产生的微火焰对材料性能的影响；典型生产工况下的氢爆燃爆轰试验及液态氢泄漏瞬态脉动喷射火试验；氢自燃机理及复杂形状管道下的氢自燃试验；可燃氢在典型工况下的点火概率及氢浓度对点火概率的影响。

9.1.3 氢与容器材料相容性

金属材料长期在氢环境下工作，会出现性能劣化的现象，严重威胁氢系统的服役安全。氢环境下应用的金属材料要求与氢具有良好的相容性，需进行氢与材料之间的相容性试验，主要包括慢应变速率拉伸试验、断裂韧度试验、疲劳裂纹扩展试验、疲劳寿命试验、圆片试验等，相关试验标准主要包括 GB/T 34542.2—2018《氢气储存输送系统　第 2 部分：金属材料与氢环境相容性试验方法》、GB/T 34542.3—2018《氢气储存输送系统　第 3 部分：金属材料氢脆敏感度试验方法》。

高压氢环境中的原位检测是氢与材料相容性检测的公认方式。世界各国正积极搭建氢环境原位测试平台，以实现将材料直接置于高压氢环境下进行相关力学试验。日本产业技术综合研究所最高试验压力可达 210MPa，最高试验温度可达 190℃。浙江大学利用自有专利技术研发了我国首套 140MPa 高压氢环境耐久性试验装置，并在此基础上进一步成功研制了国际首套 140MPa 快开式高低温高压氢脆试验装置，为我国金属材料与氢相容性研究提供了有力的硬件支撑。

氢脆又称氢致开裂或氢侵蚀，是指由于过量的氢原子进入金属基体后，在应力作用下（屈服强度以内，甚至是设计强度内），引起金属韧性或承载能力的降低，从而发生断裂（通常是亚微观的断裂）或者突然脆性失效，其反应机理如图 9-3 所示。根据氢的来源，氢脆可分为内部氢脆（IHE）、环境氢脆（EHE）和反应氢脆（HRE）。内部氢脆是指材料在冶炼、热加工、热处理及随后的机械加工（如焊接、酸洗、电镀等）过程中所吸收的氢，引起材料内部氢脆，导致某些金属过早失效，内部开始出现裂缝。环境氢脆是指金属或者合金可能在气态氢或含氢（H_2、H_2S 等）的环境中发生塑形形变，导致表面裂纹增加、延展性损失和断裂应力下降。反应氢脆是指高温下由吸收的氢与一种或者多种金属成分的化学反应引起的反应氢脆，如与钢中的碳形成脆性金属氰化物或甲烷。

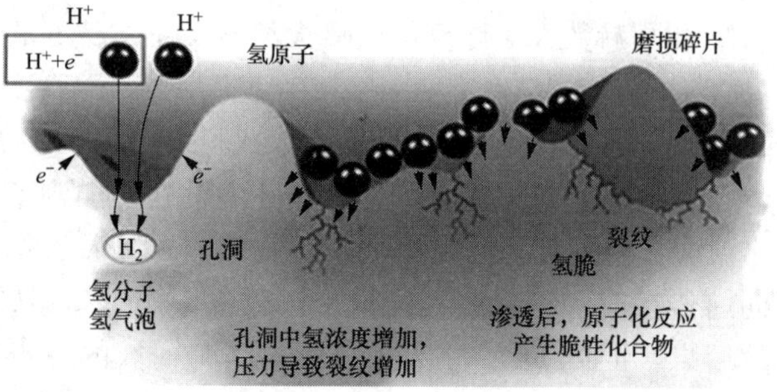

图 9-3　氢脆反应机理

内部氢脆只需要把晶格内的氢原子通过扩散输送到裂纹前端，而环境氢脆则需将环境介质中的氢通过物理吸附、化学吸附、氢分子的分解、氢原子的溶解以及氢在晶格中的扩散等复杂过程，才能达到裂纹前端，而使金属脆化，这样将在很大程度上影响氢脆的结构及裂纹的扩展速度。

氢脆的断口特征主要表现为脆性断裂，如图 9-4 所示。宏观上无塑性变形，断口平齐，呈亮灰色，无腐蚀产物，且有明显白点；在微观上端口多为沿晶断裂，呈冰糖状，晶界面上有撕裂棱，被称为"鸡爪纹"。世界范围内有很多学者针对 4130 铬钼低合金钢、300 系列奥氏体不锈钢、6061 铝合金、API 5L X42-X80 管线钢等材料，开展了其在高压氢环境下的相容性试验，为高压临氢设备材料的选择提供了基础数据。在"973 计划"项目等的持续支持下，浙江大学利用金属材料在高压氢环境中的试验数据，建立了我国首个国产金属材料与高压氢环境相容性数据库。将可再生能源制得的氢气掺入现有的天然气管线进行输送，能够大幅度地节约管道建设成本，但材料与掺氢天然气之间的相容性需要系统深入地评估。掺入的氢气对低压配送管道产生的影响较小，而对长距离高压输送管道的影响程度主要取决于管道操作压力和掺氢比例。

氢与金属材料相容性研究主要面临的挑战如下：临氢环境下裂纹萌生和扩展机理，主要包括低应力强度因子变化范围下疲劳裂纹萌生的测试和评估方法，以及氢气压力对应力强度因子阈值的影响；氢环境与材料相容性数据库的完善，氢环境包括氢气环境和掺氢天然气环境，材料包括金属材料和非金属材料；零部件材料和制造工艺对其抗氢脆性能的影响，包括材料中杂质含量、焊接残余应力和表面粗糙度等；制定国际统一的掺氢天然气储运标准、储氢材料相容性实验标准等。

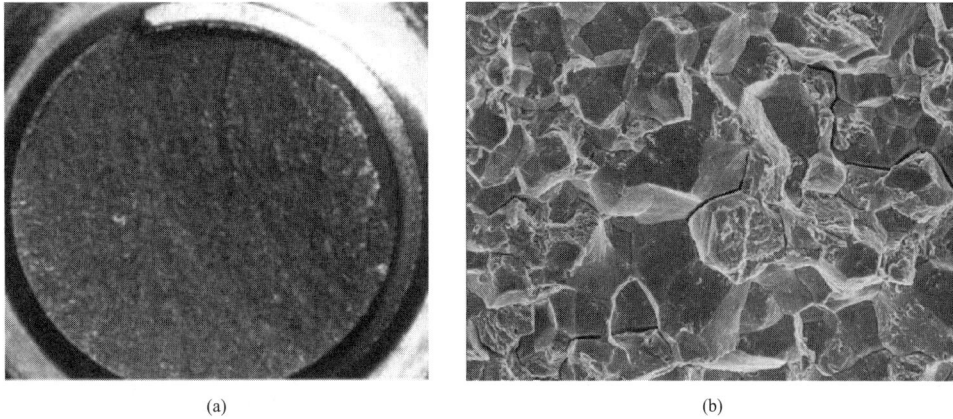

(a)   (b)

图 9-4 氢脆的断口特征主要表现为脆性断裂

（a）断口照片；（b）断口金属电镜图

9.1.4 氢风险评估与安全准则

氢风险评价方法主要分为快速风险评级（RRR）和量化风险评价（QRA）。RRR 为经验式的定性风险评估，将专家分析讨论后得到的结果与风险矩阵进行对比，以获得相应的风险等级，可快速确定主要危险源；QRA 是对风险的定量评价，可以科学地评价氢能系统或某一具体事故的风险值（个人风险和社会风险），为风险减缓措施提供指导和建议，还可以直接应用于氢安全相关标准的制定。如安全距离的确定，现阶段已成为氢风险评价的主流方法。氢风险评估流程如图 9-5 所示。

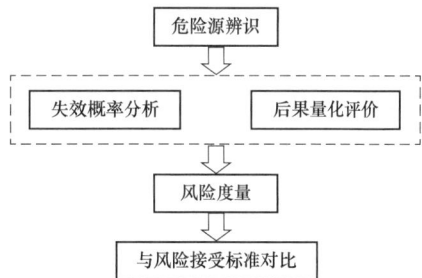

图 9-5 氢风险评估流程

RRR 和 QRA 两种风险评价方法已在氢燃料电池汽车和加氢站上进行应用。基于液态氢加氢站可能发生的事故类型，可采用 RRR 方法对加氢站进行风险评估。针对火灾事故中的氢燃料电池汽车，QRA 可对火灾情景下车载储氢气瓶进行定量风险评估。针对氢燃料电池汽车在隧道内的泄漏，基于 QRA 可开展事故后果量化研究，为受限空间内氢泄漏风险评估提供支撑。此外，也有对上海世博加氢站进行 QRA 研究，明确加氢站对站内员工、加氢顾客和第三方人员的风险值。

QRA 结果依托于氢泄漏、扩散、燃烧、爆炸等数值模型的精度，以及网格尺寸、边界条件等模拟条件的设置，即使对于相同的事故类型，由于模型精度和条件设置的不同，往往会得出不同的风险评估结果，因此提高模型的准确性及模拟条件设置的合理性对氢风险评价具有重要意义。为解决上述问题，欧盟燃料电池与氢能联合行动计划推出了西地中海可持续航海应用项目，对氢行为（泄漏、扩散、燃烧、爆炸）相关数值模型进行了大量的验证工作，同时给出了氢数值模拟研究的推荐方法。

风险评价工具是指基于验证过的工程概率模型和事故后果模型建立的、具有良好用户交互界面的平台，用户能够输入特定的信息和边界条件并在短时间内获得风险评价的数据。2014 年，SNL 和 IA-Hysafe 共同推出了名为"HyRAM"的首个风险评价工具，该工具基于 QRA 方法对氢加注、储存等进行安全性评估，有效缩短了计算时间。HyRAM 将目前国际上较为先进的理论研究、工程模型和氢安全相关数据集成为一个工业化的综合性分析体系，有助于国际氢安全标准的制定和各国相关政策的实施。

后果量化评价作为 QRA 的重要一环，其功能的实现离不开软件的支撑。现阶段常用于氢安全研究的量化风险评价软件主要包括 FLACS 和 PHAST。FLACS 为 Gexcon 公司开发的一款基于 CFD 技术的专业模拟气体扩散、燃烧和爆炸的软件，能够耦合火焰与装置、管道等设备的相互作用和影响，实现对泄漏爆炸后果的量化分析与计算。FLACS 在氢泄漏、扩散、燃烧、爆炸等方面的模型结果同试验结果一致性较好，可用于氢安全研究。PHAST 为挪威船级社（DNV）公司开发的基于 CFD 技术的软件，包含多种常见的压力管道、容器等泄漏、扩散、池火、爆炸等数值模型，且已在多个领域（化工、建筑等）内得到大范围应用。现阶段已有学者利用 PHAST 软件开展氢气泄漏及爆炸的研究，但相关数值模型对氢气的适用性仍需进一步的试验验证。

风险评价工具主要面临的挑战如下：若干氢行为数值模型的建立与验证，包括液态氢泄漏、开放环境下氢气爆燃爆轰、爆燃爆轰转变、氢点火、流体与火焰界面相互作用等模型；数值模型的准确性验证，以及氢系统结构失效、泄漏频率等方面的有效数据积累。

氢风险评价方法研究面临的主要挑战如下：开发加氢站设施真实几何形状建模及包含事故缓解措施的加氢站 QRA 方法；开发受限空间内氢燃料电池汽车泄漏事故的 QRA 方法；开发更多典型氢应用场景（高压氢气储输、液态氢储输、掺氢天然气储输等）下氢事故的 QRA 方法。

氢能安全利用的三个原则为不泄漏、早发现、不积累，具体如下：不泄漏，即防止氢气尤其是压缩氢气系统的氢气泄漏。要确保储氢瓶、阀门、安全阀、管件、接头及连接件、仪表、垫圈的可靠性，选用的金属材料与氢要有良好的相容性。早发现，即氢气泄漏后能及早发现。要在容易发生氢气泄漏的部位设置高灵敏度的氢气浓度自动检测仪表及报警装置，一旦发生泄漏能及时报警处理。不积累，即防止氢气泄漏后的积聚。受限空间如加氢站储氢瓶的储存间和氢气压缩机间要具备良好的通风性能，易发生氢气泄漏的部位要设置与氢气检测报警联动的防爆强制通风设备，氢气泄漏时要能够迅速启动强制通风设备，使氢气尽快向空中扩散。

9.2 氢制备安全

我国制氢工业已有数年基础，目前在系统和设备等安全方面已形成较为成熟的商业化技术（水电解、变压吸附提纯等）和相对完整的标准体系，以氢源安全制取为核心，明确了系统技术条件、安全要求等重点内容。

电解水制氢系统流程框图如图 9-6 所示，30％KOH 水溶液为电解液，在电解槽中阴极小室产生氢气，含有碱液的氢气进氢分离器，在重力作用下进行气液分离，冷却后再由氢气捕滴器将其中的游离水除去，经氢气缓冲罐进脱氧器，将微量的氧杂质在催化剂的作用下反应生成水，再由氢气冷却器将气体中的水蒸气冷凝排出，然后进装有分子筛的吸附塔，利用分子筛对水、二氧化碳及其他杂质的吸附作用，达到净化氢气的目的。制氢提取工艺流程较多，设备设施复杂，需要经过由气态到液态再到气态的多种状态转化，一旦管道或容器的安全监测及预警技术不到位则易发生泄漏事故，加之工厂的环境温度较高，容易发生事故。同时，水电解制氢设备的气液出口存在严重的冲蚀磨损现象，且随着设备产气量的增大，磨蚀现象变得更严重。此外，在制氢过程中，氢气的分子小，一旦隔膜出现问题，氢分子将向氧室渗透，就会引起氢气纯度下降和制氢设备的危险。

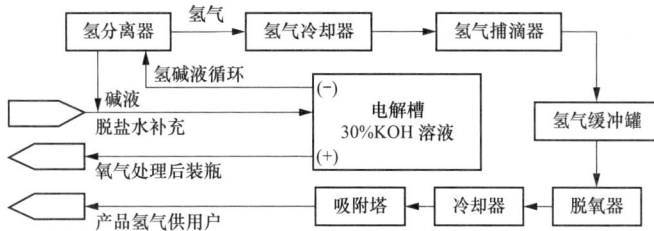

图 9-6　电解水制氢系统流程框图

氢气虽然无毒，在生理学上为惰性气体，但在发生大面积氢气泄漏时，会使空气中氧气的分压降低，环境缺氧引起窒息。在很高的分压下，可呈现麻醉作用。因此，在应急处理氢气泄漏事故时，应特别注意自身的安全防护。高温下氢气对钢材具有腐蚀性，能削弱存储设备、输送管道等的耐压强度，严重时可导致设备管道系统出现裂缝，发生泄漏。氢气一旦泄漏逸散在空气中，可以迅速大面积地向高处扩散，瞬间与空气形成爆炸性混合物。此时，如果遇到受热、明火、摩擦产生静电等，仅需很小的能量就可发生爆燃甚至爆轰。

为防止氢气由于超压、泄漏等引发的火灾爆炸事故，系统设计中应采取一定的措施。制氢系统（含站房及储罐）应远离有明火、高温的厂房，不应布置在它们的下风向，同时不应处在整个厂区的上风向，且系统与其他厂房、建筑物之间的防火间距应符合 GB 50177—2005《氢气站设计规范》中的要求；若厂区内各厂房之间有高度落差时，系统应位于地坪标高较高的区域。制氢间（包括电解室、附属设备框架、纯化框架及氢气缓冲罐）与其他配套设备（如变压器、整流柜、仪表柜、备用品间等）之间应用防爆墙分隔；与储罐间应满足安全间距要求，距离不小于 9m。氢气的生产厂房为甲类厂房，宜采用单层建筑结构；制氢间的厂房屋顶应留有排风孔以满足房间内通风换气的要求，避免易燃易爆气体在房间内积聚，并应采用轻质不可燃屋顶，以满足发生爆炸事故时泄压面积的要求。系统采用分立式循环的工艺流程，在传统的水电解流程中将氢、氧分离器液相连通，并将混合的氢、氧碱液一并注入电解槽的方法，改为将氢、氧碱液的循环回路分立设置，并分别注入分立液道的电解槽氢、氧小室，从而实现氢气和氧气的有效隔离，保证了系统运行的安全、可靠。

9.3 氢储运安全

氢能储存贯穿着氢能全生命周期，安全性一直是氢能全生命周期运行的突出瓶颈问题。目前高压气态储氢是氢能储存的主要形式，无论是高压制氢、高压储氢还是高压运氢环节，如遇到高温、氢脆破坏或外部撞击等，极易引发高压氢气的泄漏和扩散，甚至更为严重的火灾和爆炸事故灾害。根据高压氢气的泄漏行为，可将事故总体分为无燃烧泄漏扩散和有燃烧泄漏两种。高压氢气泄漏事故类型如图 9-7 所示。

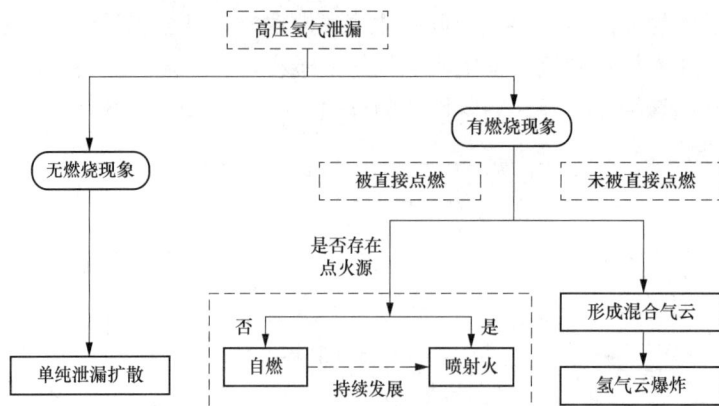

图 9-7　高压氢气泄漏事故类型

无燃烧泄漏扩散，即高压氢气只发生单纯的泄漏扩散，未遇点火源或发生自燃。有燃烧泄漏则可分为三种情形：一是当氢气泄漏形成射流后，遇到点火源引发喷射火；二是虽无外部点火源，但高压氢气发生了自燃，并且可能发展为喷射火；三是氢气泄漏后先是在一定空间内与空气混合形成气云，此时若遇到点火源，则极易发生氢气云爆炸。仅 2019 年，挪威、美国就相继发生多起氢气爆炸，事故起因分别是氢气云爆炸和氢气自燃引发的连锁爆炸，引发公众对氢能安全的广泛关注、担忧甚至恐慌。这亟须对高压氢气的安全问题开展系统的研究和阐述，充分掌握事故演化规律，为氢能安全防控技术开发及安全标准制定提供科学依据和有力工具。

日本 70MPa 和 90MPa 储氢瓶水压爆破试验压力分别为 200MPa 和 300MPa，高于 ISO 11439—2013《气瓶 车上贮存机动车的天然气燃料用高压气瓶》关于高压储氢瓶的破坏性试验压力为操作压力 2.25 倍合格值的规定。用 7.62mm 穿甲弹正面枪击储氢瓶，子弹卡在储氢瓶壳层内，不能击穿瓶体。当暴露在火灾中的储氢瓶内温度达到 105℃后，储氢瓶熔断安全阀会迅速打开，朝预先设定的熔断阀出口方向快速泄放，70MPa 容积为 60L 的储氢瓶大约需要 1min 排空氢气，瓶内喷射出的氢气迅速燃烧且不发生爆炸，火焰长度最长可达 10m。丰田 MIRAI 的氢燃料电池汽车被 80km/h 车辆追尾碰撞造成车身损毁时储氢瓶完好无损。

高压氢气系统使用的金属材料必须经过材料安全性能测试。加氢枪使用的软管在高压下要能反复经受低温（-40℃）到高温（85℃）的循环测试。截止阀、流量调节阀、紧急切断阀、安全阀、高压气瓶熔断阀等阀门和管件垫圈都要在高压氢环境下进行长期使用性能测试。加氢枪加氢时充注的氢气温度高于 85℃时，必须立即停止加氢的温度传感器和光纤稳定性和可靠性测试。加氢使用的流量计要经过高压氢环境下计量准确性测试。氢气泄漏或着火后自动检测报警的传感器要进行灵敏性、准确性、可靠性测试。

为做好上述高压氢气系统的设备仪表材料安全性能的评价测试，福冈市政府投资建设了福冈氢能测试研究中心，该中心有齐全且专业的测试实验室，其中包括抗爆试验仓及高压氢用阀门耐久性、加氢高压软管低温循环、O 形圈疲劳、加氢站储氢瓶破坏性等测试实验室，他们既研究测试试验的方法，还接受设备及材料制造商和用户的委托开展安全性能测试，合格后方可投放市场。

在全球氢能赛道中，高压气态储氢是比较常用且技术发展比较成熟的储氢方式。储氢容器也容易因操作失误、材料问题而发生安全事故。高压储氢容器属于压力容器，事故往往是由于在使用过程中没有严格按照标准和操作规范操作而造成的，如氢气罐混入其他气体，在一定条件下会产生化学反应爆炸。同时，某些储氢材料长期在氢环境下工作，会出现性能劣化的现象，严重威胁设备安全。因此与氢气相关的部件，管路、阀门、泵、储氢容器必须防止氢气泄漏，安装氢气传感器并实时监测也尤为重要。

目前，对于氢安全的研究领域主要集中在储氢系统和输氢系统，储氢和氢能运输的安全性是氢能产业是否能够彻底市场化、最终实现安全应用的两个最关键环节。输氢系统主要包括氢气长管拖车、氢气管道、专用运输船舶、液态氢或氢浆槽罐车和低温绝热管道。因为氢气没有大规模的应用，目前管道运输发展缓慢，国标、规范也没有跟上。液态氢运输也缺少一定的规范，所以目前大多数都用的是长管拖车这种运输方式。长管拖车运输方式比较古老，直到现在液化天然气都采用这种方式，非常安全。

由于标准、法规等多个因素，我国对于Ⅳ型储氢瓶的研制正处于初始阶段，随着国家对于与环境相关的问题的重视，以及对氢能源汽车轻量化的要求，Ⅳ型高压储氢瓶将会成为氢燃料电池车的首选储氢装备，且是其关键零部件之一。基于Ⅳ型储氢瓶的材质是内胆为塑料和复合纤维层，于是有很多关键问题需要解决。第一就是对于树脂的改性，由于Ⅳ型瓶的主要承压部分是复合材料层，而树脂在复合材料中的作用是固定各层纤维，并通过树脂与纤维之间的界面传递载荷，使得复合材料各层的强度发挥到最大，因此，对于结合复合材料的各层所需要的树脂就很重要了。第二就是为了提高储氢密度，就要在保证安全的前提之下，对复合材料气瓶的复合材料层和塑料内胆进行优化设计，包括缠绕角度、厚度以及缠绕的顺序、封头外形等，目前国内外学者们虽然有过不少的研究结论，但是还没有具体提出Ⅳ型瓶的整体设计方案。第三就是关于液态树脂的问题，在缠绕过程中，液态树脂被引入发泡过程中，然而在固化过程中却未能及时排出，导致在复合材料内部形成了空隙。这些空隙降低了材料的强度。随着气瓶内部压力的作用，应力集中在空隙附近，使得该区域迅速进入破坏状态，并最终膨胀，导致材料的宏观破坏。纵观国内外，关于液压测试相关的研究依然不足，对70MPa储氢瓶进行液压测试，联合实际进行分析，寻找合适的缠绕方案，以此改进技术依然是当今主题。

9.4　加氢站安全

加氢站有独立加氢站和合建加氢站两种建站模式，GB 50516—2010《加氢站技术规范》适用于前者，GB 50156—2021《汽车加油加气加氢站技术标准》适用于后者。加氢站安全设计涉及的内容较多，既有工程技术方面的内容，如站址选择、站内总平面布置、站内设备安全设计、安全辅助系统设计；又包括加氢站的运营管理制度和人员管理，如安全生产制度、应急预案和操作规程，作业人员的安全培训和操作培训，持证上岗等。加氢站危险源识别主要是识别站内有可能影响人员安全的危险点，之后构建危险场景。加氢站内存储的氢气具有可燃性和易燃易爆性，是引发加氢站火灾爆炸事故的主要危险源。氢气引发火灾爆炸事故的原因有设计缺陷、设备老化、操作失误、自然灾害等，但大多数事故的直接原因为氢气的泄漏。根据点火条件的不同，造成的事故后果主要有设备关停、喷射火、爆炸、空气中消散等。加氢站事故树如图9-8所示。

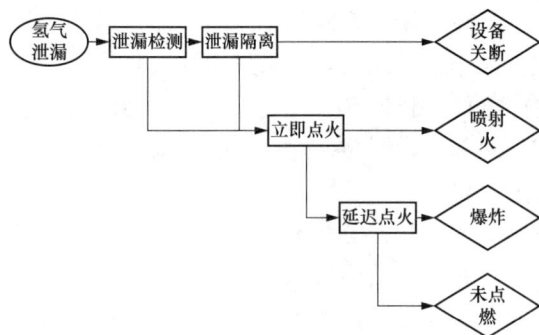

图 9-8　加氢站事故树

加氢站比加油站安全要求高，因为氢气无色无味，这就给加氢站安全管理加大了难度。一般的加氢站主要设备包括大容量高压氢气管束车、无油隔膜式氢压机、加氢站高压储气瓶组、高压氢气加注机、高压氢气专用阀件等，其中高压储气瓶因储氢时间长、容量大、压力高等原因易发生氢气泄漏。此外，由于氢气具有扩散系数大、爆炸极限宽、点火温度低等特点，因此一旦发生泄漏，极易引起爆炸与火灾，会对加氢站周围的生命和财产安全造成极大的损失。

为确保加氢站的安全，采取的安全技术措施主要有：在氢气容易泄漏的部位都设有高灵敏度氢气泄漏检测器，氢气体积浓度高于1％时及时报警，设有多台火焰检测器，能及时发现站内氢气着火并进行报警。高压储氢间、氢压缩机间等建筑物要考虑氢气泄漏后不积聚，采用既防雨水又易排气的屋顶设计，室外加氢机顶棚设计要有利于氢气向高空扩散。

近年来多个国家和地区已将氢能和燃料电池发展提升到国家战略层面。加氢站是支撑氢燃料电池汽车发展必不可少的基础设施，其建设数量和普及程度在很大程度上决定了氢燃料电池汽车的产业化进程。日本的加氢站一般建在交通便利、方便用户的地段，或在人口稠密处或在交通要道上。日本允许在加油站内建设加氢站，即油氢混合站；还允许在加氢站内建设集装箱式天然气或以丙烷为原料的制氢装置，即在线制氢加氢站。加氢站内既有大容量高压储氢瓶，又有高压压缩机、氢气接卸设施。加氢站与周边建筑物的安全距离只要求遵守《高压气体安全法》，以及居民住宅及各类公共设施的距离不小于8m，加氢站和民宅、公共设施设置厚10cm的隔离墙的规定。

目前，我国的加氢站正处在发展阶段，加氢站的管理规范和审批规范等各地尚未统一，加氢站及氢能行业相关的国家规范仍不全面，近几年氢能相关国家规范也在不断更新和补充。随着氢能行业的发展，加氢站的建设速度将远远超过目前，而加氢站的建设和运营，尤其是运营安全是后续加氢站管理的重中之重。

9.5　燃料电池汽车氢安全

燃料电池汽车储氢系统包括加氢系统和车载储氢系统两部分。储氢系统的安全性也将取决于这两方面：对于加氢系统，在加注高压氢气时，氢气瓶温度会瞬时升高，所以在加注时采用了多种策略联合使用的方法，包括氢气预冷、升温控制、分级优化等。对于车载储氢系统，70MPa和90MPa储氢瓶一般采用3层结构，表层采用玻璃纤维复合材料，中间层采用碳纤维复合材料，Ⅲ型瓶内层采用铝合金内胆，Ⅳ型瓶内层采用塑料内胆。储氢瓶口与出口阀的结合部位通过特殊的结构设计确保阀门在使用压力下不会像炮弹出膛一样被冲出，瓶身部位玻璃纤维及碳纤维复合材料采用特殊的缠绕方法确保储氢瓶的强度达到长期使用要求。储氢瓶设计及制造技术的可靠性要通过水压爆破试验、枪击试验和火烧试验测试等检测，还要通过汽车碰撞试验测试储氢瓶的安全性。

　　燃料电池汽车氢燃料系统结构如图9-9所示。氢气瓶的安装主要是以续航里程为依据，在每个氢气瓶口都设有瓶阀，内置温度传感器，而在瓶阀外还安装有高压传感器。而高压传感器的安装位置可以随意选择，主要是因为气瓶外管路相通。一般情况下，燃料电池汽车有6~8个氢气瓶，每三四个氢气瓶为一组，每组安装一个高压传感器。在氢气传输系统管路上，由总阀、减压阀、压力开关、低压传感器等组件构成，其中总阀主要作用是对整个管路的通断进行控制；减压阀主要是为控制氢气瓶总压力，使其保持在规定压力范围内；压力开关则是为了确保管路压力超预警；低压传感器则主要是对氢氧燃料反应的压力进行监测。而H_2传感器则主要是对车厢内氢气浓度进行监测，为系统判断是否出现氢燃料泄漏提供数据支持。

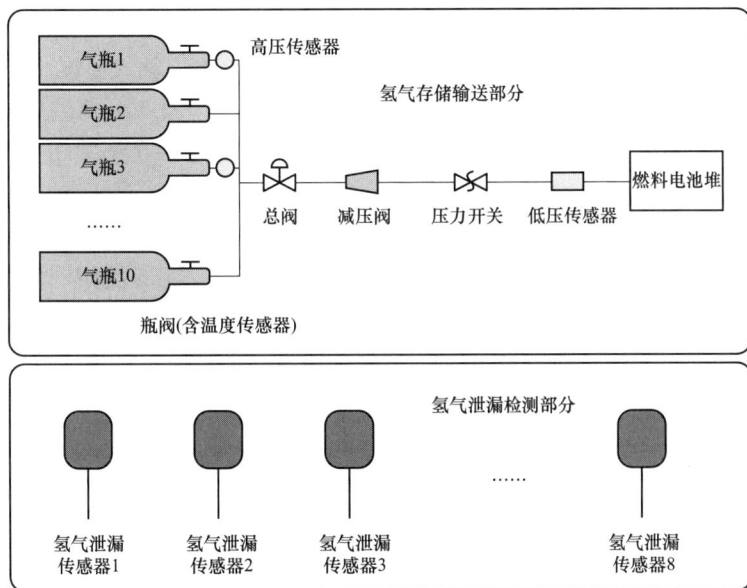

图 9-9　燃料电池汽车氢燃料系统结构

　　供氢系统是氢燃料电池汽车内部的供能系统，负责氢气的储存、输送和使用。供氢系统主要由高压储氢罐、减压阀、稳压罐、传感器、压力调节阀以及各种管路组成。碰撞传感器一旦监测到发生重大事故，氢气瓶罐阀和主氢气阀将会在几毫秒内关闭，使氢气瓶内压力从70MPa降至1~1.2MPa；而另一个压力调节阀位于燃料电池组入口，在发生事故时氢侧燃料电池组压力将会被降至0.1~0.3MPa，以此来确保即便发生事故也不会发生氢泄漏情况。同时，位于各个位置的氢气传感器将会实时对氢气浓度进行监测，一旦发现异常情况将会立即关闭截止阀，从而将氢气源切断。供氢系统中使用铝合金作为高压部件的主体，有效防止供氢管道出现氢脆现象，并使用明矾对铝制主体进行处理，确保滑动特点稳定，并减少磨损。此外，为避免高压传感器膜片因氢渗透进而对传感器数据精准性产生影响，在高压传感器膜片内表面添加了经过特殊表面处理的薄膜。经检测，添加薄膜后，膜片中氢固溶体含量减少90%，即便是长期处于高压氢气环境，传感器精度也不受影响。此外，供氢系统还具有快速排气功能，一旦车辆发生碰撞，传感器将会立即将排气阀门开启，快速排空内部高压氢气。

　　在氢燃料电池汽车中容易出现泄漏和积聚氢气的部位安装泄漏传感器，如燃料电池发动机系统、乘客舱、储氢瓶等位置，以实现对车内氢含量的实时监测，一旦发现氢含量异常，将会立即采取相应预案，确保车内乘客安全。当传感器检测到氢气泄漏浓度超过爆炸下限的10％、25％和50％时，监控器将会发出Ⅰ～Ⅲ级相应等级的警报信号，氢气泄漏控制措施见表9-2。

表9-2　　　　　　　　　　　　氢气泄漏控制措施

信息提示	控制要求	颜色警示	声音警示	是否关闭电磁阀
Ⅰ级警报	泄漏量达到0.4％	长时间黄色	否	否
Ⅱ级警报	泄漏量达到1％	长时间黄色	否	否
Ⅲ级警报	泄漏量达到2％	长时间红色	是	是
浓度故障警报	传感器故障警报	黄色警报提示	否	否

丰田MIRAI的两个储氢瓶用底盘和车体内部空间实现隔离，SORA公共汽车的10个储氢瓶设置在车顶，靠顶板实现氢气和汽车内部空间的隔离，防止氢气泄漏到车厢内。车身安装碰撞传感器，检测到碰撞时会自动关闭储氢瓶出口阀门。丰田MIRAI在车身设置两台氢气探测器，SORA设置4台氢气探测器，检测到氢气泄漏时也会立刻关闭储氢瓶出口阀门，确保氢气泄漏后可检测、可及时终止泄漏。车身采用流线型设计，利于氢气扩散，确保氢气泄漏后不积聚。

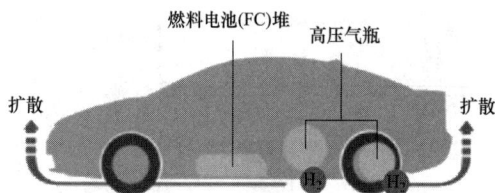

图9-10　FCEV储氢瓶布置

FCEV储氢瓶布置如图9-10所示。为评价氢气泄漏对FCEV安全性能的影响，通常会开展氢气扩散模拟试验、氢气着火时的燃烧动态试验、管路等有微小泄漏点火试验、氢气泄漏后滞留在汽车某部位点火试验、假设氢气充满在车厢点火试验、通过安全阀放出的氢气着火试验、车辆着火试验等。氢气泄漏后滞留在汽车某部位点火试验以131L/min向汽车前后轴中间部位释放氢气，约100s后氢浓度达到23.8％，用电火花打火发生燃爆，前挡风玻璃附近和车体下部有高温部位，燃爆压没有导致车体变形，热辐射是地面太阳光热量的1/10以下，没有观测到冲击压强，声音压强远低于伤害耳膜的等级。在氢气充满车厢点火试验中，氢浓度在12％以下，电火花打火，瞬间氢气着火，但不足以点燃车厢内餐巾纸（燃烧发热量小）；能使车玻璃破碎的爆炸冲击波需要氢浓度达到40％以上。在破坏FCEV储氢瓶和汽油车油箱漏油后的车辆着火试验中，FCEV的储氢瓶氢气泄放并向上燃烧，约1min后熄火。汽油油箱向下漏油，持续燃烧，导致轮胎和车体着火，车辆烧毁。电动汽车因电池温度失控、隔膜破裂导致火灾无法扑灭，着火时间约1h，车辆烧毁。FCEV的安全性与燃油车、天然气车相当，优于电动汽车。

对于氢能主要应用领域之一的燃料汽车，车载供氢系统是燃料电池汽车的重要组成部分。该系统主要由高压储氢瓶、加注口、安全阀、溢流阀、减压阀、压力和温度传感器等组成。一般来说，氢气爆炸要满足燃烧的三要素，即达到氢气爆炸极限，还要施加静电、明火或混合空气温度达到一定值。而车用压缩氢气铝内胆碳纤维全缠绕气瓶在使用过程中处于完全封闭状态，发生安全事故的可能性极小。

保障车载供氢系统安全性主要从预防与监控两方面着手。技术设计方面，不仅具备过温保护、低压报警、过电压保护、过电流保护等功能，还考虑到了碰撞安全、氢气泄漏的控制等因素；零部件制造方面，储氢瓶和系统管路必须选择合适的材料以及保护结构。氢气具有很高的扩散系数和浮力，泄漏时浓度会迅速降低。如果发生爆炸，氢气的爆炸能量是常见燃气中最低的，就单位体积爆炸能而言，氢气爆炸能仅为汽油气的1/22。

9.6 氢安全检测设备

氢气分子非常小，在存储与运输过程中易发生泄漏。当空气中氢气含量达到4%以上时，可能发生强烈爆炸。微量氢泄漏虽然不会爆炸，但也会影响材料的机械性能。因此，随着氢的广泛应用，氢气检测设备开发对氢安全具有重要意义。目前，典型氢气传感技术有催化燃烧型、导热系数型、电化学型、半导体型和光学型等。常见的氢气检测仪如图9-11所示。

图 9-11 常见的氢气检测仪

9.6.1 催化燃烧型传感器

催化燃烧型传感器的工作原理是可燃气体与催化传感器表面的氧反应释放热量。利用敏感元件、补偿元件及固定电阻构成电桥，可燃气体催化燃烧所产生的热量传导到被包裹的铂线圈上，使线圈的电阻升高，从而引起传感信号的桥路中电压发生变化且与气体浓度成正比，这一原理可用于检测包括氢气在内的任何可燃气体，催化燃烧式氢气传感器原理示意图如图9-12所示。

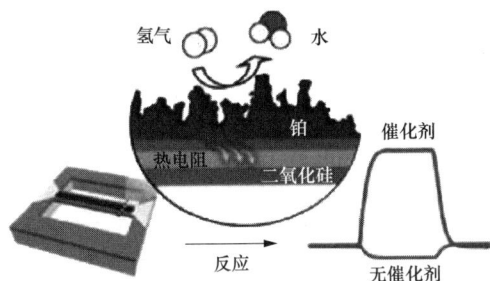

图 9-12 催化燃烧式氢气传感器原理示意图

催化燃烧型传感器的历史比较悠久，1923年Jones利用裸铂丝提出了第一个催化燃烧型传感器，并首次用于矿山中的甲烷检测。裸铂丝传感元件结构简单，制作容易，抗毒能力强，但是工作温度较高使得器件升华，使用寿命大大减少。为了进一步提高催化传感器的性能，1959年Baker利用铂丝圈上涂加载体和催化剂制备催化传感器，首次提出佩利斯特的概念。这种催化元件，通常采用直径为$10 \sim 50\mu m$的金属Pt嵌在有耐火材料作为载体的金属Pd催化剂内，随着催化燃烧的进行，温度升高导致Pt金属丝的电阻升高，从而作为信号输出。

9.6.2 电阻型传感器

电阻型传感器的感应机理是：当传感器暴露于氢气中时，氢气的吸附和渗透会改变传感器中氢敏材料的电阻，并且当氢气从氢敏材料中脱离时，氢敏材料的电阻会再次发生改变。电阻型传感器主要分为半导体金属氧化物型和非半导体型（即金属或合金型）两种类型。

半导体金属氧化物型氢气传感器包括具有半导体特性的金属氧化物层（通常是掺杂的氧化锡、氧化锌、氧化钨），该金属氧化物层沉积在加热器上，从而将该层的温度升高至工作温度（500℃）。

非半导体型传感器一般采用金属纳米材料作为氢敏材料，尤其是基于钯（Pd）的电阻式氢气传感器因工艺简单、成本低、灵敏度高、响应时间短及在室温下工作等优点而受到广泛研究，被认为是目前最先进的氢气传感系统。室温下 Pd 与氢气进行可逆反应，从而形成电阻率高于 Pd 的氢化钯（PdH_x）。通过检测基于 Pd 传感器的电阻信号，实现氢气的定量检测。

9.6.3　电化学型传感器

电化学型传感器的工作原理是氢气与传感电极发生电化学反应引起电荷传输或电学性质的变化，传感器通过检测化学信号的变化实现氢气浓度检测。电化学型传感器可以分为两大类：电流型和电压型。

对于电流型，电流型氢气传感器在商业应用中比较常见，其通过对氢气进行电化学反应，从而产生与氢气浓度成正比的电流。对于电压型，电压型氢气传感器与电流型氢气传感器的不同之处在于它们最好在零电流下工作，测量数值是感应电极和参考电极之间的电位差或电动势。电压型氢气传感器的结构类似于电流型氢气传感器，由一个与电解质接触的两个电极组成。这些电极通常由稀有元素如钯、铂、金或银制成。常用固体质子传导电解质，包括氧化铝、磷硅玻璃、氢化钠等。

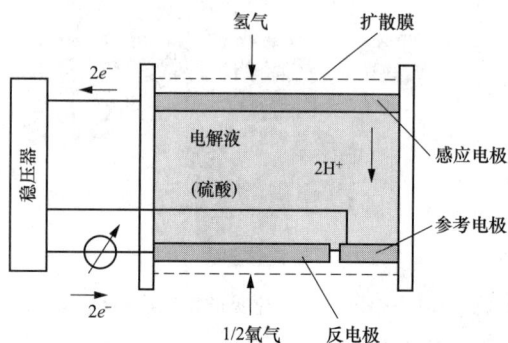

图 9-13　电流型氢气传感器原理示意图

电流型氢气传感器原理示意图如图 9-13 所示。依据气体的氧化和还原反应制备，原理与蓄电池类似。由于它输出的电信号不受检测元件表面积限制，体积较小，也被应用到各类场合。但是电化学型氢气传感器受催化剂影响，使用寿命有限，工作温度也需限定在一定温度范围内。此外，传感器自身容易受到外界因素的干扰，也制约了它的进一步发展。

9.6.4　半导体氢气传感器

半导体氢气传感器一般以氧化物为气敏材料，常见的以 SnO_2 为敏感材料，又称金属氧化物氢气传感器。SnO_2 金属氧化物氢气传感器如图 9-14 所示。金属氧化物半导体氢气传感器的检测原理为：当其处于清洁空气中时，在加热器的作用下，氧分子被吸附到半导体材料中，束缚了半导体中的自由电子运动，传感器电阻增大；当传感器处于 H_2 中，吸附到半导体上的氢分子，既消耗了氧分子，又释放电子，使传感器电阻又减小，因此传感器阻值与氢气浓度存在一定的函数关系。以 SnO_2、ZnO 为主的金属氧化物半导体氢气传感器近

图 9-14　SnO_2 金属氧化物氢气传感器

年来被广泛应用，但也存在选择性差、高温环境中不稳定等缺陷。

9.6.5　光学型传感器

光学型氢气传感器利用光学变化来检测氢气，根据工作原理的不同，通常分为光纤氢气传感器、声表面波氢气传感器、光声氢气传感器三类。其中光纤氢气传感器具有本质安全性、耐腐蚀、适合遥感、抗电磁干扰等突出优势，已成为研究的热点。

光纤氢气传感器以光纤作为传光或传感的介质，通过测量氢敏材料与氢气反应后产生的形变、折射率和温度变化实现氢气浓度的测量。一般通过将氢敏材料沉积在光纤（或与光纤

相连的结构）表面或端面，实现传输光的强度、波长、位相和偏振态调制。光纤氢气传感器的要素包括氢敏材料、沉积工艺、调制方式、光路结构和解调方法等，如何保证可靠性、传感器寿命和环境适应性等是光纤氢气传感器实用化的关键技术。氢气检测原理示意图如图 9-15 所示。常用的光纤氢敏材料主要有两类，即钯（Pd）基氢敏材料（PHF）和以三氧化钨（WO_3）为代表的金属氧化物氢敏材料（MOHF）。

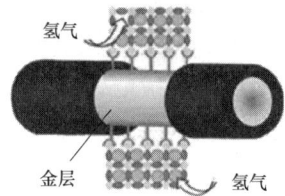

图 9-15　氢气检测原理示意图

PHF 包括纯 Pd、Pd 合金等，基于 Pd 在吸氢和释氢过程中的物理和光学特性变化实现氢气的敏感。一般情况下，Pd 的性质较为稳定，但当其所在环境存在 H_2 时，氢分子会进入 Pd 金属内部并与之组成氢化物，反过来氢化物本身的氢离子也会扩散至 Pd 金属表面并合成氢分子。这是一种可逆反应，化学方程式如式（9-1）所示。

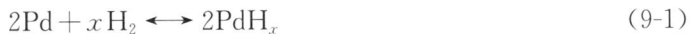

$$2Pd + xH_2 \longleftrightarrow 2PdH_x \tag{9-1}$$

式中：x 表示形成氢化物中 H 和 Pd 的原子个数比。

Pd 金属在吸氢、释氢的过程中，晶格常数会发生变化，引起其折射率和体积变化（形变）。根据 Pd、H 元素的原子比不同，Pd 金属在吸氢后形成 Pd 的氢化物存在 α 相和 β 相，随着氢分压和温度的变化，还会出现 α、β 相的转变，这会导致氢敏材料劣化，严重影响传感器的响应重复性和使用寿命。为了避免纯 Pd 材料的相变问题，一般在纯 Pd 中加入银（Ag）、镱（Y）、镍（Ni）、金（Au）等金属或二氧化钛（TiO_2）等金属氧化物形成 Pd 合金。加入 Ag 不但可以有效抑制相变、提高材料寿命，同时还可以增大氢的渗透率，加快响应时间；Y 的原子半径比 Pd 大，形成 PdY 合金后，晶格变大，更利于氢的吸附；加入 Au 在抑制相变的同时，可增强激发表面等离子体波的强度；Ni 会降低氢渗透率，但检测阈值较高。其中，基于 Pd/Ag 合金的光纤氢气传感技术研究最活跃、最全面。

THF 主体为 WO_3，WO_3 是正八面体晶体，暴露在氢气环境中时会发生颜色、折射率的变化，同时伴随热量的交换，表现为材料温度的变化。这些反应一般需要在 Pd/Pt 催化下进行，变色和褪色反应可用化学方程式如式（9-2）和式（9-3）所示。

$$WO_3 + xH_2 \longrightarrow WO_{3-x} + xH_2O（变色） \tag{9-2}$$

$$WO_{3-x} + x/2O_2 \longrightarrow WO_3（褪色） \tag{9-3}$$

WO_3 除能与氢气发生反应外，还对其他气体（如 CO、NO_2 及乙醇等）敏感，这种情况会影响其测量准确性，基于 WO_3 的氢气传感往往还需要 O_2 参加，对应用环境有特殊的要求。一些金属氧化物，如 ZnO、Ta_2O_5、SiO_2、TiO_2、MnO_2 等，也可用于氢气传感，这些材料的敏感机理和特性均与 WO_3 相似。

目前，光纤氢气传感技术处于理论和技术研发阶段。中国计量大学和深圳大学等采用飞秒激光加工的技术，在光纤氢气传感器小型化方面具有突出的贡献，所制作的光纤氢气传感器在医学和生物应用领域有较好的应用前景。要实现光纤氢气传感器的实用化，需要在新型传感材料、光纤传感头小型化、传感器关键制作工艺以及传感器环境适应性等实际应用方面进行深入全面的研究。

各种传感器的工作特点有诸多不同且各有优势。催化法传感器可稳定并快速检测浓度在 4% 以内的氢气，但对可燃性气体的选择性较差，易受抑制剂影响，且需较高的工作温度，难以满足氢能应用领域极高的安全与可靠性要求。热导式传感器可在大范围内实现较为快速

（约在 20s 内）的氢气传感，但传感精度不高，对高热导率气体（例如氦、甲烷、一氧化碳等气体），会造成交叉敏感，也难以实现对 1% 以下浓度氢气的检测。电化学传感器可以在常温下工作且灵敏度较高，但响应速度较慢（约在 70s 内），使用寿命也较短。电阻式传感器虽然能实现秒级快速氢传感，但一般需高温工作环境（300~800℃），且选择性差、易中毒。光学传感器的优势在于传感器件抗电磁干扰强，较安全，且灵敏度和测量精度高，能够达到实时响应。但是传感器体积较大，整体系统复杂且成本较高。声表面波氢气传感器的技术优势在于快速响应与高灵敏度，声表面波氢气传感器还具备良好的重复性与选择性，以及小体积、低成本的技术特点。将声表面波技术本身的极高灵敏度和快速响应特性与特异选择性的氢敏材料相结合，利用气体吸附效应对声表面波传播的影响，可以实现对氢气的快速高灵敏检测。

美国能源部 2007 年便制定了汽车以及固定式电力系统中氢气检测的性能指导要求，其中，最为关键的一条指明了对氢气传感器的性能要求——响应速度与恢复速度期望在 1s 内，量程要求在 0.1~10。而现有的氢气传感器难以达到该要求。目前，氢传感技术在响应速度、使用量程及安全性等方面均难以满足氢泄漏监测的实用需求，新的氢传感技术与方法亟待发展。

从现场检测的实用性看，氢检测技术的研究侧重于以下三个方面：应用对氢气更敏感、响应时间更短的新型材料制作传感器，并进一步提高制作工艺的稳定性以及同一传感器测量的可重复性。拓宽对氢气含量的检测范围，进一步缩短响应时间，减少外界环境的干扰。针对现场快速检测的需求，提高研究成果的实用性。比如在确保方法的灵敏度、精密度等基本要求的前提下，努力开发操作简捷、仪器简单、功耗小、质量轻的实用性低浓度氢气检测方法。

9.7　氢安全标准与法规

截至 2022 年 3 月，国家标准化管理委员会已批准发布氢能领域国家标准 101 项，涵盖术语、氢安全、制氢、氢储存和输运、加氢站、燃料电池及其应用等方面，全面梳理国内外氢能标准进展，编制了标准体系表，为全面推动氢能标准化工作提供指导。为深入贯彻落实《氢能产业发展中长期规划（2021—2035 年）》，建立完善氢能产业标准体系，全国氢能标委会正在进一步完善氢能全产业标准体系，其中涉及氢安全的共有 12 项现行标准和 2 项行业标准。对于氢能制备有 GB/T 19774—2005《水电解制氢系统技术要求》、GB/T 34540—2017《甲醇转化变压吸附制氢系统技术要求》、GB/T 26915—2011《太阳能光催化分解水制氢体系的能量转化效率与量子产率计算》等，对于氢储运有 GB/T 33292—2016《燃料电池备用电源用金属氢化物储氢系统》、GB/T 33291—2016《氢化物可逆吸放氢压力-组成-等温线（P-C-T）测试方法》、GB/T 19905—2017《液化气体汽车罐车》等 50 余项标准，对于加氢站有 GB 50177—2005《氢气站设计规范》、GB 50516—2010《加氢站技术规范》等 9 项标准，对于氢燃料电池系统标准有 GB/Z 27753—2011《质子交换膜燃料电池膜电极工况适应性测试方法》、GB/T 34872—2017《质子交换膜燃料电池供氢系统技术要求》、GB/T 34582—2017《固体氧化物燃料电池单电池和电池堆性能试验方法》等 11 项标准。

GB 4962—2008《氢气使用安全技术规程》是 2008 年 12 月 11 日发布的标准。该标准规定了气态氢在使用、置换、储存、压缩与充（灌）装、排放过程以及消防与紧急情况处理、安全防护方面的安全技术要求。目前，由浙江大学、中国标准化研究院、北京海德利森科技有限公司、佛山绿色发展创新研究院、佛山市南海区华南氢安全促进中心、同济大学、潍柴动力股份有限公司、正星氢电科技郑州有限公司、张家港氢云新能源研究院有限公司、电力规划总院有限公司、广东能源集团科学技术研究院有限公司、北京京能科技有限公司、中氢绿源（广东）科技有限公司、中国节能协会共 14 家单位联合起草的国家标准 GB/T 29729—2022《氢系统安全的基本要求》中明确了氢系统的危险因素包括泄漏和渗漏、与燃烧有关的危险因素、与压力有关的危险因素、与温度有关的危险因素、与固态储氢有关的危险因素、氢腐蚀和氢脆、生理危害等。

氢系统应遵循以下基本原则：在满足需求的前提下，控制储存和操作中氢的使用量；制定相应操作程序；减少处于危险环境中的人员数量，并缩短所处时间；避免氢/空气（氧气）混合物在密闭空间积聚；设置氢气和火焰等检测报警装置；确保氢系统所有区域内无点火源；确定氢系统的爆炸危险区域，爆炸危险区域的等级定义应符合 GB 50058—2014《爆炸危险环境电力装置设计规范》的规定；确保氢系统的爆炸危险区域内无其他杂物，通道畅通。

2022 年 5 月 5 日，江苏省无锡市应急管理局发布相关通知，其中涉及对氢能企业的安全管理、安全技术、氢气加注和使用安全等方面的规定。其中规定氢能企业应当具备《中华人民共和国安全生产法》等有关法律法规和国家标准或者行业标准规定的安全生产条件，建立健全全员安全生产责任制和安全生产规章制度，落实安全生产主体责任，加强安全生产标准化建设，确保安全生产。同时，明确行政职能部门在氢能企业的监督管理、发展规划、技术审查、消防设计、氢能运输等关键过程的职责。此外，该规定对氢能企业的许可证书管理、机构设置、教育培训、风险管控、隐患排查和应急处置也有明确的说明。

本章小结

本章介绍了氢泄漏与扩散、氢燃烧与爆炸、氢与容器材料相容性等典型氢安全事故，介绍了氢风险评估与安全准则，重点对氢制备、氢储运、加氢站、燃料电池汽车的氢安全进行介绍，并对氢安全检测设备和标准规范进行介绍，以树立读者正确的氢能安全观，掌握氢安全基本准则和突发事故处理方法。氢安全与标准如图 9-16 所示。

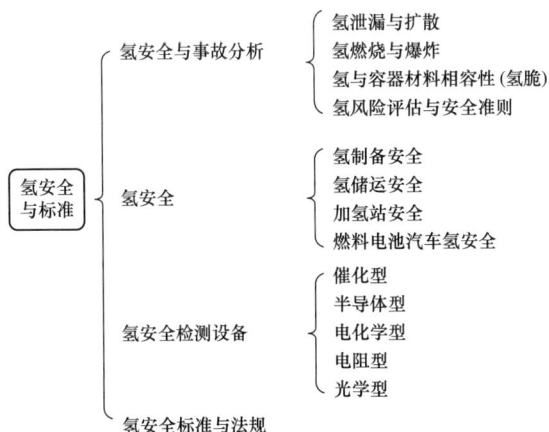

图 9-16 氢安全与标准

参 考 文 献

［1］ 黄国勇. 氢能与燃料电池. 北京：中国石化出版社，2020.

［2］ 蔡颖. 储氢技术与材料. 北京：化学工业出版社，2018.

［3］ 吴素芳. 氢能与制氢技术. 杭州：浙江大学出版社，2014.

［4］ 毛宗强，毛志明，余皓，等. 制氢工艺与技术. 北京：化学工业出版社，2018.

［5］ 吴朝玲，李永涛，李媛，等. 氢气储存和输运. 北京：化学工业出版社，2021.

［6］ 衣宝廉，俞红梅，侯中军，等. 氢燃料电池. 北京：化学工业出版社，2021.

［7］ 毛宗强. 氢能——21 世纪的绿色能源. 北京：化学工业出版社，2005.

［8］ 科学技术部. 这十年：能源领域科技发展报告. 北京：科学技术文献出版社，2012.

［9］ 王艳艳，徐丽，李星国. 氢气储能与发电开发. 北京：化学工业出版社，2017.

［10］ 中国汽车技术研究中心有限公司，荷兰皇家壳牌集团. 中国车用氢能产业发展报告 2019. 北京：社会科学文献出版社，2019.

［11］ 丁福臣，易玉峰. 制氢储氢技术. 北京：化学工业出版社，2006.

［12］ 中国汽车工程学会. 世界氢能与燃料电池汽车产业发展报告 2019. 北京：机械工业出版社，2019.

［13］ 朱凌岳，王宝辉，吴红军. 电解水煤浆制氢技术研究进展. 化工进展，2016，35（10）：3129-3135.